AWS 云计算实战

AWS IN ACTION

[德] 安德烈亚斯·威蒂格（Andreas Wittig）
迈克尔·威蒂格（Michael Wittig） 著
费良宏 张波 黄涛 译

人民邮电出版社
北京

图书在版编目（C I P）数据

AWS云计算实战 / (德) 安德烈亚斯·威蒂格
(Andreas Wittig) , (德) 迈克尔·威蒂格
(Michael Wittig) 著 ; 费良宏, 张波, 黄涛译. -- 北
京 : 人民邮电出版社, 2018.7(2022.6重印)
书名原文: Amazon Web Services in Action
ISBN 978-7-115-48486-4

Ⅰ. ①A… Ⅱ. ①安… ②迈… ③费… ④张… ⑤黄…
Ⅲ. ①云计算 Ⅳ. ①TP393.027

中国版本图书馆CIP数据核字(2018)第103480号

版权声明

◆ 著　　[德] 安德烈亚斯·威蒂格（Andreas Wittig）
　　　　[德] 迈克尔·威蒂格（Michael Wittig）
译　　费良宏　张　波　黄　涛
责任编辑　杨海玲
责任印制　焦志炜

◆ 人民邮电出版社出版发行　　北京市丰台区成寿寺路 11 号
邮编　100164　　电子邮件　315@ptpress.com.cn
网址　http://www.ptpress.com.cn
北京七彩京通数码快印有限公司印刷

◆ 开本：800×1000　1/16
印张：23.75　　2018 年 7 月第 1 版
字数：515 千字　　2022 年 6 月北京第 16 次印刷
著作权合同登记号　图字：01-2016-2844 号

定价：79.00 元

读者服务热线：(010)81055410　印装质量热线：(010)81055316
反盗版热线：(010)81055315
广告经营许可证：京东市监广登字20170147号

内容提要

Amazon Web Services（AWS）是亚马逊公司的云计算平台，它提供了一整套基础设施和应用程序服务，可以帮助用户在云中运行几乎一切应用程序。本书介绍了 AWS 云平台的核心服务，如计算、存储和网络等内容。读者还可以从本书中了解在云上实现自动化、保证安全、实现高可用和海量扩展的系统架构的最佳实践。

本书分 4 个部分，共 14 章。本书从介绍 AWS 的基本概念开始，引入具体的应用示例，让读者对云计算和 AWS 平台有一个整体的了解；然后讲解如何搭建包含服务器和网络的基础设施；在此基础上，深入介绍如何在云上存取数据，让读者熟悉存储数据的方法和技术；最后展开讨论在 AWS 上如何设计架构，了解实现高可用性、高容错率和高扩展性的最佳实践。

本书适合对 AWS 感兴趣的运维人员和开发人员，尤其是那些需要将分布式应用向 AWS 平台迁移的运维人员和开发人员阅读。

译者序

大约30年前，我第一次见到了传说中的计算机——名为IBM PC的个人电脑。以今天的眼光来看，这台设备体型庞大、磁盘吱吱作响、操作界面极其简单，但是在那个时代能够操作这台设备的人简直是凤毛麟角。在其他同学面前，我不由得暗自得意，未来是计算机的时代，而我们注定是这个时代的佼佼者。

大约25年前，我第一次通过一台终端连接上了互联网，那个年代极少有人知道的新玩意儿。尽管当时互联网上的资源还是少得可怜，可这不妨碍我用Gopher、FTP还有Mosaic玩得不亦乐乎。我相信我接触到的是一个远未开发出来的金矿，它一定会改变我们的生活。

大约10年前，通过IT媒体我听到了那个时间最热门的概念——云计算。尽管关于什么是云计算以及云计算究竟会产生怎样的影响还有很大的争议，但是基于互联网提供计算服务的这个想法还是让我感到无比的振奋。我知道延续技术发展的脉络，未来的计算机以及互联网注定要融入云计算这个外延无限广阔的概念当中。

时至今日，我们生活中用到的手机打车、移动支付、社交媒体、新闻娱乐还有各种各样的新奇的应用无一例外都是依托于云计算而风起云涌般地出现的。而诸如联合利华、GE、飞利浦以及时代集团这样的传统企业也在利用云计算实现其数字化转型。无疑，云计算已经是这个时代的“新常态”。

今天当我们谈论起云计算，总会让我联想到30年前的个人电脑以及25年前互联网的出现。我相信云计算带来的改变和冲击不会亚于前两次技术进步的浪潮，而我们注定要在这个变革时代做出选择：成为赢家或者被时代淘汰。

我们选择翻译这一本书的目的，就是想让更多的读者了解到当前云计算发展的状态。通过实践让自己成为弄潮儿。在我的职业经历中，已经见识过太多的因为不适应技术进步而被淘汰的输家。当这一次变革到来的时刻，我们希望每一位读者都可以是时代的赢家。

感谢人民邮电出版社编辑对我们的支持，没有他们的努力这本书不会面世。在此一并致谢。

序

在整个 20 世纪 90 年代末和 21 世纪初，作为系统管理员，我负责维护网络服务在线、安全和确保用户的正常使用。当时，维护系统是一件乏味、单调的事情，涉及网络电缆吊装、服务器机架、从光盘介质安装操作系统和手动配置软件。任何希望从事新兴在线网络市场的企业都要承担管理物理服务器、接受相关资金成本和运营成本的压力，并希望获得足够的成功来证明这些付出是有价值的。

当 Amazon Web Services（AWS）在 2006 年出现的时候，它标志着行业的转变。许多以前重复、耗时的任务变得不必要了，启动新服务的成本急剧下降。突然之间，任何有创意和行动能力的人都可以在世界级的基础设施上建立一个全球性的业务，并且只需要付出每小时几美分的成本。就针对已有的格局的颠覆性而言，一些技术明显凌驾于其他领域之上，AWS 就是其中之一。

当今，进步的步伐依然不减。2014 年 11 月，在拉斯维加斯举行的年度 re:Invent 大会上，AWS 宣布这一次与会的人数超过 13 000 人，从 2008 年起，AWS 的主要新功能和服务的数量每年都几乎翻了一倍。因为现有服务也有类似比例的增长，S3 和 EC2 服务较上年有大约 100%的增长。这种增长为工程师和企业提供了新的机遇，提供了着力解决一些具有挑战性的问题的能力，可以帮助他们去构建互联网领域一些具有挑战的问题。

不用说，这种前所未有的力量和灵活性以极大的复杂性作为代价。在客户期待并响应客户需求的情况下，AWS 已经提供了许多的服务，其中数以千计的功能和特性有时候容易让新用户混淆。这些显而易见的好处也伴随着一个个崭新的词汇和独特架构以及最佳技术实践。当然，有时这些服务功能上的重叠也会使初学者困惑。

本书通过示例让读者掌握知识，揭示了学习 AWS 面临的挑战。两位作者 Andreas 和 Michael 从事于用户可能遇到的重要的服务和功能，并且把安全性的考虑放在了优先和中心的位置。这样有助于建立安全的云中的托管系统，即使是对安全敏感的应用也是安全的。因为许多读者将会在使用中收到账单，所以书中对需要付费的例子都会明确指出。

作为一名顾问、作者和工程师，我非常赞赏那些对新用户介绍云计算美妙世界的所有努力。我可以自信地说，本书是一本实用指南，可以帮助我们穿过迷宫走向行业领先的云计算平台。

有了这本书作为助手，你会在 AWS 云上搭建什么？

Ben Whaley

AWS 社区英雄

《The UNIX and Linux System Administration Handbook》一书的作者

前言

当我们开始开发软件时，我们并不关心运维。我们编写代码，其他人负责部署和运维。这就意味着，软件开发和运维之间存在巨大的鸿沟。更重要的是，发布新功能往往意味着巨大的风险，因为我们无法针对基础设施所有的变更进行手动测试。当需要部署新功能时，每隔 6 个月我们就要经历一场噩梦。

时间流逝，我们开始负责一个产品。我们的目标是快速迭代，并且能够每周对产品发布新的功能。我们的软件要负责管理资金，因此，软件和基础设施的质量与创新能力一样重要。但是，缺乏灵活性的基础设施和过时的软件部署过程使这一目标根本无法实现。于是，我们开始寻找更好的方法。

我们搜索到了 Amazon Web Services（AWS），它为我们提供了灵活、可靠的方式来构建和运行我们设计的应用程序。让我们的基础设施的每一部分实现自动化的可能性令人着迷。逐步地，我们尝试不同的 AWS 服务，从虚拟服务器到分布式消息队列。能够将运行 SQL 数据库或在负载均衡器上终止 HTTPS 连接这类任务外包的特性为我们节省了大量的时间。我们将节省下来的时间投入到实现整个基础设施的自动化测试和运维上。

技术方面并不是在向云转型过程中发生的唯一变化。一段时间后，软件架构从单体应用转变为微服务架构，软件开发与运维之间的鸿沟消失了。相反，我们围绕 DevOps 的核心原则——“谁构建，谁运维”——构建了我们的组织机构。

我们公司是首家在 AWS 上进行运营的德国银行。我们在这个云计算的旅程中学到了很多关于 Amazon Web Services、微服务以及 DevOps 的知识。

今天，作为顾问，我们正致力于帮助我们的客户充分利用 AWS。有趣的是，他们大多数都不关心怎样节省云计算的成本，相反，他们正在改变他们的组织，从 AWS 提供的创新空间中获益并领先于自己的竞争对手。

2015 年 1 月，当我们受邀编写一本关于 AWS 的书时，感到非常惊讶。但是，在我们与 Manning 出版社的编辑第一次通电话之后，体会到了 Manning 出版社的专业水准，我们变得越来越有信心。我们喜欢读书以及传授和分享我们的知识，所以写一本书应该是一个完美的契合。

由于 Manning 出版社和 MEAP 读者的巨大支持，我们得以在 9 个月内完成了本书。我们喜欢我们自己、编辑和 MEAP 读者之间的循环反馈。可以说创建和改进作为本书一部分的所有示例是非常有趣的。

资源与支持

本书由异步社区出品，社区（https://www.epubit.com/）为您提供相关资源和后续服务。

配套资源

本书提供如下资源：

- 本书源代码。

要获得以上配套资源，请在异步社区本书页面中点击 配套资源，跳转到下载界面，按提示进行操作即可。注意：为保证购书读者的权益，该操作会给出相关提示，要求输入提取码进行验证。

提交勘误

作者和编辑尽最大努力来确保书中内容的准确性，但难免会存在疏漏。欢迎您将发现的问题反馈给我们，帮助我们提升图书的质量。

当您发现错误时，请登录异步社区，按书名搜索，进入本书页面，点击“提交勘误”，输入勘误信息，点击“提交”按钮即可。本书的作者和编辑会对您提交的勘误进行审核，确认并接受后，您将获赠异步社区的100积分。积分可用于在异步社区兑换优惠券、样书或奖品。

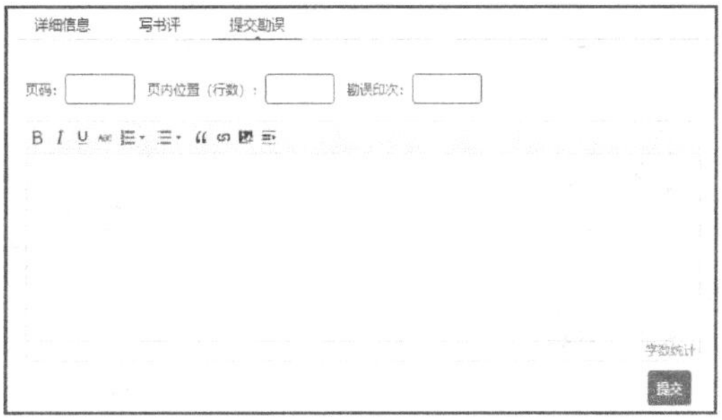

扫码关注本书

扫描下方二维码，您将会在异步社区微信服务号中看到本书信息及相关的服务提示。

与我们联系

我们的联系邮箱是 contact@epubit.com.cn。

如果您对本书有任何疑问或建议，请您发邮件给我们，并请在邮件标题中注明本书书名，以便我们更高效地做出反馈。

如果您有兴趣出版图书、录制教学视频，或者参与图书翻译、技术审校等工作，可以发邮件给我们；有意出版图书的作者也可以到异步社区在线提交投稿（直接访问 www.epubit.com/selfpublish/submission 即可）。

如果您是学校、培训机构或企业，想批量购买本书或异步社区出版的其他图书，也可以发邮件给我们。

如果您在网上发现有针对异步社区出品图书的各种形式的盗版行为，包括对图书全部或部分内容的非授权传播，请您将怀疑有侵权行为的链接发邮件给我们。您的这一举动是对作者权益的保护，也是我们持续为您提供有价值的内容的动力之源。

关于异步社区和异步图书

"异步社区"是人民邮电出版社旗下 IT 专业图书社区，致力于出版精品 IT 技术图书和相关学习产品，为作译者提供优质出版服务。异步社区创办于 2015 年 8 月，提供大量精品 IT 技术图书和电子书，以及高品质技术文章和视频课程。更多详情请访问异步社区官网 https://www.epubit.com。

"异步图书"是由异步社区编辑团队策划出版的精品 IT 专业图书的品牌，依托于人民邮电出版社近 30 年的计算机图书出版积累和专业编辑团队，相关图书在封面上印有异步图书的 LOGO。异步图书的出版领域包括软件开发、大数据、AI、测试、前端、网络技术等。

异步社区

微信服务号

致谢

写一本书是非常耗时的。我们投入了大量的时间，其他人也一样投入了大量的时间。我们认为时间是地球上最有价值的资源之一，我们要尊重帮助我们完成这本书的人们为此所花费的每一分钟。

感谢所有购买 MEAP 版本的读者，你们的信任激励我们完成这本书，而且你们还分享了自己对 AWS 的兴趣。感谢你们阅读这本书，希望你们能有所收获。

感谢所有在本书作者在线论坛上发表评论以及为改进这本书提供精彩反馈的人们。

感谢所有从第一页到最后一页提供了详细评论的审阅者，他们是 Arun Allamsetty、Carm Vecchio、Chris Bridwell、Dieter Vekeman、Ezra Simeloff、Henning Kristensen、Jani Karhunen、Javier Muñoz Mellid、Jim Amrhein、Nestor Narvaez、Rambabu Posa、Scott Davidson、Scott M. King、Steffen Burzlaff、Tidjani Belmansour 和 William E. Wheeler。你们的建议帮助我们塑造了这本书，希望你们像我一样喜欢这本书。

我们也要感谢 Manning 出版社对我们的信任。这是我们写的第一本书，所以我们知道他们在承担极高的风险。我们要感谢 Manning 出版社以下工作人员的出色工作。

- Dan Maharry，是你帮助我们在教授 AWS 的时候不要缺少重要的步骤。感谢你如此耐心，容忍我们同样的错误犯好几次。我们也想感谢 Jennifer Stout 和 Susanna Kline 在 Dan 度假的时候给予的帮助。
- Jonathan Thoms，是你帮助我们思考如何表达代码背后的思想。
- Doug Warren，是你检查了我们的代码示例是否按预期工作。
- Tiffany Taylor，是你完善了我们的英语表达。我们知道你和我们在一起工作会很不容易，因为我们的母语是德语，我们要感谢你的努力。
- Candace Gillhoolley 和 Ana Romac，是你们帮我们推广这本书。
- Benjamin Berg，是你回答了我们关于写书的许多技术方面的问题。
- Mary Piergies、Kevin Sullivan、Melody Dolab 以及所有其他幕后工作者，是你们把粗糙的初稿变成了一本真正的书。

非常感谢 Ben Whaley 为本书作序。

还要感谢 Christoph Metzger、Harry Fix 和 Tullius Walden Bank 团队为我们提供了一个令人难以置信的工作场所，在这里通过将德国第一家银行的原有 IT 迁移到 AWS 上，我们获得了很多 AWS 技能。

最后但同样重要的是，我们要感谢我们生活中的一些重要的人，他们在我们写这本书时默默地支持我们。Andreas 要感谢他的妻子 Simone，Michael 要感谢他的合伙人 Kathrin 在过去 9 个月的耐心和鼓励。

关于本书

本书介绍了一些重要的 AWS 服务，以及如何组合它们以便充分利用 Amazon Web Services。我们的大多数示例都使用典型的 Web 应用程序来展示要点。我们非常重视安全话题，所以本书遵循“最小特权”的原则，而且尽可能使用官方的 AWS 工具。

自动化贯穿于整本书，所以最终读者会很乐意使用自动化工具 CloudFormation，来以自动化的方式设置自己所学到的知识，这将是读者能从本书中学到的最重要的技能之一。

本书将介绍 3 种类型的代码清单：Bash、JSON 和 Node.js/JavaScript。我们使用 Bash 创建小型的脚本，以自动方式与 AWS 进行交互；JSON 用于以 CloudFormation 可以理解的方式描述基础设施；当需要编程来使用服务时，我们使用 Node.js 平台用 JavaScript 创建小型应用程序。

我们将 Linux 作为本书中虚拟服务器的操作系统。所有的示例尽可能地基于开源软件。

路线图

第 1 章介绍云计算和 AWS。我们将了解关键概念和基础知识，并创建和设置自己的 AWS 账户。

第 2 章将 Amazon Web Services 带入具体操作中。我们将轻而易举地进入复杂的云基础设施。

第 3 章是关于使用虚拟服务器的。这一章将借助一些实际的例子，讲解 EC2 服务的主要概念。

第 4 章会展示实现自动化基础设施的不同方法。通过使用 3 种不同的方法，我们将了解何谓“基础架构即代码”，这 3 种方法分别是终端、编程语言和称为 CloudFormation 的工具。

第 5 章会介绍将软件部署到 AWS 的 3 种不同方法。我们将使用每种工具以自动方式将应用程序部署到 AWS。

第 6 章是关于安全性的。我们将学习如何使用私有网络和防火墙来保护自己的系统，还将学习如何保护自己的 AWS 账户。

第 7 章会介绍了提供对象存储服务的 S3，以及提供长期存储服务的 Glacier。我们将学习如何将对象存储集成到应用程序中以实现无状态服务器，并用以创建映像库的示例。

第 8 章是关于 AWS 提供的虚拟服务器的块存储的。如果计划在块存储上运行原有的软件，这是一个有趣的话题。我们还可以进行一些性能的测量，以了解 AWS 上可用的选项。

第 9 章会介绍 RDS，这是一种为客户管理关系数据库系统（如 PostgreSQL、MySQL、Oracle 和 Microsoft SQL Server）而提供的服务。如果客户的应用程序使用这种关系数据库系统，这就是实现无状态服务器架构的简单方法。

第 10 章会介绍 DynamoDB，一个提供 NoSQL 数据库的服务。我们可以将该 NoSQL 数据库集成到应用程序中以实现无状态服务器。我们将在这一章中实现一个待办事宜应用的程序。

第 11 章是关于独立的服务器和完整的数据中心的基础知识的。我们将学习如何在同一个或另一个数据中心中恢复单个 EC2 实例。

第 12 章会介绍将系统解耦以增加可靠性的概念。我们将学习如何在 AWS 上的负载均衡器的帮助下实现同步解耦。异步解耦也是这一章内容的一部分，我们解释如何使用 SQS（一种分布式队列服务）搭建容错系统。

第 13 章会展示如何使用所学的许多服务搭建容错的应用程序。在这一章中，我们将学习基于 EC2 实例设计容错 Web 应用程序所需的所有内容，默认情况下它们是不会容错的。

第 14 章的内容都是关于系统灵活性的。我们将学习如何根据调度或基于系统当前的负载来扩展基础结构的容量。

代码的约定和下载

代码清单中或正文中的所有源代码都是等宽字体，以便与普通文本区分开。许多代码清单附带了代码注释，突出了重要的概念。在某些情况下，有编号的项目符号与代码清单后面的说明联系起来，有时我们需要将一行分成两行或更多，以适应页面。在我们的 Bash 代码中，我们使用了延续的反斜杠。在我们的 JSON 和 Node.js/JavaScript 代码中，➥这个符号表示一个人为换行符。

本书中的示例代码可从出版社的官方网站下载。

关于作者

安德烈亚斯·威蒂格（Andreas Wittig）和迈克尔·威蒂格（Michael Wittig）作为软件工程师和顾问，专注于 AWS 以及 Web 应用程序和移动应用程序开发。他们与遍及全球的客户一同工作。他们一起将德国银行的整个 IT 基础设施迁移到了 AWS。这在德国银行界算是首例。Andreas 和 Michael 在分布式系统开发和架构、算法交易和实时分析方面具有专长。他们是 DevOps 模型的拥趸，且都是 AWS 认证的专业级 AWS 解决方案架构师（AWS Certified Solutions Architect, Professional Level）。

关于封面插画

本书封面上的图片标题为“Paysan du Can-ton de Lucerne”，这是瑞士中部卢塞恩州的一名农民。这张照片摘自《Jacques Grasset de Saint-Sauveur》(1757—1810) 1797年在法国出售的来自各国的服装服饰的图集《Costume deDifférent Pays》。每幅画都是经过精心绘制和手工上色的。

Grasset de Saint-Sauveur的图集丰富多彩，让我们生动地看到了世界各地的城市和地区在200多年前的文化差异。彼此隔绝，人们讲着不同的方言和语言。在街头或农村，通过人们的服装服饰很容易就能确定他们住在哪里，以及他们的身份和职位。

从那时起，我们的着装方式发生了变化，当时地域的多样化带来的着装上的丰富多彩已经渐渐消逝。现在很难分辨不同地域的居民，更别说不同城镇、不同地区或不同国家的居民了。也许我们已经用更多样化的个人生活交换了文化多样性——当然这是为了一个更多样化和快节奏的科技生活。

在很难分辨出一本计算机相关的图书的时候，Manning出版社以两个世纪前丰富多样的地域生活为基础，借用Grasset de Saint-Sauveur的图画作为书籍的封面，以此赞美计算机行业的创造性和主动性。

目录

第三部分 在云上保存数据

第一部分

AWS 云计算起步

你有没有在 Netflix 上看过影片，在 Amazon.com 上买过小玩意，或者今天同步过 Dropbox 上的文件吗？如果有的话，你就已经在后台使用了 Amazon Web Services（AWS）。截至 2014 年 12 月，AWS 运营了 140 万台服务器，是云计算市场的大玩家。AWS 的数据中心广泛分布于美国、欧洲、亚洲和南美洲。但云计算不只是由硬件和计算能力构成的，软件是每个云计算平台的一部分，能使客户体验到云平台的差异。信息技术的研究机构 Gartner 将 AWS 列为云计算基础设施即服务（IaaS）的魔力象限的领导者。算上 2015 年这已经是第四次了。这是因为，AWS 平台上的创新速度以及服务的质量都是非常高的。

本书的第一部分将作为了解 AWS 的第一步，引导读者了解如何使用 AWS 来改善 IT 基础设施。第 1 章将介绍云计算和 AWS，读者将了解关键概念和基础知识。第 2 章将介绍 Amazon Web Service 的具体操作，让读者轻松进入复杂的云基础设施。

第1章　什么是Amazon Web Services

本章主要内容

- Amazon Web Services概述
- 使用Amazon Web Services的益处
- 客户可以使用Amazon Web Services做什么的示例
- 创建以及设置Amazon Web Services账户

Amazon Web Service（AWS）是一个提供Web服务解决方案的平台，它提供了不同抽象层上的计算、存储和网络的解决方案。客户可以使用这些服务来托管网站，运行企业应用程序和进行大数据挖掘。这里提到的术语Web服务，它的含义是可以通过Web界面来控制服务。Web界面可以由机器或人类通过图形用户界面来操作。其中最突出的服务是提供虚拟服务器的EC2，以及提供存储服务的S3。AWS上的服务可以配合工作，客户可以使用它们来复制现有的在企业内部部署的系统，或者从头开始设计新的设置。这些服务按使用付费定价模式收取服务费用。

AWS的客户可以选择不同的数据中心。AWS数据中心分布在美国、欧洲、亚洲和南美洲等。例如，客户可以在日本启动一个虚拟服务器，与在爱尔兰启动虚拟服务器是一样的。这使你能够为世界各地的客户提供全球性的基础设施服务。

所有客户都可以使用的AWS数据中心分布在德国、美国（西部1处、东部2处）、爱尔兰、日本、新加坡、澳大利亚和巴西。[①]

AWS使用了什么样的硬件

AWS没有公开其数据中心所使用的硬件。AWS运行的计算、网络和存储的硬件的规模是巨大的。与使用品牌硬件设备的额外费用相比，它很可能使用商品化的硬件组件以节省成本。硬件故障的处理依靠真实的流程和软件。[②]

---

① 截至2018年1月，AWS云在全球18个地区内运营着49个可用区，具体信息可以参考AWS官网介绍。——译者注

② Bernard Golden, “Amazon Web Services (AWS) Hardware,” For Dummies.

AWS 还使用针对其使用场景而特别开发的硬件。一个很好的例子是英特尔 Xeon E5-2666 v3 CPU。这款 CPU 经过优化为 EC2 C4 系列的虚拟服务器提供支持。

从更广泛的意义上讲，AWS 就是所谓的云计算平台。

1.1 什么是云计算

几乎目前每个 IT 解决方案都标有云计算或者云。一个时髦的词汇可能有助于产品销售，但在本书中却不适用。

云计算或云是针对 IT 资源的供应和消费的一个比喻。云中的 IT 资源对用户来说不直接可见，在这之间有多个抽象的层。云计算提供的抽象级别可能会因虚拟硬件与复杂的分布式系统而有所不同。资源可根据需要大量提供，并按使用付费。

下面是美国国家标准和技术研究所（NIST）对云计算的一个较为正式的定义：

> 云计算是一种普适的、方便的、按需提供网络访问的可配置的计算资源（如网络、服务器、存储、应用程序和服务）的共享池模型，它能够以最少的管理工作量或与服务提供者交互的方式快速进行分配和发布。

云计算通常被划分成以下几种类型。

- 公有云——由某一机构、公司管理并对公众开放使用的云计算。
- 私有云——在单个的机构中通过虚拟化共享出来的 IT 基础设施。
- 混合云——公有云和私有云的混合。

AWS 提供的是公有云服务。云计算服务也有多种分类。

- 基础设施即服务（IaaS）——提供计算、存储和网络功能等基本资源，使用 Amazon EC2、Google Compute Engine 和 Microsoft Azure 虚拟机这一类虚拟服务器。
- 平台即服务（PaaS）——提供将定制的应用部署到云上的平台，如 AWS Elastic Beanstalk、Google App Engine 和 Heroku。
- 软件即服务（SaaS）——结合了基础设施和软件并且运行在云端，包括 Amazon WorkSpaces、Google Apps for Work 和 Microsoft Office 365 这一类办公应用。

AWS 产品阵容包含了 IaaS、PaaS 和 SaaS。让我们更具体地了解一下 AWS 究竟可以做什么。

1.2 AWS 可以做什么

客户可以使用一个或多个服务组合在 AWS 上运行任何应用程序。本节中的示例将让读者了解 AWS 可以做什么。

1.2.1　托管一家网店

John 是一家中型电子商务企业的 CIO。他的目标是为他们的客户提供一个快速可靠的在线商店。他决定由企业自行管理该网站。3 年前他在数据中心租用了服务器。Web 服务器处理来自客户的请求，数据库存储商品信息和订单。John 正在评估他的公司如何利用 AWS 的优势将同样的设置运行在 AWS 上，如图 1-1 所示。

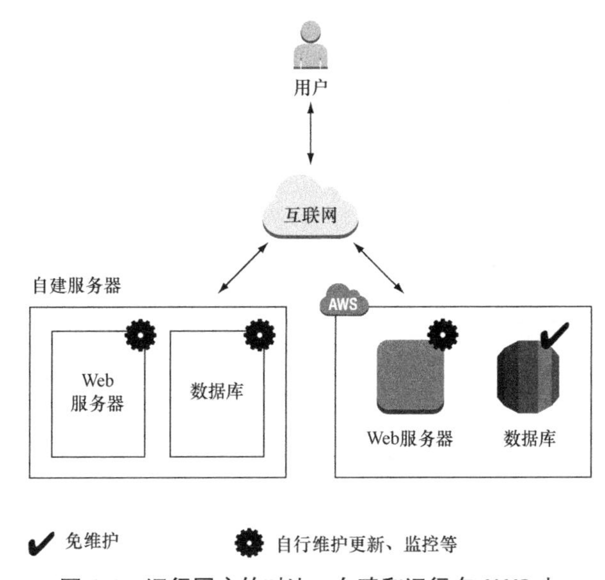

图 1-1　运行网店的对比：自建和运行在 AWS 上

John 意识到有其他选择可以通过额外的服务来改进他在 AWS 上的设置。

- 网店由动态内容（如产品及其价格）和静态内容（如公司标志）等组成。通过区分动态内容和静态内容，John 可以在内容分发网络（CDN）上传递静态内容来减少他的 Web 服务器的负载并提高性能。
- John 在 AWS 上使用了免维护的服务，包括数据库、对象存储和 DNS 系统等。这使他免于管理系统的这些部分，降低了运营成本并提高了服务质量。
- 运行网店的应用程序可以安装在虚拟服务器上。John 在旧的本地服务器的上配置了多个较小的虚拟服务器，这不需要额外的费用。如果这些虚拟服务器有一台发生故障，负载均衡器将向其他虚拟服务器发送客户请求。这样的配置提高了网站的可靠性。

图 1-2 展示了 John 是如何利用 AWS 增强他们的网店的。

John 启动了一个概念验证项目（POC），他发现这些 Web 应用程序可以迁移到 AWS 上，并且可以利用 AWS 上的服务来改进设计。

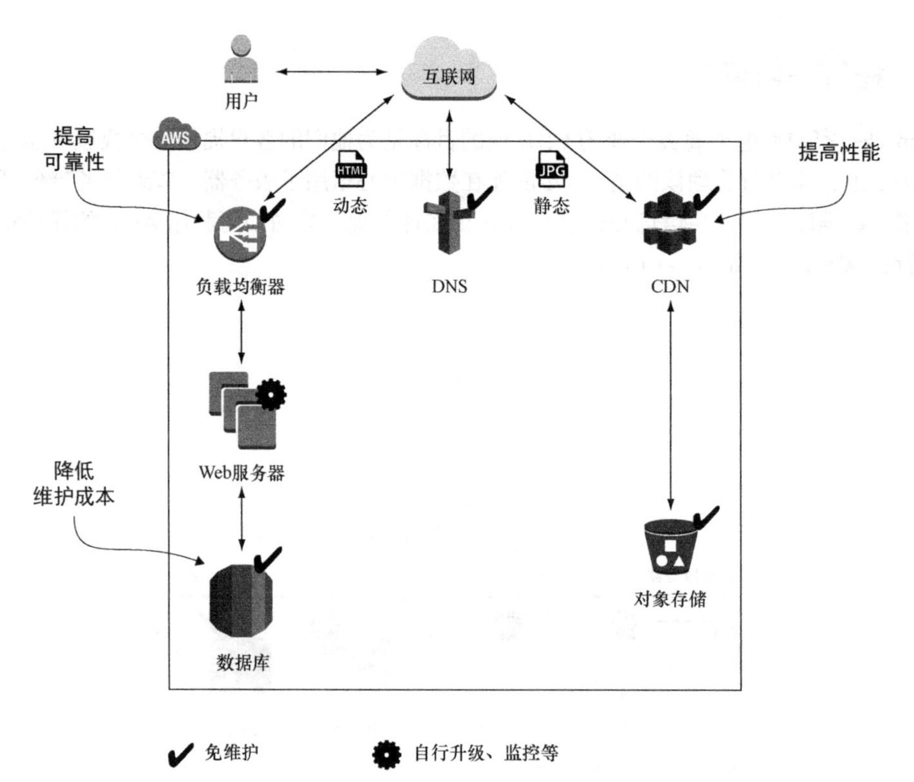

图 1-2 在 AWS 使用 CDN 使得 Web 商店获得更好的性能，用负载均衡器实现高可用性，用托管的数据库来降低维护成本

1.2.2 在专有网络内运行一个 Java EE 应用

Maureen 是一家全球性企业的高级系统架构师。当公司的数据中心合同在几个月后即将到期的时候，她希望将部分业务应用程序迁移到 AWS 上，以降低成本并获得灵活性。她发现在 AWS 上运行企业应用程序是完全可行的。

为此，她在云中设定了一个虚拟网络，并通过虚拟专网（VPN）将其连接到网络。公司可以通过使用子网以及控制列表来管理网络流量，这样就可以满足访问控制和保护关键任务的数据。Maureen 使用网络地址转换（NAT）和防火墙来控制互联网的流量。她将应用程序服务器安装在虚拟机（VM）上以运行 Java EE 应用程序。Maureen 还考虑将数据存储在 SQL 数据库服务之中（如 Oracle 数据库企业版或 Microsoft SQL Server EE 版）中。图 1-3 解释了 Maureen 的架构。

Maureen 已经成功地将本地数据中心与 AWS 上的私有网络连接起来。她的团队已经开始将第一个企业应用程序迁移到云端。

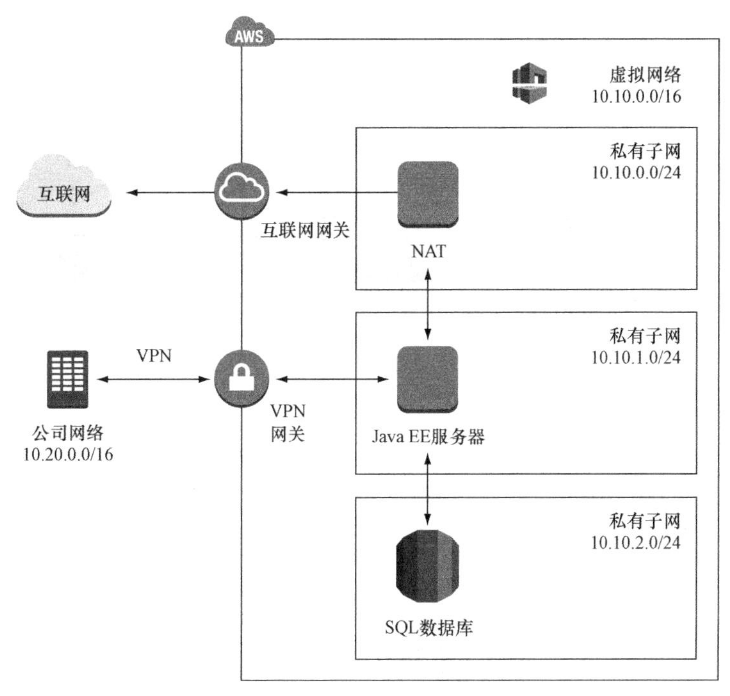

图 1-3 在企业网络和 AWS 的环境中运行 Java EE 应用

1.2.3 满足法律和业务数据归档的需求

Greg 负责管理一个小型律师事务所的 IT 基础设施。他的主要工作目标是以可靠、耐用的方式存储和归档所有数据。他运行了一个文件服务器，提供了在办公室内共享文件的功能。存储所有数据对他来说是一个挑战。

- 他需要备份所有文件，以防止关键数据丢失。为此，Greg 将数据从文件服务器复制到另一个网络附加存储（network-attached storage，NAS）上。为此他不得不再一次为文件服务器购买硬件。文件服务器和备份服务器的位置距离很近，因此他无法满足灾难恢复的要求，如从火灾或突发事件中恢复数据。
- 为了满足法律和业务数据存档的需求，Greg 需要能够长时间地存储数据。将数据存储 10 年或更长时间是件很棘手的事情。Greg 使用了一个昂贵的归档解决方案。

为了节省资金并提高数据安全性，Greg 决定使用 AWS。他将数据传输到具有高可用特性的对象存储服务上。存储网关使得不需要购买和管理本地的网络附加存储和本地备份。一个虚拟的磁带机负责完成在所需的时间段内归档数据的任务。图 1-4 展示了 Greg 如何在 AWS 上实现这个使用场景，并将其与本地的解决方案进行比较。

Greg 在 AWS 上存储和归档数据的新的解决方案很棒，因为能够明显地提高质量，并获得了扩展存储大小的可能性。

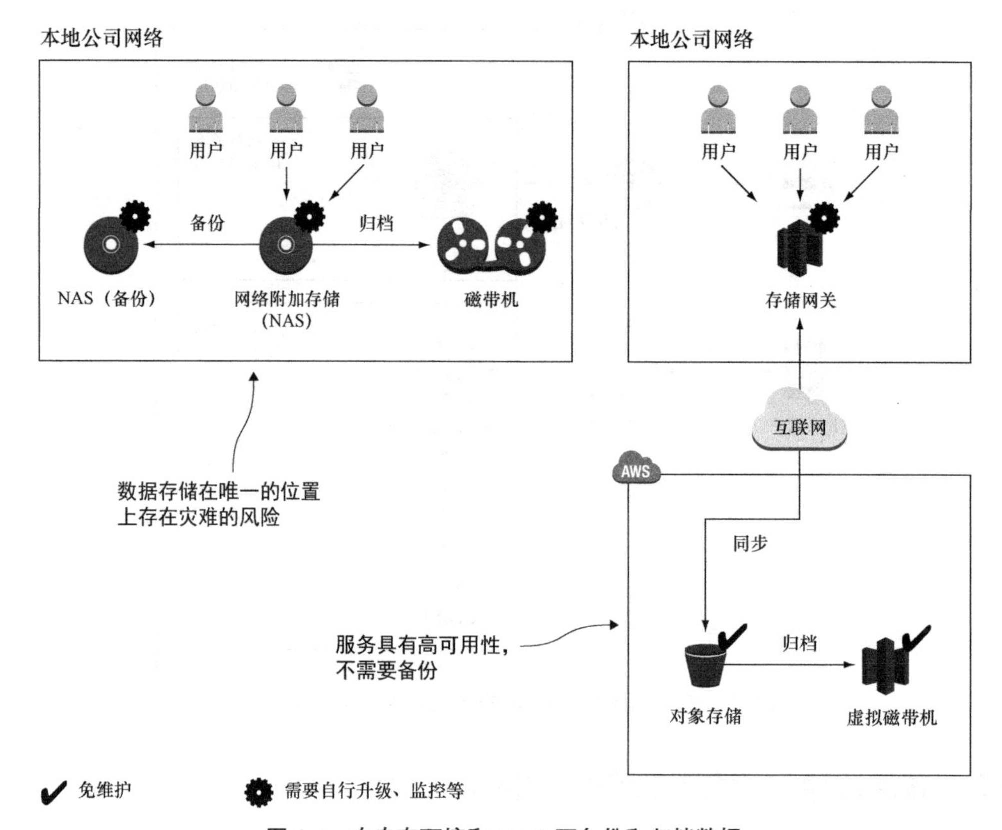

图 1-4　在专有环境和 AWS 下备份和归档数据

1.2.4　实现容错的系统架构

Alexa 是一名软件工程师，工作于一家创业企业。她知道墨菲定律适用于 IT 基础设施：任何可能出错的事情都会出错。Alexa 正在努力构建一个容错系统，以防止运行中业务出现中断。她知道 AWS 上有两种类型的服务：容错服务和可以以容错方式运行的服务。Alexa 构建了一个如图 1-5 所示的具有容错架构的系统。数据库服务提供复制和故障转移处理。Alexa 使用了虚拟服务器充当 Web 服务器，这些虚拟服务器默认情况下不具有容错的特性。但是，Alexa 使用了负载均衡器，并可以在不同的数据中心启动多台服务器以实现容错。

到目前为止，Alexa 采用的方法已经在事故中保护了公司的系统。不过，她和她的团队总是在为各种系统失效做计划。

现在读者对 AWS 可以做什么应该有了一个广泛的了解。一般来说，客户可以在 AWS 上托管任何应用程序。下一节将介绍 AWS 提供的 9 个重要的好处。

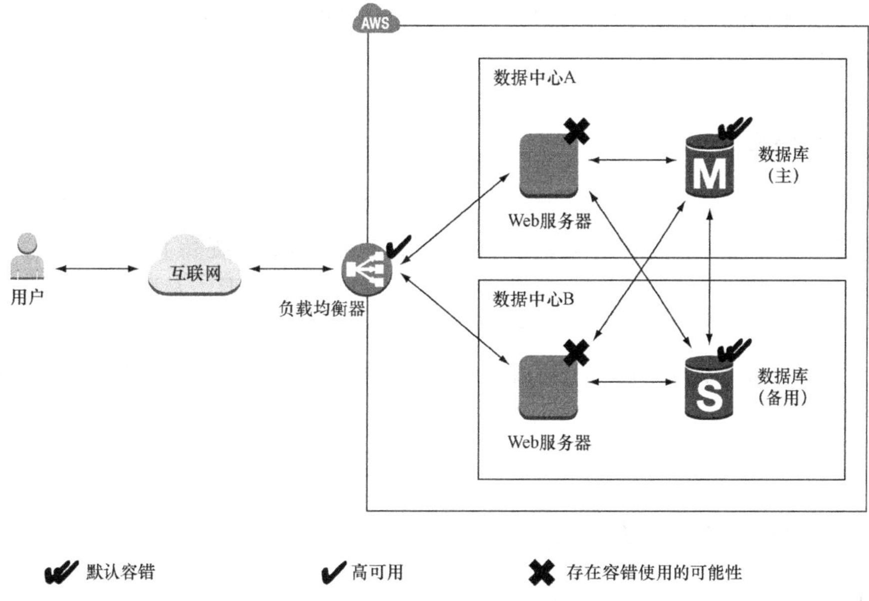

图 1-5　在 AWS 上构建容错系统

1.3　如何从使用 AWS 上获益

使用 AWS 最重要的优势是什么？你可能会说是节省成本。但省钱肯定不是唯一的优势。让我们看看你可以从使用 AWS 中获益的其他方法。

1.3.1　创新和快速发展的平台

2014 年，AWS 在拉斯维加斯举办的年度会议 re:Invent 上宣布了 500 多项新的服务和功能。除此之外，几乎 AWS 每周都会有新功能和改进的发布。客户可以将这些新的服务和功能转化为针对自己的客户的创新解决方案，从而体现竞争优势。

re:Invent 大会的与会者的数量从 2013 年的 9 000 人增加到 2014 年的 13 500 人。[①]AWS 的客户中有超过 100 万家企业和政府机构，在 2014 年第一季度的业绩沟通会上，该公司表示将继续聘请更多的人才谋求进一步的发展。[②]在未来几年里，我们可以期待更多的新功能和新服务。

1.3.2　解决常见问题的服务

如我们所了解的，AWS 是一个服务平台。常见的问题，如负载均衡、队列、发送电子邮件以及存储文件等，都可以通过服务加以解决。而客户不需要“重新发明轮子”。客户的工作就是

① Greg Bensinger, “Amazon Conference Showcases Another Side of the Retailer’s Business,” *Digits*, Nov. 12, 2014.
② “Amazon.com’s Management Discusses Q1 2014 Results - Earnings Call Transcript,” *Seeking Alpha*, April 24, 2014.

选择合适的服务来构建复杂的系统。然后，客户可以让 AWS 来管理这些服务，而自己则可以专注于所服务的客户。

1.3.3　启用自动化

由于 AWS 提供了 API，因此客户可以自动执行所有的操作：客户可以编写代码来创建网络，启动虚拟服务器集群或部署关系数据库。自动化提高了可靠性，并提高了效率。

系统拥有的依赖性越大，它就会变得更复杂。面对复杂的图形，人类可能很快就失去透视能力，而计算机可以应付任何大小的图形。客户应该集中精力于人类擅长的领域——描述系统的任务，而计算机则会了解如何解决所有这些依赖关系来创建系统。基于客户的蓝图在云平台上设置所需的环境可以通过基础设施即代码以自动化的方式来完成，关于这部分内容将在第 4 章介绍。

1.3.4　灵活的容量（可扩展性）

灵活的容量的特性可以使客户免于做规划。客户可以从一台服务器扩展到数千台服务器。客户的存储容量可以从 GB 级别增长到 PB 级别。客户不再需要预测未来几个月和几年的容量需求。

如果你经营一家网店，则会有季节性流量的模式，如图 1-6 所示。想想白天与晚上、平日与周末或假期。如果你可以在流量增长时增加容量并在流量缩减时减少容量，那岂不是很好吗？这正是灵活容量的特性。你可以在几分钟之内启动新的服务器，然后在几小时后删除它们。

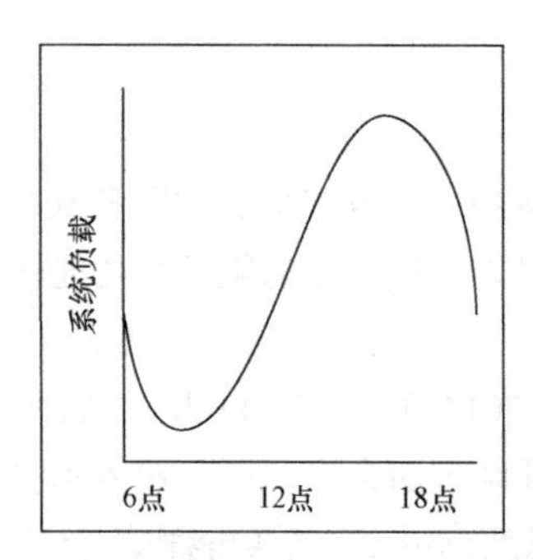

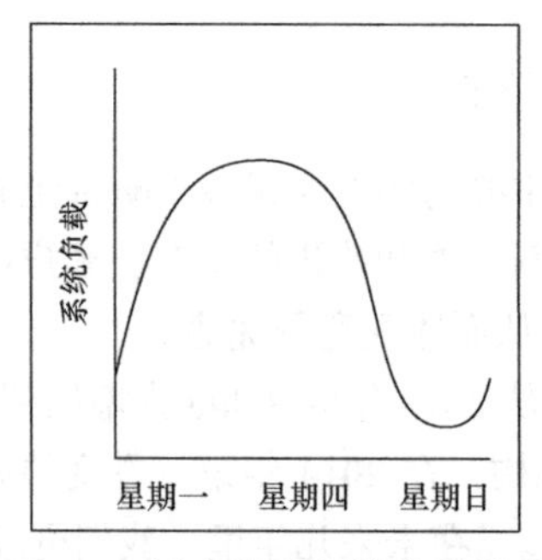

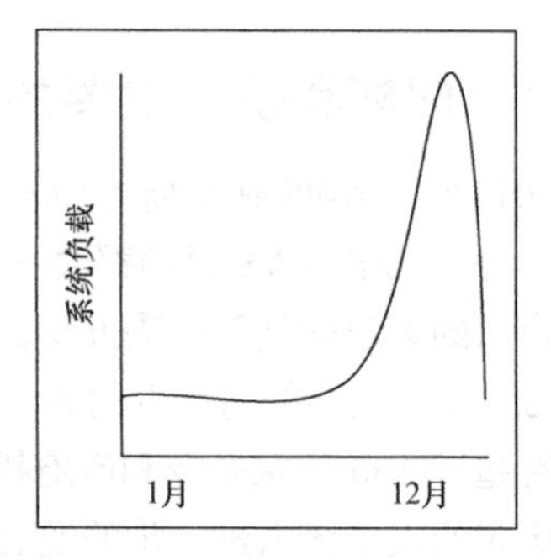

图 1-6　网店的季节性流量模式

云计算几乎没有容量的限制。客户不再需要考虑机架空间、交换机和电源供应，客户可以添加尽可能多的服务器。如果数据量增长，则始终可以添加新的存储容量。

灵活的容量也意味着客户可以关闭未使用的系统。在我们最近的一个项目中，测试环境只在工作日从上午 7:00 到下午 8:00 运行，这让我们的成本节省了 60%。

1.3.5 为失效而构建（可靠性）

大多数 AWS 服务都具有容错或高可用的特性。如果客户使用这些服务，可以免费获得可靠性。AWS 支持客户以可靠的方式构建系统，它为客户提供了创建自己的容错系统所需的一切资源。

1.3.6 缩短上市的时间

在 AWS 中，客户请求一个新的虚拟服务器。几分钟后，该虚拟服务器将被启动并可以使用。同样的情况也适用于任何其他 AWS 服务。客户可以按需使用它们。这使客户能够快速地将自己的基础架构调整以满足新的需求。

由于反馈循环更短，客户的开发过程将更快。客户可以消除各种限制，如可用的测试环境数量。如果客户需要一个更多资源的测试环境，可以创建并运行数小时。

1.3.7 从规模经济中受益

在编写此书时，自 2008 年以来使用 AWS 的费用已经降至最初的 1/42。

- 在 2014 年 12 月，出站数据的传输费用降低了 43%。
- 在 2014 年 11 月，使用搜索服务的费用降低了 50%。
- 在 2014 年 3 月，使用虚拟服务器的费用降低了 40%。

截至 2014 年 12 月，AWS 运营了 140 万台服务器。所有与操作有关的过程都必须进行优化，以便在如此规模上运行。AWS 规模越大，价格就会越低。[①]

1.3.8 全球化

客户可以将应用程序部署到尽可能接近自己的客户的地方。AWS 在以下位置建有数据中心：

- 美国（弗吉尼亚北部、加利福尼亚北部、俄勒冈）；
- 欧洲（德国、爱尔兰）；
- 亚洲（日本、新加坡）；
- 澳大利亚；
- 南美（巴西）。

有了 AWS，客户就可以在全球运营自己的业务。[②]

---

① 截至 2017 年 11 月，AWS 已经进行了 62 次降价。——译者注

② 除上述之外，AWS 在全球部署基础设施的国家和地区还包括了美国（俄亥俄）、印度（孟买）、韩国（首尔）、加拿大、欧洲（法兰克福、伦敦、巴黎）、中国（北京、宁夏）等。——译者注

1.3.9 专业的合作伙伴

AWS 符合以下合规性要求。

- ISO 27001——全球性信息安全标准，由独立机构认证。
- FedRAMP & DoD CSM——美国联邦政府和美国国防部云计算安全标准。
- PCI DSS Level 1——支付卡行业（PCI）的数据安全标准（DSS），用以保护持卡人的数据安全。
- ISO 9001——全球范围内使用的标准化质量管理方法，并由独立和认证机构认证。

如果你还不相信AWS是专业的合作伙伴，那么你应当知道AWS已经承担了Airbnb、Amazon、Intuit、NASA、Nasdaq、Netflix 和 SoundCloud 等重要的任务。

在下一节我们将详细阐述成本效益。

1.4 费用是多少

AWS 的账单类似于电费账单。服务根据用量收费。客户需要支付运行虚拟服务器的时间、从对象存储库使用的存储空间（以 GB 为单位）或正在运行的负载均衡器的数量。服务按月开具发票。每项服务的定价是公开的，如果要计算计划中每月的成本，可以使用“AWS 简单月度计算器”（AWS Simple Monthly Calculator）来估算。

1.4.1 免费套餐

在注册后的前 12 个月内客户可以免费使用一些 AWS 服务。免费套餐的目的是让客户能够对 AWS 进行实验并获得一些经验。下面是免费套餐中包含的内容。

- 每月运行 Linux 或者 Windows 小型虚拟服务器 750 h（大约 1 个月）。这意味着客户可以整个月运行一个虚拟服务器，也可以同时运行 750 个虚拟服务器 1 h。
- 每月 750 h（大约 1 个月）的负载均衡器。
- 具有 5 GB 存储空间的对象存储。
- 具有 20 GB 存储空间的小型数据库，包括备份。

如果超出了免费套餐的限制，就要开始为使用的资源支付费用，而不再另行通知。客户将在月底收到一张账单。在开始使用 AWS 之前，我们将向读者展示如何监控成本。如果免费套餐在一年后结束，读者将为所使用的所有资源付费。

客户还可以获得一些额外的好处，详情参见 http://aws.amazon.com/free。本书尽可能多使用免费套餐的资源，并清楚地说明何时需要额外的不在免费套餐之内的资源。

1.4.2 账单样例

如前所述，客户可能会被以下几种方式计费。

- 按使用时间计费——如果客户使用服务器的时间是 61 min，通常会计算为 2 h[①]。
- 按流量计费——流量以吉字节（GB）或者请求数量来衡量。
- 按存储用量计费——可以按照配置的容量（例如，50 GB 的卷，不管使用了多少）或者实际用量（例如，使用了 2.3 GB）。

还记得在 1.2 节提过的网店的例子吗？图 1-7 展示了这家网店使用 AWS 的示意图，并添加了有关各个部分的计费信息。

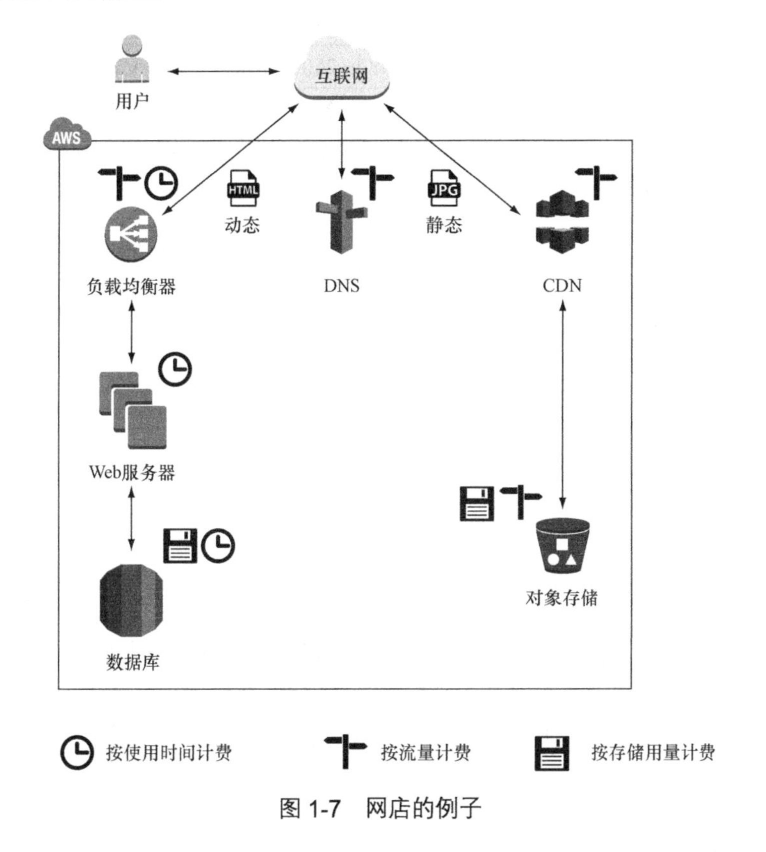

图 1-7 网店的例子

假设你的网店在 1 月开始启动，并且你决定开展营销活动以提高下个月的销售额。幸运的是，你可以在 2 月将网店的访问人数增加 5 倍。正如你所了解的，你必须根据使用情况支付 AWS。表 1-1 展示了你的 1 月和 2 月的账单。访客人数从 10 万人增加到 50 万人，月收入从 142.37 美元

① AWS 从 2017 年 10 月 2 日起以按需、预留和竞价形式发布的 Linux 实例的使用将按 1 s 的增量计费。同样，EBS 卷的预置存储也将按 1 s 的增量计费。——译者注

增加到 538.09 美元，涨幅是 3.7 倍。因为你的网店必须处理更多流量，所以你必须为更多的服务（如 CDN、Web 服务器和数据库）付费。其他服务，如静态文件的存储，因为没有增加更多的用量，所以价格保持不变。

表 1-1 如果网店访客的数量增加，AWS 的账单将如何变化

服 务	1 月用量	2 月用量	2 月费用（美元）	增加（美元）
网站访客	10 万人	50 万人		
CDN	2 600 万条请求，25 GB 流量	13 100 万条请求 125 GB 流量	113.31	90.64
静态文件	使用 50 GB 的存储	使用 50 GB 的存储	1.50	0.00
负载均衡器	748 h+50 GB 流量	748 h+250 GB 流量	20.30	1.60
Web 服务器	1 台服务器=748 h	4 台服务器=2 992 h	204.96	153.72
数据库（748 h）	小型服务器+20 GB 存储	大型服务器+20 GB 存储	170.66	128.10
流量（出站到互联网流量）	51 GB	255 GB	22.86	18.46
DNS	200 万条请求	1 000 万条请求	4.50	3.20
总成本			538.09	395.72

使用 AWS，客户可以实现流量和成本之间的线性关系，而其他机会正等待客户使用这个定价模式。

1.4.3 按使用付费的机遇

AWS 按使用付费的定价模式创造了新的机会。客户不再需要对基础设施进行前期投资。客户可以根据需要启动服务器，并且只支付每小时使用时间的费用，客户可以随时停止使用这些服务器，而不必再为此付费。客户不需要对自己将使用多少存储进行预先承诺。

一台大型服务器的成本大致与两个较小的服务器之和相同。因此，客户可以将系统分成几个较小的部分，因为服务器成本是相同的。这种容错的能力不仅适用于大公司，而且还可用于较小预算的场景。

1.5 同类对比

AWS 不是唯一的云计算提供商。微软和谷歌也有云计算的产品。

OpenStack 则有不同，因为它是开源的，由包括 IBM、HP 和 Rackspace 在内的 200 多家公司共同开发。这些公司中的每一家都使用 OpenStack 来运行自己的云计算产品，有时候这些公司会用到闭源的附件。你可以根据 OpenStack 来运行自己的云，但是将失去 1.3 节中所描述的大部分好处。

在云计算供应商之间进行比较并不是一件容易的事，因为缺少太多的开放标准。像虚拟网络和消息队列这样的功能实现的方式差异很大。如果客户知道自己需要什么具体功能，可以比较细节并做出决定；否则，AWS 将是客户最好的选择，因为在找到能够解决自己的问题的方法中，AWS 的机会是最高的。

以下是云计算服务提供商一些常见的功能：

- 虚拟服务器（Linux 和 Windows）；
- 对象存储；
- 负载均衡器；
- 消息队列；
- 图形用户界面；
- 命令行接口。

更有趣的一个问题是，云计算服务提供商有何不同？表 1-2 比较了 AWS、Azure、Google Cloud Platform 和 OpenStack。

表 1-2　AWS、Microsoft Azure、Google Cloud Platform 和 OpenStack 的不同

	AWS	Azure	Google Cloud Platform	OpenStack
服务的数量	大部分	一些	满足	少数
位置分布的数量(每个位置有多个数据中心)	9	13	3	有（依赖 OpenStack 服务提供者）
合规性	公共的标准（ISO 27001、HIPAA、FedRAMP、SOC），IT Grundschutz（德国）、G-Cloud（英国）	公共的标准（ISO 27001、HIPAA、FedRAMP、SOC），ISO 27018（云隐私）、G-Cloud（英国）	公共的标准（ISO 27001、HIPAA、FedRAMP、SOC）	有（依赖 OpenStack 服务提供者）
SDK 语言	Android、浏览器（JavaScript）、iOS、Java、.NET、Node.js（JavaScript）、PHP、Python、Ruby、Go	Android、iOS、Java、.NET、Node.js（JavaScript）、PHP、Python、Ruby	Java、浏览器（JavaScript）、.NET、PHP、Python	—
与开发过程的融合	中级，与特定的生态无关	高级，与 Microsoft 生态链接（如.NET 开发）	高级，与 Google 生态链接（如 Android）	—
块存储(连接的网络存储)	有	有（可同时被多个虚拟服务器使用）	没有	有（可同时被多个虚拟服务器使用）

续表

	AWS	Azure	Google Cloud Platform	OpenStack
关系数据库	有（MySQL、PostgreSQL、Oracle Data Base、Microsoft SQL Server）	有（Azure SQL Data Base、Microsoft SQL Server）	有（MySQL）	有（依赖 OpenStack 服务提供者）
NoSQL 数据库	有（专有）	有（专有）	有（专有）	没有
DNS	有	没有	有	没有
虚拟网络	有	有	没有	有
发布/订阅消息服务	有(专有,JMS 库可用)	有（专有）	有（专有）	没有
机器学习工具	有	有	有	没有
部署工具	有	有	有	没有
私有数据中心集成	有	有	有	没有

在我看来，AWS 是目前可用的、成熟的云计算平台。

1.6 探索 AWS 服务

用于计算、存储和联网的硬件是 AWS 云计算的基础。AWS 在硬件上运行软件服务来提供云服务，如图 1-8 所示。Web 界面、API 充当 AWS 服务和应用程序之间的接口。

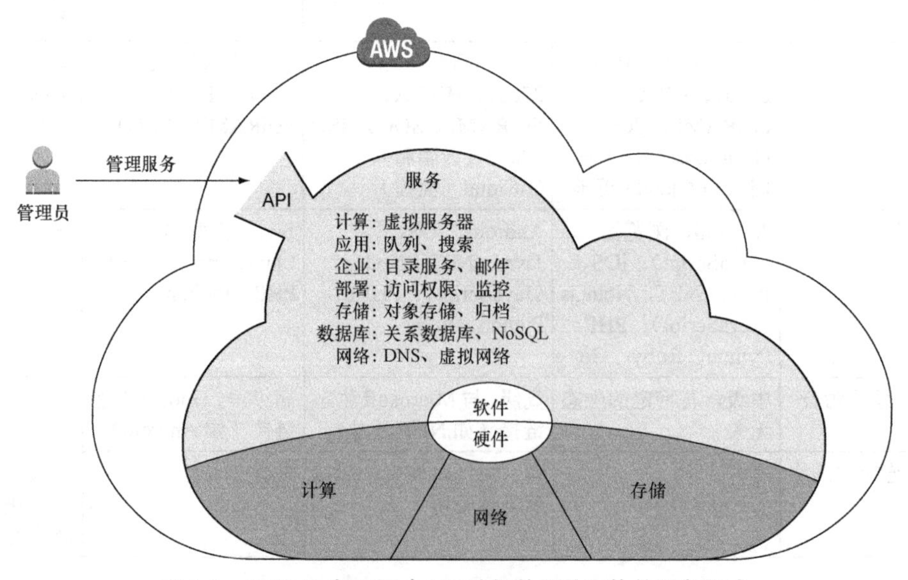

图 1-8 AWS 云由可通过 API 访问的硬件和软件服务组成

客户可以通过图形用户界面、使用 SDK 以编程的方式手动发送请求至 API，以实现对服务的管理。为此，客户可以使用诸如管理控制台、基于 Web 的用户界面或命令行工具等工具。虚拟服务器有其特殊性，例如，客户可以通过 SSH 连接到虚拟服务器，并获得管理员访问权限。

这意味着客户可以在虚拟服务器上安装所需的任何软件。其他服务，如 NoSQL 数据库服务则是通过 API 提供其功能，细节被隐藏到幕后。图 1-9 展示了管理员在虚拟服务器上安装定制的 PHP Web 应用程序，并管理所依赖的服务，如 PHP Web 应用程序使用的 NoSQL 数据库。

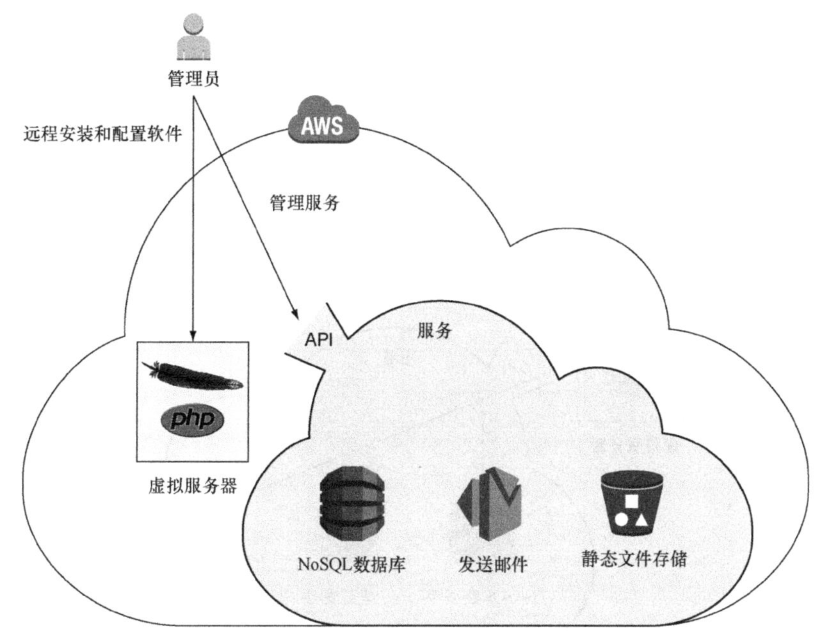

图 1-9 管理运行在虚拟服务器以及所依赖的服务上的定制应用

用户将 HTTP 请求发送到虚拟服务器。在此虚拟服务器有安装 Web 服务器与定制的 PHP Web 应用程序。Web 应用程序需要与 AWS 服务进行通信，以便响应用户的 HTTP 请求。例如，Web 应用程序需要从 NoSQL 数据库查询数据、存储静态文件和发送电子邮件。Web 应用程序和 AWS 服务之间的通信由 API 处理，如图 1-10 所示。

一开始，客户可能会惊讶于 AWS 提供的服务的数量。下面对 AWS 服务的分类将有助于客户找到所需要的服务。

- 计算服务提供了计算能力以及内存。客户可以启动虚拟服务器并使用它们来运行应用程序。
- 应用服务为常见的使用场景提供解决方案，如消息队列、主题以及检索大量数据以集成到应用中。
- 企业服务提供独立的解决方案，如邮件服务器和目录服务。
- 部署和管理服务作用于迄今所提到的服务。这个服务可以帮助客户授予或者撤销对云资源的访问、虚拟服务系统的监控以及部署应用程序。

- 存储服务被用来搜集、保存和归档数据。AWS 提供了不同的存储选项：对象存储或者用于虚拟服务器的网络附加存储方案。
- 当需要管理结构化数据时，数据库存储比其他存储方案有一些优势。AWS 提供了关系数据库和 NoSQL 数据库服务。
- 网络服务是 AWS 的基本组成部分。客户可以定义一个私有的网络并使用高度集成的 DNS 服务。

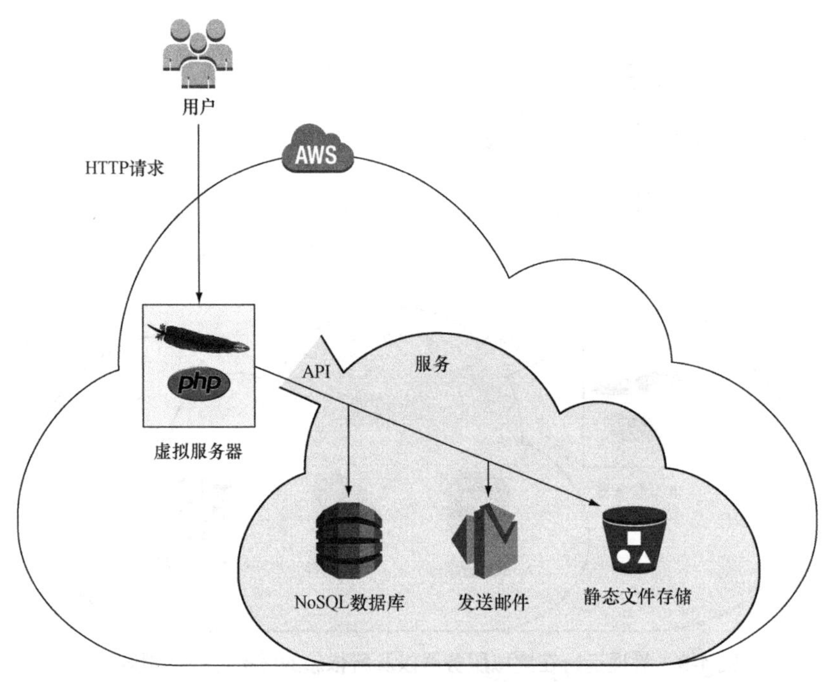

图 1-10　定制的 Web 应用使用 AWS 服务来处理 HTTP 请求

要知道我们所列出的仅仅是最重要的服务的类别。其他服务当然也是可用的，同样可以支持客户运行自己的应用程序。

现在我们看一看 AWS 服务的细节，了解一下如何与这些服务进行交互。

1.7　与 AWS 交互

当客户与 AWS 进行交互以配置或者使用 AWS 服务的时候，客户就会调用 API。这里提到的 API 是 AWS 的入口，如图 1-11 所示。

接下来，我将给读者提供调用 API 的可用工具的全貌。读者可以比较这些工具的能力，它们可以帮助你自动完成每日的工作。

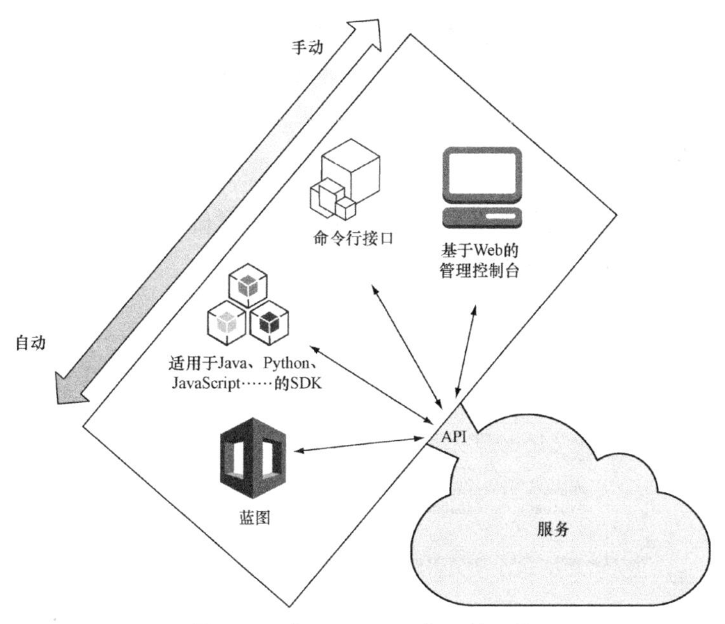

图 1-11 与 AWS API 交互的工具

1.7.1 管理控制台

客户可以使用基于 Web 的管理控制台实现与 AWS 的交互。通过这个方便的图形用户界面，客户可以手动控制 AWS。这个管理控制台支持每一种现代 Web 浏览器（Chrome、Firefox、Safari 5 以上版本、IE 9 以上版本），如图 1-12 所示。

图 1-12 管理控制台

如果你正在尝试 AWS，那么这个管理控制台就是最好的起点。它能够帮你获得不同服务的全貌并快速取得成功。管理控制台也是为了开发、测试而设置云基础设施的比较好的方式。

1.7.2 命令行接口

客户可以通过命令行启动虚拟服务器、设置存储并且发送邮件。使用这个命令行接口（CLI），可以控制 AWS 的一切，如图 1-13 所示。

```
michael — bash — 92×39
Last login: Fri Feb 20 09:32:45 on ttys000
mwittig:~ michael$ aws cloudwatch list-metrics --namespac "AWS/EC2" --max-items 3
{
    "Metrics": [
        {
            "Namespace": "AWS/EC2",
            "Dimensions": [
                {
                    "Name": "InstanceId",
                    "Value": "i-ed62dc0b"
                }
            ],
            "MetricName": "StatusCheckFailed_Instance"
        },
        {
            "Namespace": "AWS/EC2",
            "Dimensions": [
                {
                    "Name": "InstanceId",
                    "Value": "i-ed62dc0b"
                }
            ],
            "MetricName": "StatusCheckFailed"
        },
        {
            "Namespace": "AWS/EC2",
            "Dimensions": [
                {
                    "Name": "InstanceId",
                    "Value": "i-0a02beec"
                }
            ],
            "MetricName": "CPUUtilization"
        }
    ],
    "NextToken": "None___3"
}
mwittig:~ michael$
```

图 1-13 命令行接口

CLI 通常用于自动执行 AWS 上的任务。如果客户想通过持续集成服务器（如 Jenkins）的帮助自动化基础设施的某些部分，则 CLI 是该任务的正确工具。CLI 提供了访问 API 的便捷方式，并可以将对 API 的多个调用整合到一个脚本中。

客户甚至可以通过将多个 CLI 调用链接起来，以实现基础设施的自动化。CLI 可用于 Windows、Mac 和 Linux，还有一个适用于 PowerShell 的版本。

1.7.3 SDK

有时客户需要从自己的应用程序中调用 AWS。使用 SDK，客户可以使用自己喜欢的编程语言将 AWS 集成到应用程序逻辑中。AWS 为以下环境提供了 SDK：

- Android；
- Node.js（JavaScript）；
- 浏览器（JavaScript）；
- PHP；
- iOS；
- Python；
- Java；
- Ruby；
- .NET；
- Go[①]。

SDK 通常用于将 AWS 服务集成到应用程序中。如果客户正在进行软件开发，并希望集成 AWS 服务（如 NoSQL 数据库或推送通知服务），那么 SDK 就是该任务的正确选择。某些服务（如队列和主题订阅）必须在应用程序中使用 SDK。

1.7.4 蓝图

蓝图是包含所有服务和依赖关系的对于系统的描述。蓝图并没有说明实现所描述的系统所必需的步骤或顺序。图 1-14 展示了如何将蓝图转移到正在运行的系统中。

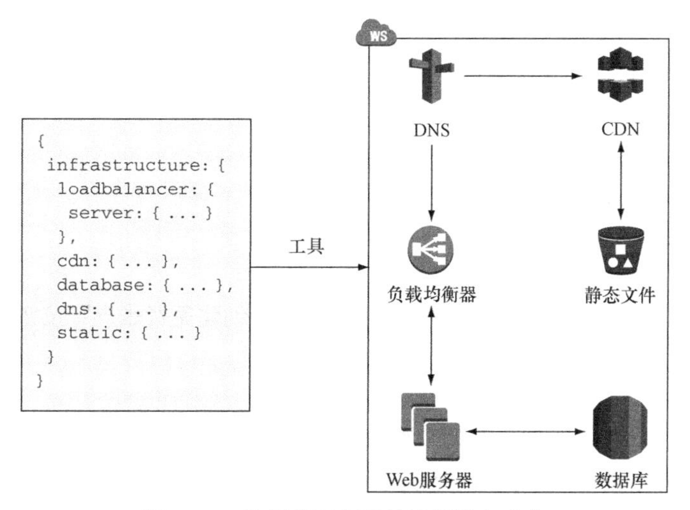

图 1-14 使用蓝图实现基础设施自动化

如果你必须控制许多或复杂的环境，可以考虑使用蓝图。蓝图将帮你自动化云中基础设施的

① 目前也有 C++的 SDK。——译者注

配置。例如，你可以使用蓝图来设置虚拟网络并在该网络中启动不同的服务器。

蓝图免除了客户的大部分工作负担，因为客户不再需要担心系统创建期间的依赖关系——蓝图将整个流程自动化。我们将在第 4 章中了解有关自动化基础设施的更多信息。

现在是开始创建自己的 AWS 账户并在所有这些理论之后探索 AWS 实践的时候了。

1.8 创建一个 AWS 账户

在开始使用 AWS 之前，客户需要创建一个账户。AWS 账户是客户拥有的所有资源的一个篮子。如果多个人需要访问该账户，客户可以将多个用户添加到一个账户下面。默认情况下，客户的账户将有一个 root 用户。要创建一个账户，客户需要提供以下内容：

- 一个电话号码，以验证客户的身份；
- 一张信用卡，以支付客户的账单。

使用原有账户可以吗

在使用本书中的示例时，读者可以使用现有的 AWS 账户。在这种情况下，使用可能不在免费套餐的范围之内，可能需要支付费用。

此外，如果读者在 2013 年 12 月 4 日之前创建了现有的 AWS 账户，那么应该创建一个全新的 AWS 账户，否则在尝试运行本书的示例时可能会遇到遗留问题的麻烦。

1.8.1 注册

注册的流程包括以下 5 个步骤。

（1）提供登录凭据。

（2）提供联系信息。

（3）提供支付信息的细节。

（4）验证身份。

（5）选择支持计划。

将所使用的浏览器指向 AWS 官方网站，然后单击“创建免费账户”按钮。

1. 提供登录凭据

注册页面，为客户提供了两个选择，如图 1-15 所示。客户可以使用 Amazon.com 账户创建账户，也可以重新开始创建账户。如果创建新账户，请按照下面的步骤；否则，请跳到第 5 步。

填写电子邮件地址，点击“继续”，创建登录凭据。我们建议选择一个强大的密码来防止误用。

我们建议密码的长度为 16 字节，包括数字和符号。如果有人可以访问你的账户，这就意味着他们有可能破坏你的系统或者窃取你的数据。

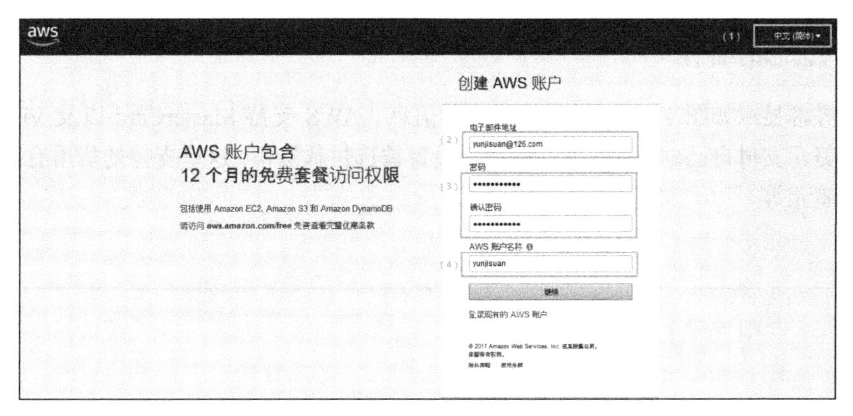

图 1-15 创立一个 AWS 账号：注册页

2. 提供联系信息

下一步需要提供联系信息，如图 1-16 所示。填写完所需的全部内容，然后继续下一步。

图 1-16 创建一个 AWS 账户：提供联系信息

3．提供支付信息的细节

现在的屏幕显示如图 1-17 所示，需要支付信息。AWS 支持 MasterCard 以及 Visa 信用卡。如果不想以美元支付自己的账单，可以稍后再设置首选付款货币。这里支持的货币有欧元、英镑、瑞士法郎、澳元等。

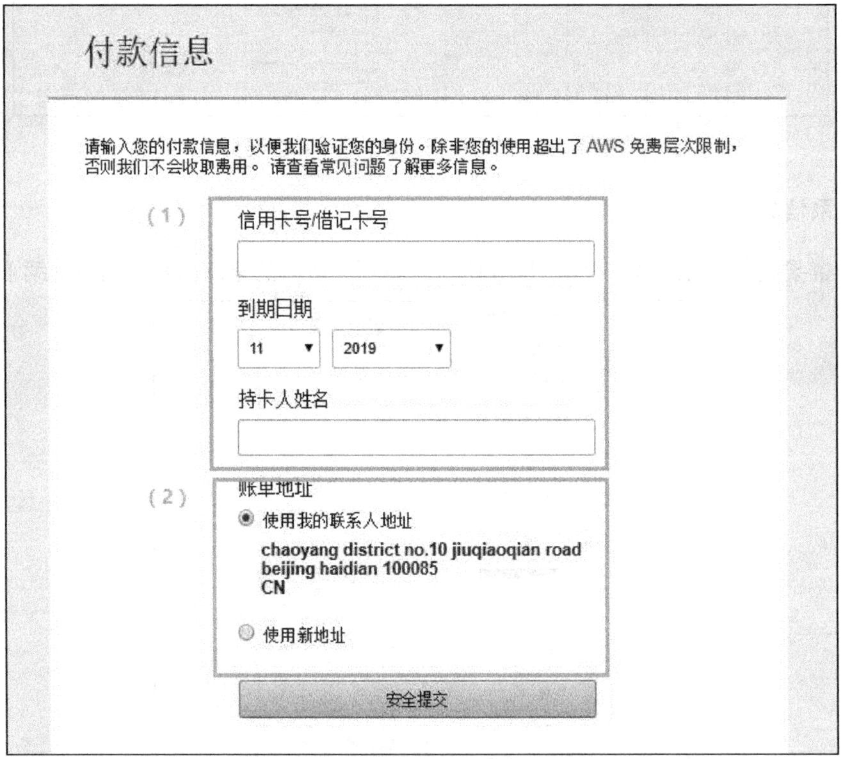

图 1-17　创建一个 AWS 账户：提供支付信息的细节

4．验证身份

接下来就是验证身份。图 1-18 展示了这个流程的第一步。

当完成这个部分以后，你会接到一个来自 AWS 的电话呼叫。一个机器人的声音会询问你的 PIN 码，这个 PIN 码将会如图 1-19 所示显示在屏幕上。身份被验证以后，就可以继续执行最后一步。

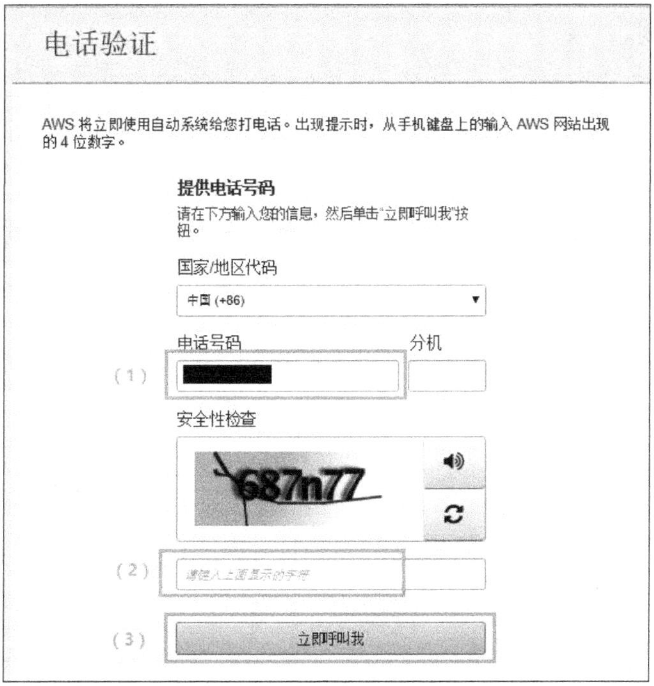

电话验证

AWS 将立即使用自动系统给您打电话。出现提示时，从手机键盘上的输入 AWS 网站出现的 4 位数字。

提供电话号码

请在下方输入您的信息，然后单击"立即呼叫我"按钮。

国家/地区代码

中国 (+86)

（1）电话号码　分机

安全性检查

（2）

（3）立即呼叫我

图 1-18　创建一个 AWS 账户：身份验证（1/2）

图 1-19　创建一个 AWS 账户：身份验证（2/2）

5. 选择支持计划

最后一步就是选择支持计划，如图 1-20 所示。在这种情况下，请选择免费的“基本方案”。

如果你以后为自己的业务创建一个 AWS 账户，我们建议你选择 AWS 的“业务方案”。你甚至可以以后切换支持计划。

图 1-20　创建一个 AWS 账户：选择支持计划

现在你已经完成了全部的步骤，可以使用 AWS 管理控制台登录到自己的账户了。

1.8.2　登录

你现在已经有了一个 AWS 账户，可以登录 AWS 管理控制台。如前所述，管理控制台是一个基于 Web 的工具，可用于控制 AWS 资源。

管理控制台使用 AWS API 来实现客户需要的大部分功能。图 1-21 展示了登录页面。

输入你的登录凭据，然后点击“下一步”，就可以看到图 1-22 所示的管理控制台。

图 1-21 登录到管理控制台

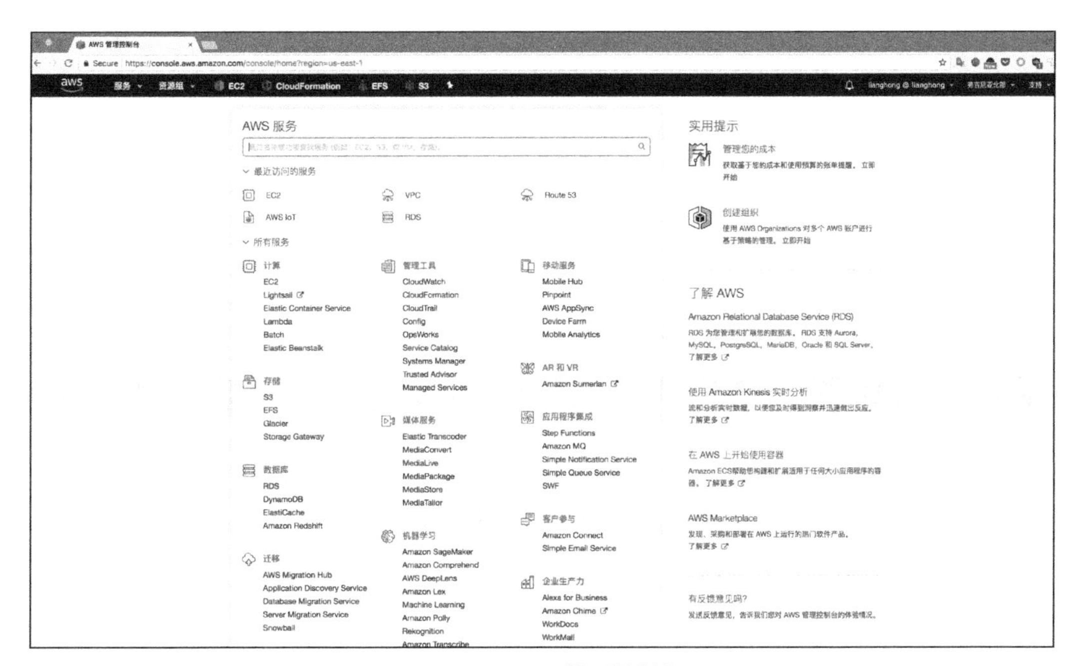

图 1-22 AWS 管理控制台

在这个页面中最重要的部分是顶部的导航栏，如图 1-23 所示。它由以下 6 个部分组成。

- AWS——提供一个账户中全部资源的快速概览。
- 服务——提供访问全部的 AWS 服务。
- 自定义部分——点击“编辑”并拖放重要的 AWS 服务到这里，实现个性化的导航栏。

- 客户的名字——让客户可以访问账单信息以及账户，还可以让客户退出。
- 客户的区域——让客户选择自己的区域，我们将在 3.5 节介绍“区域”的概念，现在不需要改变任何内容。
- 支持——让客户可以访问论坛、文档、培训以及其他资源。

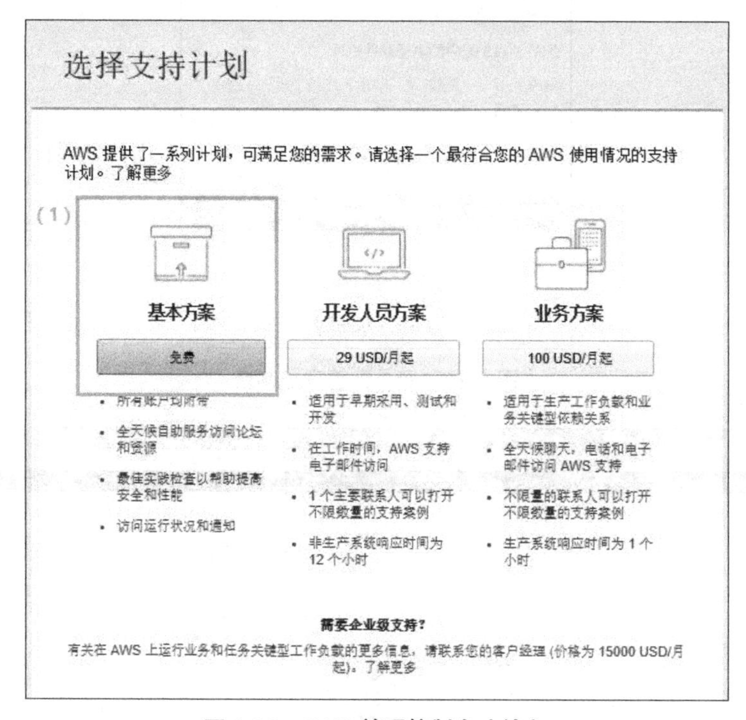

图 1-22 AWS 管理控制台（续）

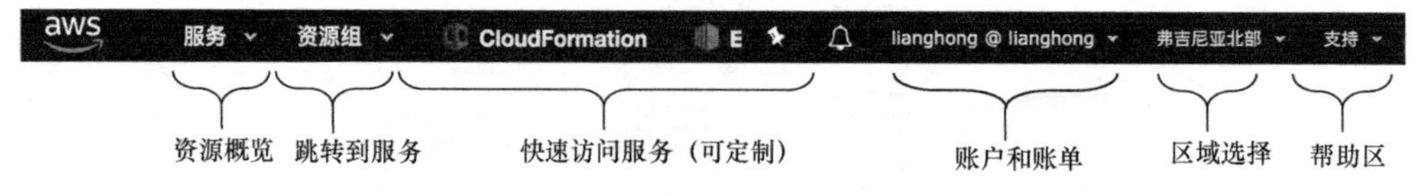

图 1-23 AWS 管理控制台导航栏

接下来，我们需要创建一个用于连接虚拟服务器的密钥对。

1.8.3 创建一个密钥对

要访问 AWS 中的虚拟服务器，客户需要一个由私钥和公钥组成的密钥对。公钥将上传到 AWS 并配置到虚拟服务器中，而私钥是客户私有的。这有点儿类似于密码，但更安全。一定要保护好自己的私钥，它就像是密码一样。这是私有的，所以不要弄丢它。一旦丢失，就无法重新获得。

要访问 Linux 服务器，请使用 SSH 协议。客户将在登录时通过密钥对而不是密码进行身份验证。如果客户需要通过远程桌面协议（RDP）来访问 Windows 服务器，客户也需要使用密钥对才能解密管理员密码，然后才能登录。

以下步骤将引导客户进入提供虚拟服务器的 EC2 服务的仪表板，在那里客户可以获取密钥对。

（1）在 https://console.aws.amazon.com 上打开 AWS 管理控制台。

（2）点击导航栏中的“服务”，找到“EC2 服务”并点击它。

（3）客户的浏览器将显示 EC2 管理控制台。

如图 1-24 所示，EC2 管理控制台被分成 3 列。第一列是 EC2 导航栏，因为 EC2 是最早的服务，所以它具有许多可以通过导航栏可以访问的功能；第二列简要介绍了所有的 EC2 资源；第三列提供了附加信息。

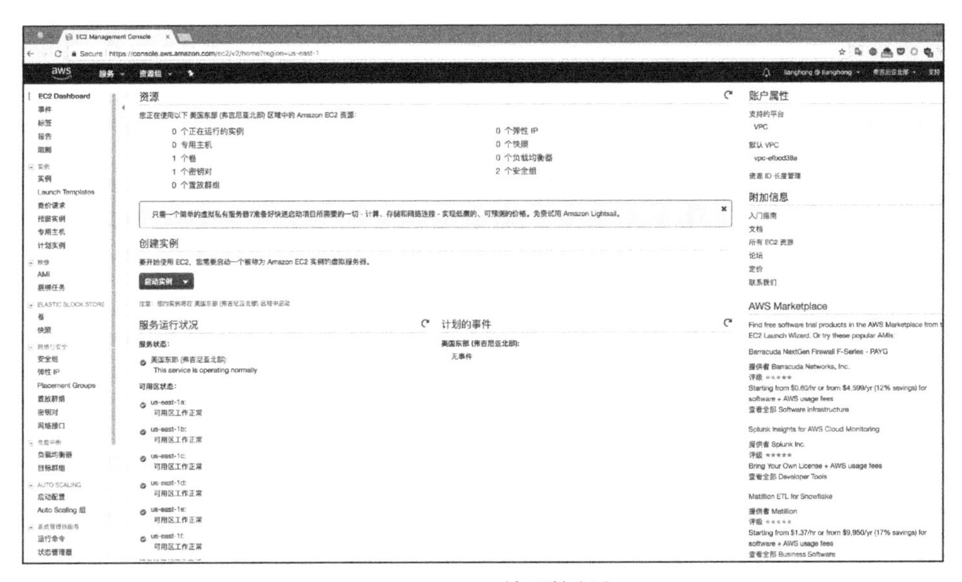

图 1-24　EC2 管理控制台

以下步骤可以用来创建一个新的密钥对。

（1）在“网络与安全”下的导航栏中点击“密钥对”。

（2）点击图 1-25 所示的页面上的“创建密钥对”按钮。

（3）将密钥对命名为 `mykey`。如果客户选择了其他名字，则必须在后续的所有示例中替换密钥对的名字！

在密钥对创建期间，客户要下载一个名为 mykey.pem 的文件。你现在必须准备好该密钥对以备将来使用。根据所使用的操作系统，你可能需要采取不同的操作。因此需要阅读对应的操作系统的部分。

图 1-25 EC2 管理控制台上的密钥对

使用自己的密钥对

读者也可以将现有的密钥的公钥上传到 AWS。这样做有以下两个优点。

- 可以复用现有的密钥对。
- 可以确定只有自己知道密钥对的私钥部分，如果使用“创建密钥对”按钮，你可能担心 AWS 知道（至少暂时的）自己的私钥。

我们决定在本书中不采用这个做法，因为在一本书里面用这种做法会有一些不方便的地方。

1. Linux 与 Mac OS X

客户现在唯一需要做的是更改 mykey.pem 的访问权限，以便只有自己可以读取该文件。为此，请在终端中运行命令 `chmod 400 mykey.pem`。当读者需要在本书中首次登录虚拟服务器时，将会了解如何使用密钥。

2. Windows

Windows 不提供 SSH 客户端，因此客户需要下载适用于 Windows 的 PuTTY 安装程序，然后安装 PuTTY。PuTTY 提供了一个名为 PuTTYgen 的工具，可以将 mykey.pem 文件转换为 mykey.ppk 文件，客户需要按照以下步骤操作。

（1）需要运行应用程序 PuTTYgen，界面如图 1-26 所示。

（2）在“Type of key to generate”（要生成的密钥类型）下选择“SSH-2 RSA”。

（3）点击“Load”（加载）。

（4）因为 PuTTYgen 仅显示*.pkk 文件，需要将“文件名”字段的文件扩展名切换到“所有文件”。

（5）选择 mykey.pem 文件，然后点击“Open”（打开）。

（6）确认对话框。

（7）将“Key comment”改成 `mykey`。

（8）点击“Save private key”。在没有密码的情况下，忽略关于保存密钥的警告。

图 1-26　PuTTYgen 允许将下载的 pem 文件转换成 PuTTY 需要的.pkk 文件

.pem 文件现在已转换为 PuTTY 所需的.pkk 格式。当需要在本书中首次登录虚拟服务器时，我们会学习如何使用密钥。

1.8.4　创建计费告警

在开始使用 AWS 账户之前，我们建议读者创建一个计费告警。如果超过免费套餐的额度，读者会收到告警邮件。本书中的示例如果超出了免费套餐的范围会给出一个提醒。为了确保在清理过程中没有遗漏任何内容，读者要按照 AWS 建议创建一个计费告警。

1.9　小结

- Amazon Web Services（AWS）是一个 Web 服务平台，为计算、存储和连网提供解决方案。

- 节约成本并非使用 AWS 的唯一好处，客户还将从灵活的容量、容错服务和全球基础设施的创新以及快速发展的平台中受益。
- 无论是应用广泛的 Web 应用，还是具有高级网络设置的专业的企业级应用，任何使用场景都可以在 AWS 上实现。
- 可以用许多不同的方式与 AWS 交互。可以使用基于 Web 的图形用户界面（GUI）来控制不同的服务，使用程序代码从命令行或者 SDK 中以编程的方式管理 AWS，或者使用蓝图在 AWS 上设置、修改或删除 AWS 上的基础设施。
- 按使用付费是 AWS 服务的定价模式。计算能力、存储和网络服务的收费类似于电力。
- 创建一个 AWS 账户很容易。现在我们已经了解了如何设置密钥对，可以登录到虚拟服务器，供以后使用。

第 2 章　一个简单示例：5 分钟搭建 WordPress 站点

本章主要内容

- 创建一个博客站点的基础设施架构
- 分析博客站点基础设施架构的成本
- 探索一个博客站点的基础设施架构
- 关闭博客站点的基础设施

在第 1 章中，我们了解了为什么 AWS 是运行 Web 应用的绝佳选择。在本章中，我们评估将一个博客站点的基础设施架构从假想公司的服务器迁移至 AWS。

示例都包含在免费套餐中

本章中的所有示例都包含在免费套餐中。只要不是运行这些示例好几天，就不需要支付任何费用。记住，这仅适用于读者为学习本书刚刚创建的全新 AWS 账户，并且在这个 AWS 账户里没有其他活动。尽量在几天的时间里完成本章中的示例，在每个示例完成后务必清理账户。

你假想的公司目前在自己的服务器上使用 WordPress 来承载超过 1000 篇博客内容。由于用户不能忍受服务中断，博客站点的基础架构必须具备高可用的特点。为了评估这个迁移是否可行，需要完成如下工作。

- 建立一个具有高可用特性的博客站点的基础设施。
- 评估基础设施每月的成本。

WordPress 用 PHP 编写，使用 MySQL 数据库存储数据，由 Apache 作为 Web 服务器来展现页面。根据这些信息，现在把你的需求映射到 AWS 服务之上。

2.1 创建基础设施

可以使用 4 种不同的 AWS 服务把旧的基础设施复制到 AWS。

- 弹性负载均衡（Elastic Load Balancing，ELB）——AWS 提供的弹性负载均衡服务。ELB 将流量分发到它后面的一组服务器上，并且它自身默认就是高可用的。
- 弹性计算云（Elastic Compute Cloud，EC2）——EC2 服务提供的虚拟服务器。你将使用一个 Linux 服务器来安装 Apache、PHP 和 WordPress。这个例子选用的服务器的操作系统 Amazon Linux，一个针对云计算优化过的 Linux 发行版。你也可以选择 Ubuntu、Debian、Red Hat 或者 Windows 等。因为虚拟服务器有可能会宕机，因此你需要部署至少两台，并通过 ELB 分发流量。一旦一台服务器宕机，ELB 将会停止给宕机的服务器发送流量。在宕机的服务器被替换之前，余下的一台服务器将要承担全部的访问请求。
- 适用于 MySQL 的关系数据库服务（Relational Database Service for MySQL）——WordPress 基于流行的 MySQL 数据库。而 AWS 的关系数据库服务（Relational Database Service，RDS）提供了对 MySQL 的支持。你在选择了数据库的规格（存储、CPU、RAM）以后，RDS 会负责其余的工作（备份、升级）。并且，RDS 也可以通过数据复制实现 MySQL 的高可用。
- 安全组（Security group）——安全组类似于防火墙，是 AWS 控制网络流量的一项基本服务。安全组这项服务能够附加到 ELB、EC2、RDS 等服务上。通过设置和附加安全组，ELB 可以只接受对 80 端口访问的互联网流量，Web 服务器只接受来自 ELB 对服务器 80 端口的访问请求，而 MySQL 数据库则只接受来自 Web 服务器对于 3306 端口的连接。如果想通过 SSH 直接登录 Web 服务器，那么需要打开 22 端口。

图 2-1 展示了需要部署的全部基础设施。看起来有不少工作要做，让我们开始吧！

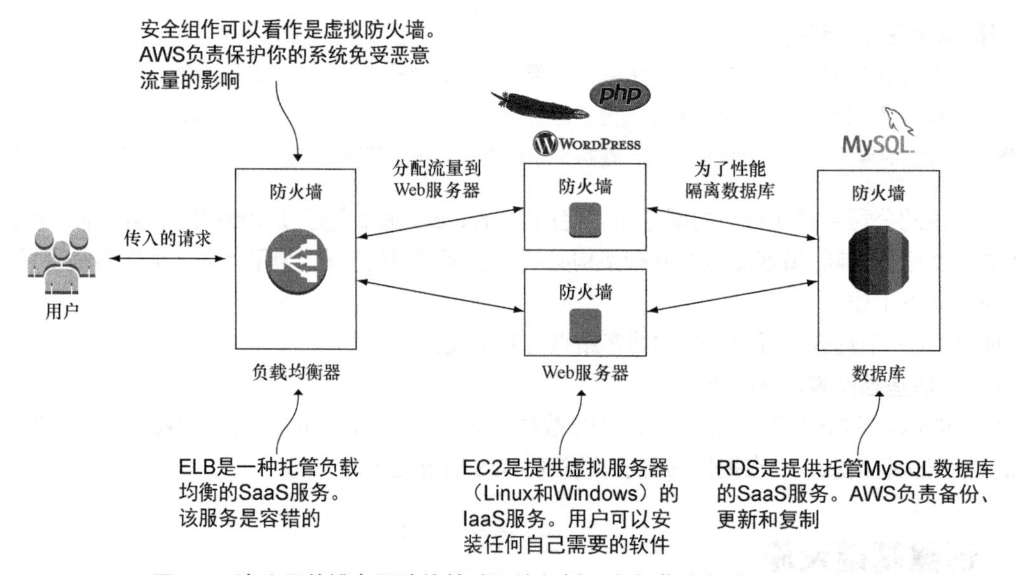

图 2-1 该公司的博客网站的基础设施包括两台负载均衡的 Web 服务器运行了 WordPress 和一台 MySQL 数据库服务器

如果你以为搭建步骤会有很多页，那么你现在可以高兴一下了。因为创建所有基础架构仅需在图形界面上完成一些点击操作，然后后台就会自动完成下列任务。

（1）创建一个 ELB。

（2）创建一个应用 MySQL 数据库的 RDS。

（3）创建并附加上安全组。

（4）创建两个 Web 服务器：

- 创建两个 EC2 虚拟服务器；
- 安装 Apache 和 PHP，使用的安装命令为 `yum install php, php-mysql, mysql, httpd`；
- 下载并解压最新版本的 WordPress；
- 使用已创建的 RDS MySQL 数据库来配置 WordPress；
- 启动 Apache Web 服务器。

为了创建博客站点的基础设施，要打开 AWS 管理控制台并登录。点击导航栏中的“服务”，然后点击“CloudFormation”服务，将看到图 2-2 所示的界面。

图 2-2 CloudFormation 屏幕界面

注意 本书中的所有示例均使用弗吉尼亚北部（N.Virginia，也称为 us-east-1）作为默认区域，如果没有额外的声明即使用该默认区域。在开始工作之前，要确保所选区域是弗吉尼亚北部。在 AWS

管理控制台的主导航栏右侧，可以确认或更换当前区域。

点击“创建堆栈”启动开始向导，共有 4 个步骤，如图 2-3 所示。

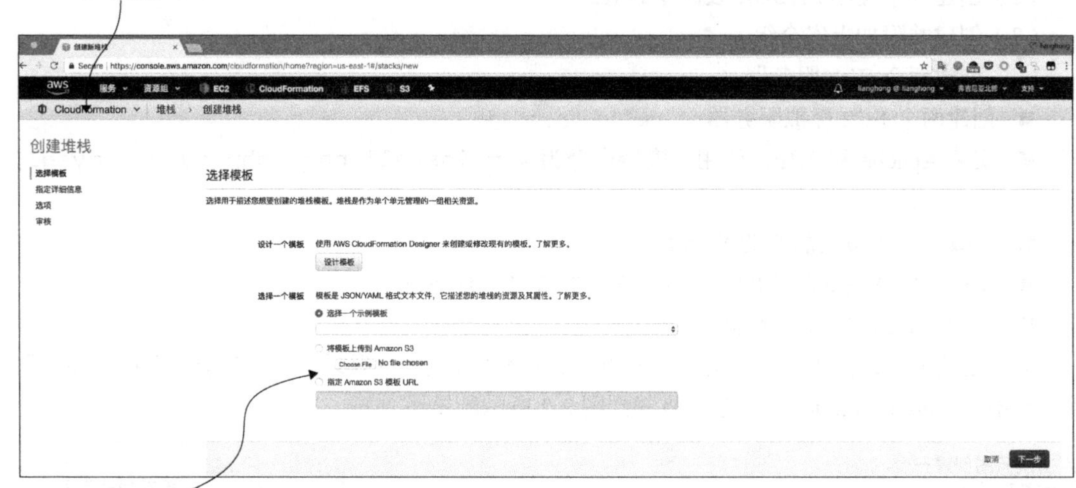

图 2-3　创建一个博客站点的基础设施：第 1 步

在“选择一个模板”中选择“指定 Amazon S3 模板 URL”，并且输入 https://s3.amazonaws.com/awsinaction/chapter2/template.json。然后点击“指定详细信息”，将堆栈名称设置为 wordpress，将 KeyName 设置为 `mykey`，如图 2-4 所示。

图 2-4　创建一个博客站点的基础设施：第 2 步

点击“下一步”，为基础设施打上标签（tag）。标签是由一个键值对组成，并且可以添加到基础设施的所有组件上。通过使用标签，可以区分测试和生产资源，也可以添加部门名称以追踪各部门成本，还可以在一个 AWS 账号下运行多个应用时为应用标记所关联的资源。

媒体上传和插件

WordPress 使用 MySQL 数据库存储文章和用户数据。但在默认设置下，WordPress 把上传的媒体文件和插件存储在一个名为 wp-content 的本地文件目录下，所以服务器不是无状态的。如果要使用多台服务器，就需要每个请求可以被任何一个服务器处理，但是由于上传的媒体和插件只保存在某一台服务器上，所以默认配置并不支持多台服务器的部署方式。

因为没有解决上述问题，所以本章中的示例还不够完整。如果读者有兴趣了解进一步的解决方案，参见第 14 章。第 14 章将介绍如何在启用虚拟机时自动安装 WordPress 插件，以及上传的媒体文件是如何集中保存到对象存储中的。

在这个示例中，我们将使用标签来标记 WordPress 系统的资源，这将有助于你以后轻松地找到自己的基础架构。使用 `system` 作为键，`wordpress` 作为值。图 2-5 展示了标签的配置方法。

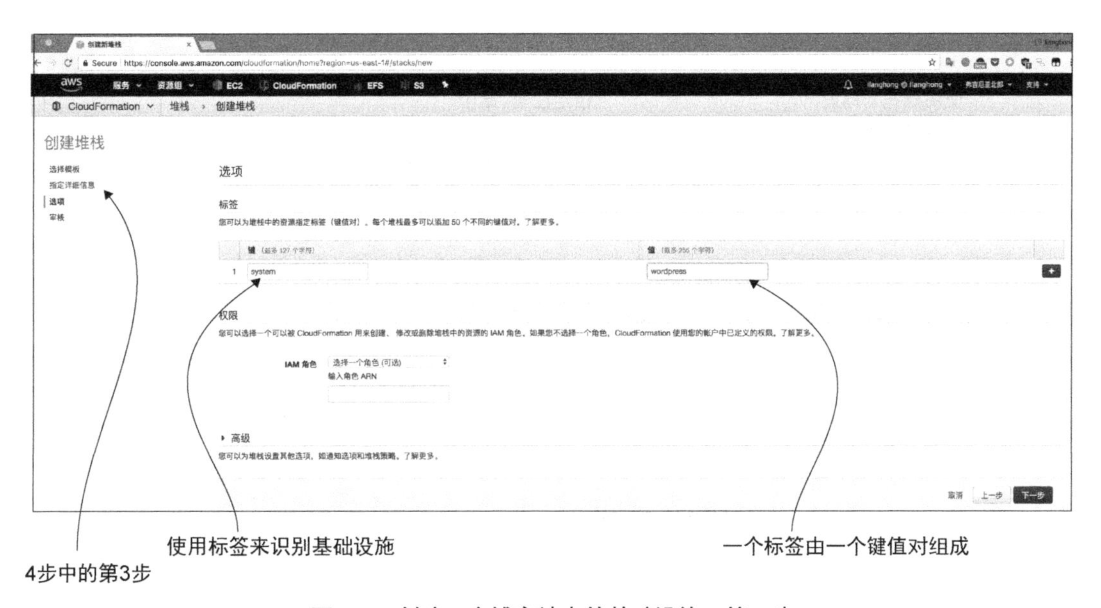

图 2-5 创建一个博客站点的基础设施：第 3 步

点击“审核”，最后将看到一个确认页面，如图 2-6 所示。在“估算费用”一栏中，点击“费用”将在后台打开一个新标签页，我们将在下一节处理其中的内容。切换至原先的浏览器标签页，点击“创建”。

基础架构现在将被创建。如图 2-7 所示，名为 `wordpress` 的堆栈正处于 `CREATE_IN_PROGRESS` 状态。现在可以休息 5～15 min，回来之后就会有惊喜。

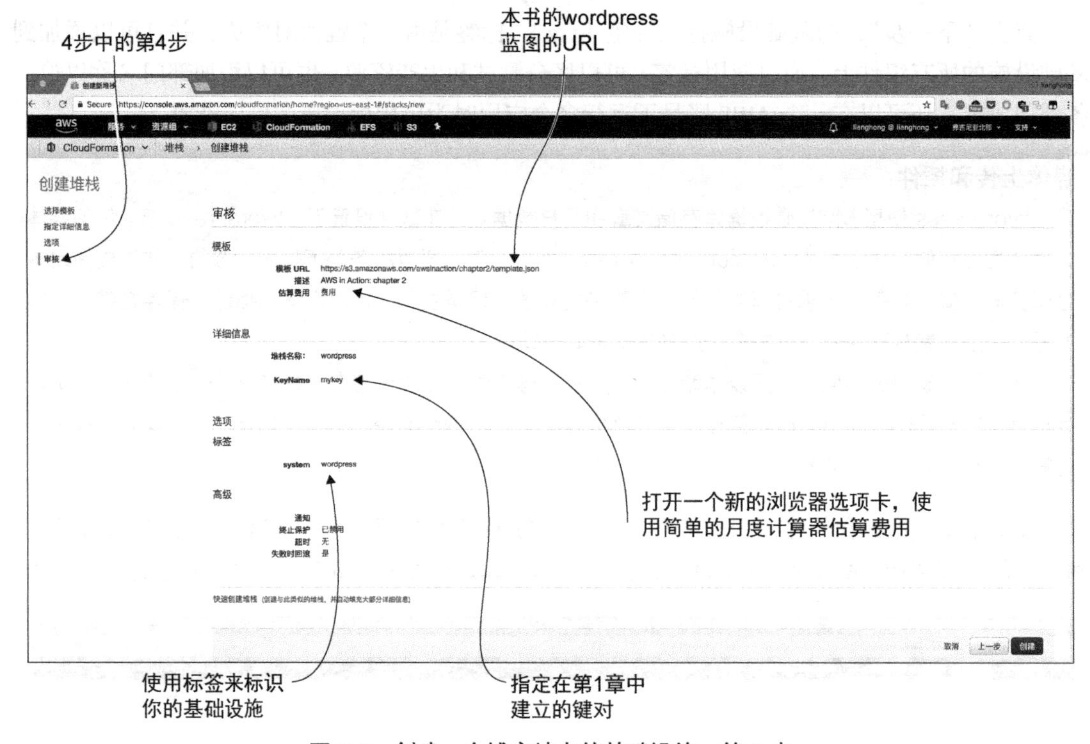

图 2-6　创建一个博客站点的基础设施：第 4 步

图 2-7　审核界面

刷新页面查看结果，选择 `wordpress` 一行，其状态应该是 `CREATE_COMPLETE`。如果状态仍然是 `CREATE_IN_PROGRESS`，请耐心等待直到状态变为 `CREATE_COMPLETE`。如图 2-8 所示，

切换到“输出”标签，将看到 wordpress 系统的 URL 访问链接，点击该链接即可访问。

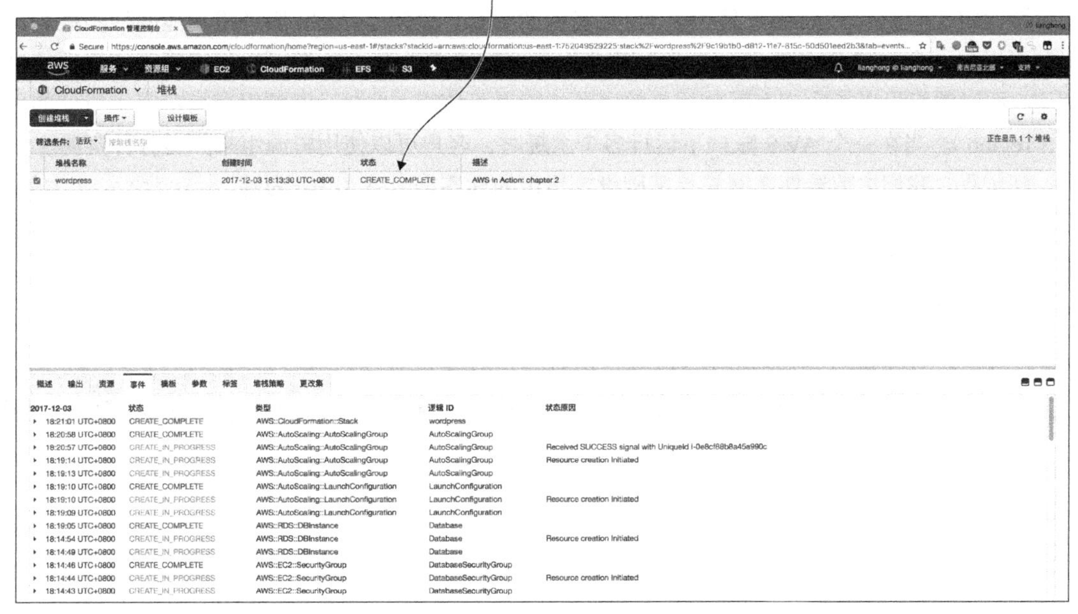

图 2-8 博客站点基础设施的成果

看到这里读者可能会问：其工作原理是什么呢？答案就是自动化。

自动化参考

AWS 的关键概念之一就是自动化。用户可以自动化一切 AWS 的服务。在后台，这个博客站点的基础设施是按照一个蓝图创建的。第 4 章将介绍更多关于这个蓝图的内容，以及针对基础设施的编程理念。第 5 章将介绍如何自动化安装软件。

下一节，我们将探索这个博客站点的基础设施，以便更好地了解正在使用的各种服务。

2.2 探索基础设施

现在我们已经创建了博客站点的基础设施，那就让我们一起来深入了解一下。基础设施包含了如下几个部分：

- Web 服务器；
- 负载均衡器；
- MySQL 数据库。

我们将使用控制台的资源组功能来总览所有内容。

2.2.1　资源组

资源组（resource group）是一个 AWS 资源的集合。资源是 AWS 服务或功能的抽象概念；资源可以是一台 EC2 服务器、一个安全组或者一个 RDS 数据库。资源可以用键值对作为标签来标记，而资源组可以指定拥有哪些标签的资源才能属于该组。此外，资源组会指定资源所处的区域（region）。当在一个 AWS 账户下运行多个系统时，客户可以使用资源组来归类各种资源。

还记得，我们之前给博客网站点基础设施标记的标签是，`system` 为键，`wordpress` 为值。在后文中，我们将采用（`system:wordpress`）这样的记法来表示键值对。这里将使用此标签来为 WordPress 的基础设施创建一个资源组。如图 2-9 所示，点击导航栏的“资源组”部分，然后点击“创建资源组”。

图 2-9　建立一个新的资源组

> **关于图中圆圈中的数字**
>
> 在一些图中，如图 2-9 所示，我们将看到一些带圆圈的数字，它们标记了我们应该遵循的点击顺序，以便执行周围文字所述的流程。

现在我们将创建一个新的资源组。

（1）资源组的名字为 `wordpress`，或者选择一个自己喜欢的名字。

（2）添加标签，键为 `system`，值为 `wordpress`。

（3）选择区域为弗吉尼亚北部。

填写的表单看起来如图 2-10 所示。现在，保存资源组。

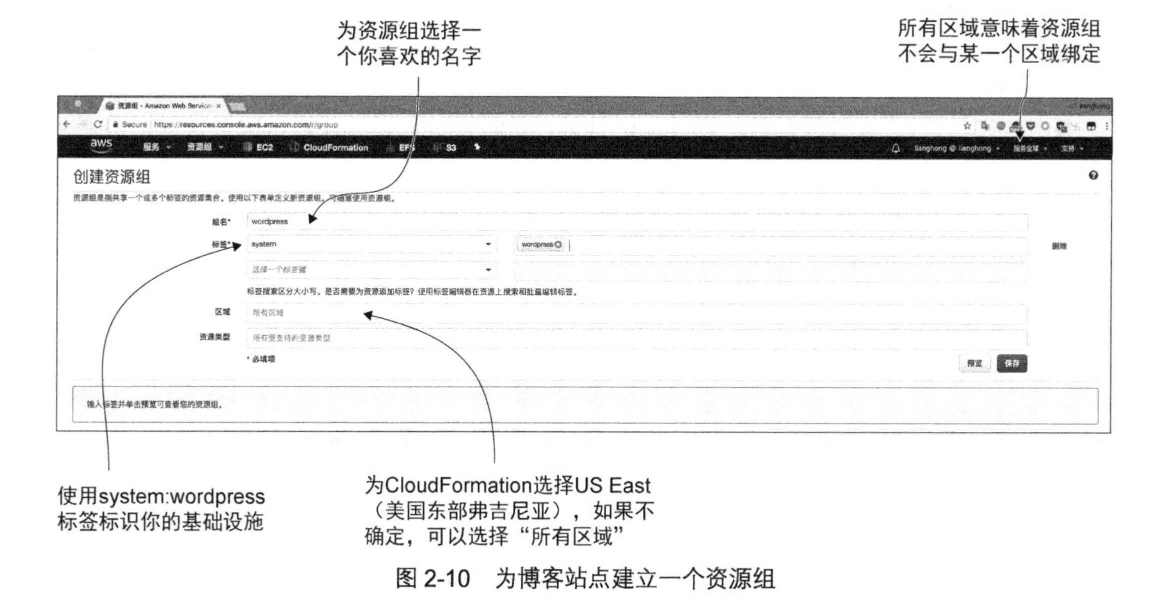

图 2-10　为博客站点建立一个资源组

2.2.2　Web 服务器

现在我们将看到图 2-11 所示的界面，在左边栏的 EC2 分类下选择“实例”就可以看到 Web 服务器。点击“Go”列的箭头图标，可以很容易地查看某一个 Web 服务器的细节。

图 2-11　在资源组中的博客站点 Web 服务器

我们现在看到的是 Web 服务器（也称为 EC2 实例）的细节。图 2-12 展示了将会看到的主要内容，一些有趣的细节如下。

- 实例类型——展示实例的处理能力。我们将在第 3 章了解到关于实例类型的更多的内容。
- 公有 IP——在互联网上可以访问的 IP 地址。我们可以使用 SSH 通过这个 IP 地址登录到服务器。
- 安全组——如果点击查看规则，将看到正在生效的防火墙规则。例如，允许所有的来源（0.0.0.0/0）访问端口 22。
- AMI ID——记住你正在使用的是 Amazon Linux 操作系统。如果点击 AMI ID，将看到操作系统的版本等。

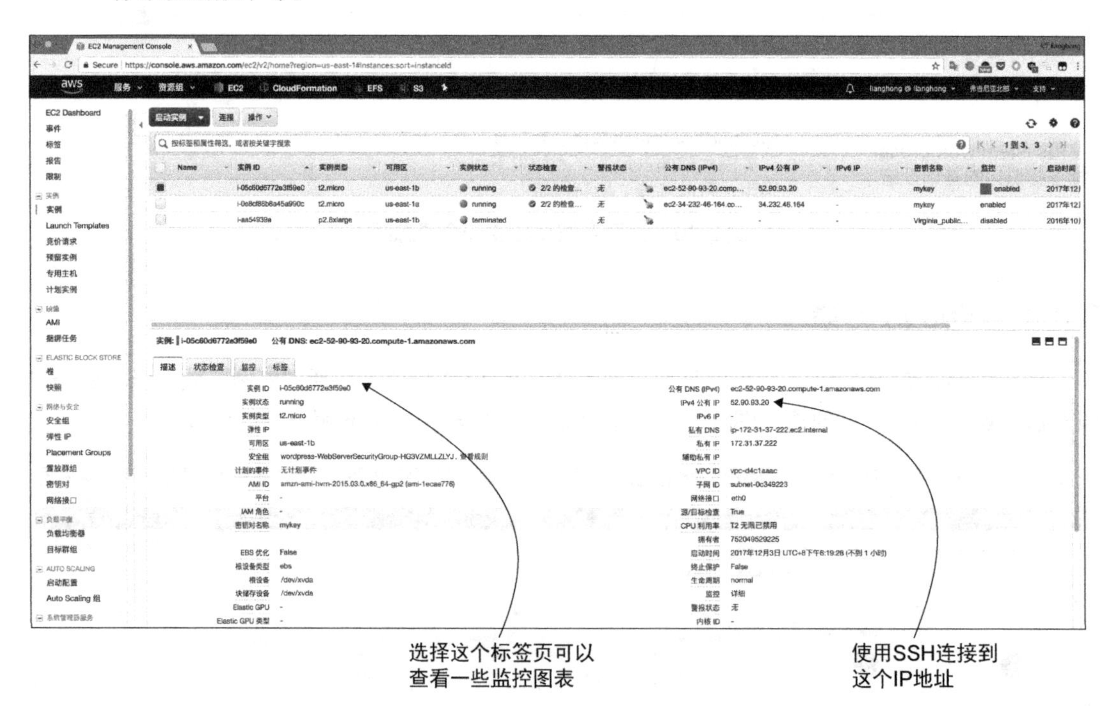

图 2-12　博客站点基础设施中 Web 服务器的细节信息

选择“监控”标签查看 Web 服务器的使用程度。这将成为你日常工作的一部分：掌握基础设施的实际运行情况。AWS 收集了一些系统指标，并把它们展示在监控功能里面。如果 CPU 利用率高于 80%，应该添加第三台服务器，以防止 Web 页面加载时间过长。

2.2.3　负载均衡器

点击左边栏 EC2 分类下的“负载均衡器”，可以看到所创建的负载均衡器，如图 2-13 所示。

点击“开...”列中的箭头，就可以看到负载均衡器的细节。

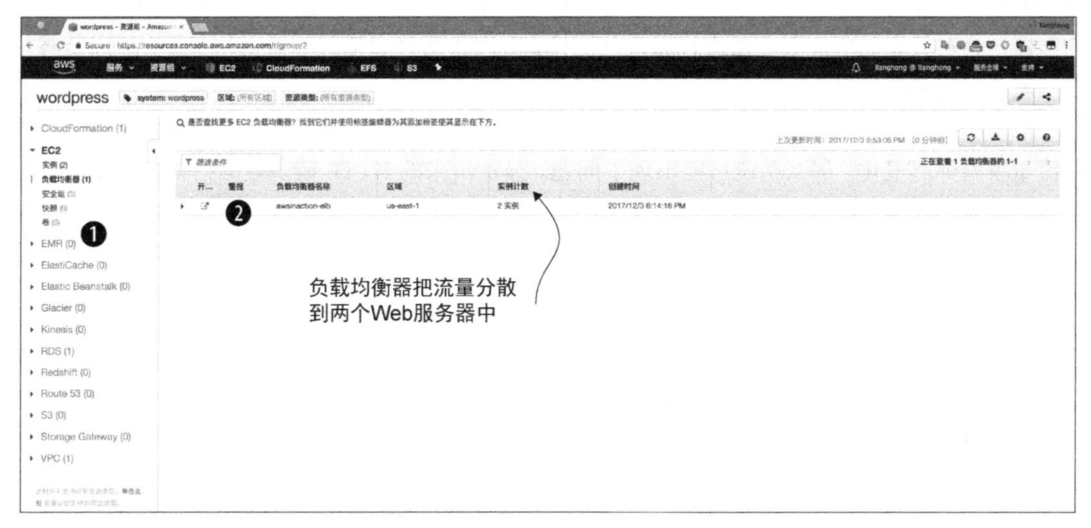

图 2-13 博客站点基础设施资源组中的负载均衡器

现在看一下负载均衡器的细节。图 2-14 展示了将会看到的主要内容。最有趣的是，负载均衡器是如何将流量转发到 Web 服务器的。

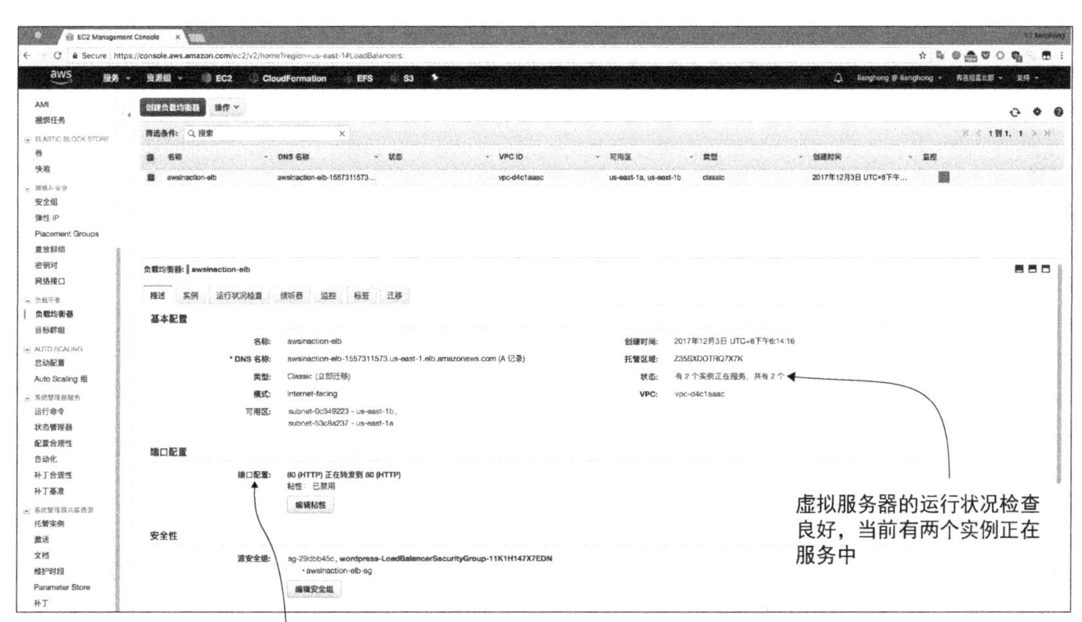

图 2-14 负载均衡器服务于博客站点基础设施的细节

博客站点的基础设施的运行在 80 端口上，即 HTTP 协议的默认端口。创建的负载均衡器仅接受 HTTP 协议的连接，并会把一个请求转发给后端的一台监听 80 端口的 Web 服务器上。负载均衡器还会对关联的虚拟服务器进行运行状况检查。因为两台虚拟服务器工作正常，所以负载均衡器就会将流量转发过去。

如前所述，“监控”标签页里包含了一些有趣的指标，我们应该在生产环境里予以关注。如果流量模型突然变化，那么系统可能出现了问题。显示出来的 HTTP 错误数的指标会帮助我们对系统进行监控和排错。

2.2.4 MySQL 数据库

最后但并非不重要的是，我们一起来看一下 MySQL 数据库。在 `wordpress` 资源组中可以看到 MySQL 数据库。在左边栏选择 RDS 分类下的“数据库实例”，点击“开...”列的箭头（如图 2-15 所示），将看到数据库的细节信息。

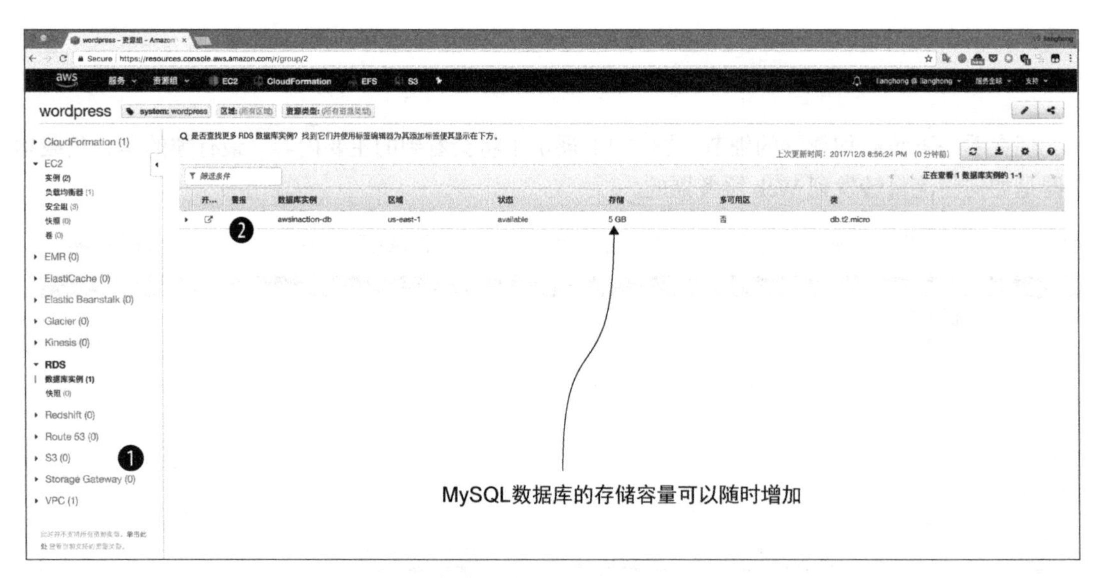

图 2-15 博客站点基础设施资源组中的 MySQL

图 2-16 展示了 MySQL 数据库的细节信息。使用 RDS 的好处是，因为 AWS 平台会自动完成数据库备份，客户不再需要关心这些工作。同时，在自定义维护时间窗口后，AWS 也将自动完成数据库更新。记住，可以按照实际需要选择适当的数据库的存储、CPU 和内存大小。AWS 提供了许多不同的实例类型，从 1 个 CPU 核、1 GB 内存，到 32 个 CPU 核、244 GB 内存，我们将在第 9 章了解到更多相关内容。

接下来，应该评估成本了，我们将在下一节分析博客站点基础架构的各项成本。

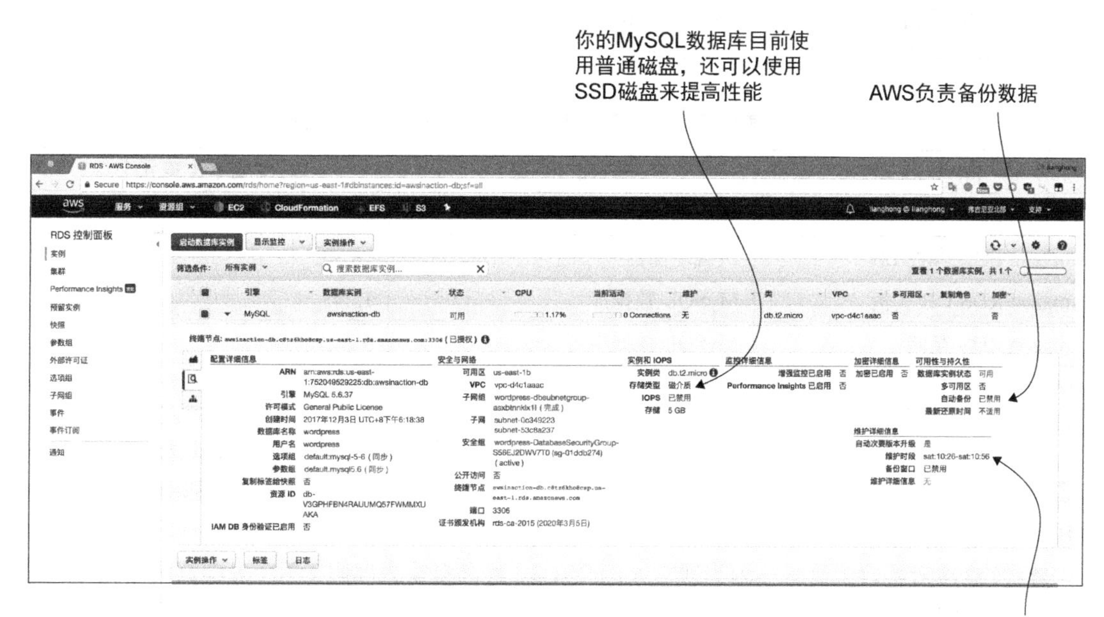

图 2-16 博客站点基础设施中 MySQL 数据库的信息

2.3 成本是多少

估价是成本评估工作的一部分，可以使用“AWS 简单月度计算器”（AWS Simple Monthly Calculator）来分析博客站点基础设施的成本。在 2.1 节中，点击“费用”链接就会打开另外一个浏览器标签页。现在切换到那个标签页，将看到如图 2-17 所示的内容。如果已经关闭了之前的标签页，可以登录如下链接：https://s3.amazonaws.com/awsinaction/chapter2/cost.html。

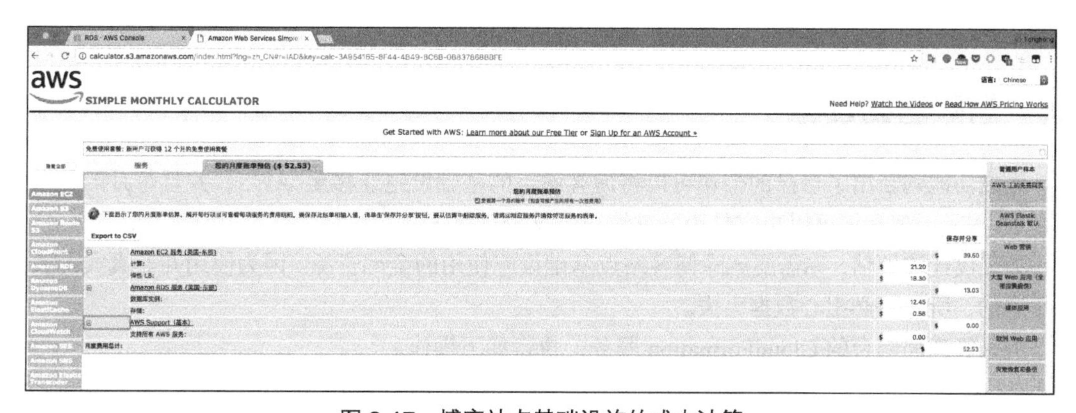

图 2-17 博客站点基础设施的成本计算

点击“你的月度账单预估”，展开“Amazon EC2 服务”和“Amazon RDS 服务”两行。

在这个例子中，基础设施 1 个月将花费大约 60 美元，表 2-1 展示了其成本细节。

表 2-1 使用 AWS 简单月度计算器计算基础设施的成本

AWS 服务	基 础 设 施	月度成本（美元）
Amazon EC2 计算	Web 服务器	26.04
Amazon EC2 弹性 LB	负载均衡器	18.30
Amazon RDS DB 实例	MySQL 数据库	12.45
Amazon RDS 存储	MySQL 数据库	0.58
总 计		57.37

请注意，这只是一个估算的成本。每个月底，你将收到根据实际使用计算出来的账单。所有资源按需使用，账单是按小时或按 GB 数量计算的。那么，哪些因素会影响基础设施的实际使用呢？

- *负载均衡器的流量*——因为通常人们会在 12 月和夏季去度假，不会去浏览博客，所以这个时间段的预期成本会下降。
- *数据库的存储*——如果你公司的博客文章在不断地增加，数据库的存储也会增加，从而导致数据库存储成本的增加。
- *Web 服务器的数量*——每台 Web 服务器都是按小时计费的。如果两台 Web 服务器不足以处理每天的全部流量，你可能需要部署第三台服务器，这就要消耗更多的虚拟服务器的运行小时数。

预估基础设施的成本是一项复杂的任务。即时没有在 AWS 上运行也是如此。此外，灵活性是使用 AWS 可以得到的好处之一。如果预估的 Web 服务器数量过多，可以随时停止一台或几台，这就意味着同时停止了计费。

现在你已经对博客站点基础设施的成本有了大概的了解，接下来我们该关闭基础设施并完成迁移评估。

2.4 删除基础设施

你成功地判断出了自己的公司可以将博客站点的基础设施迁移至 AWS，并且每月的花费大约是 60 美元。现在你可以决定是否要继续执行这个迁移了。

为完成迁移评估，你需要删除博客站点基础设施使用的全部资源。因为使用并非真实的数据进行评估，所以不必担心数据丢失。

进入管理控制台的 CloudFormation 服务，执行如下操作。

（1）选择 wordpress 这一行。

（2）点击“删除堆栈”，如图 2-18 所示。

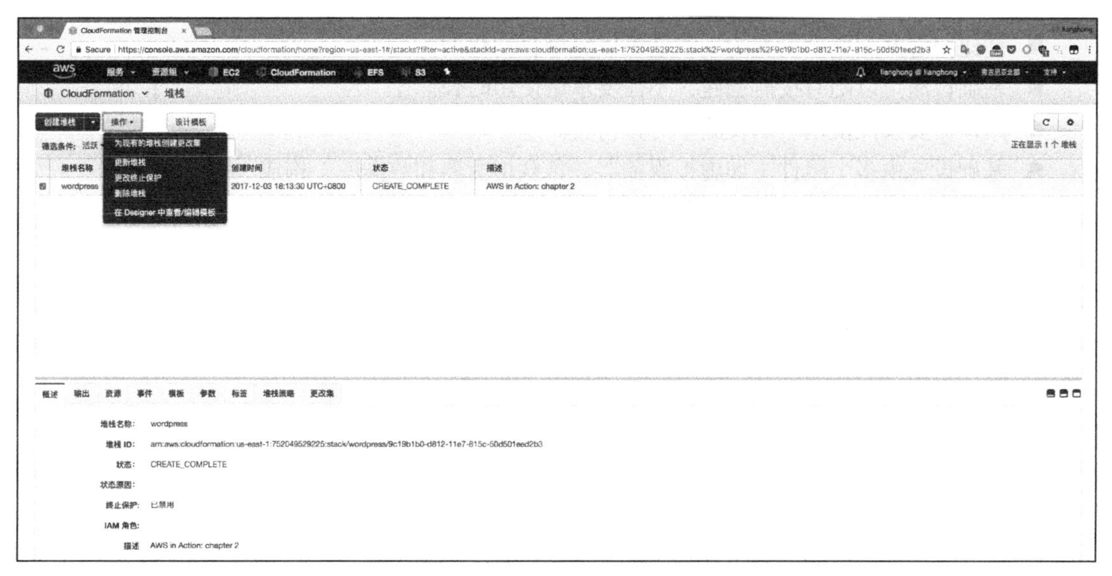

图 2-18　删除博客站点的基础设施

如图 2-19 所示，在确认删除之后，AWS 会在几分钟内自动分析资源依赖关系并删除整个基础设施。

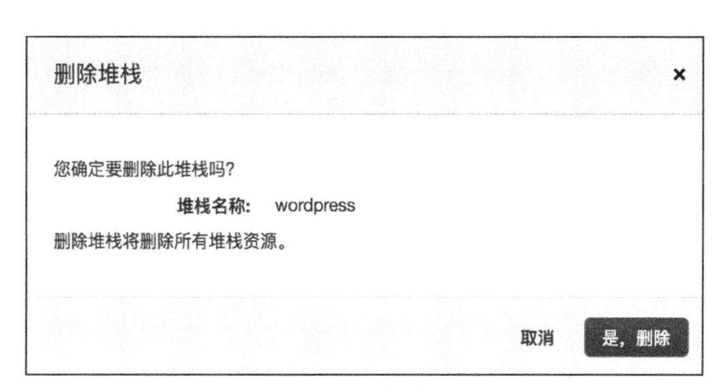

图 2-19　确认删除博客站点的基础设施

这是管理基础设施的一种高效方法。正如自动化创建基础设施一样，删除也是完全自动化的。你可以随时按需创建或删除基础设施，仅需在基础设施上创建和运行时为之支付费用。

2.5 小结

- 创建博客站点基础设施的工作是可以完全自动化的。
- 基础设施可以随时按需创建，不需要承诺使用时长。
- 用户需要按照使用基础设施小时数付费。
- 基础设施由多个组件（如虚拟服务器、负载均衡器和数据库）构成。
- 基础设施可以一键删除，处理流程是自动的。

第二部分

搭建包含服务器和网络的虚拟基础设施

计算能力和网络连接能力已经成为从小型个体、中型企业到大型集团的基本要求了。过去满足这类需求的方法是，在自有机房或者外包的数据中心维护这些硬件。如今，云计算提供了革命性的方法来获取计算能力。用户可以在需要的时候，几分钟内开启或停止虚拟服务器来满足对计算资源的需求。我们同样可以在虚拟服务器上自由安装软件，这使我们能够执行我们的计算任务，而不必购买或租用硬件设备。

如果想了解 AWS，最好能够深入了解在表面功能之下提供支撑的 API（应用编程接口）所能带来的各种可能性。用户可以利用向 REST API 发送请求控制所有 AWS 服务。在这些 API 上，我们可以搭建各种解决方案来实现基础设施自动化。基础设施自动化是云计算胜过自有设施的一个重要优势。

本书的这个部分的主题是调度基础设施并自动化部署应用。建立虚拟网络可以帮助你在 AWS 搭建封闭、安全的网络环境，并让它和你家里的网络或者企业内网实现互通。第 3 章探讨虚拟服务器，读者会了解 EC2 的核心概念。第 4 章讨论自动化基础设施甚至像管理代码一样管理它。第 5 章将展示 3 种不同的方法来想 AWS 部署软件。第 6 章是关于网络的，读者可以学到如何利用虚拟专用网和防火墙来保护自己的系统。

第 3 章 使用虚拟服务器：EC2

本章主要内容

- 启动一台 Linux 虚拟服务器
- 使用 SSH 远程连接到虚拟服务器
- 在虚拟服务器上监控和调试
- 减少在虚拟服务器上的开销

我们口袋中的智能手机和背包里的笔记本电脑可以达到惊人的计算能力。不过，如果我们需要大规模的计算能力和很高的网络流量，或者需要全天候不间断可靠运行，虚拟服务器则是更合适的选择。有了虚拟服务器，就拥有了数据中心里一台物理服务器的一部分。在 AWS 中，有一个叫弹性计算云（Elastic Compute Cloud，EC2）的服务用来提供虚拟服务器。

3.1 探索虚拟服务器

虚拟服务器是一台物理服务器的一部分。物理服务器通过软件来隔离其上的各个虚拟服务器。一台虚拟服务器由 CPU、内存、网络接口和存储组成。物理服务器也称为宿主服务器（host server），其上运行的虚拟服务器称为客户机（guest）。虚拟化管理器（hypervisor）负责孤立各个客户机并调度它们对硬件的请求。图 3-1 展示了服务器虚拟化的各个层次。

不是所有示例都包含在免费套餐中

本章中的示例不都包含在免费套餐中。当一个示例会产生费用时，会显示一个特殊的警告消息。只要不是运行这些示例好几天，就不需要支付任何费用。记住，这仅适用于读者为学习本书刚刚创建的全新 AWS 账户，并且在这个 AWS 账户里没有其他活动。尽量在几天的时间里完成本章中的示例，在每个示例完成后务必清理账户。

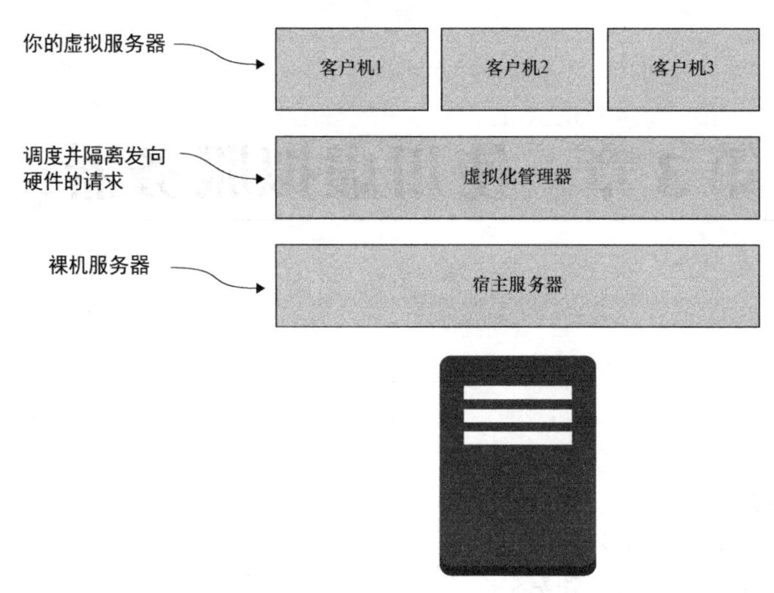

图 3-1　服务器虚拟化的层次关系

下面是一些典型的虚拟服务器应用案例：

- 网络应用服务器主机；
- 运行企业内应用；
- 数据转换或分析。

3.1.1　启动虚拟服务器

要启动一台虚拟服务器只需要以下几次简单的点击。

（1）打开 AWS 管理控制台。

（2）确保在“美国东部（弗吉尼亚北部）”区域（见图 3-2），我们的示例专门为此区域进行了优化。

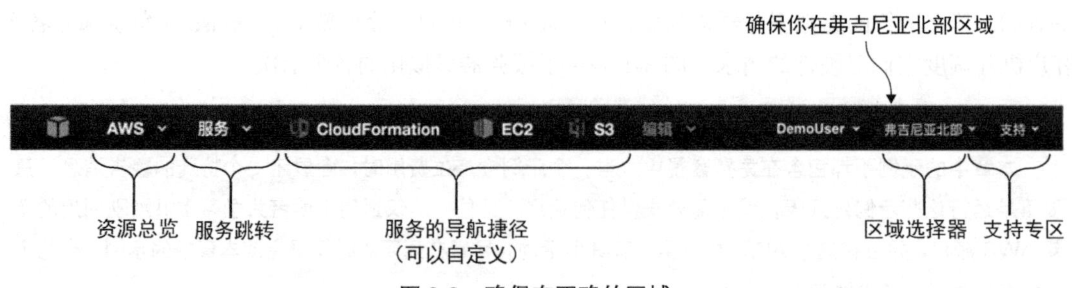

图 3-2　确保在正确的区域

（3）在导航栏中展开“服务”列表，找到 EC2 服务并打开，会看到一个图 3-3 所示的页面。

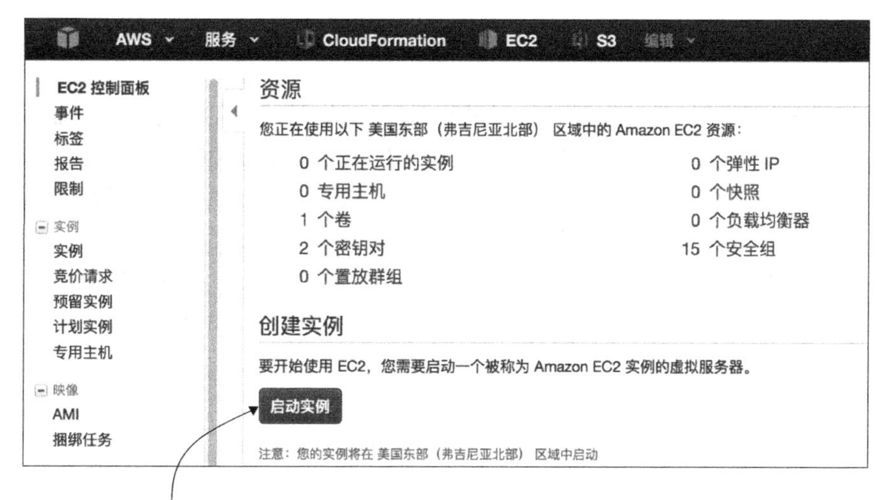

图 3-3　EC2 服务的界面和“启动实例”按钮

（4）点击“启动实例”按钮来执行启动虚拟服务器向导。

这个向导将带用户经历以下几个步骤。

（1）选择操作系统。

（2）选择虚拟服务器的规格。

（3）配置详细信息。

（4）检查输入并为 SSH 选择一个密钥对。

1．选择操作系统

第一步是为虚拟服务器选择操作系统和预安装软件的组合，我们称其为 Amazon 系统映像（Amazon Machine Image，AMI）。为虚拟服务器选择 Ubuntu Server 14.04 LTS（HVM），如图 3-4 所示。

虚拟服务器是基于 AMI 启动的。AMI 由 AWS、由第三方供应商及社区提供。AWS 提供 Amazon Linux AMI，包含了为 EC2 优化过的从 Red Hat Enterprise Linux 派生的版本。用户也可以找到流行的 Linux 版本及 Microsoft Windows Server 的 AMI。另外，AWS Marketplace 提供预装了第三方软件的 AMI。

AWS 上的虚拟设备

一台虚拟设备（virtual appliance）是一个包含操作系统和预安装软件的映像，它可以运行在虚拟机管理程序（hypervisor）上。虚拟机管理程序的工作就是运行一台或多台虚拟设备。因为一台虚拟设备包含一个固定状态，每次启动这台虚拟设备，都会得到完全一致的结果。用户可以经常根据自己的需要再生产虚拟设备，这样就能利用它们来消除安装配置复杂软件的开销。虚拟设备可以被常见的虚拟化工具使用，以基础设施即服务的方式在云中提供。这些虚拟化工具可能来自于 VMware、Microsoft 或 Oracle 等厂商。

AMI 是 AWS 上的虚拟设备映像。它是一个特殊的虚拟设备，用于 EC2 服务商的虚拟服务器。从技术上来说，AMI 由一个只读文件系统，包括操作系统、额外的软件和配置构成；它不包含操作系统内核。操作系统内核从 Amazon Kernel Image（AKI）装载。也可以利用 AMI 在 AWS 上部署软件。

AWS 使用 Xen，一个开源的虚拟机管理程序，作为 EC2 服务的底层技术。AWS 上这一代的虚拟服务器使用硬件辅助的虚拟化技术。这个技术被称为 Hardware Virtual Machine（HVM）且使用 Intel VT-x 平台。一台运行在基于 HVM 的 AMI 的虚拟服务器使用完全虚拟化的硬件设备，并且可以利用硬件设备扩展，它提供快速访问底层硬件。

为虚拟 Linux 服务器使用 3.8+内核将提供最好的性能。要这样做，用户应该使用至少 Amazon Linux 13.09、Ubuntu 16.x 或 RHEL 7。如果要启动新的虚拟服务器，一定要确保自己使用的是 HVM 映像。

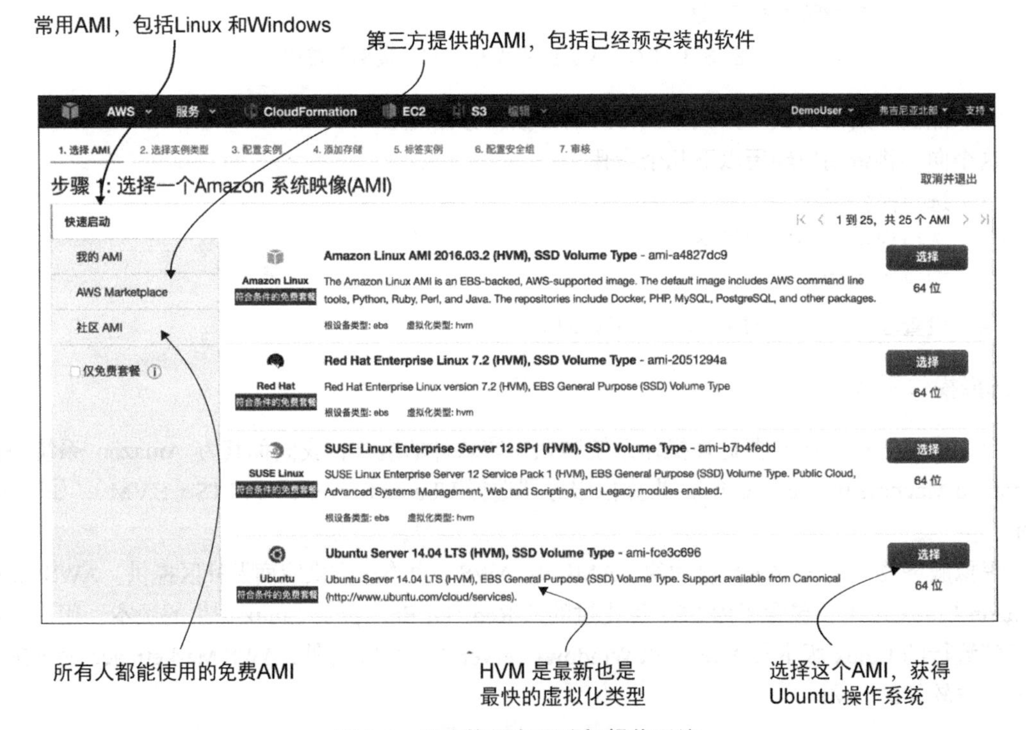

图 3-4 为虚拟服务器选择操作系统

2. 选择虚拟服务器的尺寸

现在是时候来为虚拟服务器选择所需的计算能力了。图 3-5 展示了向导的下一步。在 AWS 上，计算能力被归类到实例类型中。一个实例类型主要描述了 CPU 的个数及内存数量等资源。

图 3-5 选择虚拟服务器的尺寸

实例类型及家族

不同实例类型用同样的结构化方式命名。*实例家族*（instance family）用相同的方式对实例类型进行分组。AWS 不时发布新的实例类型及家族；不同版本的硬件用“代”（generation）来表示。*实例尺寸*（instance size）定义了 CPU 的处理能力、内存、存储及网络。

例如，实例类型 t2.micro 告诉用户以下信息。

（1）实例家族是 t。它包含了小的、便宜的虚拟服务器，具备最低基线的 CPU 性能，但是有能力突然在短时间内大大超过其 CPU 性能基线。

（2）用户正在使用这一实例类型的第二代。

（3）尺寸是 micro，意味着这个实例非常小。

表 3-1 展示了不同案例下使用的实例类型的示例。所有的价格（以美元为单位）对美国东部（弗吉尼亚）有效，且虚拟服务器是基于 2015 年 4 月 14 日的 Linux 版本的。

表 3-1　实例家族及实例类型概览

实例类型	虚拟 CPU（个）	内存（GB）	描　述	典型案例	小时价格（美元）
t2.micro	1	1	最小及最便宜的实例家族，一般性能基线，有能力短时间突破 CPU 性能基线	测试与开发环境，以及低流量的应用	0.013
m3.large	2	7.5	有平衡比例的 CPU、内存；还有一定的网络性能	所有类型的应用，如中型数据库、HTTP 服务器，以及企业级应用	0.140
r3.large	2	15	使用额外内存为内存密集型应用做了优化	内存中缓存，企业级应用服务器	0.175

另外，还有为计算密集型工作量、高网络 I/O 型工作量和存储密集型工作量做了优化的实例类型与家族。还有实例类型为服务器端图形化工作量提供 GPU 访问。我们的经验表明，用户会高估自己的应用所需的资源，因而我们推荐读者先尝试使用比自己首先想到的要小一些的实例类型来启动自己的应用。

计算机的运算速度越来越快，而且技术越来越专业化。AWS 持续不断引入新的实例类型与家族。它们中有些是对已存在的实例家族的改进，而另一些则专注于特殊的工作负载。例如，实例家族 d2 于 2015 年 3 月被引入。它提供了为要求高顺序读写访问工作量优化的实例，如一些数据库及日志处理。

用户进行最初的实验时使用最小且最便宜的虚拟服务器就足够了。在图 3-6 所示的向导界面上，选择实例类型 t2.micro，然后点击“下一步：配置实例详细信息”按钮来继续。

3．实例详细信息、存储、防火墙和标签

向导的接下来 4 个步骤十分容易，因为不需要更改默认值。我们稍后会学习这些设置的详细信息。

图 3-6 展示了向导的下一步。用户可以更改自己的虚拟服务器的详细信息，如网络配置或需要启动的服务器的数量。目前，保持默认值，然后点击“下一步：添加存储”按钮。

有不同的在 AWS 上存储数据的选项，我们将在后面的章节进行介绍。图 3-7 展示了向虚拟服务器添加网络附加存储的选项。保持默认值，然后点击“下一步：添加标签”按钮。

清晰的组织分类可以营造整洁的环境。在 AWS 平台上，使用标签可以帮助用户很好地组织资源。标签是一个键值对。用户至少应该给自己的资源添加一个名称标签，以便今后更方便地找到它。使用 `Name` 作为键，`myserver` 作为值，如图 3-8 所示。然后点击“下一步：配置安全组”按钮。

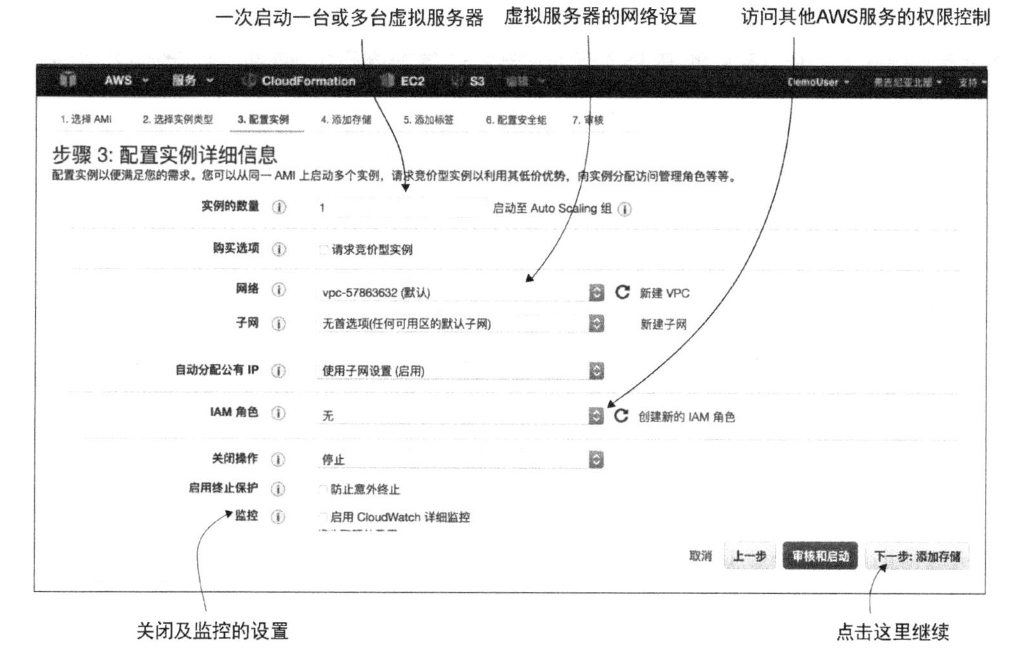

图 3-6 虚拟服务器的详细信息

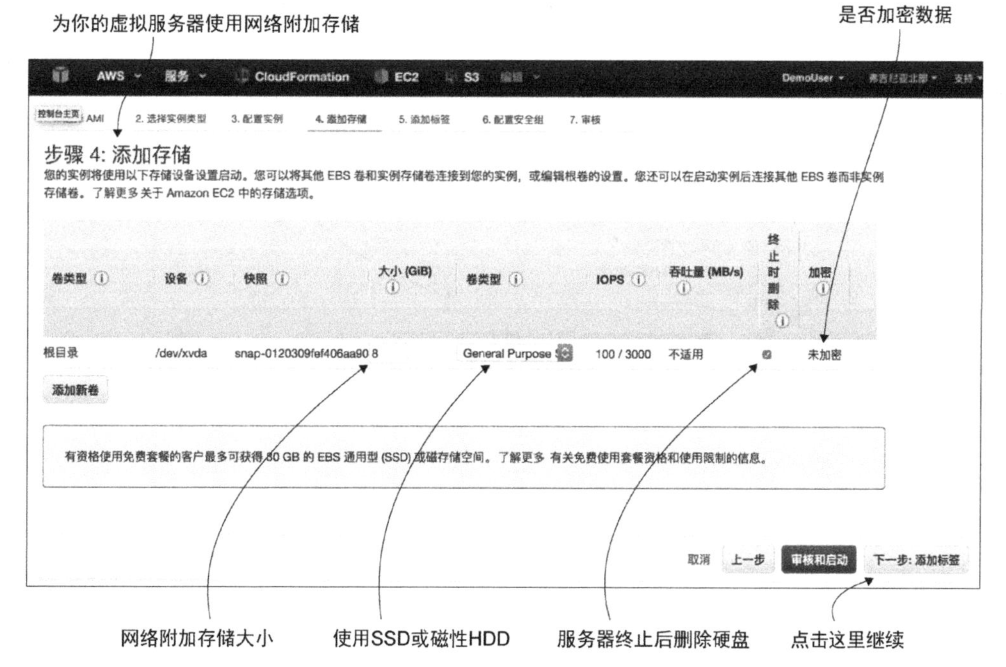

图 3-7 为虚拟服务器添加网络附加存储

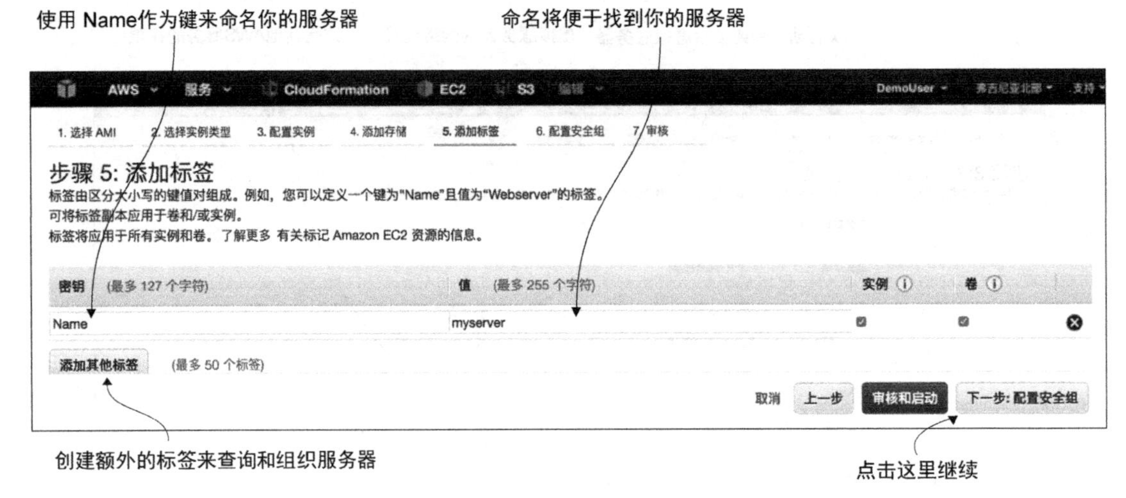

图 3-8 用一个名称标签为虚拟服务器命名

防火墙帮助用户保护虚拟服务器的安全。图 3-9 展示了一个防火墙设置，该设置允许从任意位置使用 SSH 访问默认的 22 端口。这正是我们想实现的效果，所以保留默认值，然后点击“审核和启动”按钮。

图 3-9 为虚拟服务器配防火墙

4. 检查输入并为 SSH 选择一个密钥对

启动虚拟服务器的步骤快要完成了。向导会向用户显示新的虚拟服务器的总结信息（见图 3-10）。确保选择了 Ubuntu Server 16.04 LTS（HVM）作为操作系统，实例类型为 t2.micro。如果一切正确，点击“启动”按钮。

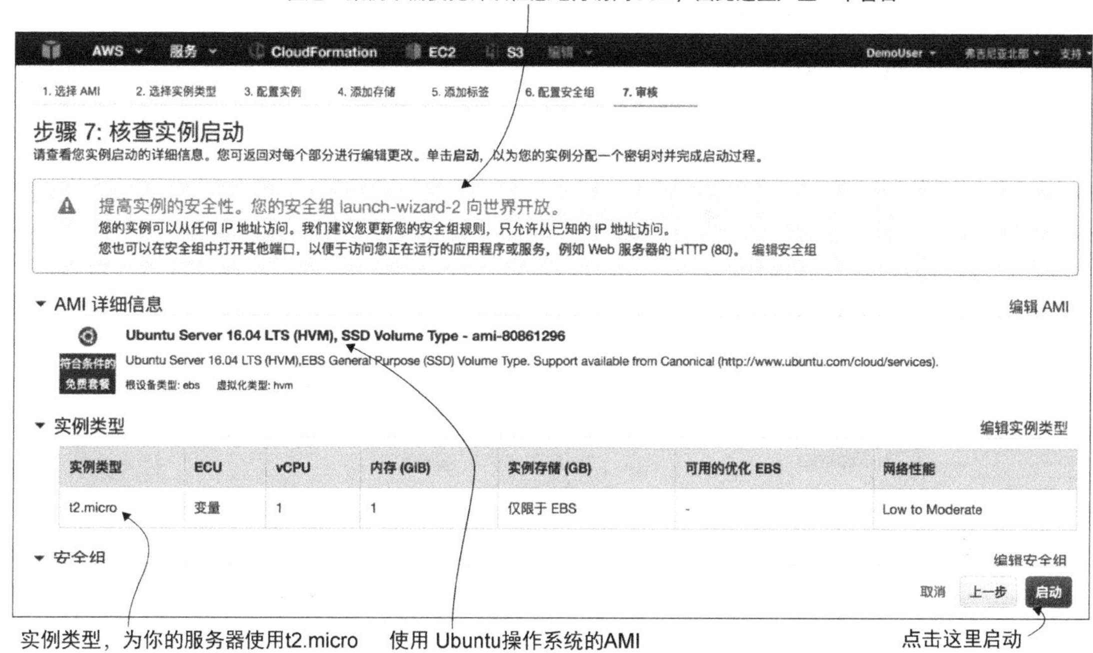

图 3-10 检查虚拟服务器启动的实例

最后但同样重要的是，向导要求用户提供新虚拟服务器的密钥对。

丢失自己的密钥?

用户需要一个密钥来登录到自己的虚拟服务器。用户使用一个密钥而不是密码来完成身份认证。密钥比密码更加安全，而且在 AWS 上运行 Linux 的虚拟服务器强制 SSH 访问使用密钥方式。如果跳过了 1.8.3 节中创建密钥的步骤，可以根据下面的步骤来创建一个个人密钥。

（1）打开 AWS 管理控制台。在导航栏的“服务”的下面找到“EC2 服务”，然后点击它。

（2）切换到子菜单“密钥对”。

（3）点击“创建密钥对”。

（4）输入 `mykey` 作为密钥对名字，然后点击“创建”，浏览器将自动下载密钥。

（5）打开一个终端，切换到下载目录。

（6）仅限 OS X 和 Linux：在控制台运行 `chmod 400 mykey.pem` 来修改访问文件 mykey.pem 的权限。

仅限 Windows：Windows 没有自带 SSH 客户端，所以需要安装 PuTTY。PuTTY 带有一个工具叫作 PuTTYgen，它可以将 mykey.pem 文件转换成将需要的 mykey.ppk。打开 PuTTYgen，然后在“Type of key to generate”中选择“SSH-2 RSA”。点击 Load。因为 PuTTYgen 只显示*.pkk 文件，需要切换“File name input”框中的文件扩展名为“所有文件”。现在可以选择 mykey.pem 文件，然后点击 Open，确认对话框。修改“Key Comment”为 mykey，然后点击“Save private key”。忽略关于未使用密码保护保存的密钥的警告。.pem 文件现在被转换成了 PuTTY 所需要的.pkk 格式。

读者可以在第 1 章找到关于如何创建密钥的详细说明。

选择“选择现有密钥对”选项，选择密钥对 `mykey`，然后点击“启动实例”按钮（见图 3-11）。

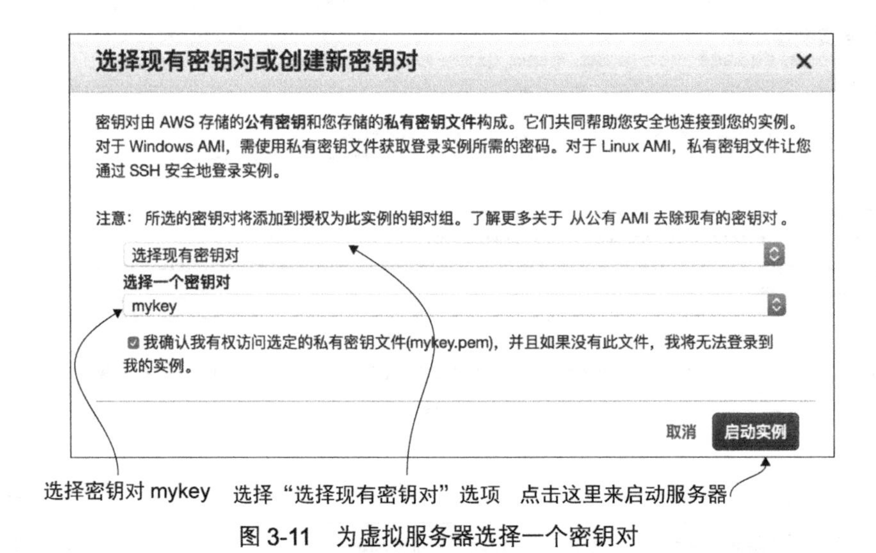

图 3-11 为虚拟服务器选择一个密钥对

虚拟服务器启动了。点击“查看实例”来打开概览，然后等待虚拟服务器变为 Running 状态。要完全控制自己的虚拟服务器，用户需要远程登录。

3.1.2 连接到虚拟服务器

用户可以远程在虚拟服务器上安装额外的软件及运行命令。要登录到虚拟服务器，用户要找到服务器的公有 IP 地址。

（1）在导航栏下的“服务”中点击 EC2，然后在左边子菜单中点击“实例”跳转到虚拟服务器的概览页。

（2）在表格中选择虚拟服务器。图 3-12 展示了服务器概览以及可以进行的操作。

（3）点击“连接”按钮，打开连接到虚拟服务器的说明。

（4）图 3-13 展示了连接到虚拟服务器的对话框。找到虚拟服务器的公有 IP 地址，例如，在这个示例中为 52.205.115.207。

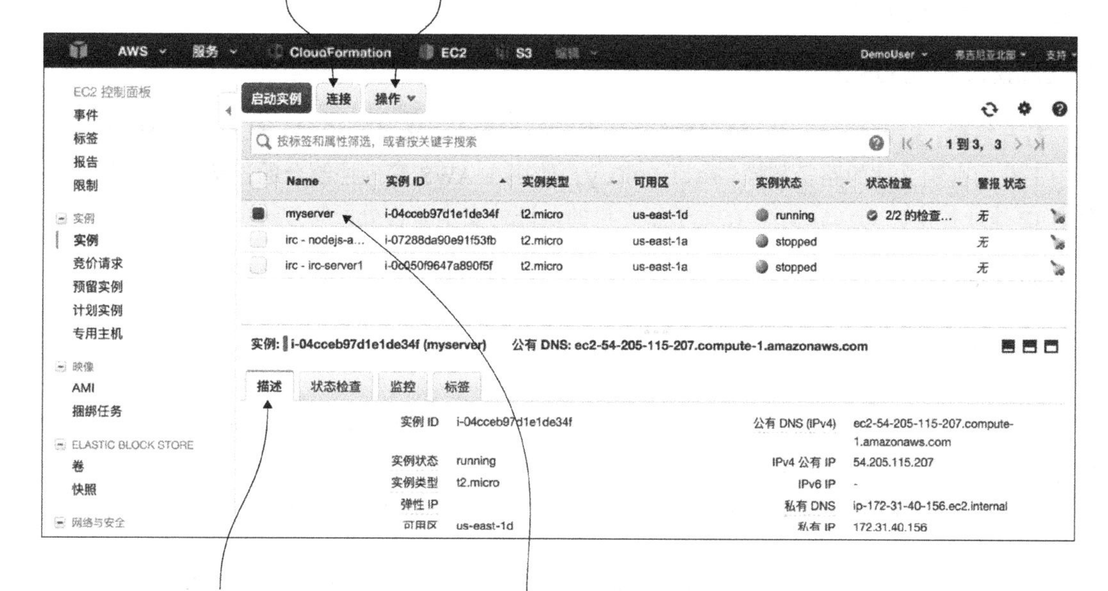

图 3-12 虚拟服务器概览及操作控制

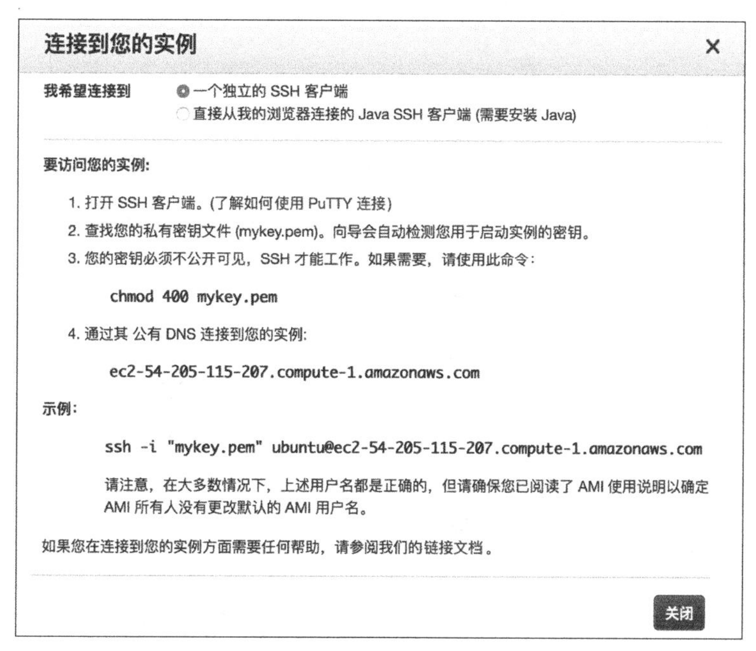

图 3-13 使用 SSH 连接虚拟服务器的说明

有了公有 IP 地址及用户的密钥，用户就能够登录虚拟服务器了。下一节将根据我们的操作系统及本地机器来继续讲解。

1. Linux 和 Mac OS X

打开终端，输入 `ssh -i $PathToKey/mykey.pem ubuntu@$PublicIp`，使用在 1.8.3 节中下载的密钥文件的路径替换`$PathToKey`，使用在 AWS 管理控制台的连接对话框中显示的公有 IP 地址替换`$PublicIp`。在关于新主机的认证的安全警告处回答 Yes。

2. Windows

按下列步骤进行操作。

（1）找到在 1.8.3 节中创建的 mykey.ppk 文件，然后双击打开它。

（2）PuTTY Pageant 应该会在任务条中显示为一个图标。如果没有，可能需要按照 1.8.3 节中的描述安装或重新安装 PuTTY。

（3）启动 PuTTY。填写 AWS 管理控制台的连接对话框中显示的公有 IP 地址，然后点击“Open”（见图 3-14）。

（4）在关于新主机的认证的安全警告处回答 Yes，然后输入 `ubuntu` 作为登录名，按 Enter 键。

图 3-14　在 Windows 上使用 PuTTY 连接虚拟服务器

3. 登录信息

不论使用的是 Linux、Mac OS X 还是 Windows，当登录成功后用户都应该会看见如下信息：

```
ssh -i ~/Downloads/mykey.pem ubuntu@52.4.216.201
Warning: Permanently added '52.4.216.201' (RSA) to the list of known hosts.
Welcome to Ubuntu 14.04.1 LTS (GNU/Linux 3.13.0-44-generic x86_64)

 * Documentation: https://help.ubuntu.com/

  System information as of Wed Mar 4 07:05:42 UTC 2015

  System load: 0.24          Memory usage: 5% Processes:       83
  Usage of /:  9.8% of 7.74GB Swap usage:   0% Users logged in: 0

  Graph this data and manage this system at:
    https://landscape.canonical.com/

  Get cloud support with Ubuntu Advantage Cloud Guest:
    http://www.ubuntu.com/business/services/cloud

0 packages can be updated.
0 updates are security updates.


The programs included with the Ubuntu system are free software;
the exact distribution terms for each program are described in the
individual files in /usr/share/doc/*/copyright.

Ubuntu comes with ABSOLUTELY NO WARRANTY, to the extent permitted by
applicable law.

~$
```

现在我们已经连接上了虚拟服务器，为运行命令做好了准备。

3.1.3 手动安装和运行软件

我们已经启动了一台 Ubuntu 操作系统的虚拟服务器。在程序包管理软件 `apt` 的帮助下，我们很容易安装额外的软件。作为开始，我们将安装一个叫 `linkchecker` 的小工具，它能让我们找到网站上断裂的链接：

```
$ sudo apt-get install linkchecker -y
```

现在就可以检查那些指向已经不存在的网站的超链接了。先选择一个网站，然后运行下面的命令：

```
$ linkchecker https://...
```

链接检查的结果看上去像下面这样显示：

```
[...]
URL         'http://www.linux-mag.com/blogs/fableson'
Name        'Frank Ableson's Blog'
Parent URL http://manning.com/about/blogs.html, line 92, col 27
Real URL    http://www.linux-mag.com/blogs/fableson
Check time 1.327 seconds
Modified    2015-07-22 09:49:39.000000Z
Result      Error: 404 Not Found

URL         '/catalog/dotnet'
Name        'Microsoft & .NET'
Parent URL http://manning.com/wittig/, line 29, col 2
Real URL    http://manning.com/catalog/dotnet/
Check time 0.163 seconds
D/L time    0.146 seconds
Size        37.55KB
Info        Redirected to 'http://manning.com/catalog/dotnet/'.
            235 URLs parsed.
Modified    2015-07-22 01:16:35.000000Z
Warning     [http-moved-permanent] HTTP 301 (moved permanent)
            encountered: you should update this link.
Result      Valid: 200 OK
[...]
```

根据网页数量的不同，网页爬虫需要一些时间来检查所有的网页是否有断裂的链接。最终它会列出所有断裂的链接，给用户机会找到并修复它们。

3.2 监控和调试虚拟服务器

如果用户需要找到应用出错或异常的原因，使用工具来帮助监控和调试就很重要了。AWS 提供了工具来让用户监控和调试自己的虚拟服务器。其中有一种方法是检查虚拟服务器的日志。

3.2.1 显示虚拟服务器的日志

假如用户需要找出自己的虚拟服务器在启动时及启动后做了些什么，有一个简单的解决方案。AWS 允许用户使用管理控制台（就是用来启动和关闭虚拟服务器的网络交互界面）显示服务器的日志。用户可按下面的步骤打开虚拟服务器日志。

（1）在主导航栏中打开 EC2，然后从子菜单中选择“实例”。

（2）在表中点击一行，以选择正在运行的虚拟服务器。

（3）在“操作”菜单中，选择“实例设置”→“获取系统日志”。

此时会打开一个窗口，然后显示从虚拟服务器得到的系统日志，这些日志通常在启动期间显示在一台物理监视器上（见图 3-15）。

System Log: i-2a08a583 (myserver)

Close

图 3-15 在日志的帮助下调试一台虚拟服务器

这是一个简单、有效的访问用户的服务器系统日志，并且它不需要 SSH 连接。注意，在日志查看器上显示一条日志信息可能会需要花费几分钟。

3.2.2 监控虚拟服务器的负载

AWS 能帮助用户回答这样的问题：“我的虚拟服务器利用情况是否接近了它的最大容量？”按下面步骤来打开服务器的指标。

（1）在主导航栏中打开 EC2，然后从子菜单中选择“实例”。

（2）点击表中的一行以选择正在运行的虚拟服务器。

（3）选择右下角的“监控”标签页。

（4）点击“网络输入”来查看详细信息。

用户将看到一张图，它展示了虚拟服务器的流入网络流量的利用率，如图 3-16 所示。有一些关于 CPU 使用量、网络使用量和硬盘使用量的指标，但是没有内存使用量的指标。如果用户使用基本监控，这些指标每 5 min 更新一次；如果用户对自己的虚拟服务器启用详细监控，这些指标每 1 min 更新一次。对一些实例类型来说，详细监控会产生费用。

指标和日志将帮助用户监控和调试自己的虚拟服务器。这两个工具都能帮助用户确保自己在以高效率的方式提供高质量的服务。

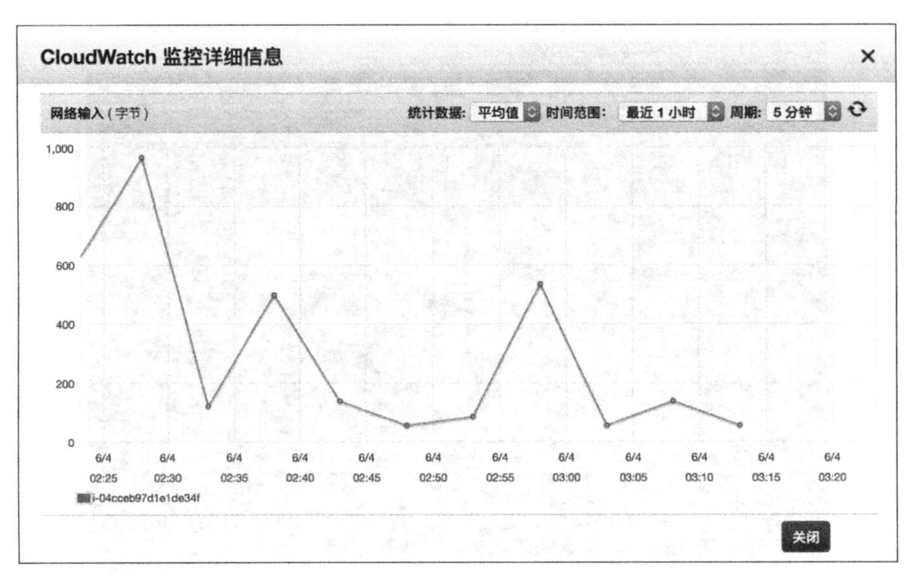

图 3-16 使用 CloudWatch 指标深入分析一台虚拟服务器的流入网络流量

3.3 关闭虚拟服务器

为避免产生费用，用户应该总是关闭不用的虚拟服务器。用户可以使用以下 4 个操作来控制一台虚拟服务器的状态。

- 开启——用户总是能够开启一台停止的虚拟服务器。如果用户需要创建一台全新的服务器，就需要启动一台新的虚拟服务器。
- 停止——用户总是能够停止一台正在运行的虚拟服务器。一台停止了的虚拟服务器不会被收取费用，并且可以再次被开启。如果用户在使用网络附加存储，用户的数据将被保存。一个停止了的虚拟服务器不会产生费用，除了网络附加存储这样的附加资源外。
- 重启——如果用户需要重启自己的虚拟服务器，这个操作非常有帮助。用户不会在重启时丢失任何数据，而且所有的软件在重启后仍会保持被安装了的状态。
- 终止——终止一台虚拟服务器意味着删除它。用户不能再次开启一台已经终止了的虚拟服务器。虚拟服务器被删除了，同时被删除的还有其依赖项（如网络附加存储）和公有与私有 IP 地址。被终止了的虚拟服务器不会再产生费用。

警告 停止与终止一台虚拟服务器的区别很重要。用户可以启动一台已经停止的虚拟服务器，但却不能启动一台已经终止的虚拟服务器。如果用户终止了一台虚拟服务器，则意味着把它删除了。

图 3-17 所示为采用流程图展示了停止与终止一台虚拟服务器的区别。

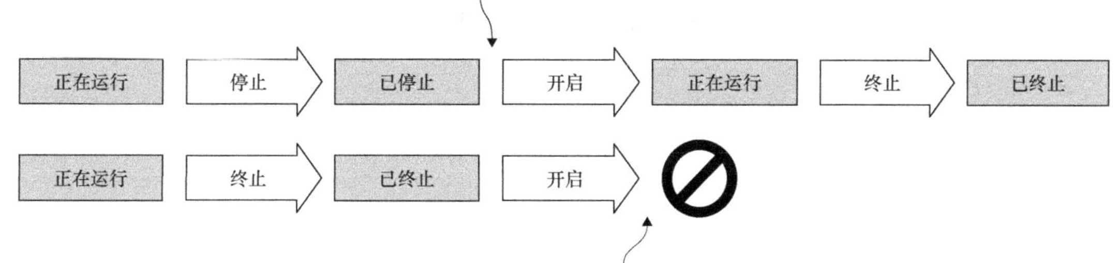

图 3-17　停止与终止一台虚拟服务器的区别

停止或终止不用的虚拟服务器能省钱且防止从 AWS 收到意外的账单。如果用户为一个短期任务启动一台虚拟服务器，别忘了创建一个终止提醒。当用户终止了一台虚拟服务器之后，这台服务器就不再可用，而且最终会从虚拟服务器列表中消失。

资源清理

终止在本章开始时启动的虚拟服务器 myserver。

（1）在主导航栏中打开 EC2，在子菜单中选择“实例”。

（2）点击表中的一行以选择正在运行的这台虚拟服务器（myserver）。

（3）在“操作”菜单中，选择“实例状态”→“终止”。

3.4　更改虚拟服务器的容量

用户总是可以更改一台虚拟服务器的容量。这是云的优势之一，它给了用户垂直扩展的能力。如果用户需要更多的计算能力，还可以增加服务器的容量。

在本章中，我们将学习如何更改一台正在运行的虚拟服务器的容量。首先，让我们按下面的步骤来启动一台小的虚拟服务器。

（1）打开 AWS 管理控制台，选择 EC2。

（2）打开向导，点击“启动实例”按钮来启动一台新的虚拟服务器。

（3）选择“Ubuntu Server 16.04 LTS(HVM)”作为虚拟服务器的 AMI。

（4）选择实例类型为 t2.micro。

（5）点击“审核和启动”来启动虚拟服务器。

（6）检查新虚拟服务器的汇总信息，然后点击“启动”按钮。

（7）选择“选择现有密钥对”选项，选择密钥对 mykey，然后点击“启动实例”。

（8）切换到 EC2 实例概览，然后等待新虚拟服务器的状态变为 Running。

我们已经启动了一台实例类型为 t2.micro 的虚拟服务器。这是 AWS 上可用的最小的虚拟服务器之一。

使用 SSH 连接到我们的服务器上，如 3.3 节所述，然后执行 `cat /proc/cpuinfo` 以及 `free -m` 来获取服务器的 CPU 和内存信息。输出应该如下所示：

```
$ cat /proc/cpuinfo
processor     : 0
vendor_id     : GenuineIntel
cpu family    : 6
model         : 62
model name    : Intel(R) Xeon(R) CPU E5-2670 v2 @ 2.50GHz
stepping      : 4
microcode     : 0x416
cpu MHz       : 2500.040
cache size    : 25600 KB
[...]

$ free -m
             total     used      free     shared    buffers      cached
Mem:           992      247       744          0          8         191
-/+ buffers/cache:       48       944
Swap:            0        0         0
```

我们的虚拟服务器可以使用一个 CPU 核并提供 992 MB 内存。

如果用户需要更多的 CPU、更多的内存或者更多的网络容量，有很多可以选择的容量。用户甚至可以修改虚拟服务器的实例家族与版本。要增加自己的虚拟服务器的容量，首先要停止它。

（1）打开 AWS 管理控制台，然后选择 EC2。

（2）在子菜单中选择“实例”，页面会跳转到虚拟服务器的概览。

（3）在列表中点击选择正在运行的虚拟服务器。

（4）在“操作”菜单中选择“实例状态”→“停止”。

等到虚拟服务器停止后，我们可以更改实例类型：

（1）在“操作”菜单的“实例设置”中选择“更改实例类型”。如图 3-18 所示，将打开一个对话框，可以在这个对话框中为虚拟服务器选择新的实例类型。

（2）在“实例类型”中选择 m3.large。

（3）点击“应用”按钮以保存所做的更改。

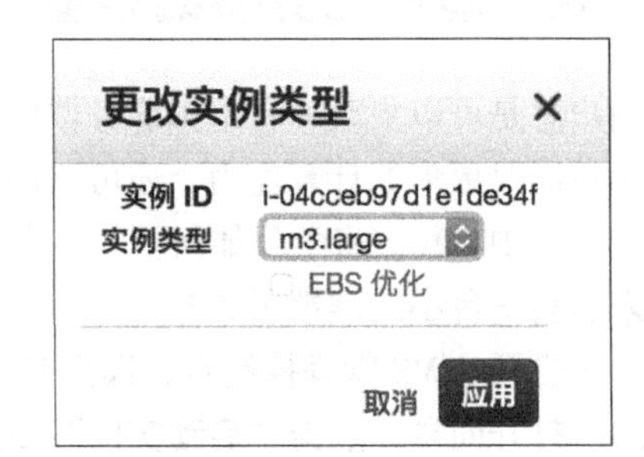

图 3-18 为实例类型选择 m3.large 来增加虚拟服务器容量

现在我们已经更改了虚拟服务器的容量，并准备好再次开启它了。

警告 启动一台实例类型为 m3.large 的虚拟服务器将会产生费用。如果想知道一台 m3.large 的虚拟服务器的当前每小时价格，可以访问 AWS 官方网站。

要做到这一点，选择虚拟服务器并且在“操作”菜单中的“实例状态”下选择“启动”。虚拟服务器将会有更多的 CPU、更多的内存和更多的网络能力。公有与私有 IP 地址也发生了变化。获取新的公有 IP 地址用以通过 SSH 重新连接，在虚拟服务器的详细信息视图中可以找到它。

使用 SSH 连接我们的服务器，然后再次执行 `cat /proc/cpuinfo` 与 `free -m` 来获取它的 CPU 与内存信息。输出结果如下所示：

```
$ cat /proc/cpuinfo
processor    : 0
vendor_id    : GenuineIntel
cpu family   : 6
model        : 62
model name   : Intel(R) Xeon(R) CPU E5-2670 v2 @ 2.50GHz
stepping     : 4
microcode    : 0x415
cpu MHz      : 2494.066
cache size   : 25600 KB
[...]

processor    : 1
vendor_id    : GenuineIntel
cpu family   : 6
model        : 62
model name   : Intel(R) Xeon(R) CPU E5-2670 v2 @ 2.50GHz
stepping     : 4
microcode    : 0x415
cpu MHz      : 2494.066
cache size   : 25600 KB
[...]

$ free -m
             total    used     free      shared     buffers     cached
Mem:          7479     143     7336           0           6         49
-/+ buffers/cache:      87     7392
Swap:            0       0        0
```

我们的虚拟服务器能够使用两个 CPU 并提供 7479 MB 的内存。与之前单个 CPU 和 992 MB 的内存容量相比，我们增加了这台服务器的容量。

资源清理

终止实例类型为 m3.large 的这台虚拟服务器，以停止为它付费。

（1）在主导航栏中打开 EC2，并在子菜单中选择“实例”。

（2）在表中点击这台正在运行的虚拟服务器以选中它。

（3）在“操作”菜单中选择“实例状态”→“终止”。

3.5 在另一个数据中心开启虚拟服务器

AWS 为全球提供数据中心。要使互联网上的请求获得低延迟，为主要用户选择一个最近的数据中心是很重要的。更改数据中心很简单。管理控制台会显示用户目前正在工作的数据中心，位于主导航栏的右边。目前为止，我们使用的都是弗吉尼亚北部的数据中心，称为 us-east-1。要变更数据中心，点击弗吉尼亚北部，然后在菜单中选择亚太区域（悉尼）（Sydney）。图 3-19 展示了如何跳转至 Sydney 的被称作为 ap-southeast-2 的数据中心。

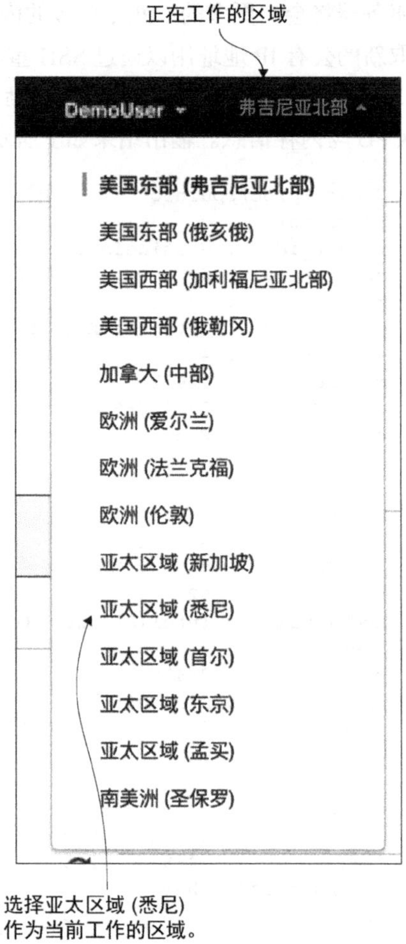

图 3-19 在管理控制台中将数据中心从弗吉尼亚北部改为悉尼

AWS 将它的数据中心按以下的区域进行分组：

- 亚太区域（东京）（Asia Pacific，Tokyo，ap-northeast-1）；
- 欧洲（法兰克福）（EU，Frankfurt，eu-central-1）；
- 美国东部（弗吉尼亚北部）（US East，N. Virginia，us-east-1）；
- 加拿大（中部）（Canada，Central，ca-central-1）；
- 亚太区域（首尔）（Asia Pacific，Seoul，ap-northeast-2）；
- 欧洲（爱尔兰）（EU，Ireland，eu-west-1）；
- 美国东部（俄亥俄）（US East，Ohio，us-east-2）；
- 南美洲（圣保罗）（South America，Sao Paulo，sa-east-1）；
- 亚太区域（新加坡）（Asia Pacific，Singapore，ap-southeast-1）；
- 欧洲（伦敦）（EU，London，eu-west-2）；
- 美国东部（加利福尼亚北部）（US West，N. California，us-west-1）；
- 亚太区域（悉尼）（Asia Pacific，Sydney，ap-southeast-2）；
- 亚太区域（孟买）（Asia Pacific，Mumbai，ap-south-1）；
- 美国西部（俄勒冈）（US West，Oregon，us-west-2）。

用户可以为大多数 AWS 服务指定区域。各个区域间是完全独立的，数据不在区域间传输。典型情况下，一个区域由两个或更多位于同一地区的数据中心组成。这些数据中心间有着很好的连接，它们能提供高可用的基础架构，本书稍后会介绍。一些 AWS 服务，如内容分发网络（content delivery network，CDN）服务以及域名系统（Domain Name System，DNS）服务，是在这些区域外的数据中心之上全球运行的。

当切换到管理控制台的 EC2 服务后，用户可能想知道为什么 EC2 概览中没有列出任何密钥对。我们为 SSH 登录在区域“美国东部（弗吉尼亚北部）”创建了一对密钥。但是，区域间是独立的，所以我们必须为区域亚太区域（悉尼）创建一对新的密钥对。请按以下步骤操作（更多细节参见 1.2 节）。

（1）在主导航栏中打开 EC2 服务，然后在子菜单中选择“密钥对”。

（2）点击“创建密钥对”，在密钥对名称处输入 `sydney`。

（3）下载并保存密钥对。

（4）仅对 Windows：打开 PuTTYgen，然后在“Type of Key to Generate”中选择 SSH-2 RSA。点击 Load。选择 sydney.pem 文件并点击打开。在对话框中选择确定。点击 Save Private Key。

（5）仅对 Linux 和 OS X：在控制台运行 `chmod 400 sydney.pem` 来改变文件 sydney.pem 的访问权限。

我们已经准备好在 Sydney 的数据中心开启一台虚拟服务器了。用户可按以下步骤操作。

（1）从主导航栏中打开 EC2 服务，然后从子菜单中选择“实例”。

（2）点击“启动实例”，打开一个向导，它会开启一台新的虚拟服务器。

（3）选择 Amazon Linux AMI (HVM) machine 映像。

（4）选择 t2.micro 作为实例类型，然后点击“审核和启动”的快捷方式来开启一台虚拟服务器。

（5）点击“编辑安全组”来配置防火墙。更改“安全组名字”为 webserver，“描述”为 HTTP 和 SSH。添加一条类型为 SSH 的规则以及另一条类型为 HTTP 的规则。对这两条规则，定义 `0.0.0.0/0` 作为源，从而允许从任何地方访问 SSH 和 HTTP。防火墙配置应该如图 3-20 所示。点击“审核和启动”按钮。

（6）点击“启动”，然后选择 sydney 作为已经存在的密钥对，来开启虚拟服务器。

（7）点击“查看实例”切换到虚拟服务器概览，然后等待新虚拟服务器启动。

完成了！一台虚拟服务器在 Sydney 的数据中心运行起来了。让我们继续在上面安装一个网络服务器。要这样做，我们必须通过 SSH 连接到虚拟服务器。从详细信息页抓取虚拟服务器的当前公有 IP 地址。

打开终端，输入 `ssh -i $PathToKey/sydney.pem ec2-user@$PublicIp`，使用下载的密钥文件 sydney.pem 的路径替换`$PathToKey`，使用虚拟服务器详细信息中的公有 IP 地址替换`$PublicIp`。对关于新主机的认证安全警告回答 Yes。

在建立了 SSH 会话之后，用户可以通过执行 `sudo yum install httpd -y` 安装一个默认网路服务器。要启动这个网络服务器，输入 `sudo service httpd start`，然后按 Enter 键执行这个命令。如果用户打开 http://$PublicIp 并使用自己的虚拟服务器的公有 IP 替换$PublicIp，网络浏览器应该会显示一个占位网站。

Windows

找到在下载新密钥对后创建的 sydney.ppk 文件，然后双击打开它。PuTTY Pageant 应该会在任务栏中显示为一个图标。接下来，启动 PuTTY，然后连接到虚拟服务器详细信息中的公有 IP 地址。对关于新主机的认证安全警告回答 Yes，然后输入 `ec2-user` 作为登录名，按 Enter 键。

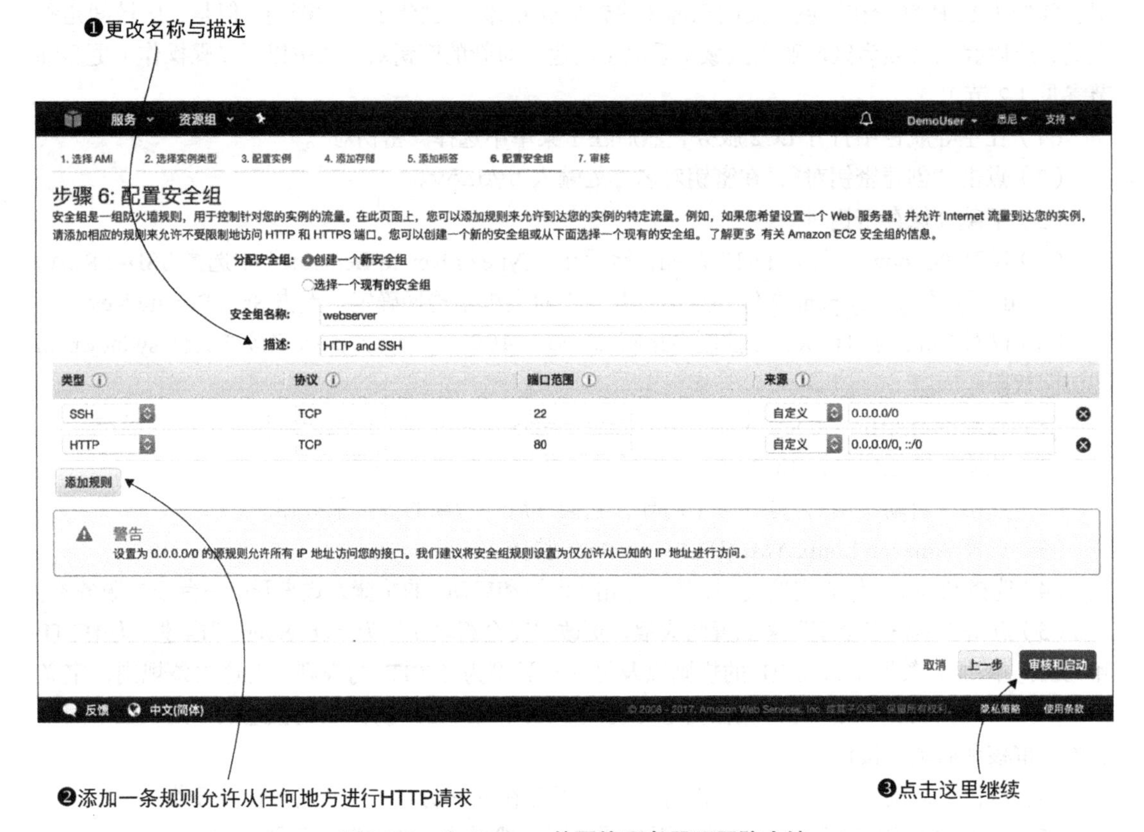

图 3-20　为 Sydney 的网络服务器配置防火墙

注意　在本章中，我们使用两种不同的操作系统。在本章开始的时候我们启动了一台基于 Ubuntu 的虚拟服务器，现在使用 Amazon Linux，一个基于 Red Hat Enterprise Linux 的发行版本。这就是要执行不同的命令来安装软件的原因。Ubuntu 使用 `apt-get`，而 Amazon Linux 使用 `yum`。

接下来，我们将关联一个固定公有 IP 地址到虚拟服务器。

3.6　分配一个公有 IP 地址

在阅读本书时我们已经启动了一些虚拟服务器。每个虚拟服务器都自动连接到一个公有 IP 地址。但是，每次启动或停止一台虚拟服务器，公有 IP 地址就改变了。如果想要用一个固定 IP 地址运行一个应用程序，这样做就不可行了。AWS 提供一项服务叫作弹性 IP 地址（Elastic IP address）来分配固定的公有 IP 地址。

用户可以使用以下步骤来分配并关联一个公有 IP 地址到一台虚拟网络服务器上。

（1）打开管理控制台，并打开 EC2。

（2）从子菜单中选择“弹性 IP”。用户将看见一个公有 IP 地址的总览，如图 3-21 所示。

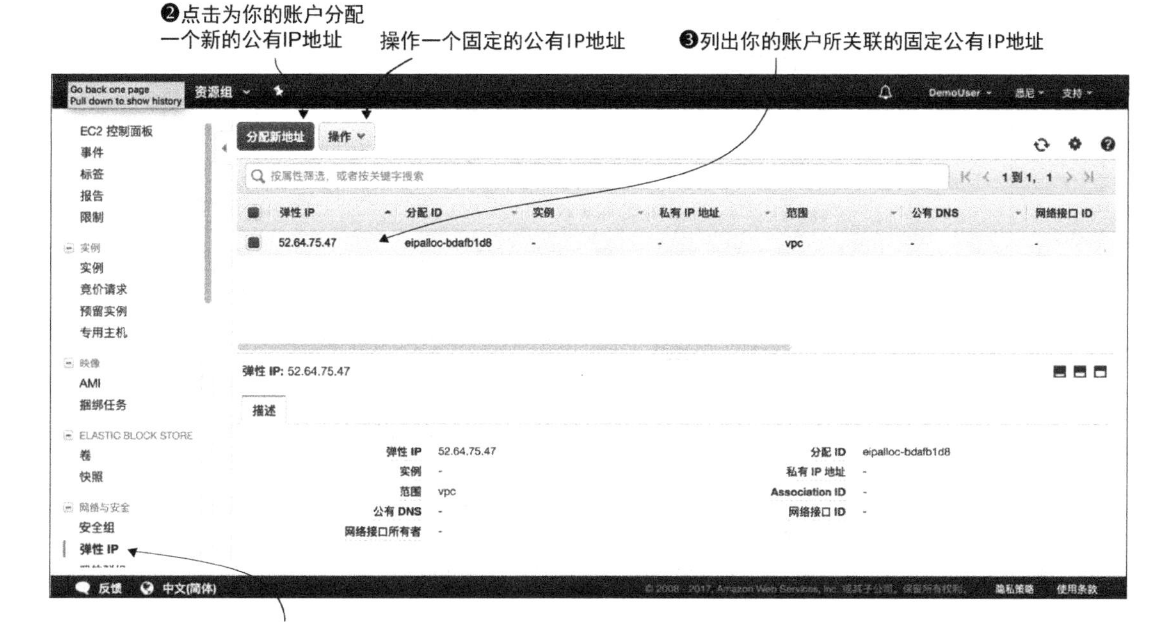

图 3-21　用户的账号在当前区域关联的公有 IP 地址总览

（3）点击“分配新地址”来分配公有 IP 地址。

现在我们可以为自己选择的一台虚拟服务器关联公有 IP 地址。

（1）选择自己的公有 IP 地址，然后在“操作”菜单中选择“关联地址”，将显示一个图 3-22 所示的对话框。

（2）在“实例”项中输入虚拟服务器的实例 ID。网络服务器是此时唯一正在运行的虚拟服务器，所以可以输入 `i-`并使用自动完成来选择服务器 ID。

（3）点击“关联”来完成这一流程。

现在我们的虚拟服务器可以通过在本节开头分配的公有 IP 地址来访问了。将浏览器指向这一 IP 地址，我们将看到如 3.5 节所做的占位页面。

如果用户必须确保自己的应用的端点不变化，甚至当不得不替换后台的虚拟服务器时，分配公有 IP 地址变得很有用。例如，假设虚拟服务器 A 正在运行并且关联了一个弹性 IP 地址。接下来的步骤能让用户将虚拟服务器替换成一台新的而不需要中断服务。

（1）启动一台新的虚拟服务器 B 用以替换正在运行的服务器 A。

（2）在虚拟服务器 B 上安装并启动应用以及所有的依赖项。

（3）从虚拟服务器 A 解除弹性 IP 关联，并将它关联到虚拟服务器 B。

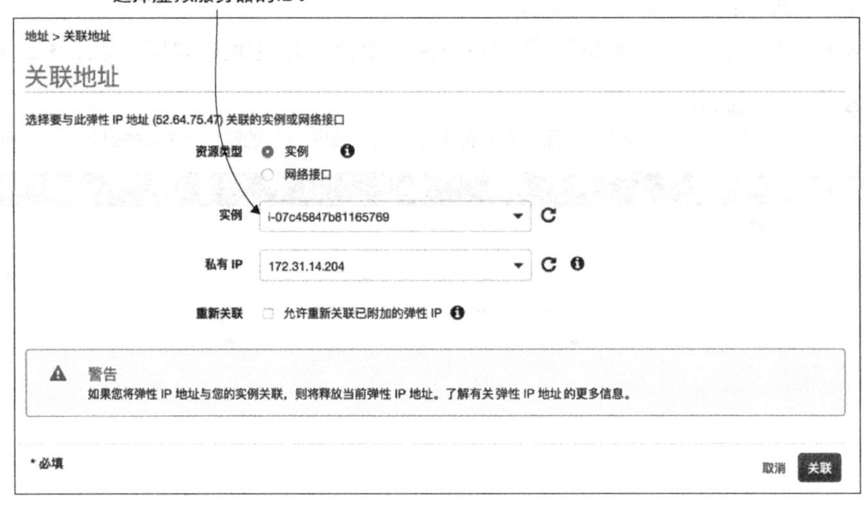

图 3-22　为网络服务器关联一个公有 IP 地址

使用弹性 IP 地址的请求将被路由到虚拟服务器 B，而服务不会发生中断。

用户也可以使用多个网络接口来关联多个公有 IP 地址到一台虚拟服务器，正如 3.7 节中所描述的。如果用户需要在同一端口运行不同的应用或者不同的网站使用一个唯一的固定的公有 IP 地址，这会很有用。

警告　IPv4 地址是稀缺资源。为了防止浪费弹性 IP 地址，AWS 将对没有关联到任何服务器的弹性 IP 地址收费。我们将在 3.7 节结束时清除所分配的 IP 地址。

3.7　向虚拟服务器添加额外的网络接口

除了管理公有 IP 地址，用户还能够控制自己的虚拟服务器的网络接口。用户可以向一台虚拟服务器添加多个网络接口，并且控制关联到这些网络接口的私有 IP 地址和公有 IP 地址。用户可以使用额外的网络接口关联第二个公有 IP 地址到自己的虚拟服务器上。

用户可以按下面的步骤来为自己的虚拟服务器创建一个额外的网络接口（见图 3-23）。

（1）打开管理控制台并跳转至 EC2 服务。

（2）在子菜单中选择“网络接口”。

（3）点击“创建网络接口”，会弹出一个对话框。

（4）输入 `2nd interface` 作为描述。

（5）选择自己的虚拟服务器的子网作为新的网络接口的子网，用户能在实例总览中自己的服务器的详细视图中找到这个子网信息。

（6）让“私有 IP”地址保持为空。

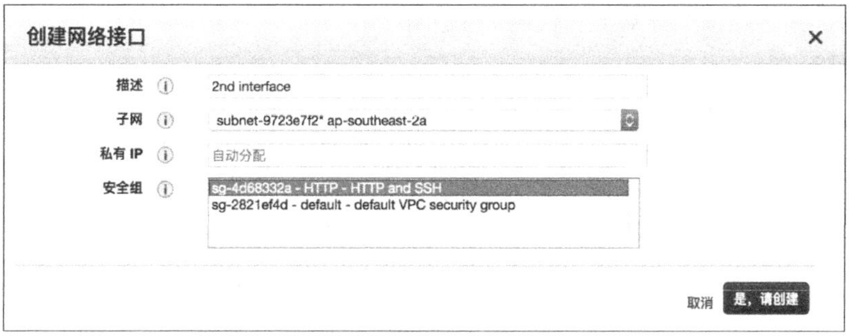

创建网络接口
描述
2nd interface
子网
subnet-9723e7f2* ap-southeast-2a
私有 IP
自动分配
安全组
sg-4d68332a - HTTP - HTTP and SSH
sg-2821ef4d - default - default VPC security group
取消
是，请创建

图 3-23 为虚拟服务器创建额外的网络接口

（7）选择在其描述中有 webserver 的“安全组”。

（8）点击“是，请创建”。

当新的网络接口的状态变为 Available，用户可以将它附加到自己的虚拟服务器。选择新的网络接口 `2nd Interface`，然后在菜单中选择“附加”，会弹出一个对话框，如图 3-24 所示。选择正在运行的虚拟服务器的 ID，然后点击“附加”按钮。

附加网络接口
网络接口: eni-2c8c3256
实例 ID: i-07c45847b81165769 (running)
取消
附加

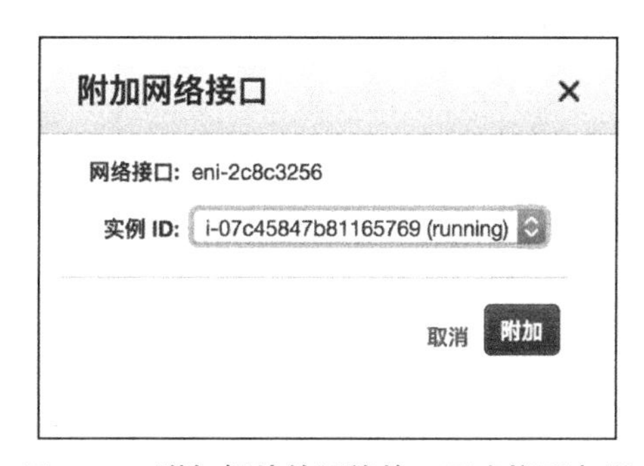

图 3-24 附加额外的网络接口至虚拟服务器

我们已经附加了一个额外的网络接口至自己的虚拟服务器。接下来，我们将关联一个额外的公有 IP 地址到这个额外的网络接口。要这样做，先记录在总览中显示的这个额外网络接口的网络接口 ID，然后按照下面的步骤进行操作。

（1）打开管理控制台且转到 EC2 服务。

（2）从子菜单中选择“弹性 IP”。

（3）点击“分配新地址”来分配一个新的公有 IP 地址，如在 3.6 节中所做的。

（4）从“操作”菜单中选择“关联地址”，然后将它链接到刚才在“网络接口”中输入网络接口 ID 所创建的额外的网络接口（见图 3-25）。

现在虚拟服务器可以通过两个不同的公有 IP 地址来访问了。这样用户可以根据公有 IP 地址提供两个不同的网站服务。我们需要配置网络服务器来根据公有 IP 地址来应答请求。

在使用 SSH 连接到我们的虚拟服务器，并且在终端输入 `ifconfig` 之后，就能看见自己的新网络接口附加到了虚拟服务器上，代码如下所示：

```
$ ifconfig
eth0      Link encap:Ethernet HWaddr 12:C7:53:81:90:86
          inet addr:172.31.1.208 Bcast:172.30.0.255 Mask:255.255.255.0
          inet6 addr: fe80::10c7:53ff:fe81:9086/64 Scope:Link
          UP BROADCAST RUNNING MULTICAST MTU:1500 Metric:1
          RX packets:62185 errors:0 dropped:0 overruns:0 frame:0
          TX packets:9179 errors:0 dropped:0 overruns:0 carrier:0
          collisions:0 txqueuelen:1000
          RX bytes:89644521 (85.4 MiB) TX bytes:582899 (569.2 KiB)

eth1      Link encap:Ethernet HWaddr 12:77:12:53:39:7B
          inet addr:172.31.4.197 Bcast:172.30.0.255 Mask:255.255.255.0
          inet6 addr: fe80::1077:12ff:fe53:397b/64 Scope:Link
          UP BROADCAST RUNNING MULTICAST MTU:1500 Metric:1
          RX packets:13 errors:0 dropped:0 overruns:0 frame:0
          TX packets:13 errors:0 dropped:0 overruns:0 carrier:0
          collisions:0 txqueuelen:1000
          RX bytes:1256 (1.2 KiB) TX bytes:1374 (1.3 KiB)
[...]
```

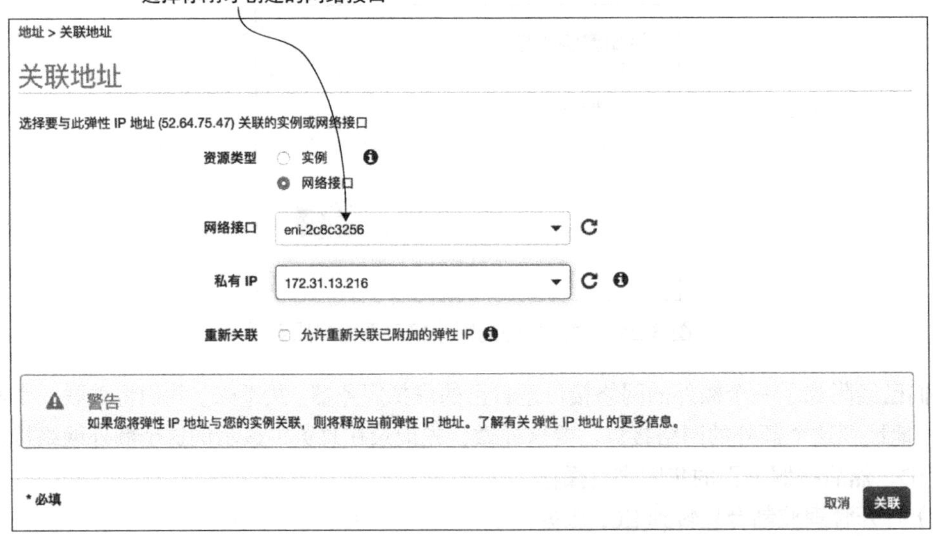

图 3-25　将公有 IP 地址关联到额外的网络接口上

每个网络接口都连接到一个私有 IP 地址和一个公有 IP 地址。我们需要配置网络服务器来根据 IP 地址提供不同的网站。虚拟服务器不知道任何关于它的公有 IP 地址的事，但我们可以根据私有 IP 地址来区分请求。

首先需要两个网站。在悉尼的虚拟服务器上通过 SSH 运行以下命令来下载两个简单的占位网站：

```
$ sudo -s
$ mkdir /var/www/html/a
$ wget -P /var/www/html/a https://raw.githubusercontent.com/AWSinAction/\
code/master/chapter3/a/index.html
$ mkdir /var/www/html/b
$ wget -P /var/www/html/b https://raw.githubusercontent.com/AWSinAction/\
code/master/chapter3/b/index.html
```

接下来需要配置网络服务器来根据 IP 地址分发网站。在/etc/httpd/conf.d 下添加一个名为 a.conf 的文件，将 IP 地址从 172.31.x.x 修改为 `ifconfig` 输出的网络接口 eth0 的 IP 地址：

```
<VirtualHost 172.31.x.x:80>
  DocumentRoot /var/www/html/a
</VirtualHost>
```

重复同样的操作过程，在/etc/httpd/conf.d 下创建一个名为 b.conf 的内容如下的配置文件。将 IP 地址从 `172.31.y.y` 修改为 `ifconfig` 输出的网络接口 eth1 的 IP 地址：

```
<VirtualHost 172.31.y.y:80>
  DocumentRoot /var/www/html/b
</VirtualHost>
```

要激活新的网络服务器配置，通过 SSH 执行 `sudo service httpd restart`。在管理控制台切换至弹性 IP 总览。复制两个公有 IP 地址，然后在网络浏览器中分别打开它们。根据访问的不同公有 IP 地址，用户应该得到回应“Hello A!”或“Hello B!”。这样用户能够根据用户访问的不同公有 IP 地址来提供两个不同的网站。

资源清理

是时候做一些清理工作了。

（1）终止虚拟服务器。

（2）转到“网络接口”，然后选择并且删除网络接口。

（3）切换至弹性 IP，然后选择并从“操作”菜单中点击“释放地址”，释放两个公有 IP 地址。

就是这样，一切都清理好了，准备进入下一节。

3.8　优化虚拟服务器的开销

通常用户按需在云中启动自己的虚拟服务器来获取最大的灵活性。用户可以随时启动或停止一个按需实例，而且会按实例（虚拟服务器）运行的小时数来结算费用。如果想省钱，有两个选项：竞价型实例或预留实例。这两个选项都能够帮助用户减少开销，但是这样会降低灵活性。对于竞价型实例，可以对 AWS 数据中心中未使用的容量出价，价格基于供给与需求。如果需要使用一台虚拟服务器超过一年，可以使用预留实例，同意支付给定时间段的费用并提前获取折扣。表 3-2 展示了这些选项之间的不同点。

表 3-2 按需、预留及竞价型虚拟服务器的不同点

	按需	预留	竞价型
价格	高	中	低
灵活性	高	低	中
可靠性	中	高	低

3.8.1 预留虚拟服务器

预留一台虚拟服务器意味着承诺使用在指定数据中心的一台指定类型的虚拟服务器。无论这台预留虚拟服务器在运行还是不在运行，用户都必须为它支付费用。作为回报，用户得到最多可达到 60%的价格优惠。在 AWS 上，如果想预留一台虚拟服务器，可以选择以下选项中的一个：

- 无前期费用，1 年使用期；
- 部分前期费用，1 年或 3 年使用期；
- 全部前期费用，1 年或 3 年使用期。

表 3-3 展示了对配有 1 台 CPU、3.75 GB 内存和 4 GB SSD 的虚拟服务器（称为 m3.medium），这意味着什么呢?

表 3-3 虚拟服务器（m3.medium）的潜在可节约成本

	月成本（美元）	前期成本（美元）	实际月成本（美元）	与按需相比节省了
按需	48.91	0.00	48.91	
无前期费用，1 年使用期	35.04	0.00	35.04	28%
部分前期费用，1 年使用期	12.41	211.00	29.99	39%
全部前期费用，1 年使用期	0.00	353.00	29.42	40%
部分前期费用，3 年使用期	10.95	337.00	20.31	58%
全部前期费用，3 年使用期	0.00	687.00	19.08	61%

在 AWS 上用户可以使用预留虚拟服务器来以灵活性换取成本减少。但是还有更多选择。如果用户有一台虚拟服务器的预留（一个预留实例），这台虚拟服务器的容量在公有云中是为用户预留的。为什么这很重要？假设在一个数据中心里，对虚拟服务器的需求增加了，有可能是因为另一个数据中心坏了，而许多 AWS 客户不得不启动新的虚拟服务器来替换他们坏了的那些服务器。在这种罕见的情况下，按需虚拟服务器的订单堆积起来，有可能变成很难启动一台新的虚拟服务器。如果用户计划构建一个高可用的跨多个数据中心的设置，应该考虑预留最小的能保持自己的应用运行的容量。我们推荐开始时使用按需服务器，然后切换到按需与预留服务器混合的模式。

3.8.2　对未使用的虚拟服务器竞价

除了预留虚拟服务器之外，还有另外一个选项可以降低成本——竞价型实例。用户使用一个竞价型实例，对 AWS 云中未使用的容量进行竞价。一个现货交易市场是指一个标准产品在交易后马上交货的市场。在这个市场上的产品价格依赖于供给与需求。在 AWS 竞价市场，交易的产品是虚拟服务器，它们是通过启动一台虚拟服务器来提供的。

图 3-26 展示了指定实例类型的一台虚拟服务器的价格。如果在指定数据中心的一台指定虚拟服务器的当前竞价型实例价格比自己的最高价格低，用户的竞价型实例请求将被满足，一台虚拟服务器将启动。如果当前的竞价型实例价格超出用户的竞价，用户的虚拟服务器将在 2 min 后被 AWS 终止（不是停止）。

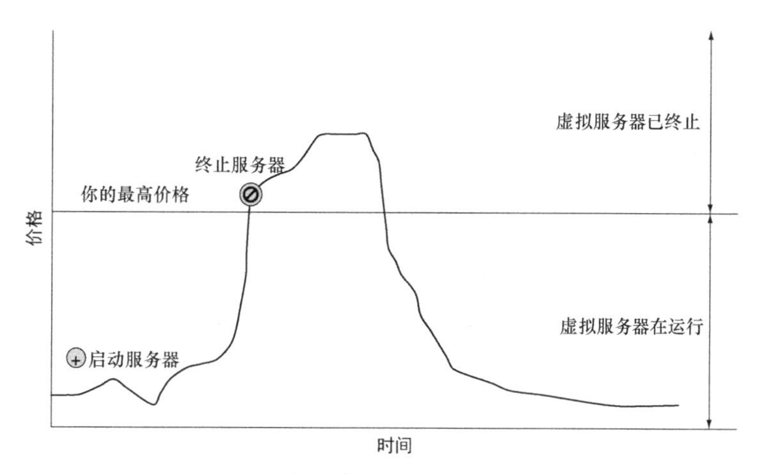

图 3-26　虚拟服务器现货交易市场的功能

竞价价格可能更高或更低的灵活性取决于虚拟服务器的大小以及所在的数据中心。我们看见过竞价型实例价格只有按需价格的 10%，也看见过竞价型实例价格甚至超过按需价格。一旦竞价型实例价格超过用户的竞价，用户的服务器将在 2 min 内被终止。用户不应该将竞价实例用在类似网络或邮件服务器上，但是可以用它们来运行异步任务，如数据分析或者对媒体资产进行编码。用户甚至可以用竞价实例来检查自己的网站的破损连接，如在 3.1 节所做的，因为这不是一个时间要求严格的任务。

让我们来启动一台使用竞价型实例市场优惠价格的新的虚拟服务器。首先用户必须将订单提交到现货交易市场。图 3-27 展示了请求虚拟服务器的开始点。我们可以在主导航栏中选择 EC2 服务，然后从子菜单中选择“竞价请求”进入。点击“定价历史记录”，可以看到虚拟服务器的价格；不同的服务器大小及不同数据中心的历史价格都能看到。

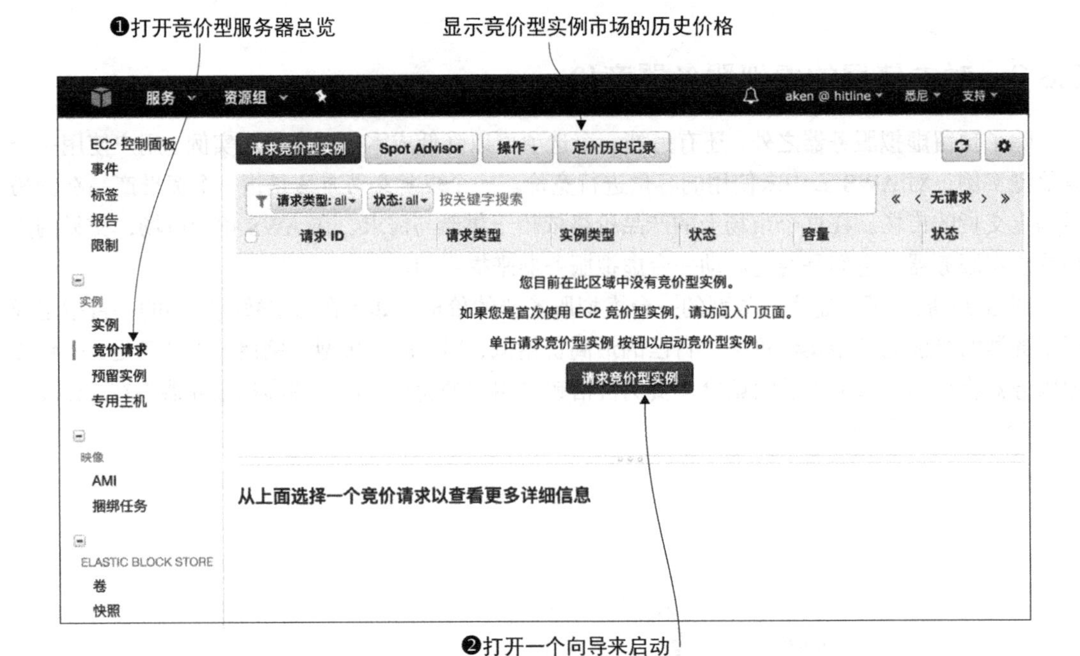

图 3-27　请求一个竞价型实例

在 3.1 节中，我们启动了一台虚拟服务器。请求一个竞价型实例的步骤大致相同。点击“请求竞价型实例”按钮打开向导。选择“Ubuntu Server 16.04 LTS (HVM)”作为虚拟服务器的操作系统。

图 3-28 所示的步骤可以用来选择虚拟服务器的尺寸。用户不能启动实例类型为 t2 家族的竞价型实例，因此像 t2.micro 这样的实例类型是不可用的。

> **警告**　通过请求竞价型实例启动一台实例类型 m3.medium 的虚拟服务器将会产生费用。在下面的例子中最大价格（竞价）为 0.07 美元/小时。

选择最小可用的虚拟服务器类型 m3.medium，然后点击“选择”。

下一步，如图 3-29 所示，配置虚拟服务器的详细信息以及竞价型实例请求。设置下面参数。

（1）设置竞价型实例请求的目标容量为 1。

（2）选择 0.070 作为虚拟服务器的最高价。这是该服务器尺寸的按需价格。

（3）选择默认网络，使用 IP 地址范围为 172.30.0.0/16。

（4）看一下当前竞价价格项，然后搜索最低的价格，选择相应的子网。

点击“审阅”完成向导。我们将看见我们所做的所有设置的总结。点击“启动”完成请求竞价型实例。

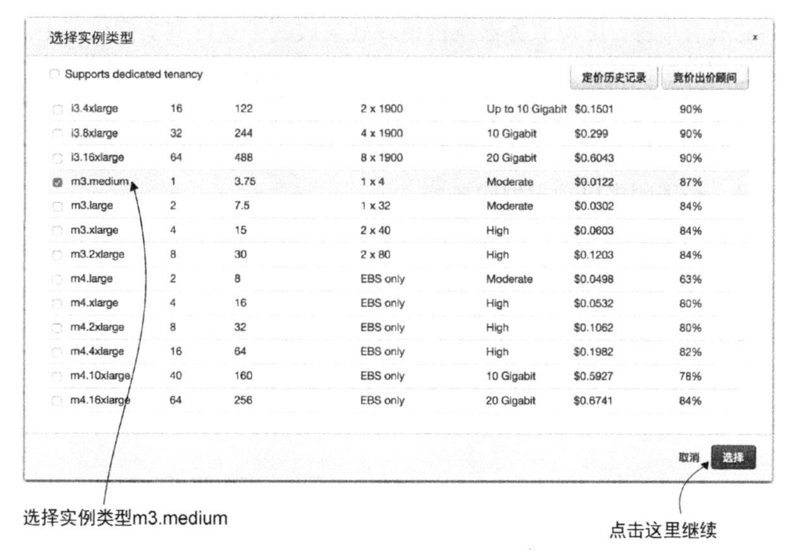

图 3-28　选择竞价型服务器尺寸

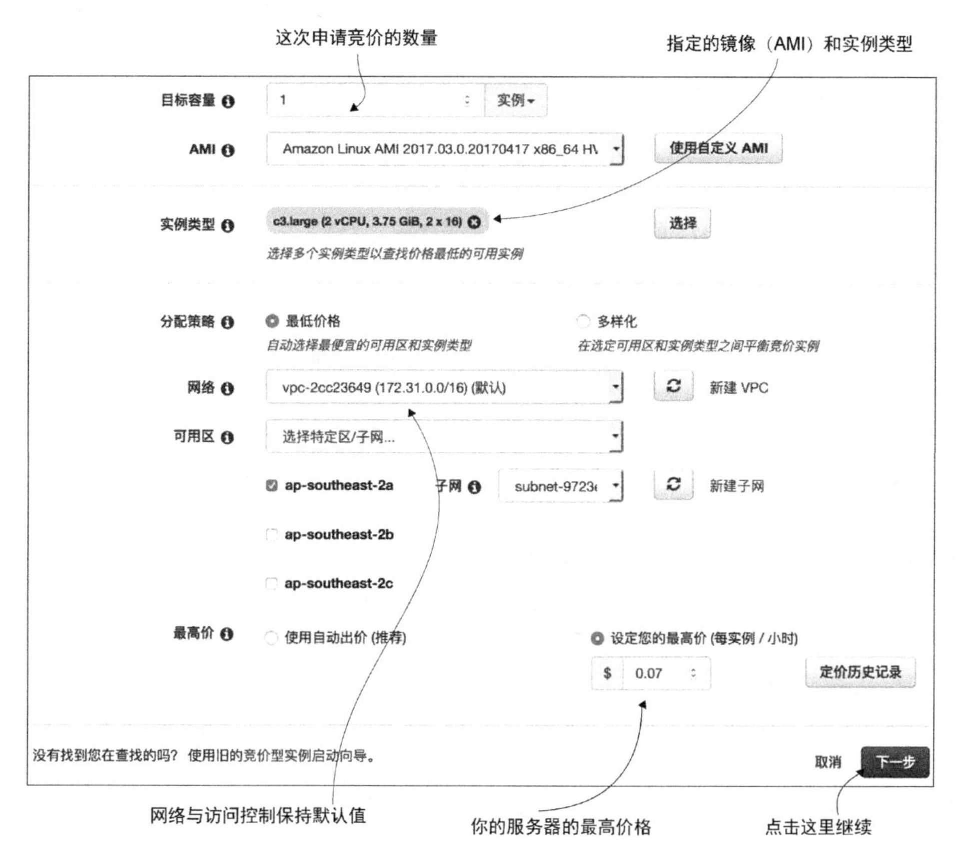

图 3-29　选择虚拟服务器详细信息，然后指定一个最大小时价格

完成了向导的所有步骤，虚拟服务器竞价请求就被放到了竞价型实例市场上。点击“竞价请求”子菜单，将把用户带回竞价型实例请求总览。用户应该看见图3-30所示的一个竞价型实例请求。可能需要几分钟时间请求才会被满足。看一下虚拟服务器请求的状态：因为竞价型实例市场不可预测，请求失败也是有可能的。如果发生了请求失败，重复上面的操作过程来生成另一个请求，并且选择另一个子网来启动虚拟服务器。

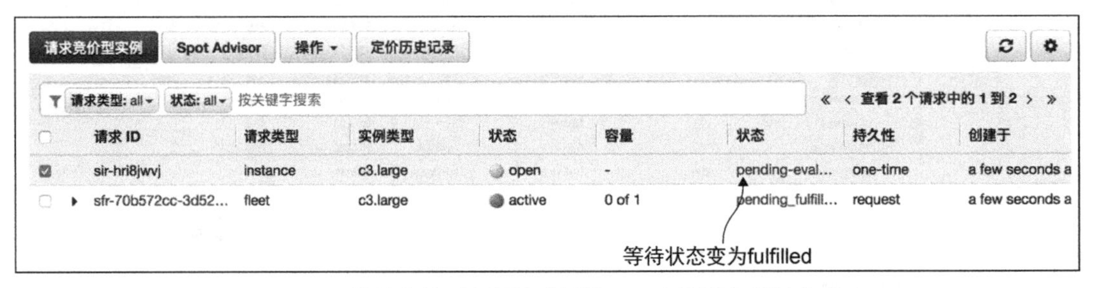

图3-30　等待竞价型实例请求被满足且虚拟服务器被启动

如果请求的状态变为fulfilled，就说明一台虚拟服务器被启动了。用户可以通过子菜单切换到“实例”看一下，会在虚拟服务器总览的实例列表中找到一台正在运行或启动的实例。我们成功地启动了一台竞价型实例的虚拟服务器！

资源清理

终止实例类型为m3.medium的虚拟服务器，以停止为它付费。

（1）从主导航栏中打开EC2服务，然后在子菜单中选择“实例”。

（2）在表格中点击行，选中正在运行的虚拟服务器。

（3）在“操作”菜单中，选择“实例状态”→“终止”。

（4）切换到“竞价请求”总览，再次确认竞价型实例请求已经取消了。如果没有取消，选择这个竞价型实例请求，然后点击“取消竞价请求”。

3.9　小结

- 可以在启动一台虚拟服务器时选择操作系统。
- 使用日志与指标有助于用户监控和调试一台虚拟服务器。
- 改变虚拟服务器的尺寸可以灵活改变CPU、内存及存储的数量。
- 可以从遍布全球的不同区域（由多个数据中心组成）启动虚拟服务器。
- 分配及关联一个公有IP地址到虚拟服务器能够灵活地替换一台虚拟服务器，而不需要改变公有IP地址。
- 可以通过预留虚拟服务器或在虚拟服务器竞价型实例市场上对未使用的容量进行竞价来节约成本。

第4章 编写基础架构：命令行、SDK 和 CloudFormation

本章主要内容

- 理解“基础设施即代码”的思想
- 使用 CLI 来启动虚拟服务器
- 使用 Node.js 上的 JavaScript SDK 来启动虚拟服务器
- 使用 CloudFormation 来启动虚拟服务器

想象一下，你想要把房间照明作为一项服务来提供。要使用软件关闭房间灯光，需要一个硬件设备，如一个可以切断电流的继电器。这个硬件设备必须有某种接口让你能通过软件向它发送开灯和关灯这样的指令。使用一个继电器及其接口，就可以将房间照明变成一种服务。这一概念同样适用于虚拟服务器。如果想通过软件启动一台虚拟服务器，需要能处理并满足请求的硬件设备。AWS 提供通过接口来控制的基础架构，叫作应用编程接口（application programming interface，API）。用户能通过 API 控制 AWS 的每一部分。用户可以使用大多数编程语言、命令行和更复杂的工具的 SDK 调用这些 API。

不是所有示例都包含在免费套餐中

本章中的示例不都包含在免费套餐中。当一个示例产生费用时，会显示一个特殊的警告消息。只要不是运行这些示例好几天，就不需要支付任何费用。记住，这仅适用于读者为学习本书刚刚创建的全新 AWS 账户，并且在这个 AWS 账户里没有其他活动。尽量在几天的时间里完成本章中的示例，在每个示例完成后务必清理账户。

在 AWS 上，一切操作都可以通过 API 来控制。用户通过 HTTPS 协议调用 REST API 来与 AWS 交互，如图 4-1 所示。一切操作都可以通过 API 提供。例如，用户可以通过一个 API 调用启动一台服务器，创建 1 TB 存储，或通过 API 启动一个 Hadoop 集群。这里说的“一切”真的包含了云上的所有操作。我们需要一些时间来理解这样的概念。当读完本书时，读者可能会感到遗憾：为什么现实世界不能像云计算那样简单。下面让我们看看 API 是怎么工作的。

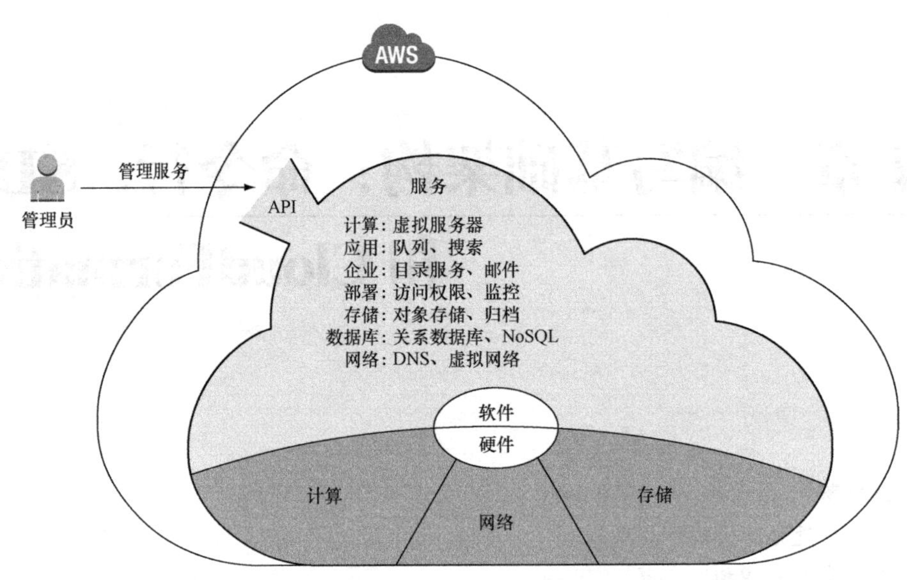

图 4-1 调用 REST API 与 AWS 交互

要列出 S3 对象存储里的所有文件，可以向 API 端点发送一个 GET 请求：

```
GET / HTTP/1.1
Host: BucketName.s3.amazonaws.com
Authorization: [...]
```

请求的响应大概如下所示：

```
HTTP/1.1 200 OK
x-amz-id-2: [...]
x-amz-request-id: [...]
Date: Mon, 09 Feb 2015 10:32:16 GMT
Content-Type: application/xml

<?xml version="1.0" encoding="UTF-8"?>
<ListBucketResult xmlns="http://s3.amazonaws.com/doc/2006-03-01/">
[...]
</ListBucketResult>
```

使用底层的 HTTPS 请求直接调用 API 不太方便。另一种简单的方法是，使用命令行接口或 SDK 来和 AWS 交互，正如在本章中所学的那样。API 是这些工具的基础。

4.1 基础架构即代码

“基础架构即代码”表达了使用高级编程语言来控制 IT 系统的思想。在软件开发中，自动化测试、代码库和构建服务器提高了软件工程的质量。如果用户的基础架构可以当作代码来对待，用户就能够对自己的基础架构代码和自己的应用程序代码使用相同的技术。最终，用户将可以使用自动化测试、代码库和构建服务器来改善基础架构的质量。

警告 不要混淆基础架构即代码与基础架构即服务（IaaS）的概念！IaaS 指的是按照使用量进行付费的租用服务器、存储和网络的业务模式。

4.1.1 自动化和 DevOps 运作

DevOps（development operations）是软件开发驱动的一个方法，以便让开发和运维更加紧密地配合。其目标是能快速发布开发好的软件，并且没有损失质量。因而开发与运维的沟通与合作就变得必需了。

只有把代码修改和代码部署的过程完全自动化，才有可能在一天内部署多次代码。如果用户提交源代码到代码库中，源代码将被自动构建并使用自动化测试进行测试。如果构建结果通过了测试，它会自动安装到测试环境。接下来可能触发一些集成测试。集成测试通过后，这个更改会被传送入产品。但是这还不是流程的结束，现在用户还需要仔细监控系统并实时分析日志，以确保更改是成功的。

如果用户的基础架构是自动化的，用户可以为每一个提交到代码库的更改启动一个新系统，用来单独运行与同一时刻提交到代码库中的其他代码隔离的集成测试。任何时候有代码变动，将创建一个新系统（服务器、数据库和网络等）来单独运行这一变动。

4.1.2 开发一种基础架构语言：JIML

为了易于详细理解基础架构即代码，人们开发了一种新语言来描述基础架构：JSON 基础架构标记语言（JSON Infrastructure Markup Language，JIML）。图 4-2 描述了将要创建的基础架构。

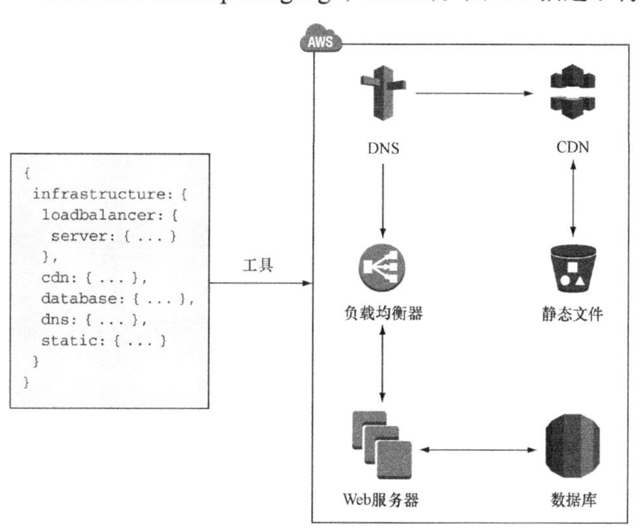

图 4-2 从 JIML 蓝图到基础架构：基础架构自动化

这个基础架构包含以下内容：

- 负载均衡器（LB）；
- 虚拟服务器；
- 数据库（DB）；
- DNS 域名入口；
- 内容分发网络（CDN）；
- 静态文件存储桶。

为了减少语法问题，我们让 JIML 基于 JSON 格式。代码清单 4-1 所示的 JIML 程序创建了图 4-2 所示的基础架构。$表示指向一个 ID 的引用。

代码清单 4-1 用 JIML 描述基础架构

```
{
  "region": "us-east-1",
  "resources": [{
    "type": "loadbalancer",
    "id": "LB",
    "config": {
      "server": {
        "cpu": 2,
        "ram": 4,
        "os": "ubuntu",
        "waitFor": "$DB"
      },
      "servers": 2
    }
  }, {
    "type": "cdn",
    "id": "CDN",
    "config": {
      "defaultSource": "$LB",
      "sources": [{
        "path": "/static/*",
        "source": "$BUCKET"
      }]
    }
  }, {
    "type": "database",
    "id": "DB",
    "config": {
      "password": "***",
      "engine": "MySQL"
    }
  }, {
    "type": "dns",
    "config": {
      "from": "www.mydomain.com",
      "to": "$CDN"
    }
  }, {
```

```
    "type": "bucket",
    "id": "BUCKET"
  }]
}
```

JSON 是怎么被转换成 AWS API 调用的呢？

（1）解析 JSON 输入。

（2）JIML 解释器将资源和它们的依赖项连接起来，创建一张依赖图。

（3）JIML 解释器从底层（叶子）到顶层（根）遍历依赖图中的树，然后产生一个线性的命令流。这些命令由一个伪语言来表达。

（4）然后 JIML 运行环境将这些伪语言的命令翻译成 AWS API 调用。

让我们来看看由 JIML 解释器创建的依赖图，如图 4-3 所示。

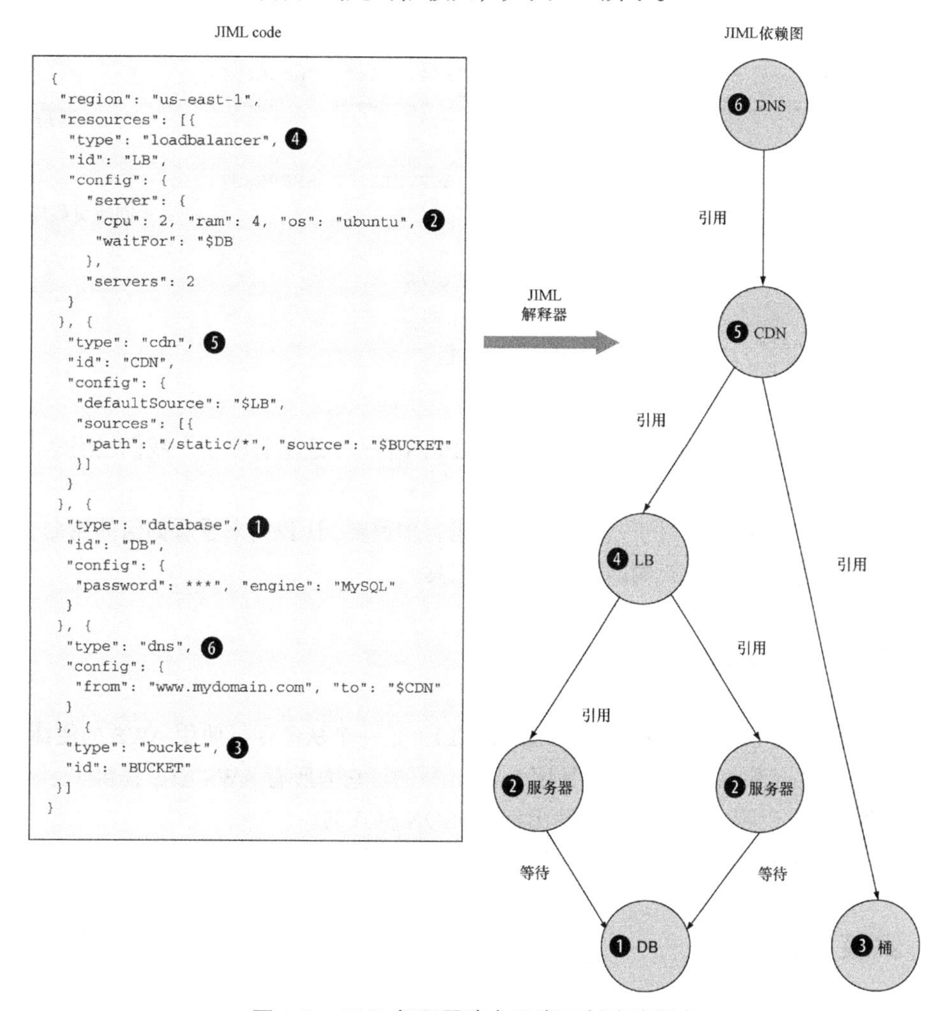

图 4-3　JIML 解释器确定了资源创建的顺序

自底向上从左到右遍历这张依赖图，底部的节点 DB❶和 bucket❸没有子节点。没有子节点的节点就没有依赖项。服务器❷节点依赖于 DB❶节点。LB❹依赖于服务器❷节点。CDN❺节点依赖于 LB❹节点和 bucket❸节点。最后，DNS❻节点依赖于 CDN 节点。

JIML 解释器把依赖图变成一个线性的使用伪语言的命令流，详见代码清单 4-2。这个伪语言代表了用正确的顺序创建所有资源所需要的步骤。底部的节点没有依赖项，所以最容易创建：这就是它们首先被创建的原因。

代码清单 4-2 在伪代码中的顺序命令流

```
$DB = database create {"password": "***", "engine": "MySQL"}    ← 创建数据库
$BUCKET = bucket create {}    ← 创建 bucket

await $DB
$SERVER1 = server create {"cpu": 2, "ram": 4, "os": "ubuntu"}    ← 创建服务器
$SERVER2 = server create {"cpu": 2, "ram": 4, "os": "ubuntu"}

await [$SERVER1, $SERVER2]    ← 等待依赖
$LB = loadbalancer create {"servers": [$_SERVER1, $_SERVER2]}    ← 创建负载均衡器

await [$LB, $BUCKET]
$CDN = cdn create {...}    ← 创建 CDN

await $CDN
$DNS = dns create {...}    ← 创建 DNS 入口

await $DNS
```

最后的步骤——把伪语言命令翻译成 AWS API 调用——这里省略了。我们已经学习了基础架构即代码所需的一切：都与依赖相关。

现在我们理解了依赖关系对于基础架构即代码有多重要，让我们来看看如何使用命令行创建基础架构。命令行是实现基础架构即代码的一种工具。

4.2 使用命令行接口

AWS 命令行接口（command-line interface，CLI）是一个从命令行使用 AWS 的便捷的方法。它运行在 Linux、Mac 和 Windows 上，是用 Python 写的。它为所有 AWS 服务提供了一个统一的访问接口。除非另作说明，否则命令的输出都是 JSON 格式的。

现在我们将安装和配置 CLI，之后，就可以开始着手使用了。

4.2.1 安装 CLI

怎样继续要看用户的操作系统。

1. Linux 和 Mac OS X

CLI 需要 Python（2.6.5 或更高、2.7.x 或更高、3.3.x 或更高或 3.4.x 和更高）以及 pip。pip 安装 Python 程序包的推荐工具。要检查 Python 版本，在终端运行 `python -version`。如果用户没有安装 Python 或者版本太旧，需要找到一个代替方法来安装 Python。要查看是否安装了 pip，在终端上运行 `pip --version`。如果显示了版本，说明已经安装了；否则，执行下面的命令来安装 pip：

```
$ curl "https://bootstrap.pypa.io/get-pip.py" -o "get-pip.py"
$ sudo python get-pip.py
```

再在终端上运行 `pip --version` 来验证 pip 安装。现在是时候来安装 AWS CLI 了：

```
$ sudo pip install awscli
```

在终端运行 `aws --version` 来验证 AWS CLI 安装。

2. Windows

下面的步骤引导用户在 Windows 上使用 MSI 安装程序来安装 AWS CLI。

（1）下载 AWS 命令行接口（32 位或 64 位）MSI 安装程序。

（2）运行下载好的安装程序，然后按照安装向导的提示安装 CLI。

（3）用管理员身份运行 PowerShell，在“开始”菜单中找到 PowerShell 项，然后在关联菜单中选择以管理员身份运行。

（4）在 PowerShell 中输入 `Set-ExecutionPolicy Unrestricted`，然后按 Enter 键执行这一命令。这样就能执行我们示例中的未签名的 PowerShell 脚本。

（5）关闭 PowerShell 窗口，不再需要以管理员身份工作了。

（6）通过“开始”菜单中的 PowerShell 项运行。

（7）在 PowerShell 中执行 `aws --version`，以验证 AWS CLI 是否正常工作。

4.2.2 配置 CLI

要使用 CLI，需要验证用户的身份。目前为止，我们使用了 AWS 根账号。这个账号能做任何事，这是好事也是坏事。强烈建议读者不要使用 AWS 根账号（第 6 章将介绍更多安全相关的知识），所以我们要创建一个新用户。

打开 AWS 管理控制台，在导航栏中点击“服务”，然后点击“IAM 服务”，会显示图 4-4 所示的页面，选择左边的“用户”。

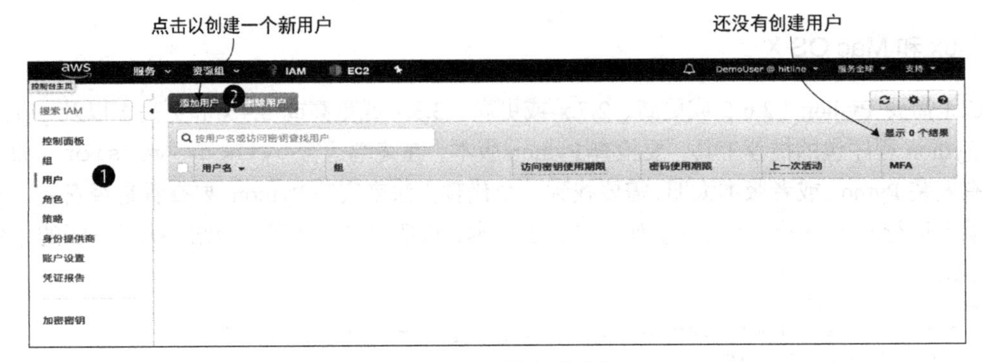

图 4-4　IAM 用户（空）

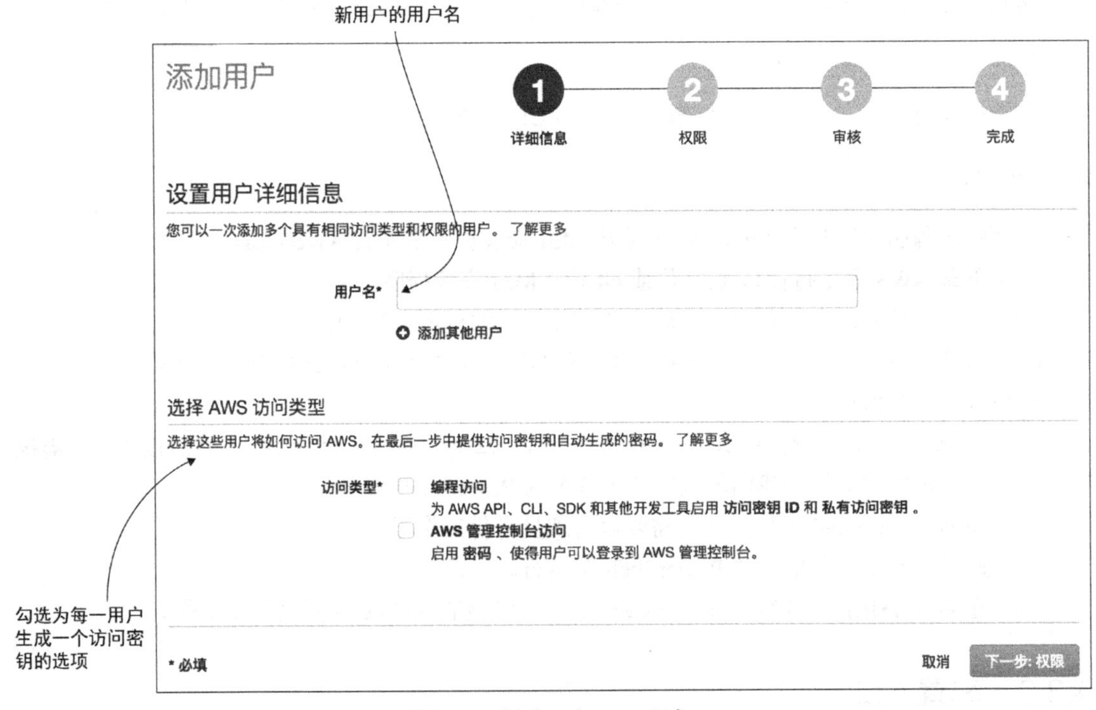

图 4-5　创建一个 IAM 用户

按下面的步骤创建一个新用户。

（1）点击“添加用户”，打开如图 4-5 所示的页面。

（2）输入 mycli 作为第一个用户的用户名。

（3）让其他项保持空白，选择“编程访问”。点击“下一步：权限”按钮。

（4）直接点击“下一步：审核”，然后点击“创建用户”按钮。

跳过其余步骤，将会打开如图 4-6 所示的页面。点击“显示”来显示私有访问密钥——它只会显示一次！现在用户需要复制这一凭证到 CLI 配置中。接下来学习它是怎么工作的。

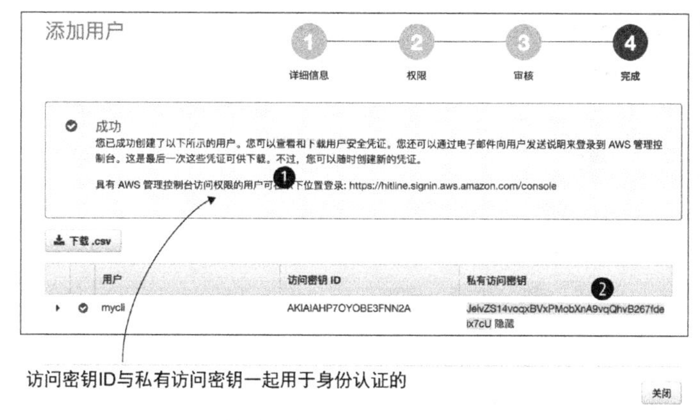

图 4-6 创建一个 IAM 用户：显示密钥凭证

在用户的计算机上打开终端（Windows 上的 PowerShell 或 OS X 和 Linux 上的 Bash shell，不是 AWS 管理控制台），然后运行 `aws configure`。用户会被问及 4 个信息。

- **AWS 访问密钥 ID**——从访问密钥 ID 框（浏览器窗口）中复制这一值。
- **AWS 私有访问密钥**——从私有访问密钥框（浏览器窗口）中复制这一值。
- **默认区域名称**——输入 `us-east-1`。
- **默认输出格式**——输入 `json`。

最后，在终端上应该看上去像这样：

```
$ aws configure
AWS Access Key ID [None]: AKIAJXMDAVKCM5ZTX7PQ
AWS Secret Access Key [None]: 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
Default region name [None]: us-east-1
Default output format [None]: json
```

现在 CLI 被配置好了，使用用户 mycli 进行身份认证。切换回浏览器窗口然后点击“关闭”，结束用户创建向导，将会打开图 4-7 所示的页面。

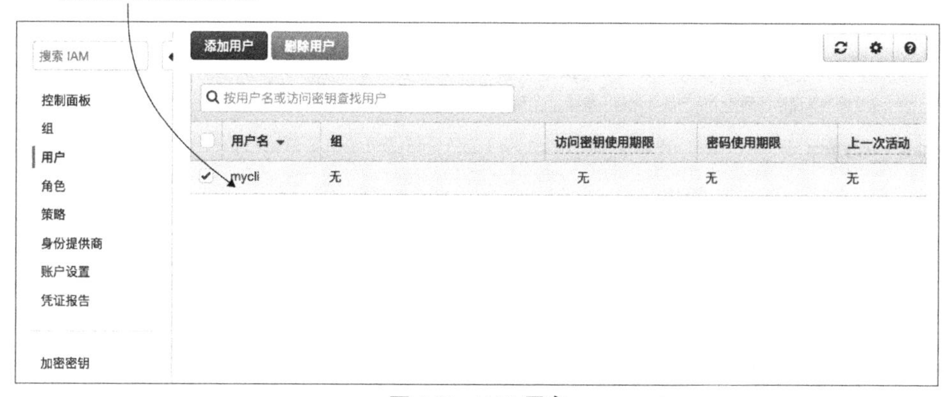

图 4-7 IAM 用户

接下来就需要处理授权来确定允许用户 mycli 做些什么。目前，这个用户不被允许做任何事（默认设定）。点击用户 mycli，会看到图 4-8 所示的页面。

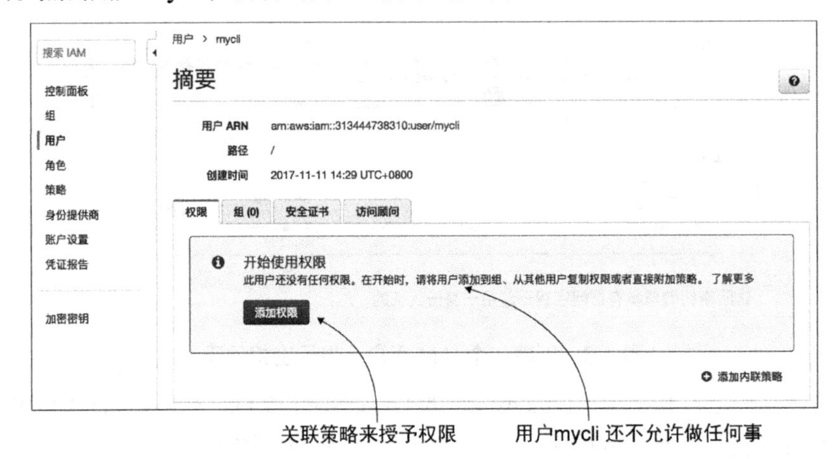

图 4-8　没有任何权限的 IAM 用户

在"权限"部分，点击"添加权限"按钮，将打开图 4-9 所示的页面，选择"直接附加现有策略"。

图 4-9　向一个 IAM 用户关联一个策略

搜索 `Admin`，然后选择策略 AdministratorAccess。点击“下一步：审核”，然后点击“添加权限”。现在用户 mycli 看上去如图 4-10 所示。

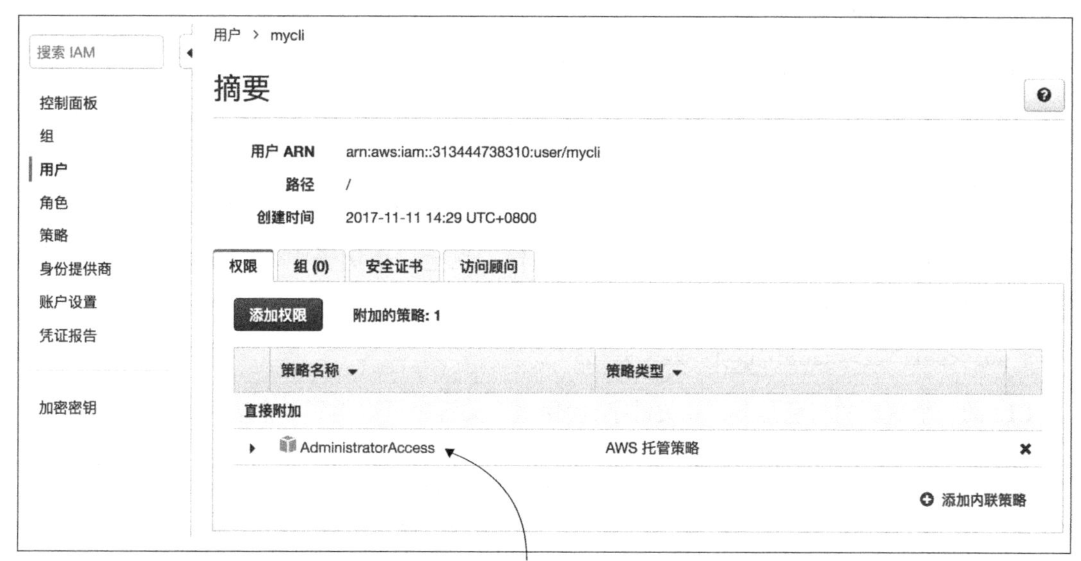

图 4-10　拥有 admin 权限的 IAM 用户 mycli

现在可以测试 CLI 是否工作了。切换到终端窗口，输入 `aws ec2 describe-regions` 来获取所有可用区域的列表：

```
$ aws ec2 describe-regions
{
  "Regions": [
    {
      "Endpoint": "ec2.eu-central-1.amazonaws.com",
      "RegionName": "eu-central-1"
    },
    {
      "Endpoint": "ec2.sa-east-1.amazonaws.com",
      "RegionName": "sa-east-1"
    },
    [...]
    {
      "Endpoint": "ec2.ap-southeast-2.amazonaws.com",
      "RegionName": "ap-southeast-2"
    },
    {
      "Endpoint": "ec2.ap-southeast-1.amazonaws.com",
      "RegionName": "ap-southeast-1"
    }
  ]
}
```

成功了！现在可以开始使用CLI了。

4.2.3 使用CLI

假如用户想要获得所有类型为t2.micro的EC2实例的列表。在终端上执行aws，如下所示：

```
$ aws ec2 describe-instances --filters "Name=instance-type,Values=t2.micro"
{
  "Reservations": []          <-- 空列表，因为还没有创建EC2实例
}
```

要使用AWS CLI，需要指定一个服务与操作。在上一个例子中，服务是ec2，操作是describe-instances，可以添加选项--key value：

```
$ aws <service> <action> [--key value ...]
```

CLI的一个重要的特色是help关键字,使用这个关键字可以得到3个级别的详细帮助信息。

- aws help——显示所有可用的服务。
- aws <service> help——显示某一服务所有可用的操作。
- aws <service> <action> help——显示特定服务操作可用的所有选项。

有时候用户需要临时的计算力，如Linux服务器要通过SSH做测试。要做到这一点，可以编写一个脚本来创建一台虚拟服务器。这个脚本将运行在用户的本地计算机上，并输出用户是如何通过SSH连接到服务器的。等用户完成自己的测试，脚本将能够终止这台虚拟服务器。这个脚本的使用如下：

```
$ ./server.sh                                  <-- 等到启动
waiting for i-c033f117 ...
i-c033f117 is accepting SSH connections under ec2-54-164-72-62 ...
ssh -i mykey.pem ec2-user@ec2-54-[...]aws.com          <-- SSH连接字符串
Press [Enter] key to terminate i-c033f117 ...
[...]
terminating i-c033f117 ...               <-- 等到终止
done.
```

用户的服务器一直运行直到按下Enter键。当用户按下Enter键时，服务器将被终止。

这个方案的局限性如下。

- 同一时刻只能处理一台服务器。
- Windows有一个与Linux和Mac OS X不同的版本。
- 它是一个命令行应用，而不是图形化应用。

然而，这个CLI方案解决了系列使用场景。

- 创建一台虚拟服务器。
- 获取虚拟服务器的公有DNS名用于SSH连接。
- 当不再需要时，终止一台虚拟服务器。

根据用户所用的操作系统不同，可以使用 Bash（Linux 和 Mac OS X）或 PowerShell（Windows）来写脚本。

在开始之前需要解释一个 CLI 的重要功能。`--query` 选项使用 JMESPath（一种 JSON 的查询语言）从结果中提取数据。这是非常有用的，因为通常用户只需要结果中某个特别的项。让我们来看看下面的 JSON 中 JMESPath 的操作。这是 `aws ec2 describe-images` 的结果，列出了可用的 AMI。要启动一个 EC2 实例，需要 `ImageId`，使用 JMESPath 可以提取到这一信息：

```
{
  "Images": [
    {
      "ImageId": "ami-146e2a7c",
      "State": "available"
    },
    {
      "ImageId": "ami-b66ed3de",
      "State": "available"
    }
  ]
}
```

要提取第一个 `ImageId`，路径为 `Images[0].ImageId`，这个查询的结果是 `"ami-146e2a7c"`。要提取所有 `State`，路径为 `Images[*].State`，这个查询的结果为 `["available", "available"]`。使用 JMESPath 的简单介绍，我们已经能够提取到所需的数据。

Linux 和 Mac OS X 能解释脚本，而 Windows 更喜欢 PowerShell 脚本。我们创建了同一脚本的两个版本。

1. Linux 和 Mac OS X

读者能在本书的代码目录中的 `/chapter4/server.sh` 找到代码清单 4-3，可以复制并粘贴每一行到终端或通过 `chmod +x server.sh && ./server.sh` 执行整个脚本。

代码清单 4-3　使用 CLI（Bash）创建与终止一台服务器

```
#!/bin/bash -e                                        ← 当命令出错时中止
AMIID=$(aws ec2 describe-images --filters "Name=description, \    ← 获取 Amazon Linux AMI 的 ID
Values=Amazon Linux AMI 2015.03.? x86_64 HVM GP2" \
--query "Images[0].ImageId" --output text)
VPCID=$(aws ec2 describe-vpcs --filter "Name=isDefault, Values=true" \    ← 获取默认 VPC 的 ID
--query "Vpcs[0].VpcId" --output text)
```

```
SUBNETID=$(aws ec2 describe-subnets --filters "Name=vpc-id, Values=$VPCID" \
--query "Subnets[0].SubnetId" --output text)          <-- 获取默认子网 ID

SGID=$(aws ec2 create-security-group --group-name mysecuritygroup \   <-- 创建安全组
--description "My security group" --vpc-id $VPCID --output text)

aws ec2 authorize-security-group-ingress --group-id $SGID \   <-- 允许入站 SH 连接
--protocol tcp --port 22 --cidr 0.0.0.0/0

INSTANCEID=$(aws ec2 run-instances --image-id $AMIID --key-name mykey \   <-- 创建并启动服务器
--instance-type t2.micro --security-group-ids $SGID \
--subnet-id $SUBNETID --query "Instances[0].InstanceId" --output text)

echo "waiting for $INSTANCEID ..."

aws ec2 wait instance-running --instance-ids $INSTANCEID   <-- 等到服务器启动

PUBLICNAME=$(aws ec2 describe-instances --instance-ids $INSTANCEID \   <-- 获取服务器的公有域名
--query "Reservations[0].Instances[0].PublicDnsName" --output text)

echo "$INSTANCEID is accepting SSH connections under $PUBLICNAME"
echo "ssh -i mykey.pem ec2-user@$PUBLICNAME"
read -p "Press [Enter] key to terminate $INSTANCEID ..."
aws ec2 terminate-instances --instance-ids $INSTANCEID   <-- 终止服务器
  echo "terminating $INSTANCEID ..."
aws ec2 wait instance-terminated --instance-ids $INSTANCEID   <-- 等到服务器终止
aws ec2 delete-security-group --group-id $SGID   <-- 删除安全组
```

资源清理

在继续下一步操作之前一定要确保已经终止了服务器！

2. Windows

代码清单 4-4 可以在本书的代码目录/chapter4/server.ps1 中找到。

右键点击 server.ps1 文件，选择 Run with PowerShell 来执行这一脚本。

代码清单 4-4 用 CLI（PowerShell）来创建和终止一台服务器

```
$ErrorActionPreference = "Stop"   <-- 当命令出错时中止

$AMIID=aws ec2 describe-images --filters "Name=description, \   <-- 获取 Amazon Linux AMI 的 ID
Values=Amazon Linux AMI 2015.03.? x86_64 HVM GP2" \
--query "Images[0].ImageId" --output text
```

```
$VPCID=aws ec2 describe-vpcs --filter "Name=isDefault, Values=true" \
--query "Vpcs[0].VpcId" --output text
```

获取默认 VPC 的 ID

```
$SUBNETID=aws ec2 describe-subnets --filters "Name=vpc-id, Values=$VPCID" \
--query "Subnets[0].SubnetId" --output text
```

获取默认子网 ID

```
$SGID=aws ec2 create-security-group --group-name mysecuritygroup \
--description "My security group" --vpc-id $VPCID \
--output text
```

创建安全组

允许入站 SSH 连接

```
aws ec2 authorize-security-group-ingress --group-id $SGID \
--protocol tcp --port 22 --cidr 0.0.0.0/0

$INSTANCEID=aws ec2 run-instances --image-id $AMIID --key-name mykey \
--instance-type t2.micro --security-group-ids $SGID \
--subnet-id $SUBNETID \
--query "Instances[0].InstanceId" --output text
```

创建并启动服务器

```
Write-Host "waiting for $INSTANCEID ..."
aws ec2 wait instance-running --instance-ids $INSTANCEID
```

等到服务器启动

```
$PUBLICNAME=aws ec2 describe-instances --instance-ids $INSTANCEID \
--query "Reservations[0].Instances[0].PublicDnsName" --output text
```

获取服务器的公有域名

```
Write-Host "$INSTANCEID is accepting SSH under $PUBLICNAME"
Write-Host "connect to $PUBLICNAME via SSH as user ec2-user"
Write-Host "Press [Enter] key to terminate $INSTANCEID ..."
Read-Host
aws ec2 terminate-instances --instance-ids $INSTANCEID
Write-Host "terminating $INSTANCEID ..."
aws ec2 wait instance-terminated --instance-ids $INSTANCEID
aws ec2 delete-security-group --group-id $SGID
```

终止服务器

等到服务器终止

删除安全组

资源清理

在继续下一步操作之前一定要确保已经终止了服务器！

3. 为什么要写脚本

为什么要写脚本，而不是使用图形化的 AWS 管理控制台？脚本可以复用，并且在长时间操作时节省时间。用户能够使用自己之前的项目中已经可用的模块来快速创建新的架构。通过使自己的基础架构创建自动化，用户也能够加强自己的部署流水线的自动化。

另一个好处是，脚本将是能想象的最准确的文档（甚至计算机能理解它）。如果你想在周一重复上周五自己做的事，脚本就是无价之宝。如果你病了，而你的同事需要处理好你的任务，他们会感激你留下了脚本。

4.3 使用 SDK 编程

AWS 为许多编程语言提供软件开发套件（Software Development Kits，SDK）：

- Android
- Node.js（JavaScript）
- Browsers（JavaScript）
- PHP
- iOS
- Python
- Java
- Ruby
- .NET
- Go

AWS SDK 是从用户喜欢的编程语言调用 AWS API 的便捷方法。SDK 会处理好类似认证、重试、HTTPS 通信和 JSON（还原）序列化。用户可以自由选择自己喜欢的语言的 SDK，但是，在本书中所有示例使用 JavaScript，并且在 Node.js 运行环境中运行。

安装并开始使用 Node.js

Node.js 是一个在事件驱动环境下执行 JavaScript 的平台，且容易创建网络应用。要安装 Node.js，访问 Node.js 官方网站，然后下载适合自己的操作系统的程序包。

Node.js 安装好后，就可以通过在终端输入 `node --version` 来验证一切都可用。终端应该会产生类似于 v0.12.*的回应。现在就可以运行我们的 JavaScript 示例了，如 Node Control Center for AWS。

随着 Node.js 安装的有一个重要的工具叫作 npm，它是 Node.js 的程序包管理器。在终端上运行 `npm --version` 来验证安装。

要在 Node.js 中运行 JavaScript 脚本，在终端输入 `node script.js`。本书中使用 Node.js 是因为它容易安装，不需要 IDE，并且大多数程序员是熟悉其语法的。

不要混淆术语 JavaScript 和 Node.js。如果想弄精确些，JavaScript 是编程语言，而 Node.js 是执行环境。但是，别期待任何人能做这样的区分。Node.js 也叫作 node。

为了理解 Node.js（JavaScript）上的 AWS SDK 是如何工作的，让我们创建一个 Node.js（JavaScript）应用来通过 AWS SDK 控制 EC2 服务器。

4.3.1 使用 SDK 控制虚拟服务器：nodecc

Node Control Center for AWS（nodecc）是一个用 JavaScript 编写的有文本 UI 的能管理多个临时 EC2 服务器的应用。nodecc 具有下列功能。

- 能处理多个服务器。
- 用 JavaScript 编写且运行在 Node.js 上，因此它能跨平台使用。
- 使用文本 UI。

图 4-11 展示了 nodecc 的开始界面。

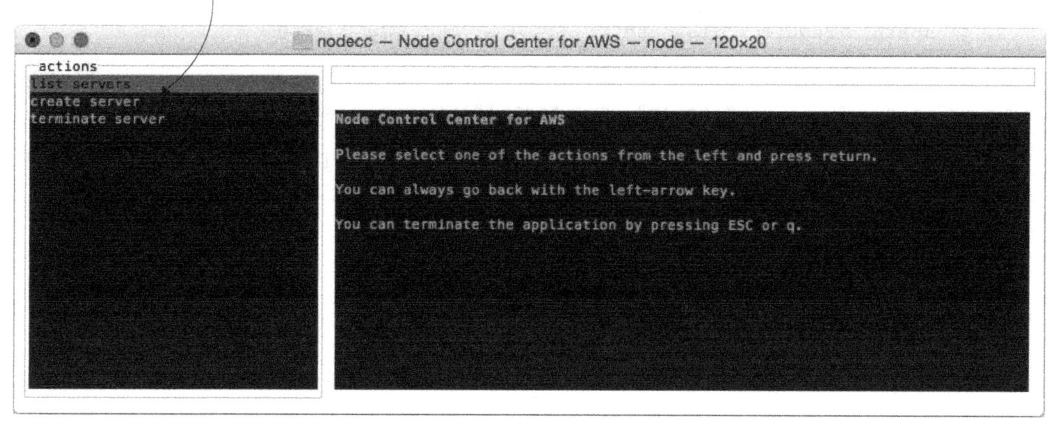

图 4-11 Node Control Center for AWS：开始界面

读者可以在本书的代码目录/chapter4/nodecc/中找到 nodecc 应用。切换到那个目录，在终端上运行`npm install`来安装所有需要的依赖项。要启动nodecc，先运行`node index.js`。总是可以使用左箭头键来返回，按 Esc 键或 q 键来退出应用。

SDK 使用你为 CLI 所创建的相同设置，所以当你运行 nodecc 时也使用用户 mycli。

4.3.2 nodecc 如何创建一台服务器

在能使用 nodecc 做任何事之前，用户需要至少一台服务器。要启动一台服务器，选择 AMI，如图 4-12 所示。

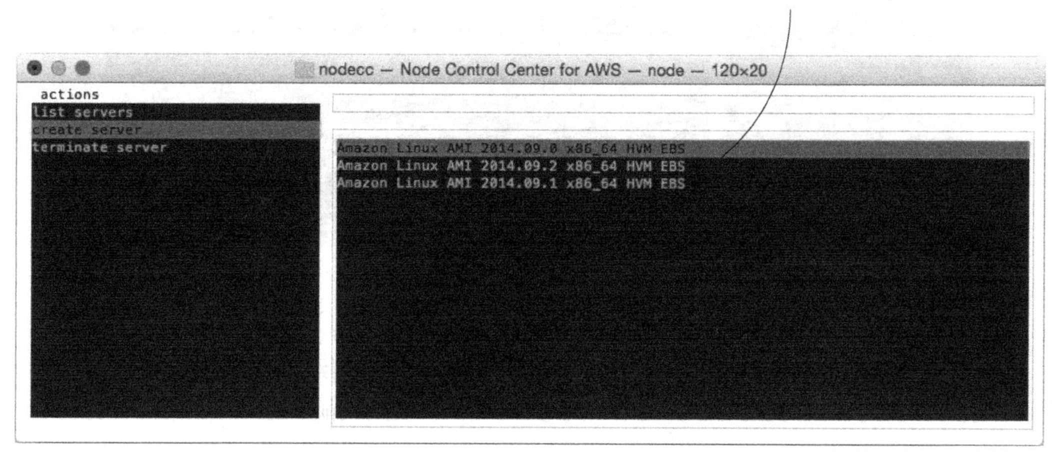

图 4-12 nodecc：创建一台服务器（2 步中的第一步）

用于获取可用 AMI 列表的代码在 lib/listAMIs.js 中，具体内容如代码清单 4-5 所示。

代码清单 4-5　/lib/listAMIs.js

```
var jmespath = require('jmespath');    <—— require 用来装载模块
var AWS = require('aws-sdk');

var ec2 = new AWS.EC2({"region": "us-east-1"});    <—— 配置一个 EC2 端点

module.exports = function(cb) {    <—— module.exports 使这个函数能被 listAMI 模块的用户使用
  ec2.describeImages({    <—— 操作
    "Filters": [{
      "Name": "description",
      "Values": ["Amazon Linux AMI 2015.03.? x86_64 HVM GP2"]
    }]
  }, function(err, data) {
    if (err) {    <—— 万一出错，设置错误
      cb(err);
    } else {    <—— 否则，data 中包含所有 AMI
      var amiIds = jmespath.search(data, 'Images[*].ImageId');
      var descriptions = jmespath.search(data, 'Images[*].Description');
      cb(null, {"amiIds": amiIds, "descriptions": descriptions});
    }
  });
};
```

这段代码是这样结构化的，每个操作都在 lib 库文件夹中实现。创建一台服务器的下一步是选择服务器启动时应该在的子网。我们还没有学习子网，因此目前先随机选择一个，如图 4-13 所示。相应的脚本位于 `lib/listSubnets.js`。

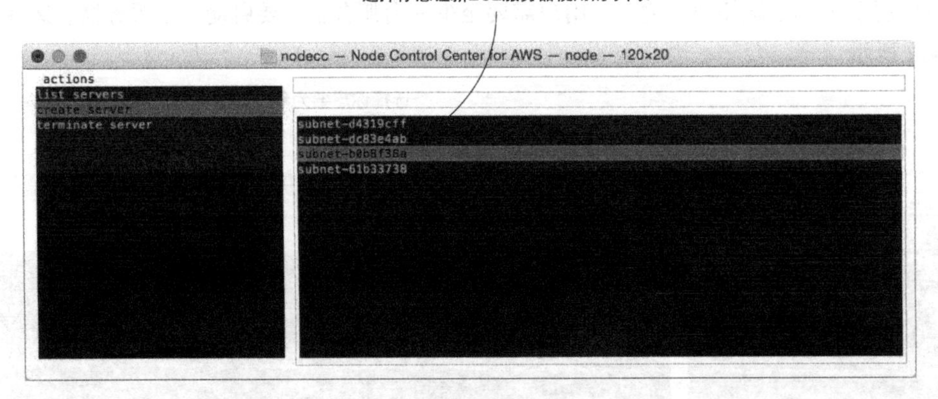

图 4-13　nodecc：创建一台服务器（2 步的第二步）

在选择了子网之后，服务器将由 `lib/createServer.js` 创建，然后我们会看见一个启动屏幕。现在是时候找出新创建的服务器的公有 DNS 名了。使用左箭头键切换到导航部分。

4.3.3 nodecc 是如何列出服务器并显示服务器的详细信息

一个重要的使用场景是nodecc必须支持显示能通过SSH连接的服务器的公有名。因为nodecc处理多台服务器，第一步是选择一台服务器，如图 4-14 所示。

所有正在运行的服务器用它们的EC2实例ID列出。
nodecc — Node Control Center for AWS — node — 120×20
actions
list servers
create server
terminate server
i-e07a21cf
i-e67a21c9
i-ab826056

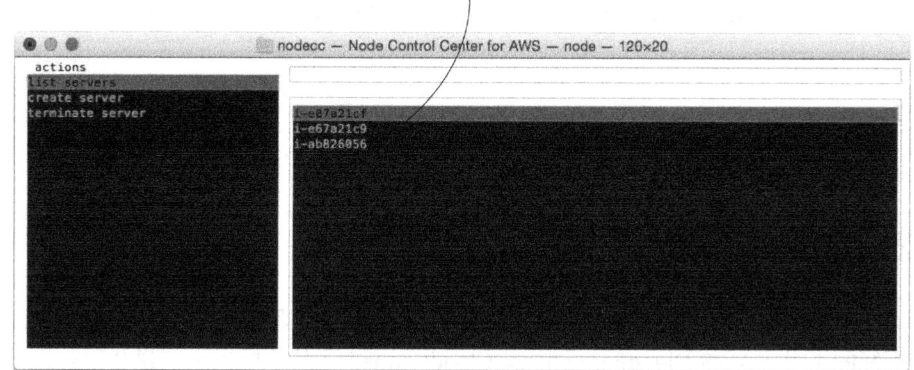

图 4-14　nodecc：列出服务器

让我们看一下 `lib/listServers.js` 中是如何使用 AWS SDK 来获取服务器列表的。在选择了服务器之后，就可以显示它的详细信息，如图 4-15 所示。你可以通过 SSH 使用 `PublicDnsName` 连接到这台服务器实例。按左箭头键切换回导航部分。

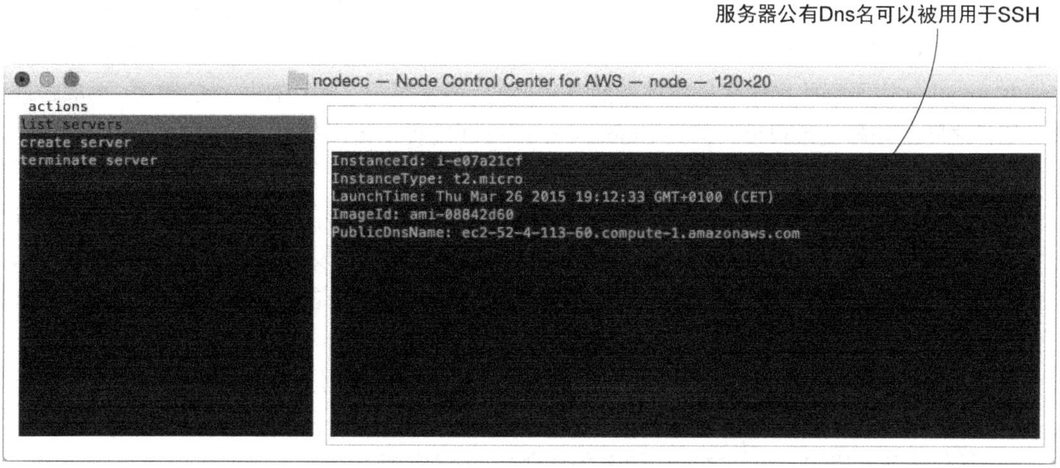

服务器公有Dns名可以被用用于SSH
nodecc — Node Control Center for AWS — node — 120×20
actions
list servers
create server
terminate server
InstanceId: i-e07a21cf
InstanceType: t2.micro
LaunchTime: Thu Mar 26 2015 19:12:33 GMT+0100 (CET)
ImageId: ami-08842d60
PublicDnsName: ec2-52-4-113-60.compute-1.amazonaws.com

图 4-15　nodecc：显示服务器的详细信息

4.3.4　nodecc 如何终止一台服务器

用户首先需要选择服务器以进行终止操作。再次使用 `lib/listServers.js` 列出服务器。选择好要终止的服务器后，使用 `lib/terminateServer.js` 会负责进行终止。

这就是 nodecc——一个用于控制临时的 EC2 服务器的文本界面程序。读者可以花些时间想想看，使用自己最喜欢的编程语言和 AWS SDK 可以搭建什么应用，很有可能会想到一个不错的商机。

资源清理

在继续下一步操作之前一定要确保已经终止了所有的服务器！

4.4　使用蓝图来启动一台虚拟服务器

早些时候，我们谈到 JIML 来引入基础架构即代码的概念。幸运的是，AWS 已经提供了一个比 JIML 更好的工具：AWS CloudFormation。CloudFormation 基于模板来创建基础架构，也就是我们称作蓝图的东西。

注意　通常我们在讨论基础架构自动化时使用蓝图（blueprint）这样的术语。配置管理服务 AWS CloudFormation 使用的蓝图被称为模板（template）。

模板使用 JSON 描述了用户的基础架构，CloudFormation 能对其进行解析。用户只需要使用声明的表述语言，而不是给出实现它需要的所有操作。描述的方法意味着用户告诉 CloudFormation 需要什么样的基础架构以及组件之间是怎样连接的。用户不需要告诉 CloudFormation 需要哪些操作来创建那样的基础架构，不需要定义操作被执行的顺序。再次强调，处理组件之间的依赖关系很重，但是 CloudFormation 还能提供更多的好处。

CloudFormation 的好处如下。

- 它让用户在 AWS 平台上统一的方式来描述基础架构。如果用户用脚本来创建自己的基础架构，每个人会用不同的方法解决同样的问题。这对新开发人员与运维人员是个障碍，他们需要努力去理解代码要做什么。CloudFormation 模板是一个定义基础架构的清晰的语言。
- 它能处理依赖关系。试过把网络服务器注册到一个还不可用的负载均衡器吗？初看起来，使用脚本的方法用户会搞错很多依赖项。相信我们：永远不要尝试使用脚本来创建一个复杂的基础架构。组件之间的依赖关系会变得一团糟！
- 它是可复制的。如何使用户的测试环境和生产环境保持完全一致？使用 CloudFormation，用户能创建两个完全一样的基础架构并且保持它们同步。
- 它是可自定义的。用户可以向 CloudFormation 插入自定义的参数来按期望自定义模板。

- 它是可测试的。从模板创建基础架构是可测试的。随时可以按需启动一个新的基础架构，运行测试，完成后再关掉它。
- 它是可更新的。CloudFormation 可以更新用户的基础架构。它将找出模板中改变了的部分，然后将这些变化尽可能平滑地应用到现有的基础架构。
- 它最小化人为的误操作。CloudFormation 不会感到疲倦——即使是在凌晨 3 点。
- 它把基础架构文档化。CloudFormation 模板是一个 JSON 文档。用户可以把它当作代码，然后使用一个版本控制系统（如 Git）来跟踪变更。
- 它是免费的。CloudFormation 服务本身不会产生额外费用。

我们认为 CloudFormation 是在 AWS 上管理基础架构的最强的工具之一。

4.4.1 CloudFormation 模板解析

一个基本的 CloudFormation 模板分为 5 个部分。

（1）格式版本——最新的模板格式版本是 2010-09-09，且是目前唯一合法的值。指定这个值，默认是最新版本，如果将来引入新格式的版本，这有可能会引发问题。

（2）描述——这个模板是关于什么的？

（3）参数——参数使用值用来自定义模板。例如，域名、客户 ID 和数据库密码。

（4）资源——一项资源是用户能描述的最小组件。例如，虚拟服务器、负载均衡器或弹性 IP 地址。

（5）输出——输出和参数有点儿像，但是用途正好相反。输出从模板返回一些信息，如一台 EC2 服务器的公有域名。

一个基本模板如代码清单 4-6 所示。

代码清单 4-6 CloudFormation 模板结构

```
{
  "AWSTemplateFormatVersion": "2010-09-09",       <—— 唯一合法版本
  "Description": "CloudFormation template structure",   <—— 这个模板是关于什么的
  "Parameters": {
    [...]                <—— 定义参数
  },
  "Resources": {
    [...]                <—— 定义资源
  },
  "Outputs": {
    [...]                <—— 定义输出
  }
}
```

让我们进一步看看参数、资源和输出。

1. 格式版本及描述

唯一合法的 AWSTemplateFormatVersion 值目前是"2010-09-09"。用户需要指定格式版本。如果不指定，CloudFormation 会认为是最新版本。前面提到，这意味着如果在将来有了一个新的格式版本，会陷入严重的麻烦之中。

Description 不是强制的，但是建议读者花些时间来描述模板的用途。一个有意义的描述将来有助于自己记起这个模板是干什么的，它也能帮助其他同事理解。

2. 参数

参数至少有一个名字和类型。建议用户同时添加一个描述，如代码清单 4-7 所示。

代码清单 4-7 CloudFormation 参数结构

```
{
  [...]
  "Parameters": {
    "NameOfParameter": {          <- 参数名
      "Type": "Number",           <- 这个参数是个数字
      "Description": "This parameter is for demonstration"
      [...]
    }
  },
   [...]
}
```

表 4-1 列出了合法的类型。

表 4-1 CloudFormation 参数类型

类　型	描　述
String CommaDelimitedList	一个字符串或由逗号分隔的字符串列表
Number List<Number>	一个整数或浮点数或整数列表或浮点数列表
AWS::EC2::Instance::Id List<AWS::EC2::Instance::Id>	一个 EC2 实例 ID（虚拟服务器）或一个 EC2 实例 ID 列表
AWS::EC2::Image::Id List<AWS::EC2::Image::Id>	一个 AMI ID 或 AMI 列表
AWS::EC2::KeyPair::KeyName	一个 Amazon EC2 密钥对名
AWS::EC2::SecurityGroup::Id List<AWS::EC2::SecurityGroup::Id>	一个安全组 ID 或安全组 ID 列表
AWS::EC2::Subnet::Id List<AWS::EC2::Subnet::Id>	一个子网 ID 或子网 ID 列表

续表

类型	描述
AWS::EC2::Volume::Id List<AWS::EC2::Volume::Id>	一个 EBS 卷 ID（网络附加存储）或 EBS 卷 ID 列表
AWS::EC2::VPC::Id List<AWS::EC2::VPC::Id>	一个 VPCID（虚拟私有网络）或 VPC ID 列表
AWS::Route53::HostedZone::Id List<AWS::Route53::HostedZone::Id>	一个 DNS 区域 ID 或 DNS 区域 ID 列表

除了使用 Type 与 Description，用户还可以使用表 4-2 中列出的属性来增强一个参数。

表 4-2 CloudFormation 参数属性

属性	描述	例子
Default	参数的默认值	
NoEcho	在所有图形化工具中隐藏参数值（对密码有用）	"NoEcho": true
AllowedValues	指定参数的可能值	"AllowedValues": ["1", "2", "3"]
AllowedPattern	比 AllowedValues 更通用，因为它使用正则表达式	"AllowedPattern": "[a-zA-Z0-9]*" 只允许 a～z、A～Z 和 0～9，长度任意
MinLength、MaxLength	与字符串类型一起使用，用来定义最小长度和最大长度	
MinValue、MaxValue	与数字类型一起使用，用来定义上下限	

CloudFormation 模板的参数部分如下：

```
{
  [...]
  "Parameters": {
    "KeyName": {
      "Description": "Key Pair name",
      "Type": "AWS::EC2::KeyPair::KeyName"      <- 只允许 KeyName
    },
    "NumberOfServers": {
      "Description": "How many servers do you like?",
      "Type": "Number",
      "Default": "1",                <- 默认为一台服务器
      "MinValue": "1",
      "MaxValue": "5"                <- 设置上限以免产生大量开销
    },
    "WordPressVersion": {
      "Description": "Which version of WordPress do you want?",
      "Type": "String",
      "AllowedValues": ["4.1.1", "4.0.1"]      <- 限制特定版本
    }
  },
```

```
  [...]
}
```

现在我们应该对参数有了更好的感觉。如果想了解参数的一切，可以访问 AWS 官方网站或紧跟本书内容动手学习。

3．资源

一个资源至少有一个名字、一个类型和一些属性，如代码清单 4-8 所示。

代码清单 4-8　CloudFormation 资源结构

```
{
  [...]
  "Resources": {
    "NameOfResource": {                 <-- 参数名
      "Type": "AWS::EC2::Instance",     <-- 定义一台 EC2 服务器
      "Properties": {
        [...]                           <-- 资源类型所需的属性
      }
    }
  },
  [...]
}
```

定义资源时，用户需要知道类型和该类型所需的属性。在本书中，读者将了解许多资源类型以及它们各自的属性。代码清单 4-9 展示了单台 EC2 服务器的一个例子。如果看见`{"Ref": "NameOfSomething"}`，把它当作一个占位符，应替换为名称的引用。用户可以引用参数和资源来创建依赖关系。

代码清单 4-9　CloudFormation EC2 服务器资源

```
{
  [...]
  "Resources": {
    "Server": {                                 <-- 资源名
      "Type": "AWS::EC2::Instance",             <-- 定义一台 EC2 服务器
      "Properties": {
        "ImageId": "ami-1ecae776",              <-- 一些硬编码的设置
        "InstanceType": "t2.micro",
        "KeyName": {"Ref": "KeyName"},          <-- 这些设置通过参数定义
        "SubnetId": {"Ref": "Subnet"}
      }
    }
  },
  [...]
}
```

现在我们描述了服务器，但如何输出它的公有 DNS 名呢？

4. 输出

CloudFormation 模板的输出包括至少一个名称（如参数和资源）和一个值，建议读者同时添加一个描述。读者可以使用输出来将数据从自己的模板传递到外面（见代码清单 4-10）。

代码清单 4-10 CloudFormation 输出结构

```
{
  [...]
  "Outputs": {
    "NameOfOutput": {              <—— 输出的名称
      "Value": "1",                          <—— 输出的值
      "Description": "This output is always 1"
    }
  }
}
```

静态输出不是很有用。大多数时候，用户会引用资源的名称或资源的一个属性，如它的公有 DNS 名，如代码清单 4-11 所示。

代码清单 4-11 CloudFormation 输出示例

```
{
  [...]
  "Outputs": {
    "ServerEC2ID": {
      "Value": {"Ref": "Server"},        <—— 引用 EC2 服务器
      "Description": "EC2 ID of the server"
    },
    "PublicName": {
      "Value": {"Fn::GetAtt": ["Server", "PublicDnsName"]},   <—— 获得 EC2 服务器的属性公有 DNS 名
      "Description": "Public name of the server"
    }
  }
}
```

本书稍后会介绍 `Fn::GetAtt` 的一些最重要的属性。如果想了解所有的属性，可访问 AWS 官方网站。

现在让我们简单看一下 CloudFormation 模板的核心部分，是时候来制作一个自己的模板了。

4.4.2 创建第一个模板

假设你需要为开发团队提供一台虚拟服务器。几个月之后，开发团队意识基于应用需求的变化，这台虚拟服务器需要更多的 CPU。你可以使用 CLI 和 SDK 处理这一要求，但是正如 3.4 节所介绍的，在更改实例类型前，用户必须先停止实例。具体流程如下：停止实例，等待实例停止，更改实例类型，启动实例，等待实例启动。

CloudFormation 使用的描述法更简单：只需改变 `InstanceType` 属性，然后更新模板。`InstanceType` 可以通过参数传给模板。就是这样！你可以开始创建模板了，如代码清单 4-12 所示。

代码清单 4-12 用 CloudFormation 模板创建一个 EC2 实例

```
{
  "AWSTemplateFormatVersion": "2010-09-09",
  "Description": "AWS in Action: chapter 4",
  "Parameters": {
    "KeyName": {                                    <-- 用户定义将使用哪个密钥
      "Description": "Key Pair name",
      "Type": "AWS::EC2::KeyPair::KeyName",
      "Default": "mykey"
    },
    "VPC": {                                        <-- 6.5 节将介绍这一内容
      [...]
    },
    "Subnet": {                                     <-- 6.5 节将介绍这一内容
      [...]
    },
    "InstanceType": {                               <-- 用户定义实例类型
      "Description": "Select one of the possible instance types",
      "Type": "String",
      "Default": "t2.micro",
      "AllowedValues": ["t2.micro", "t2.small", "t2.medium"]
    }
  },
  "Resources": {
    "SecurityGroup": {                              <-- 6.4 节将介绍这一内容
      "Type": "AWS::EC2::SecurityGroup",
      "Properties": {
        [...]
      }
    },
    "Server": {                                     <-- 定义最小 EC2 实例
      "Type": "AWS::EC2::Instance",
      "Properties": {
        "ImageId": "ami-1ecae776",
        "InstanceType": {"Ref": "InstanceType"},
        "KeyName": {"Ref": "KeyName"},
        "SecurityGroupIds": [{"Ref": "SecurityGroup"}],
        "SubnetId": {"Ref": "Subnet"}
      }
    }
  },
  "Outputs": {
    "PublicName": {                                 <-- 返回 EC2 实例的公有 DNS 名
      "Value": {"Fn::GetAtt": ["Server", "PublicDnsName"]},
      "Description": "Public name (connect via SSH as user ec2-user)"
    }
  }
}
```

读者可以在本书的代码目录/chapter4/server.json中找到这个模板的完整代码。目前不要担心VPC、子网和安全组，这些内容在第6章中会详细介绍。

模板在哪里

这个模板可以从下载的源代码中找到。我们谈到的文件位于chapter4/server.json。在S3上，相同的文件位于https://s3.amazonaws.com/awsinaction/chapter4/server.json。

如果从模板创建一个基础架构，则CloudFormation称之为堆栈。可以认为模板对应堆栈，就像是类对应对象。模板只存在一次，而许多堆栈可以从同一个模板中被创建。

打开AWS管理控制台。在导航栏中点击“服务”，然后点击CloudFormation服务。图4-16显示了初始CloudFormation界面，显示了所有堆栈的概览。

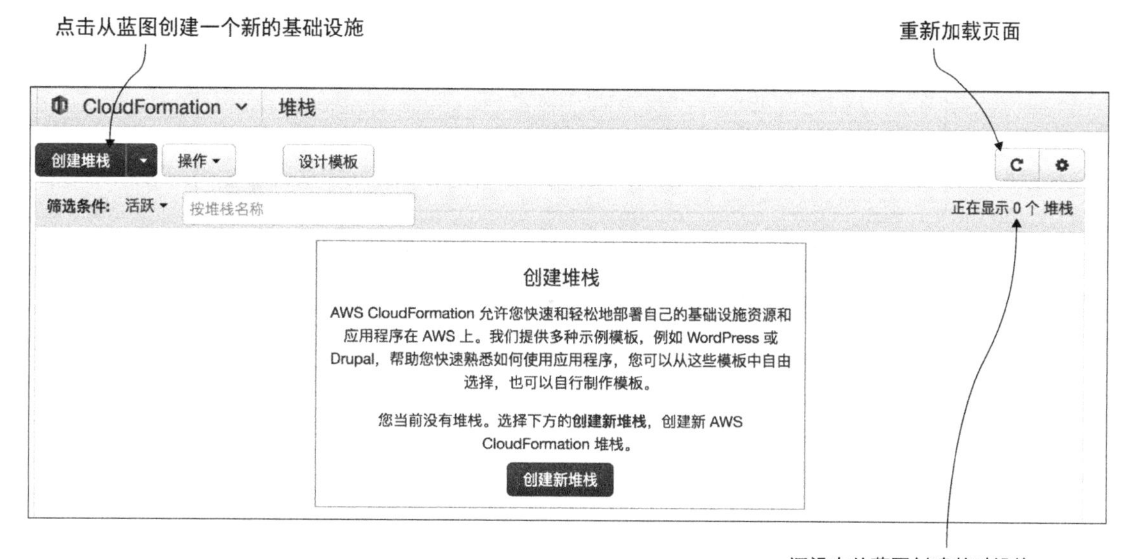

图4-16 CloudFormation堆栈概览

下面的步骤将引导用户创建自己的堆栈。

（1）点击“创建新堆栈”按钮启动一个4步的向导。

（2）给堆栈起名，如server1。

（3）选择“Specify an Amazon S3 template URL”，然后输入https://s3.amazonaws.com/awsinaction/chapter4/server.json，如图4-17所示。

在第二步中，定义下面的参数。

（1）InstanceType：选择t2.micro。

（2）KeyName：选择mykey。

（3）Subnet：选择下拉列表中的第一个值。子网稍后会介绍。

（4）VPC：选择下拉列表中的第一个值。VPC 稍后会介绍。

AWS
Services
CloudFormation
EC2
S3
Edit
Michael Wittig
N. Virginia
Support
Select Template
Specify Parameters
Options
Review
Select Template
Specify a stack name and then select the template that describes the stack that you want to create.
Stack
An AWS CloudFormation stack is a collection of related resources that you provision and update as a single unit.
Name
server1
Template
A template is a JSON-formatted text file that describes your stack's resources and their properties. AWS CloudFormation stores the stack's template in an Amazon S3 bucket. Learn more.
Source
Select a sample template
Upload a template to Amazon S3
Browse...
No file selected.
Specify an Amazon S3 template URL
https://s3.amazonaws.com/awsinaction/chapter4/server.json
Cancel
Next

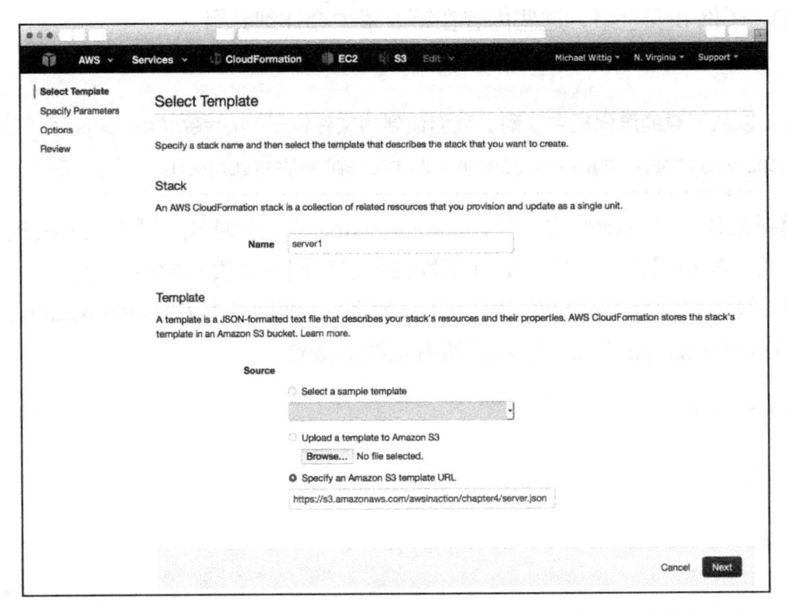

图 4-17 创建一个 CloudFormation 堆栈：选择一个模板（4 步的第一步）

图 4-18 展示了参数设置步骤。在为每个参数选择了值之后点击“下一步”。

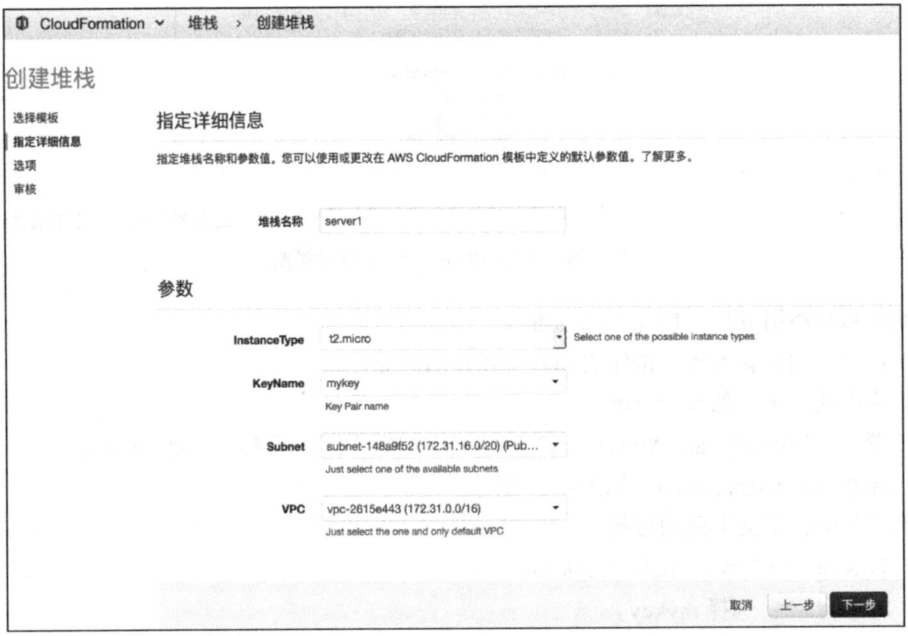

CloudFormation
堆栈
创建堆栈
创建堆栈
选择模板
指定详细信息
选项
审核
指定详细信息
指定堆栈名称和参数值。您可以使用或更改在 AWS CloudFormation 模板中定义的默认参数值。了解更多。
堆栈名称
server1
参数
InstanceType
t2.micro
Select one of the possible instance types
KeyName
mykey
Key Pair name
Subnet
subnet-148a9f52 (172.31.16.0/20) (Pub...
Just select one of the available subnets
VPC
vpc-2615e443 (172.31.0.0/16)
Just select the one and only default VPC
取消
上一步
下一步

图 4-18 创建一个 CloudFormation 堆栈：定义参数（4 步的第二步）

在第三步，可以为堆栈定义标签。所有由堆栈创建的资源都会被自动打上这些标签。创建一个新标签，输入 `system` 作为键值，`tempserver` 作为值。点击“下一步”。第四步显示这个堆栈的总结，如图 4-19 所示。

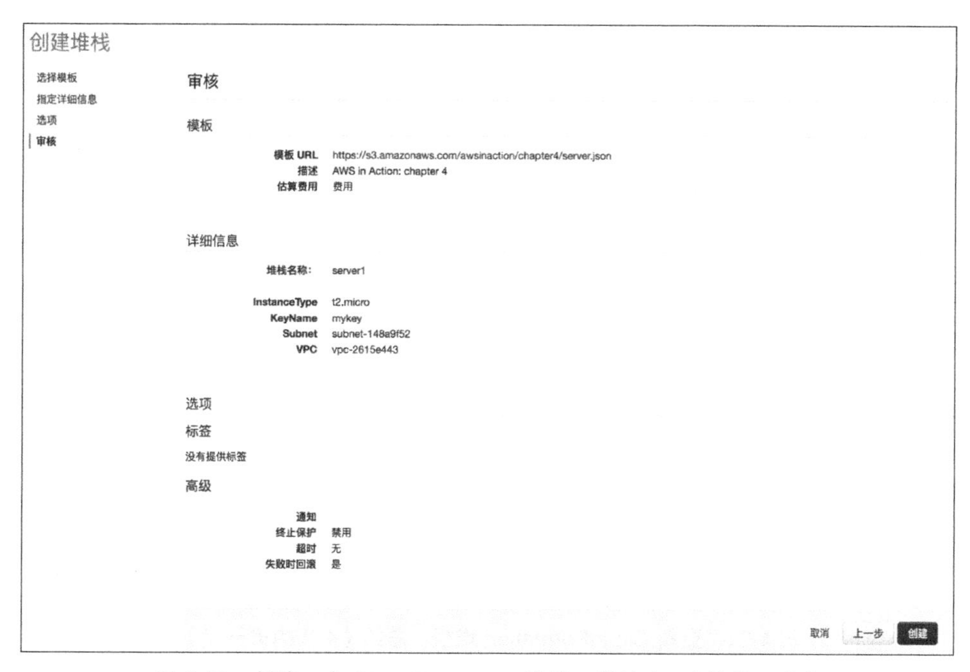

图 4-19　创建一个 CloudFormation 堆栈：总结（4 步的第四步）

点击“创建”。现在堆栈创建好了。如果这个过程成功，会看见如图 4-20 所示的界面。只要“状态”还是 CREATE_IN_PROGRESS，就需要耐心等待。当“状态”变为 CREATE_COMPLETE，选择这个堆栈，点击“输出”标签页来查看服务器的公有域名。

图 4-20　创建 CloudFormation 堆栈

是时候来测试新功能了——修改实例类型。选择这个堆栈，选择“操作”菜单，点击“更新堆栈”菜单项。启动的向导和创建堆栈时的操作类似。图4-21显示了向导的第一步。

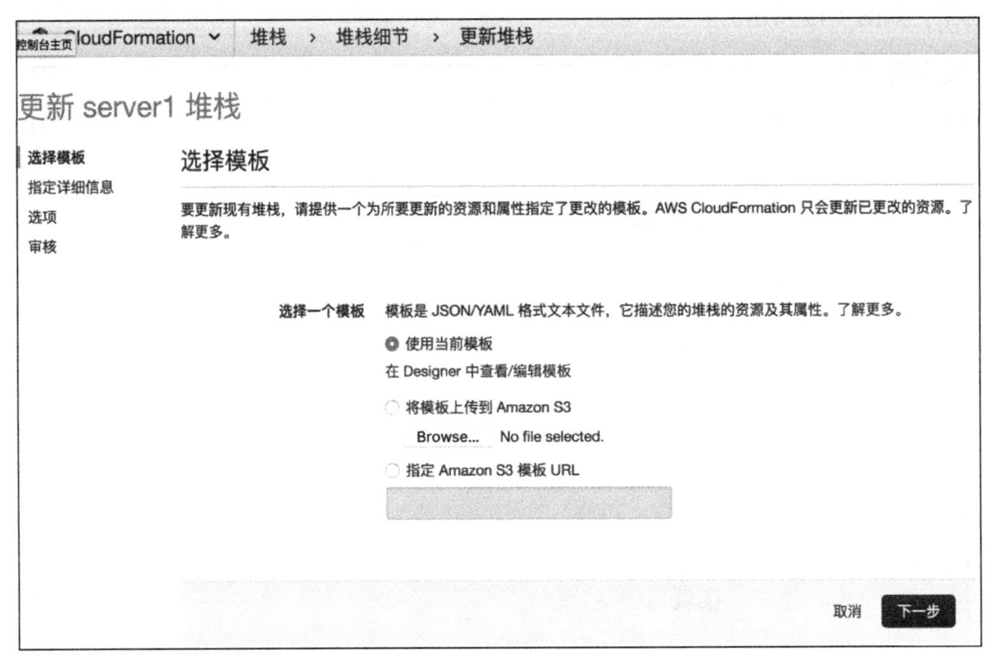

图4-21　更新CloudFormation堆栈：总结（4步的第一步）

确认选中了“使用当前模板”。在第二步，需要更改InstanceType，选择t2.small或t2.medium来让服务器计算能力翻两番。

警告　*启动一台实例类型为t2.small或t2.medium的虚拟服务器会产生费用。*

第三步是关于更新堆栈时的复杂选项。现在还不需要这些功能，所以点击“下一步”跳过这一步。第四步是一个总结：点击“更新”。现在堆栈的“状态”变为UPDATE_IN_PROGRESS。几分钟后，“状态”应该会变为UPDATE_COMPLETE。可以选择这个堆栈，通过点击“输出”标签页来查看服务器的公有域名。

CloudFormation的替代方案

如果用户不想写JSON文本来为自己的基础架构创建模板，有几个替代CloudFormation的方案。像Troposphere（一个用Python写的库）这样的工具可以帮助用户创建CloudFormation模板，而不需要写JSON。它们在CloudFormation上另外加一个抽象层来实现这一点。

还有一些工具能让用户使用基础架构即代码，而不需要CloudFormation，如Terraform和Ansible让用户将自己的基础架构描述为代码。

修改参数时，CloudFormation 会找出需要做些什么才能达到最终结果。这就是描述法的力量：说出最终结果是什么样，而不是怎样达到最终结果。

资源清理

选择堆栈并且选择“操作”菜单，点击“删除堆栈”菜单项。

4.5 小结

- 可以使用命令行接口（CLI）、开发工具套件或 CloudFormation 在 AWS 上自动化自己的基础架构。
- 基础架构即代码描述了编写程序来创建与修改基础架构（包括虚拟服务器、网络、存储等）的方法。
- 可以使用 CLI 通过脚本（Bash 与 PowerShell）的方式在 AWS 上自动化复杂的流程。
- 可以使用 9 种编程语言的 SDK 来将 AWS 嵌入自己的应用并创建 nodecc 这样的应用。
- CloudFormation 使用 JSON 描述法：用户只需要定义自己的基础架构的最终状态，而 CloudFormation 会找出如何达到这个状态。CloudFormation 模板的主要部分有参数、资源和输出。

第5章　自动化部署：CloudFormation、Elastic Beanstalk和OpsWorks

本章主要内容

- 在服务器启动时运行脚本来部署应用
- 在AWS Elastic Beanstalk的帮助下部署普通的网站应用
- 在AWS OpsWorks的帮助下部署多层应用
- 比较AWS上的部署服务的不同

不论想用自主开发的、开源项目的，还是商业厂商的软件，都需要安装、更新和配置应用程序及其依赖的组件。这一过程称为部署。在本章中，我们将学习AWS上用于部署应用的3个工具。

- 使用AWS CloudFormation并在引导结束时启动一个脚本来部署一个VPN方案。
- 使用AWS Elastic Beanstalk来部署一个协作文本编辑器。文本编辑器Etherpad是一个简单的网络应用程序，非常适合使用AWS Elastic Beanstalk进行部署，因为这个服务原生支持Node.js平台。
- 使用AWS OpsWorks部署一个IRC网络客户端和IRC服务器。安装包含两部分：一个用于分发IRC网络客户端的Node.js服务器和IRC服务器本身。这个例子包含了多层结构，非常适合AWS OpsWorks。

虽然本章中所选的示例都不需要存储方案，但是这3个部署方案都支持有存储方案的应用的发布。读者可以在本书的下一部分找到使用存储的例子。

示例都包含在免费套餐中

本章中的所有示例都包含在免费套餐中。只要不是运行这些示例好几天，就不需要支付任何费用。记住，这仅适用于读者为学习本书刚刚创建的全新AWS账户，并且在这个AWS账户里没有其他活动。尽量在几天的时间里完成本章中的示例，在每个示例完成后务必清理账户。

在服务器上部署一个典型的网站应用必需的步骤有哪些呢？下面以一个广泛使用的博客平

台 WordPress 为例加以说明。

（1）安装 Apache HTTP 服务器、MySQL 数据库、PHP 运行环境、供 PHP 调用的 MySQL 访问库和一个 SMTP 邮件服务器。

（2）下载 WordPress 应用，然后在服务器上解压缩。

（3）配置 Apache 网站服务器使之能运行 PHP 应用。

（4）配置 PHP 运行环境来调整性能并提高安全性。

（5）编辑 wp-config.php 文件来配置 WordPress 应用。

（6）编辑 SMTP 服务器的配置，确保只有虚拟服务器能发送邮件，以免被垃圾邮件发送者滥用。

（7）启动 MySQL、SMTP 和 HTTP 服务。

第 1～2 步处理安装及更新可执行程序。这些可执行程序在第 3～6 步被配置。第 7 步启动这些服务。

系统管理员经常根据操作指南手动进行这些步骤。不推荐手动部署应用在灵活的云环境中。相反，我们的目标是使用接下来介绍的各种工具来使这些步骤自动化。

5.1　在灵活的云环境中部署应用程序

如果想利用云的优势，例如，根据当前负载调节服务器的数目或是搭建一个高可用的架构，用户需要在一天内多次启动新服务器。除此之外，用户也需要更新数量不断增长的虚拟服务器。部署应用所需的步骤并不会改变，如图 5-1 所示，用户只需要在多个服务器上进行操作。随着发展，手动部署软件到不断增长的服务器将变得不大现实，并且有很高的人为失败的风险。这就是为什么我们推荐使应用部署自动化的原因。

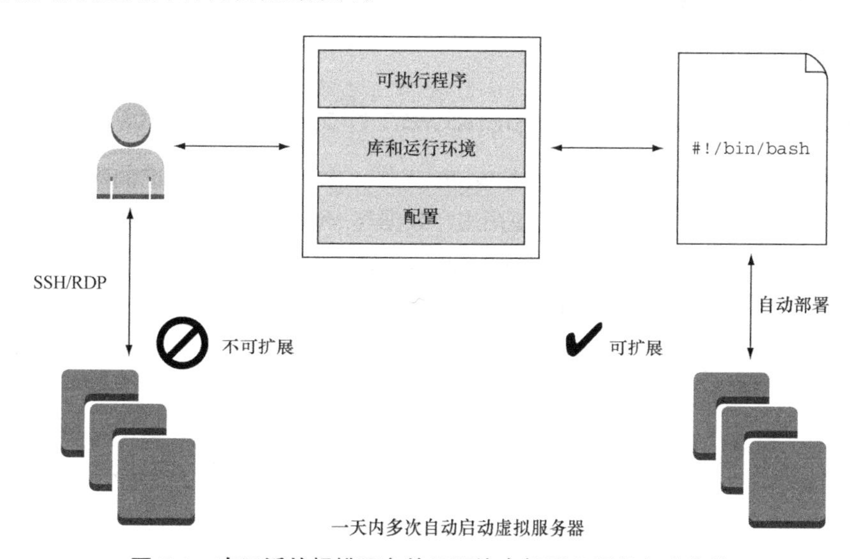

图 5-1　在灵活的规模可变的云环境中部署必须是自动化的

在自动化部署流程中的投资将来会通过提高效率以及减少人为失败得到回报。

5.2 使用 CloudFormation 在服务器启动时运行脚本

在服务器启动的时候运行一个脚本是简单、有用并且灵活地进行自动化部署的方法。要把仅有操作系统的服务器完全安装并且配置好，需要遵循下列 3 个步骤。

（1）启动一台仅有操作系统的虚拟服务器。

（2）在引导程序完成后执行一个脚本。

（3）使用脚本安装并配置应用程序。

首先用户需要选择自己的虚拟服务器所使用的 AMI。AMI 为用户的虚拟服务器捆绑了操作系统以及预先安装好的软件。当用户从一个仅包含了操作系统，没有安装任何额外软件的 AMI 启动自己的虚拟服务器时，需要在引导程序结束时对虚拟服务器进行准备工作。把必要的安装和配置应用程序的步骤写成脚本能自动化这一任务。但是怎么在虚拟服务器引导结束后自动执行这个脚本呢?

5.2.1 在服务器启动时使用用户数据来运行脚本

在每一台虚拟服务器上用户可以插入一小段，不超过 16 KB，被称作用户数据的数据。用户可以在创建一台新的虚拟服务器时指定用户数据。大多数 AMI，如 Amazon Linux Image 和 Ubuntu AMI 都包含了这一典型的运行用户数据的功能。无论何时当用户基于这些 AMI 启动一台虚拟服务器时，用户数据在引导进程结束时被作为 shell 脚本被执行。执行的时候利用 root 用户的权限。

在虚拟服务器上，用户数据可以通过向一个特定 URL 进行 HTTP `Get` 请求来获得。这个 URL 是 http://169.254.169.254/latest/user-data，只能从这台虚拟服务器自己访问到。正如下面的例子中读者将看到的，我们能够通过作为脚本被执行的用户数据的帮助部署任何类型的应用程序。

5.2.2 在虚拟服务器上部署 OpenSwan 作为 VPN 服务器

如果在咖啡店内使用笔记本电脑通过 Wi-Fi 工作，你可能希望让自己的网络流量通过 VPN 隧道在互联网上传输。这里将介绍如何使用用户数据与 shell 脚本在一台虚拟服务器上部署一台 VPN 服务器。我们使用的 VPN 解决方案叫作 OpenSwan，它提供基于 IPSec 的通道，在 Windows、OS X 和 Linux 上都可以很容易地使用。图 5-2 展示了安装的示例。

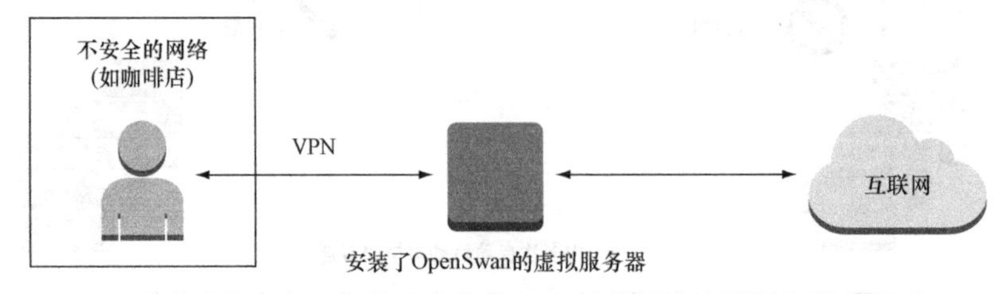

图 5-2 在虚拟服务器上使用 OpenSwan 来传送个人计算机的数据流量

打开命令行，然后一步步执行代码清单 5-1 中的命令来启动一台虚拟服务器，并且在上面部署一个 VPN 服务器。我们已经准备好了一个 CloudFormation 模板来启动虚拟服务器以及它的依赖项。

代码清单 5-1　在虚拟服务器上部署 VPN 服务器：CloudFormation 与 shell 脚本

```
$ VpcId=$(aws ec2 describe-vpcs --query Vpcs[0].VpcId --output text)    <- 获取默认 VPC

$ SubnetId=$(aws ec2 describe-subnets --filters Name=vpc-id,Values=$VpcId \    <- 获取默认子网
--query Subnets[0].SubnetId --output text)

$ SharedSecret=$(openssl rand -base64 30)    <- 创建一个随机密码（如果 openssl 不工作，创建你自己的随机序列）

$ Password=$(openssl rand -base64 30)    <- 创建一个随机共享密钥（如果 openssl 不工作，创建你自己的随机序列）

$ aws cloudformation create-stack --stack-name vpn --template-url \    <- 创建一个 CloudFormation 堆栈
https://s3.amazonaws.com/awsinaction/chapter5/vpn-cloudformation.json \
--parameters ParameterKey=KeyName,ParameterValue=mykey \
ParameterKey=VPC,ParameterValue=$VpcId \
ParameterKey=Subnet,ParameterValue=$SubnetId \
ParameterKey=IPSecSharedSecret,ParameterValue=$SharedSecret \
ParameterKey=VPNUser,ParameterValue=vpn \
ParameterKey=VPNPassword,ParameterValue=$Password

$ aws cloudformation describe-stacks --stack-name vpn \
--query Stacks[0].Outputs    <- 如果状态不是 COMPLETE，请在 1 min 后重试
```

OS X 和 Linux 捷径

使用下列命令下载 bash 脚本并直接在本地机器执行下载的脚本，可以避免手工在命令行中录入这些命令。该 bash 脚本包含的步骤与代码清单 5-1 所示相同：

```
$ curl -s https://raw.githubusercontent.com/AWSinAction/\
code/master/chapter5/\
vpn-create-cloudformation-stack.sh | bash -ex
```

最后一行命令的输出应该会列出公有 VPN 服务器的公有 IP 地址、共享密钥、VPN 用户名和 VPN 密码。用户可以使用这一信息来从自己的计算机中建立 VPN 连接：

```
[...]
[
  {
    "Description": "Public IP address of the vpn server",
    "OutputKey": "ServerIP",
    "OutputValue": "52.4.68.225"
  },
  {
    "Description": "The shared key for the VPN connection (IPSec)",
    "OutputKey": "IPSecSharedSecret",
    "OutputValue": "sqmvJll/13bD6YqpmsKkPSMs9RrPL8itpr7m5V8g"
```

```
    },
    {
      "Description": "The username for the vpn connection",
      "OutputKey": "VPNUser",
      "OutputValue": "vpn"
    },
    {
      "Description": "The password for the vpn connection",
      "OutputKey": "VPNPassword",
      "OutputValue": "aZQVFufFlUjJkesUfDmMj6DcHrWjuKShyFB/d0lE"
    }
  ]
```

让我们再仔细看一下 VPN 服务器的部署过程。我们将深入下面那些至今不经意间使用了的任务。

- 使用自定义用户数据启动一台虚拟服务器，并使用 AWS CloudFormation 为这台虚拟服务器配置防火墙。
- 在引导程序结束时执行一个 shell 脚本，通过程序包管理器来安装应用程序及其依赖项，并且编辑配置文件。

1．使用 CloudFormation 来启动虚拟服务器并使用用户数据

可以使用 CloudFormation 来启动一台虚拟服务器并且配置一个防火墙。VPN 服务器模板包括一个装入用户数据的 shell 脚本，如代码清单 5-2 所示。

Fn::Join 和 Fn::Base64

这个 CloudFormation 模板包含两个新函数，即 Fn::Join 和 Fn::Base64。使用 Fn::Join，能使用一个分隔符把多个值连接成一个值：

```
{"Fn::Join": ["delimiter", ["value1", "value2", "value3"]]}
```

函数 Fn::Base64 把输入编码成 Base64 格式。用户会需要这个函数，因为用户数据必须被编码成 Base64：

```
{"Fn::Base64": "value"}
```

代码清单 5-2　CloudFormation 模板的一部分，使用用户数据来初始化一台虚拟服务器

```
{
  "AWSTemplateFormatVersion": "2010-09-09",
  "Description": "Starts an virtual server (EC2) with OpenSwan [...]",
  "Parameters": {                                    <── 参数，使模板复用成为可能
    "KeyName": {
      "Description": "key for SSH access",
      "Type": "AWS::EC2::KeyPair::KeyName"
    },
    "VPC": {
    "Description": "Just select the one and only default VPC.",
```

```
      "Type": "AWS::EC2::VPC::Id"
    },
    "Subnet": {
      "Description": "Just select one of the available subnets.",
      "Type": "AWS::EC2::Subnet::Id"
    },
    "IPSecSharedSecret": {
      "Description": "The shared secret key for IPSec.",
      "Type": "String"
    },
    "VPNUser": {
      "Description": "The VPN user.",
      "Type": "String"
    },
    "VPNPassword": {
      "Description": "The VPN password.",
      "Type": "String"
    }
  },
  "Resources": {
      "EC2Instance": {                         <- 描述虚拟服务器
        "Type": "AWS::EC2::Instance",
        "Properties": {
          "InstanceType": "t2.micro",
          "SecurityGroupIds": [{"Ref": "InstanceSecurityGroup"}],
          "KeyName": {"Ref": "KeyName"},
          "ImageId": "ami-1ecae776",
          "SubnetId": {"Ref": "Subnet"},
          "UserData":                          <- 为虚拟服务器定义一个shell 脚本作为用户数据
            {"Fn::Base64": {"Fn::Join": ["", [   <- 连接并对字符串进行编码
              "#!/bin/bash -ex\n",
              "export IPSEC_PSK=", {"Ref": "IPSecSharedSecret"}, "\n",
              "export VPN_USER=", {"Ref": "VPNUser"}, "\n",         <- 导出参数至环境变量使它们能被接下来调用的外部shell脚本使用
              "export VPN_PASSWORD=", {"Ref": "VPNPassword"}, "\n",
              "export STACK_NAME=", {"Ref": "AWS::StackName"}, "\n",
              "export REGION=", {"Ref": "AWS::Region"}, "\n",
              "curl -s https://…/vpn-setup.sh | bash -ex\n"   <- 通过 http 获取shell 脚本并执行
            ]]}}
        },
        [...]
      },
      [...]
    },
    "Outputs": {
      [...]
    }
}
```

基本上，用户数据包含一个用来获取并执行真正的脚本的小脚本 vpn-setup.sh，真正的脚本包含所有的安装可执行程序以及配置服务的命令。这样做可以避免以可读性较差的格式插入 JSON CloudFormation 模板所需的脚本。

2. 使用脚本安装并配置一个 VPN 服务器

代码清单 5-3 中所示的 vpn-setup.sh 脚本通过程序包管理器 yum 安装程序包并且写一些配置文件。读者不必要理解 VPN 服务器配置的详细信息，只需要了解这个 shell 脚本在引导过程中被执行，它会安装并配置一台 VPN 服务器。

代码清单 5-3　在服务器启动时安装程序包并写配置文件

```
#!/bin/bash -ex

[...]

PRIVATE_IP='url -s http://169.254.169.254/latest/meta-data/local-ipv4'    <- 获取虚拟服务器私有 IP 地址

PUBLIC_IP='curl -s http://169.254.169.254/latest/meta-data/public-ipv4'    <- 获取虚拟服务器公有 IP 地址

yum-config-manager --enable epel && yum clean all    <- 向包管理器 yum 添加额外程序包

yum install -y openswan xl2tpd    <- 安装软件程序包

cat > /etc/ipsec.conf <<EOF    <- 为 IPSec 写一个包含共享密钥的文件
[...]
EOF

cat > /etc/ipsec.secrets <<EOF    <- 为 IPSec（OpenSwan）写配置文件
$PUBLIC_IP %any : PSK "${IPSEC_PSK}"
EOF

cat > /etc/xl2tpd/xl2tpd.conf <<EOF    <- 为 L2TP 管道写配置文件
[...]
EOF

cat > /etc/ppp/options.xl2tpd <<EOF    <- 为 PPP 服务写配置文件
[...]
EOF

service ipsec start && service xl2tpd start    <- 启动 VPN 服务器需要的服务

chkconfig ipsec on && chkconfig xl2tpd on    <- 配置 VPN 服务器的运行等级
```

我们已经学习了如何使用 EC2 用户数据与一个 shell 脚本在一台虚拟服务器上部署一个 VPN 服务器。在终止虚拟服务器之后，我们将准备学习如何部署一个普通网站应用，而不需要自定义脚本。

资源清理

我们已经完成了 VPN 服务器的示例，别忘了终止虚拟服务器并且清理环境。需要做的是：在终端输入 `aws cloudformation delete-stack --stack-name vpn`。

5.2.3 从零开始，而不是更新已有的服务器

在本节中，我们学习了如何使用用户数据来部署 ·个应用。用户数据中的脚本在引导过程结束时被执行。但怎么用这个方法来更新应用呢？

我们实现了在自己的虚拟服务器引导流程时自动化安装与配置软件，所以可以启动一个新的虚拟服务器而不需要增加额外的工作。如果必须更新自己的应用或它的依赖项，可以按以下步骤来做。

（1）确保应用或软件的最新的版本可以通过操作系统的程序包库获得，或者编辑用户数据脚本。

（2）基于 CloudFormation 模板及用户数据脚本启动一台新的虚拟服务器。

（3）测试部署到新的虚拟服务器上的应用。如果一切正常，则继续操作下一步。

（4）切换负载到新的虚拟服务器（如通过更新 DNS 记录）。

（5）终止旧的虚拟服务器，且扔掉它不用的依赖项。

5.3 使用 Elastic Beanstalk 部署一个简单的网站应用

如果必须部署一个普通网站应用，不需要从头开始。AWS 提供了一项服务可以帮助用户部署基于 PHP、Java、.NET、Ruby、Node.js、Python、Go 和 Docker 的网站应用，它被称作 AWS Elastic Beanstalk。使用 Elastic Beanstalk，用户就不必操心自己的操作系统或虚拟服务器，因为它在它们之上加了一个抽象层。

Elastic Beanstalk 帮助用户处理下面反复发生的任务。

- 为网站应用（PHP、Java 等）提供一个运行环境。
- 自动安装并更新网站应用。
- 配置网站应用及其环境。
- 调整网站应用规模来负载均衡。
- 监控和调试网站应用。

5.3.1 Elastic Beanstalk 的组成部分

了解 Elastic Beanstalk 的不同组成部分有助于了解它的功能。图 5-3 展示了这些元素。

- *应用*是一个逻辑上的容器。它包含了版本、环境和配置。如果用户在一个区域开始使用 Elastic Beanstalk，首先需要创建一个应用。
- *版本*包含用户的应用的指定版本。要创建一个新版本，用户必须上传自己的可执行文件（打包成一个压缩文档）到用来存储静态文件的 Amazon S3 服务。版本是一个指向这个可执行文件的压缩文档的指针。

- 配置模板包含默认配置。用户可以通过自定义的配置模板管理自己的应用的配置（如应用监听的端口）以及环境配置（如虚拟服务器的大小）。
- 环境是 Elastic Beanstalk 执行应用的地方。它由版本和配置构成。用户可以通过多次使用版本和配置为一个应用运行多个环境。

目前理论已经足够。让我们继续来部署一个简单的网站应用。

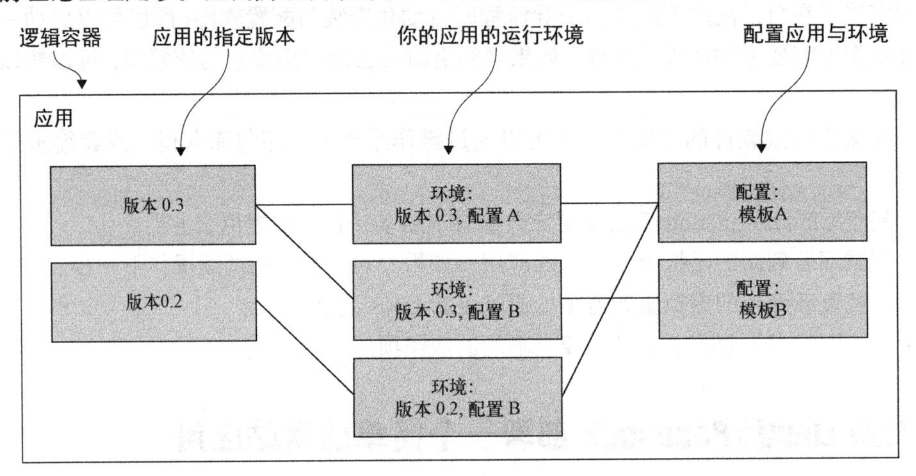

图 5-3 Elastic Beanstalk 应用包含了版本、配置和环境

5.3.2 使用 Elastic Beanstalk 部署一个 Node.js 应用 Etherpad

使用错误的工具来协作编辑文档可能很痛苦。Etherpad 是一个开源的在线编辑器，它让许多人可以同时编辑一份文档。我们将通过以下 3 个步骤在 Elastic Beanstalk 的帮助下部署这个基于 Node.js 的应用。

（1）创建应用：逻辑上的容器。

（2）创建版本：指向特定 Etherpad 版本的指针。

（3）创建环境：Etherpad 运行的地方。

1. 为 AWS Elastic Beanstalk 创建应用

打开命令行并且执行下面的命令来为 Elastic Beanstalk 服务创建一个应用：

```
$ aws elasticbeanstalk create-application --application-name etherpad
```

在 AWS Elastic Beanstalk 的帮助下，我们已经为所有其他部署 Etherpad 所必需的组件创建了一个容器。

2. 为 AWS Elastic Beanstalk 创建版本

我们可以使用下面的命令创建自己的 Etherpad 应用的新版本：

```
$ aws elasticbeanstalk create-application-version \
--application-name etherpad --version-label 1.5.2 \
--source-bundle S3Bucket=awsinaction,S3Key=chapter5/etherpad.zip
```

针对这个示例，我们上传了一个包含了 Etherpad 版本 1.5.2 的 zip 压缩文档。如果读者想部署另一个应用，可以上传自己的应用的静态文件至 AWS S3 服务。

3. 用 Elastic Beanstalk 创建一个环境来执行 Etherpad

要使用 Elastic Beanstalk 部署 Etherpad，需要基于 Amazon Linux 及 Etherpad 的版本为 Node.js 创建一个环境。要获取最新的 Node.js 环境版本，列出包含它的解决方案堆栈名（solution stack name），运行下面的命令：

```
$ aws elasticbeanstalk list-available-solution-stacks --output text \
--query "SolutionStacks[?contains(@, 'running Node.js')] | [0]"\

64bit Amazon Linux 2015.03 v1.4.6 running Node.js
```

选项 `EnvironmentType = SingleInstance` 自动启动一个不可变规模且无负载均衡的单台虚拟服务器。使用从前一个命令得到的输出替换`$SolutionStackName`：

```
$ aws elasticbeanstalk create-environment --environment-name etherpad \
--application-name etherpad \
--option-settings Namespace=aws:elasticbeanstalk:environment,\
OptionName=EnvironmentType,Value=SingleInstance \
--solution-stack-name "$SolutionStackName" \
--version-label 1.5.2
```

4. 玩转 Etherpad

我们已经为 Etherpad 创建了一个环境。在将浏览器指向我们的 Etherpad 安装前，需要花费几分钟用下面的命令来跟踪 Etherpad 环境的状态：

```
$ aws elasticbeanstalk describe-environments --environment-names etherpad
```

如果 Status 变为 Ready，并且 Health 变成 Green，说明已经准备好了，可以创建我们的第一个 Etherpad 文档了。命令 `describe` 的输出应该与代码清单 5-4 所示的例子类似。

代码清单 5-4 描述 Elastic Beanstalk 的状态

```
{
  "Environments": [{
    "ApplicationName": "etherpad",
    "EnvironmentName": "etherpad",
    "VersionLabel": "1",
    "Status": "Ready",                          <- 等待 Status 变为 Ready
    "EnvironmentId": "e-pwbfmgrsjp",
    "EndpointURL": "23.23.223.115",
    "SolutionStackName": "64bit Amazon Linux 2015.03 v1.4.6 running Node.js",
```

```
    "CNAME": "etherpad-cxzshvfjzu.elasticbeanstalk.com",    ◁— 环境的 DNS 记录（例如，要从浏览器打开）
    "Health": "Green",    ◁— 等待 Health 变为 Ready
    "Tier": {
      "Version": " ",
      "Type": "Standard",
      "Name": "WebServer"
    },
    "DateUpdated": "2015-04-07T08:45:07.658Z",
    "DateCreated": "2015-04-07T08:40:21.698Z"
  }]
}
```

我们已经利用 3 个命令在 AWS 上部署了一个 Node.js 网站应用。现在把浏览器指向 CNAME 中的 URL，并输入一个新文档名，点击 OK 按钮来打开一个新文档。图 5-4 展示了正在使用的 Etherpad 文档。

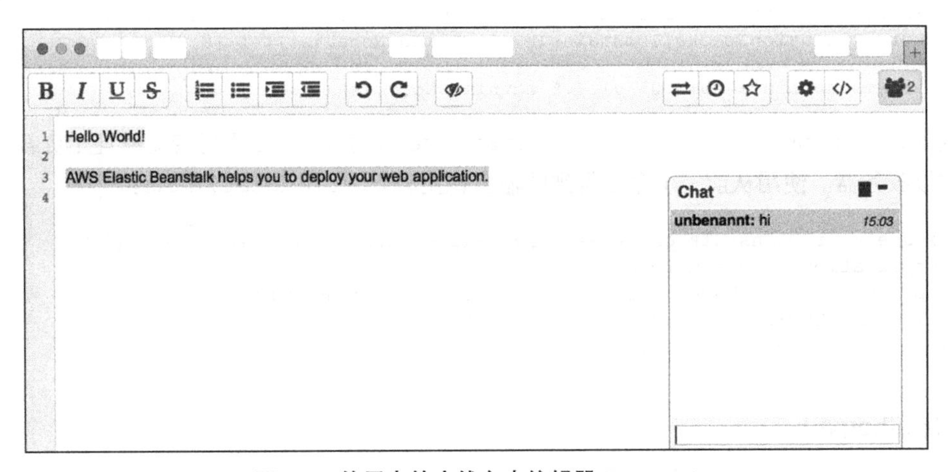

图 5-4　使用中的在线文本编辑器 Etherpad

5. 使用管理控制台探索 Elastic Beanstalk

我们已经使用 Elastic Beanstalk 和 AWS CLI 创建了应用、版本和环境，部署了 Etherpad。用户也可以通过管理控制台（一个基于网页的用户界面）来控制 Elastic Beanstalk 服务。

（1）打开 AWS 管理控制台。

（2）在导航栏中点击“服务”，然后点击 Elastic Beanstalk 服务。

（3）点击 Etherpad 环境，以一个绿色框表示。将显示 Etherpad 应用的概况，如图 5-5 所示。

我们也可以通过 Elastic Beanstalk 从自己的应用中获取日志信息。使用下面的步骤下载最新的日志信息。

（1）在子菜单中选择“日志”，我们会看见一个图 5-6 所示的界面。

（2）点击“请求日志”，然后选择最后 100 行。

（3）几秒钟后，表中将显示一个新的入口。点击“下载”将日志文件下载到我们的计算机上。

图 5-5 运行 Etherpad 的 AWS Elastic Beanstalk 环境总览

图 5-6 通过 AWS Elastic Beanstalk 从 Node.js 应用中下载日志信息

资源清理

现在你已经成功地在 AWS Elastic Beanstalk 的帮助下部署了 Etherpad，并且学习了这个服务的不同组件，现在是时候清理了。运行下面的命令来终止 Etherpad 环境：

```
$ aws elasticbeanstalk terminate-environment --environment-name etherpad
```

可以使用下面的命令检查环境的状态：

```
$ aws elasticbeanstalk describe-environments --environment-names etherpad
```

一直等到状态变为 Terminated，然后继续执行下面的命令：

```
$ aws elasticbeanstalk delete-application --application-name etherpad
```

就是这样。我们已经终止了提供环境给 Etherpad 的虚拟服务器，并且删除了 Elastic Beanstalk 中的所有相关组件。

5.4　使用 OpsWorks 部署多层架构应用

使用 Elastic Beanstalk 部署一个基本网站应用很方便。但是，如果用户需要部署一个更复杂的包含不同服务的应用（也称多层应用），将会受到 Elastic Beanstalk 的限制。在本节中，我们将学习 AWS OpsWorks，一个有 AWS 提供的免费的可以帮助用户部署多层架构应用的服务。

OpsWorks 帮助用户控制 AWS 资源如虚拟服务器、负载均衡器和数据库，并且让用户可以部署应用。这一服务提供在下面环境中的标准层：

- HAProxy（负载均衡器）；
- PHP（应用服务器）；
- MySQL（数据库）；
- Rails app server（Ruby on Rails）；
- Java app server（Tomcat 服务器）；
- Memcached（内存缓存）；
- 静态 Web 服务器；
- AWS Flow（Ruby）；
- Ganglia（监控）。

用户也可以添加一个自定义层来部署想要的任何内容。部署是在 Chef 的帮助下进行控制的，Chef 是一个配置管理工具。Chef 使用在 cookbook 中组织的 recipe 来部署应用到任意系统中。用户可以使用标准 recipe 或自行创建。

关于 Chef

Chef 是一个类似于 Puppet、SaltStack 和 Ansible 的配置管理工具。Chef 将用领域特定语言（domain-specific language，DSL）写的模板（recipe）转换成动作，来配置及部署应用。recipe 可以包含用于安装的程序包、可运行的服务或者可写的配置文件。相关的 recipe 可以存放到 cookbook 中集中管理。Chef 分析现状并在必要时更改资源，以达到 recipe 中描述的状态。

读者可以在 Chef 的帮助下复用他人的 cookbook 和 recipe。社区中发布了各种开源代码许可下的 cookbook 和 recipe。

Chef 可以单独运行或使用客户端/服务器模式。在客户端/服务器模式下，它作为一个集群管理工具，可以帮助用户管理一个由很多虚拟服务器构成的分布式系统。在单机模式下，用户可以在单个虚拟服务器上执行 recipe。AWS OpsWorks 使用单机运行模式时，集成了自己的集群管理组件，不需要用户在客户端/服务器模式中的烦琐配置与安装。

除了帮助用户部署应用，OpsWorks 还有助于用户更好地扩展、监控和更新运行在不同逻辑层下的虚拟服务器。

5.4.1 OpsWorks 的组成部分

了解 OpsWorks 的不同组件有助于了解它的功能。图 5-7 展示了这些元素。

- *堆栈*是一个所有其他 OpsWorks 组件的容器。用户能够创建一个或多个堆栈，并且为每个堆栈添加一个或多个层，可以使用不同的堆栈来区分（如产品环境与测试环境），也可以使用不同的堆栈来区分不同的应用。
- *层*属于堆栈。一个层代表一个应用，也可以称为服务。OpsWorks 为标准的网站应用，如 PHP 和 Java，提供预定义好的层，但是用户可以为任何自己能想到的应用自由运用自定义堆栈。一个层负责配置预发布软件到虚拟服务器上。用户可以向一个层添加一台或多台虚拟服务器。在这里虚拟服务器被称作实例。
- *实例*代表了虚拟服务器。用户可以在每一层启动一个或多个实例。用户可以使用不同版本的 Amazon Linux 和 Ubuntu，或一个自定义的 AMI 作为实例的基础，然后为规模伸缩定义基于负载或时间的规则来启动与终止实例。
- *应用程序*是你要部署的软件。OpsWorks 自动将用户的应用程序部署到一个合适的层。用户可以从 Git 或 Subversion 库，或通过 HTTP 作为压缩存档获取应用程序。OpsWorks 帮助用户将自己的应用程序安装和更新到一个或多个实例上。

让我们来看看怎样在 OpsWorks 的帮助下部署一个多层架构的应用。

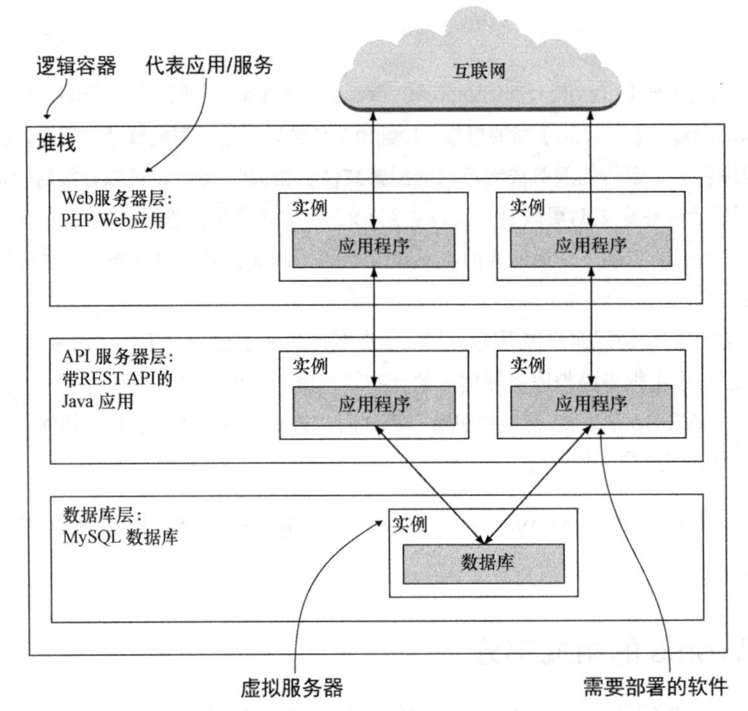

图 5-7　堆栈、层、实例和应用程序是 OpsWorks 的主要组件

5.4.2　使用 OpsWorks 部署一个 IRC 聊天应用

IRC（Internet Relay Chat）依然是流行的通信手段。在本节中，我们将部署一个基于网站的 IRC 客户端 kiwiIRC 和我们自己的 IRC 服务器。图 5-8 展示了如何搭建一个分布式系统，包含了一个网站应用并提供 IRC 客户端和 IRC 服务器。

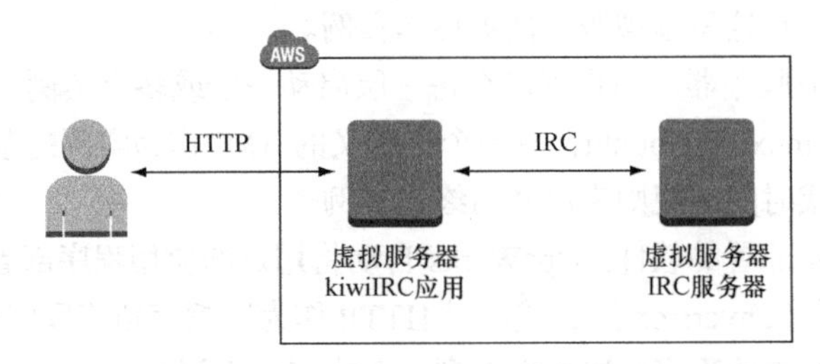

图 5-8　搭建由一个网站应用与一台 IRC 服务器构成的 IRC 架构

kiwiIRC 是用 JavaScript 为 Node.js 编写的一个开源网站应用。下面是在 OpsWorks 的帮助下部署一个两层架构应用所必需的步骤。

（1）创建一个堆栈，所有其他组件的容器。

（2）为 kiwiIRC 创建一个 Node.js 层。

（3）为 IRC 服务器创建一个自定义层。

（4）创建一个应用程序，将 kiwiIRC 部署到 Node.js 层。

（5）为每一层添加一个实例。

接下来我们将学习如何在管理控制台上完成这些步骤。我们也可以通过命令行控制 OpsWorks，就像使用 Elastic Beanstalk 或 CloudFormation 时所做的那样。

1. 创建一个新的 OpsWorks 堆栈

打开管理控制台，然后创建一个新的堆栈。图 5-9 展示了必要的步骤。

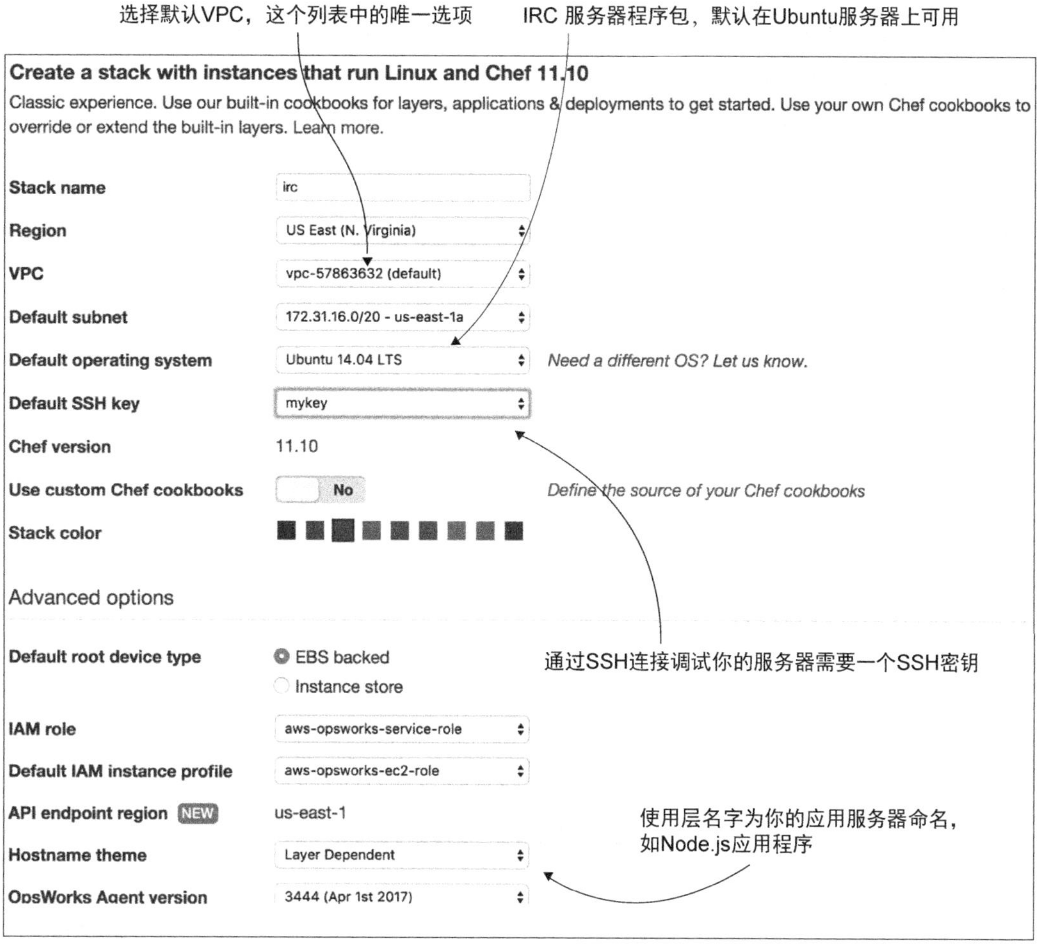

图 5-9　在 OpsWorks 上创建一个新的堆栈

（1）点击 Select Stack 下的 Add Stack 或 Add Your First Stack。

（2）在 Name 中输入 irc。

（3）在 Region 中选择 US East（N. Virginia）。

（4）默认 VPC 是唯一可用的，选中它。

（5）Default Subnet，选择 us-east-1a。

（6）Default Operating System，选择 Ubuntu 14.04 LTS。

（7）Default Root Device Type，选择 EBS Backed。

（8）IAM Role，选择 New IAM Role。这样做会自动创建所需的依赖。

（9）选择用户的 SSH 密钥 mykey，作为 Default SSH Key。

（10）展开高级设置。Default IAM Instance Profile，选择 New IAM Instance Profile。这样做会自动创建所需的依赖。

（11）Hostname Theme，选择 Layer Dependent。虚拟服务器会依据它们所在的层来命名。

（12）点击 Add Stack 来创建堆栈。

用户被重定向到自己的 irc 堆栈的概述。每件事情都准备好了，就可以创建第一个层了。

2. 为 OpsWorks 堆栈创建一个 Node.js 层

kiwiIRC 是一个 Node.js 应用，因而我们需要为 irc 堆栈创建一个 Node.js 层。按照以下步骤来操作。

（1）从子菜单中选择 Layers。

（2）点击 Add Layer 按钮。

（3）对 Layer Type 选择 Node.js App Server，如图 5-10 所示。

（4）选择 Node.js 最新版本 0.12.x。

（5）点击 Add layer。

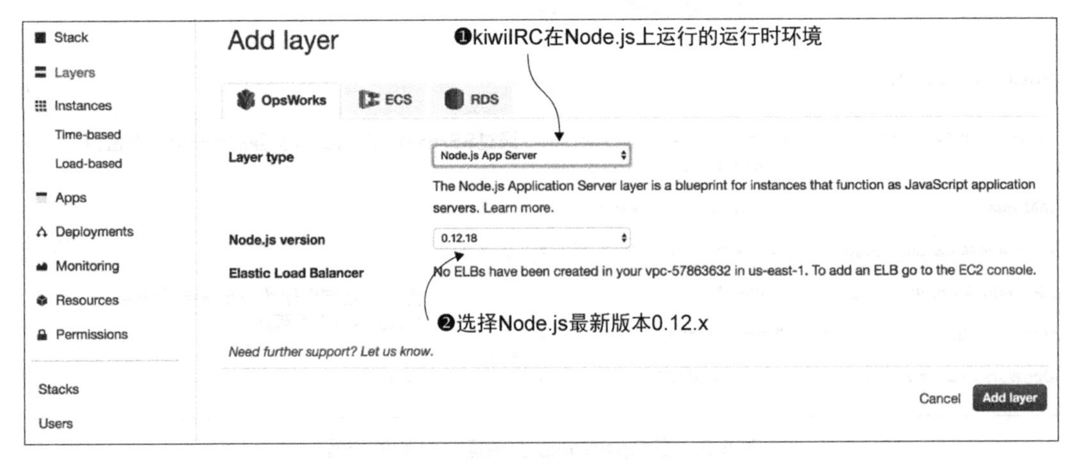

图 5-10　为 kiwiIRC 创建一个 Node.js 层

这里已经创建了一个 Node.js 层。现在我们需要重复这些步骤来添加另一个层，并部署自己的 IRC 服务器。

3. 为 OpsWorks 堆栈创建一个自定义层

一个 IRC 服务器不是一个典型的网站应用，因此不可能使用默认层类型。我们将用一个自定义层来部署 IRC 服务器。Ubuntu 程序包库包含了各种 IRC 服务器实现，这里将使用 `ircd-ircu` 程序包。按照下列步骤为 IRC 服务器创建一个自定义堆栈。

（1）从子菜单中选择 Layers。

（2）点击 Add Layer。

（3）对 Layer Type 选择 Custom，如图 5-11 所示。

（4）对 Name 和 Short Name 中输入 `irc-server`。

（5）点击 Add Layer。

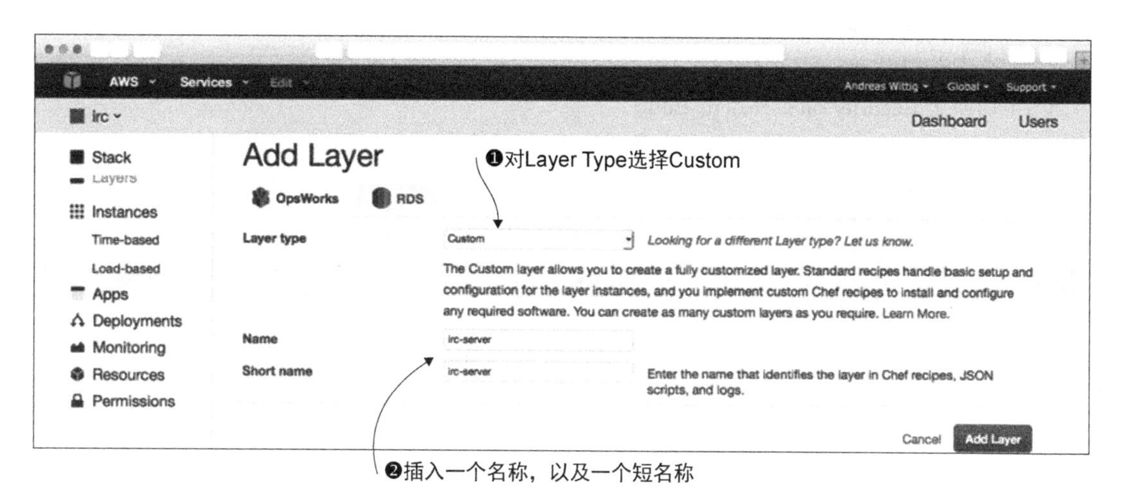

图 5-11 创建一个自定义层来部署 IRC 服务器

这里已经创建了一个自定义层。

IRC 服务器需要通过端口 6667 访问。要允许访问这一端口，需要定义一个自定义防火墙。执行代码清单 5-5 中的命令来为自己的 IRC 服务器创建一个自定义防火墙。

代码清单 5-5 使用 CloudFormation 创建一个自定义防火墙

```
$ aws ec2 describe-vpcs --query Vpcs[0].VpcId --output text    ← 获取默认 VPC，记作$VpcId

$ aws cloudformation create-stack --stack-name irc \    ← 创建一个 CloudFormation 堆栈
--template-url https://s3.amazonaws.com/awsinaction/\
chapter5/irc-cloudformation.json \
```

```
--parameters ParameterKey=VPC,ParameterValue=$VpcId

$ aws cloudformation describe-stacks --stack-name irc \

--query Stacks[0].StackStatus
```

如果状态不是 COMPLETE，10 s 后再执行一遍这条命令

OS X 和 Linux 的快捷方式

使用下面的命令行下载一个 bash 脚本并直接在本地机器上执行，这样能避免在命令行中手动输入这些命令。这个 bash 脚本包含了代码清单 5-5 所示的相同步骤：

```
$ curl -s https://raw.githubusercontent.com/AWSinAction/\
code/master/chapter5/irc-create-cloudformation-stack.sh \
| bash -ex
```

接下来要将这个自定义防火墙配置关联到自定义 OpsWorks 层。按照下面的步骤操作。

（1）从子菜单中选择 Layers。

（2）点击并打开 irc-server layer。

（3）切换至 Security 标签并点击 Edit。

（4）在 Custom Security Groups 中选择开头为 irc 的安全组，如图 5-12 所示。

（5）点击 Save。

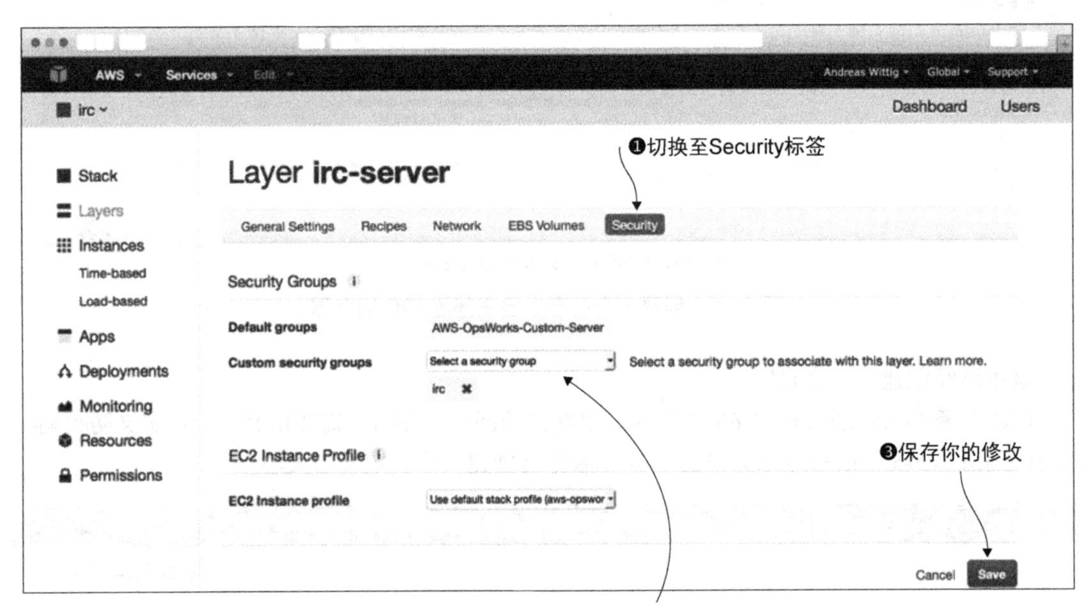

图 5-12　向 IRC 服务器层添加一个自定义防火墙配置

我们需要为 IRC 服务器配置的最后一件事是：用层 recipes 部署 IRC 服务器。按照下面的步骤操作。

（1）从子菜单中选择 Layers。

（2）点击并打开 irc-server layer。

（3）切换至 Recipes 标签并点击 Edit。

（4）在 OS Packages 中添加程序包 ircd-ircu，如图 5-13 所示。

（5）点击+按钮，然后点击 Save 按钮。

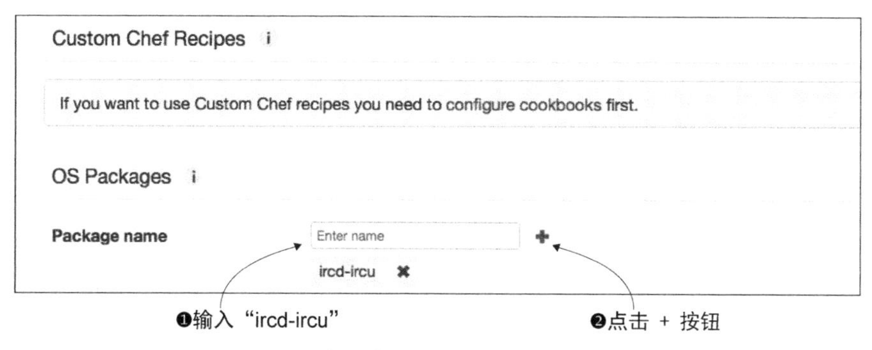

图 5-13 向自定义层添加一个 IRC 程序包

我们已经成功地创建并配置了一个自定义层来部署 IRC 服务器。接下来我们将在 OpsWorks 中将 kiwiIRC 网站应用添加为一个应用程序。

4. 向 Node.js 层添加一个应用程序

OpsWorks 可以向默认层部署应用程序。我们已经创建了一个 Node.js 层。按照下面的步骤向这个层添加一个应用程序。

（1）从子菜单中选择 Apps。

（2）点击 Add an App 按钮。

（3）在 Name 中输入 kiwiIRC。

（4）在 Type 中选择 Node.js

（5）为 Repository Type 选 Git，并为 Repository URL 输入 https://github.com/AWSinAction/KiwiIRC.git，如图 5-14 所示。

（6）点击 Add App 按钮。

我们的第一个 OpsWorks 堆栈现在完全配置好了。还漏掉了一件事——启动一些实例。

图 5-14　向 OpsWorks 添加 kiwiIRC，一个 Node.js 应用程序

5．添加实例来运行 IRC 客户端与服务器

添加两个实例来实现 kiwiIRC 客户端与服务器。向一个层添加新实例很容易，按照下面的步骤来操作。

（1）从子菜单中选择 Instances。

（2）在 Node.js App Server 层中点击 Add an Instance 按钮。

（3）在 Size 中选择 t2.micro，最小、最便宜的虚拟服务器，如图 5-15 所示。

（4）点击 Add Instance。

我们已经向 Node.js 应用程序服务器层添加了一个实例。为 irc-server 层重复这些步骤。

实例的概览应该类似于图 5-16。要启动这些实例，点击 Start。

虚拟服务器引导并部署需要花费一些时间。

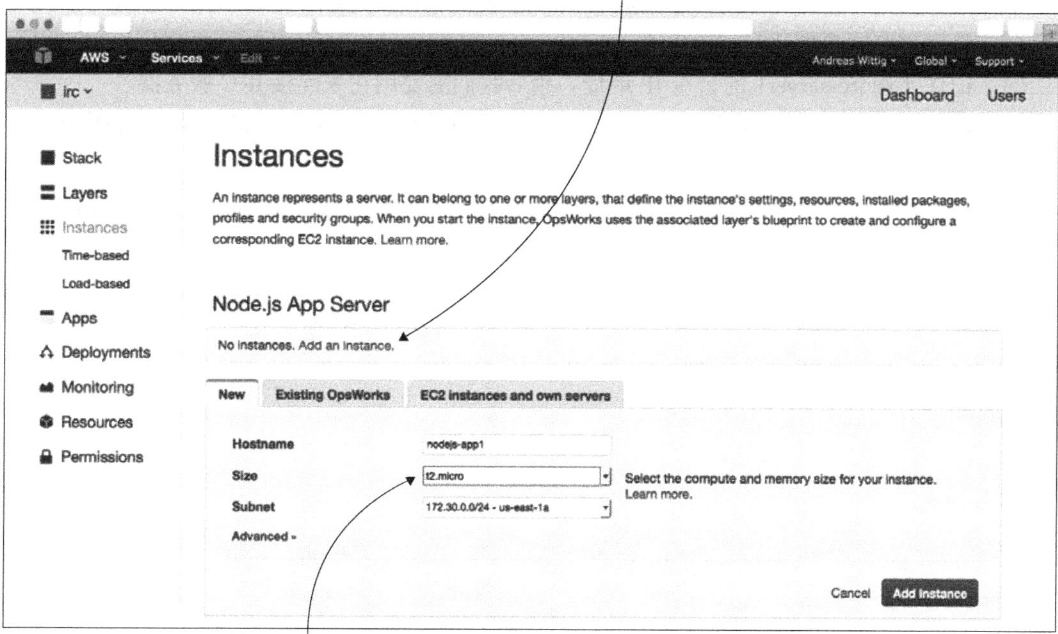

图 5-15　向 Node.js 层添加一个新实例

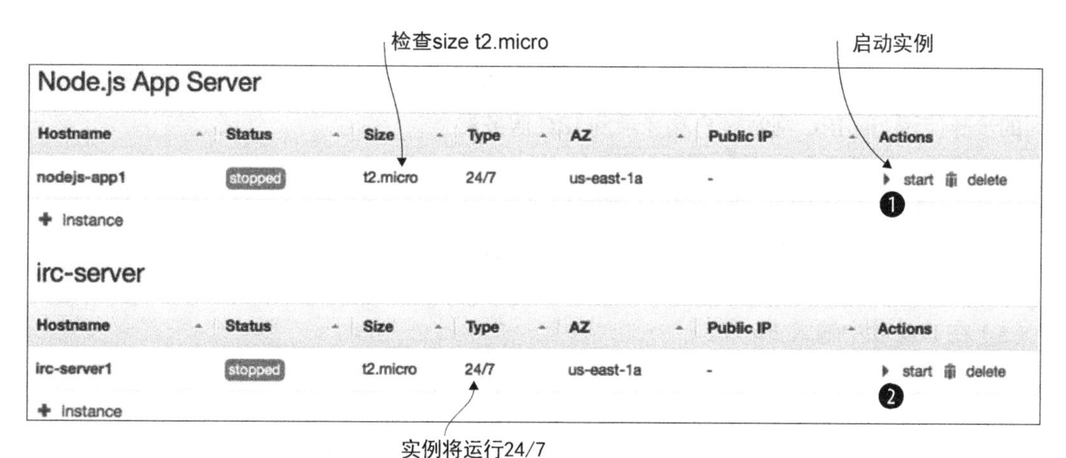

图 5-16　启动 IRC 网站客户端与服务器实例

6. 玩转 kiwiIRC

启动两台实例后，耐心等待两个实例的状态都变为 Online，如图 5-17 所示。然后就可以按下面的步骤在浏览器中打开 kiwiIRC 了。

（1）记住实例 irc-server1 的公有 IP 地址。稍后我们需要用它来连接 IRC 服务器。

（2）点击 nodejs-app1 实例的公有 IP 地址来在浏览器的新标签中打开 kiwiIRC 网站应用。

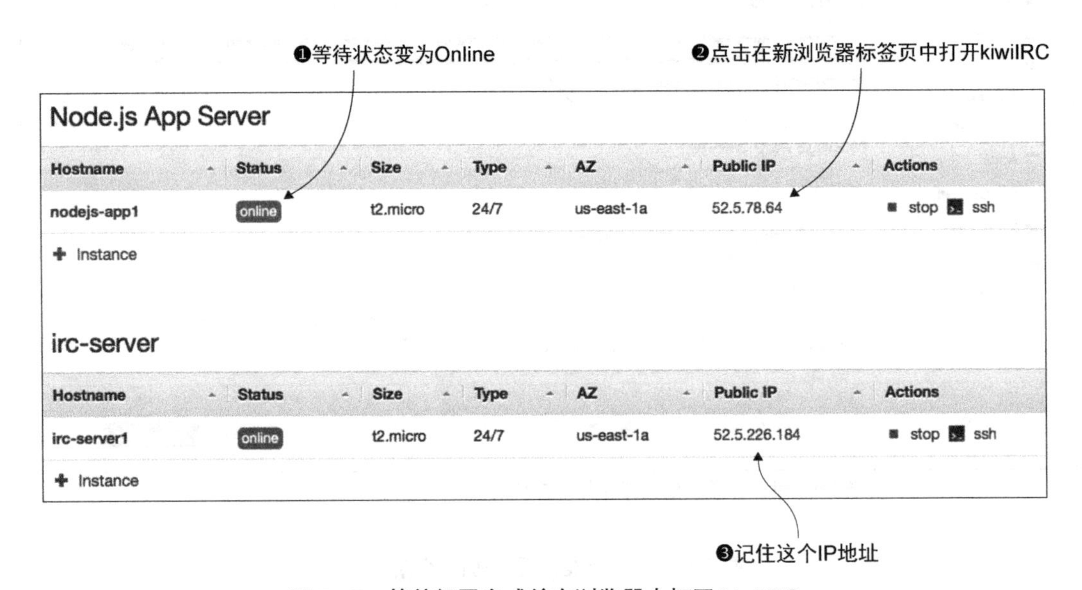

图 5-17　等待部署完成并在浏览器中打开 kiwiIRC

kiwiIRC 应用应该会在浏览器中装载，然后我们应该看见一个图 5-18 所示的登录界面。按照下面的步骤使用 kiwiIRC 网站客户端登录到 IRC 服务器：

（1）输入一个昵称。

（2）在 Channel 项中输入`#awsinaction`。

（3）点击 Server and Network，打开连接详细信息。

（4）在 Server 项中输入 irc-server1 的 IP 地址。

（5）在 Port 项中输入 `6667`。

（6）禁用 SSL。

（7）点击 Start，然后等待几秒。

目前为止，我们已经在 AWS OpsWorks 的帮助下部署了一个基于网站的 IRC 客户端和服务器。

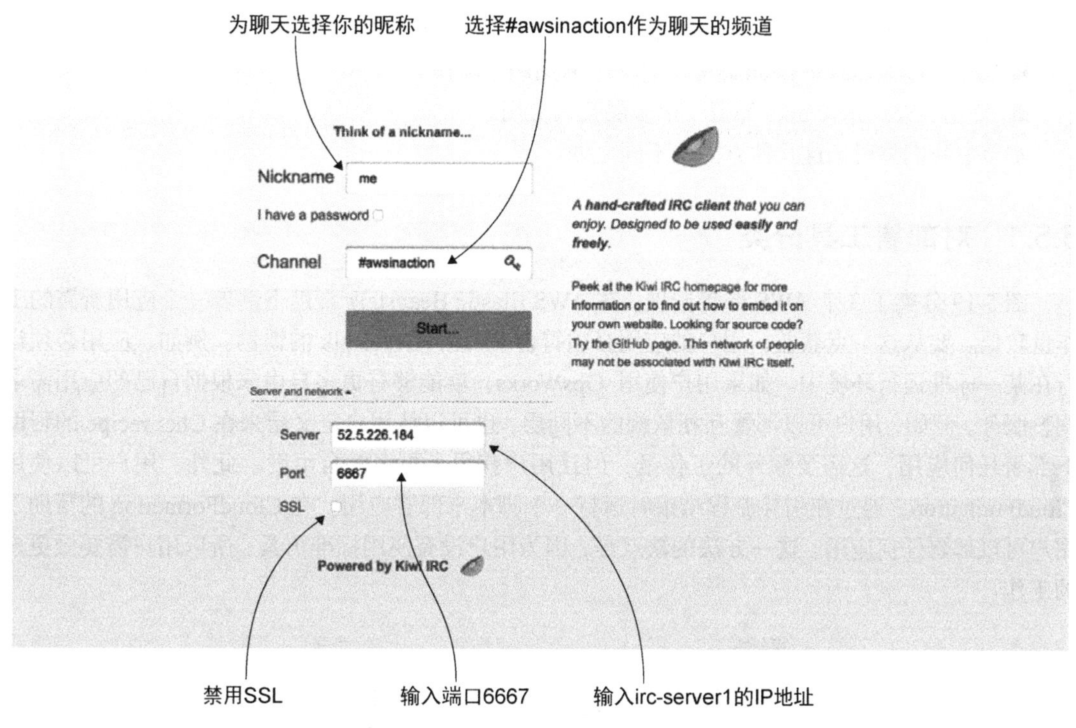

图 5-18　使用 kiwiIRC 登录到 IRC 服务器，使用信道#awsinaction

资源清理

是时候做一些清理工作了。按照下面的步骤避免意外费用支出。

（1）使用管理控制台打开 OpsWorks 服务。

（2）点击并选择 irc 堆栈。

（3）从子菜单中选择 Instances。

（4）停止两个实例，并等待直到它们的状态变为 Stopped。

（5）删除两个实例，并等待知道它们从概览中消失。

（6）从子菜单中选择 Apps。

（7）删除 kiwiIRC 应用程序。

（8）从子菜单中选择 Stack。

（9）点击 Delete Stack 按钮，并确认删除。

（10）从终端执行 `aws cloudformation delete-stack --stack-name irc`。

5.5　比较部署工具

在本章中我们使用了以下 3 种方法来部署应用。

- 使用 AWS CloudFormation 在服务器启动时运行一个脚本。
- 使用 AWS Elastic Beanstalk 部署一个通用网站应用。
- 使用 AWS OpsWorks 部署一个多层架构应用。

本节中我们将讨论这几种方法的不同之处。

5.5.1 对部署工具分类

图 5-19 分类了 3 个 AWS 部署选项。在 AWS Elastic Beanstalk 帮助下部署一个应用所需的工作量较低。要从这一点获益，用户的应用必须符合 Elastic Beanstalk 的惯例。例如，应用必须运行在某一标准运行环境中。如果用户使用 OpsWorks，就能够有更多自由来根据自己的应用需求调整服务。例如，用户可以部署互相依赖的不同层，也可以使用自定义层来在 Chef recipe 的帮助下部署任何应用，这需要额外的工作量，但让用户获得了更多的自由度。此外，用户可以使用 CloudFormation，通过在引导流程结束时运行一个脚本来部署应用。在 CloudFormation 的帮助下用户可以部署任何应用。这一方法的缺点是，因为用户没有使用标准工具，所以用户需要做更多的工作。

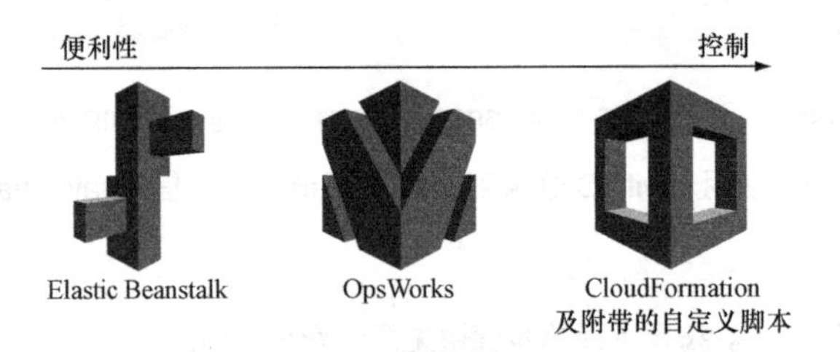

图 5-19　比较 AWS 上不同的部署应用的方式

5.5.2 比较部署服务

上面的分类能帮助用户确定部署应用的最适合方法。表 5-1 中的比较强调了其他重要的考量因素。

表 5-1　使用 CloudFormation 在服务器启动时运行脚本、Elastic Beanstalk 和 OpsWorks 的区别

	使用 CloudFormation 在服务器启动	Elastic Beanstalk	OpsWorks
配置管理工具	所有可用工具	专属	Chef
支持的平台	任意	■ PHP ■ Node.js ■ IIS ■ Java/Tomcat ■ Python	■ Ruby on Rails ■ Node.js ■ PHP ■ Java/Tomcat ■ Custom/any

续表

	使用 CloudFormation 在服务器启动	Elastic Beanstalk	OpsWorks
支持的平台	任意	■ Ruby ■ Docker	
支持的部署构件	任意	Amazon S3 上的 Zip 存档文件	Git、SVN、存档文件（如 Zip）
常见的使用场景	复杂且不标准的环境	普通网站应用	微服务环境
没有停机时间的更新	可能	是	是
供应商锁定效应	中等	高	中等

在 AWS 上还有许多其他部署应用的可选项，从开源软件到第三方服务。我们的建议是使用 AWS 部署服务之一，因为它们更好地集成了许多其他 AWS 服务。我们推荐使用 CloudFormation 的用户数据来部署应用，因为它是一种灵活的方法。在 CloudFormation 的帮助下管理 Elastic Beanstalk 和 OpsWorks 也是可能的。

一个自动化的部署流程将有助于更快地迭代与创新。用户会更经常地部署自己的应用的新版本。要避免服务中断，用户需要考虑自动化的测试软件与架构的变更，并且要能在必要时快速回滚到上一版本。

5.6 小结

- 因为在一个动态云环境中虚拟服务器变化更频繁，所以不建议手动部署应用到虚拟服务器上。
- AWS 提供不同的工具帮助用户将应用部署到虚拟服务器上。使用这些工具可以避免从头开始。
- 如果能够进行自动化部署，可以无须照顾具体的服务器而直接更新一个应用。
- 在虚拟服务器启动时插入 Bash 或 PowerShell 脚本，可以让用户有区别地初始化服务器，例如，安装不同的软件或配置服务。
- OpsWorks 在 Chef 的帮助下是部署多层架构应用的好方法。
- Elastic Beanstalk 适合部署普通网站应用。
- CloudFormation 在用户部署自己负责的应用时给其最多的控制能力。

第6章 保护系统安全：IAM、安全组和VPC

本章主要内容

■ 安装软件更新
■ 使用用户与角色来控制对AWS账户的访问
■ 使用安全组来控制数据传输安全
■ 使用CloudFormation来创建私有网络
■ 谁该对安全负责？

假如安全是一堵墙，那么我们需要很多砖块来建造这堵墙。本章将着重讲述在AWS上保护用户系统安全所需的4个重要的砖块。

■ 安装软件更新——每天都有新的软件安全漏洞被发现。软件制造商发布更新来修补这些漏洞，而用户的任务就是在这些更新发布后及时安装它们，否则用户的系统就容易成为黑客攻击的受害者。

■ 限制访问AWS账户——假如用户不是唯一访问自己的AWS账户的人，那这一点就变得更重要了（如果同事以及脚本也会访问它的话）。一个有bug的脚本可以很容易就终止用户的所有EC2实例而不是那个用户想要终止的。授予最小权限是保护用户的AWS资源免于意外或故意的致命操作。

■ 控制进出用户的EC2实例的网络传输——用户只想要那些必需的端口能够被访问到。如果用户运行一个网络服务器，对外部世界只需要为HTTP流量打开80端口，为HTTPS流量打开443端口。请关闭所有其他端口！

■ 在AWS内创建一个私有网络——用户可以创建从互联网不可达的子网。如果这些子网不可达，就没人能访问它们。没有人能访问？好吧，我们将学习如何使自己能访问它们却能阻止别人这样做。

示例都包含在免费套餐中

本章中的所有示例都包含在免费套餐中。只要不是运行这些示例好几天，就不需要支付任何费用。记住，这仅适用于读者为学习本书刚刚创建的全新 AWS 账户，并且在这个 AWS 账户里没有其他活动。尽量在几天的时间里完成本章中的示例，在每个示例完成后务必清理账户。

落了一块重要的砖块：保护用户自己开发的应用的安全。用户需要检查使用者的输入并且只允许必需的字符，不要使用明文存储密码，使用 SSL 来加密自己的服务器与使用者之间的数据传输，等等。

本章的要求

要完全理解本章，读者应该熟悉以下概念：

- 子网；
- 防火墙；
- 路由表；
- 端口；
- 访问控制列表（ACL）；
- 访问管理；
- 网关；
- 网际协议（IP）基础，包括 IP 地址。

6.1 谁该对安全负责

AWS 是一个责任共担的环境，就是说安全责任是由 AWS 和用户共同承担的。AWS 承担以下责任。

- 通过自动监测系统和健壮的互联网访问来保护网络避免受到分布式拒绝服务（DDoS）攻击。
- 对能访问敏感区域的雇员进行背景调查。
- 存储设备退役时会在它们的生命周期结束后通过物理方式进行破坏。
- 确保数据中心的物理和环境安全，包括防火和保安人员。

这些安全标准由第三方团体审查。用户可以在 AWS 官方网站找到最新的概览。

用户承担以下责任。

- 加密网络数据传输来防止攻击者读取或操纵数据（如 HTTPS）。
- 使用安全组和 ACL 来为自己的虚拟私有网络配置防火墙，以控制流入和流出的数据。
- 管理虚拟服务器上的操作系统及其他软件的补丁。
- 使用 IAM 实现访问管理来尽可能地限制对如 S3 或 EC2 这样的 AWS 资源的访问。

云中的安全关系到 AWS 和用户的相互影响。如果用户遵守规则，就能在云中达到高的安全标准。

6.2 使软件保持最新

每个星期都有修复安全漏洞的重要更新发布。有时候用户的操作系统会受到影响，有时候像 OpenSSL 这样的软件库会受到影响，有时候 Java、Apache 和 PHP 这样的环境会受到影响，有时候 WordPress 这样的应用程序会受到影响。如果一个安全更新发布了，用户必须快速安装它，因为如何利用这一漏洞可能与更新同时发布了，或者说每个人都能通过查看源代码来重建漏洞。用户应该有如何尽快将更新应用到所有正在运行的服务器上的工作计划。

6.2.1 检查安全更新

如果用户通过 SSH 登录到一台 Amazon Linux EC2 实例，就会看到下面当日的消息：

```
$ ssh ec2-user@ec2-52-6-25-163.compute-1.amazonaws.com
Last login: Sun Apr 19 07:08:08 2015 from [...]

       __|  __|_  )
       _|  (     /   Amazon Linux AMI
      ___|\___|___|

https://aws.amazon.com/[...]/2015.03-release-notes/
4 package(s) needed for security, out of 28 available
Run "sudo yum update" to apply all updates.
```

4 个安全更新可用

这个例子表示 4 个安全更新可用，这个数目在更新的时候可能会发生变化。AWS 不会替用户在其 EC2 实例上应用这些补丁——这么做是用户的责任。

用户可以使用 yum 程序包管理器在 Amazon Linux 上处理这些更新。运行 `yum -security check-update` 来看哪些程序包需要安全更新：

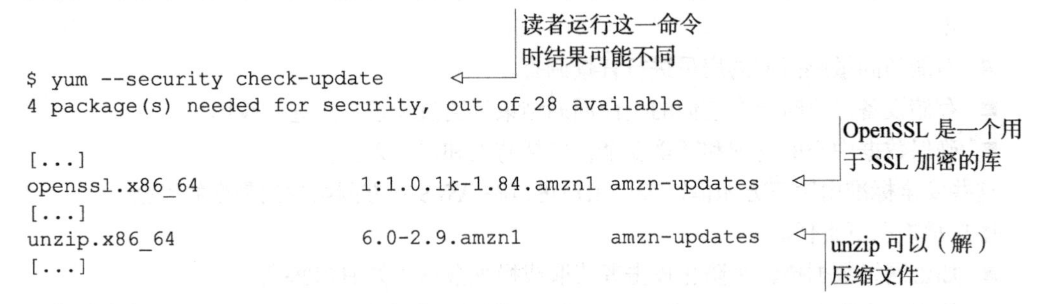

我们鼓励用户追随 Amazon Linux AMI Security Center 获取影响 Amazon Linux 的安全公告。当一个新的安全更新发布时，用户应该检查自己是否受到影响。

在处理安全更新时，用户可能遇见下面两种状况之一。

- 当服务器第一次启动时，需要安装很多安全更新来使服务器保持最新。
- 新的安全更新发布时用户的服务器正在运行，用户需要在服务器运行时安装这些更新。

让我们来看看如何处理这些状况。

6.2.2 在服务器启动时安装安全更新

如果用户使用 CloudFormation 模板创建自己的 EC2 实例，用户可以有 3 种选项在启动时安装安全更新。

- *在服务器启动时安装所有更新。*在自己的用户数据脚本中加入 `yum -y update`。
- *在服务器启动时仅安装安全更新。*在自己的用户数据脚本中加入 `yum -y -security update`。
- *明确指定程序包版本。*安装指定版本号的更新。

前两个选项很容易被添加到用户的 EC2 实例的用户数据中。用户可以安装所有更新，如下所示：

```
[...]
"Server": {
  "Type": "AWS::EC2::Instance",
  "Properties": {
    [...]
    "UserData": {"Fn::Base64": {"Fn::Join": ["", [
      "#!/bin/bash -ex\n",
      "yum -y update\n"          <- 服务器启动时安装所有更新
    ]]}}
  }
}
[...]
```

仅安装安全更新的话可以这样做：

```
[...]
"Server": {
  "Type": "AWS::EC2::Instance",
  "Properties": {
    [...]
    "UserData": {"Fn::Base64": {"Fn::Join": ["", [
      "#!/bin/bash -ex\n",
      "yum -y --security update\n"     <- 服务器启动时仅安装安全更新
    ]]}}
  }
}
[...]
```

安装所有更新的问题在于用户的系统变得难以预料。如果用户的服务器是上一周启动的，所有被应用的更新是上一周发布的。然而同时，新的更新被发布了。如果用户今天启动一台新服务器并且安装所有更新，那么用户最终将得到一台与上一周完全不同的服务器。不同意味着因为某些原因它可能不再工作。这就是我们鼓励用户明确定义自己想安装的更新的原因。要明确指定所安装的安全更新的版本，用户可以使用 `yum update-to` 命令。`yum update-to` 使用明确的版本来更新程序包，而不是使用最新的：

```
yum update-to openssl-1.0.1k-1.84.amzn1 \    ← 更新 penssl 至版本 1.0.1k-1.84.amzn1
unzip-6.0-2.9.amzn1    ← 更新 unzip 至版本 6.0-2.9.amzn1
```

使用 CloudFormation 模板可以这样来描述明确指定更新的一个 EC2 实例：

```
[...]
"Server": {
  "Type": "AWS::EC2::Instance",
  "Properties": {
    [...]
    "UserData": {"Fn::Base64": {"Fn::Join": ["", [
      "#!/bin/bash -ex\n",
      "yum -y update-to openssl-1.0.1k-1.84.amzn1 unzip-6.0-2.9.amzn1\n"
    ]]}}
  }
}
[...]
```

同样的方法也适用于非安全相关的程序包更新。当有新的安全更新发布时，用户应该检查自己是否受到影响并修改用户数据来保持新系统的安全。

6.2.3　在服务器运行时安装安全更新

不时地，用户必须在自己所有正在运行的服务器上安装安全更新。用户可以手动使用 SSH 登录到自己所有的服务器上，然后运行 `yum -y -security update` 或者 `yum update-to [...]`，但是如果用户有很多服务器或服务器数目在增长，这会变得很烦人。一个办法是使用一个小脚本获取自己的服务器列表，然后在所有服务器上运行 yum 来使这个任务自动化。代码清单 6-1 展示了在 Bash 中怎样能做到。读者可以在本书的代码目录/chapter6/update.sh 中找到相应的代码。

代码清单 6-1　在所有正在运行的 EC2 实例上安装安全更新

```
PUBLICNAMES=$(aws ec2 describe-instances \    ← 获得所有正在运行的 EC2 实例的公共 DNS 名
--filters "Name=instance-state-name,Values=running" \
--query "Reservations[].Instances[].PublicDnsName" \
--output text)

for PUBLICNAME in $PUBLICNAMES; do
  ssh -t -o StrictHostKeyChecking=no ec2-user@$PUBLICNAME \    ← 通过 SSH 连接……
```

```
  "sudo yum -y --security update"  <-- ……然后执行 yum update
done
```

现在我们可以快速地将更新应用到所有正在运行的服务器上了。

有些安全更新要求重启虚拟服务器。例如，如果用户需要给自己的运行 Linux 的虚拟服务器内核打补丁。用户可以自动重启服务器或切换到一个已经更新的 AMI，然后启动一台新的虚拟服务器。例如，一个新的 Amazon Linux AMI 一年发布 4 次。

6.3 保护 AWS 账户安全

保护 AWS 账户安全非常关键。如果有人能访问你的 AWS 账户，他们就可以窃取你的数据，破坏任意东西（如数据、备份、服务器），或者窃取你的身份来干坏事。图 6-1 展示了一个 AWS 账户。每个 AWS 账户有一个 root 用户。在本书的例子中，当我们使用管理控制台时就是使用 root 用户；如果使用 CLI，我们将使用 4.2 节中创建的用户 mycli。除 root 用户之外，一个 AWS 账户中包含了你拥有的所有资源，如 EC2 实例、CloudFormation 堆栈、IAM 用户等。

要访问你的 AWS 账户，攻击者必须能使用你的账户认证。有 3 种方法可以做到这一点：使用 root 用户，使用一个普通用户，或者被认证为一个 AWS 资源（如 EC2 实例）。要被认证为一个（根）用户，攻击者需要密码或访问密钥。要认证为一个 AWS 资源（如 EC2 服务器），攻击者需要从那个 EC2 实例发送 API/CLI 请求。

在本节中，我们将开始使用多重身份验证（MFA）来保护你的 root 用户。然后你将停止使用 root 用户，创建一个新用户用于日常操作，然后学会授予一个角色最小权限。

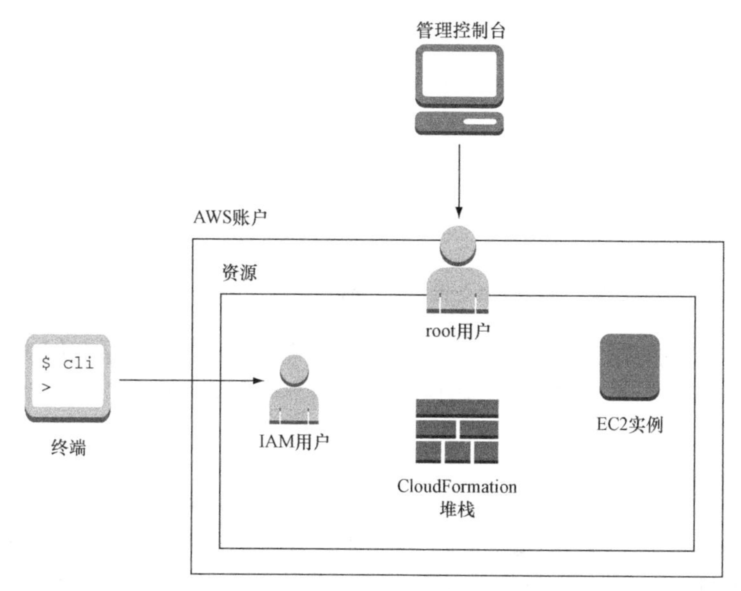

图 6-1　一个 AWS 账户包含所有 AWS 资源，并且默认有一个 root 用户

6.3.1　保护 AWS 账户的 root 用户安全

如果你准备在产品中使用 AWS，建议你为自己的 root 用户启用多重身份验证（MFA）。在 MFA 被激活后，你需要一个密码和一个临时令牌来作为 root 用户登录。这样一个攻击者不仅需要你的密码，还需要你的 MFA 设备。

按照下面的步骤来启用 MFA，如图 6-2 所示。

（1）在管理控制台的导航栏顶部点击你的名字。

（2）点击“安全凭证”。

（3）第一次可能会出现一个弹出框，需要选择继续安全凭证。

（4）在智能手机上安装一个 MFA 应用（如 Google Authenticator）。

（5）展开多重身份验证（MFA）。

（6）点击激活 MFA。

（7）跟随向导中的指令。使用智能手机上的 MFA 应用扫描所显示的 QR 码。

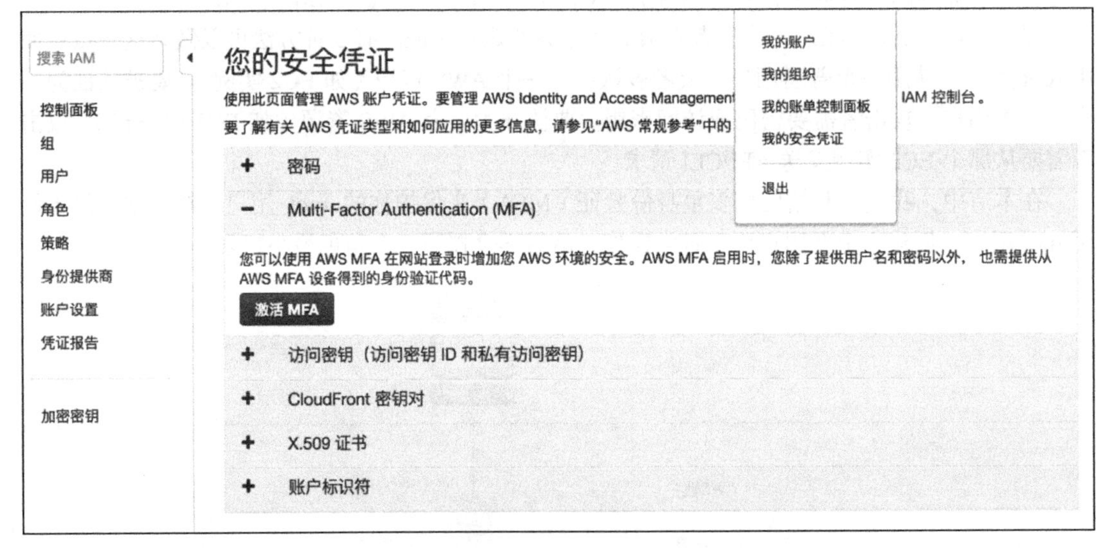

图 6-2　使用多重身份验证（MFA）保护你的 root 用户

如果你使用自己的智能手机作为一个虚拟 MFA 设备，一个好主意是不用从自己的智能手机登录管理控制台或者在手机上存储 root 用户的密码。确保 MFA 令牌与自己的密码分离。

6.3.2　IAM 服务

IAM（Identity and Access Management）服务通过 AWS API 提供身份认证与授权所需要的一切。你通过 AWS API 发送的每个请求都会通过 IAM 来检查这个请求是否被允许。IAM 控制在你的 AWS 账户里，谁（身份认证）能做什么（授权）：谁被允许创建 EC2 实例？用户是否被允许终止一个特定的 EC2 实例？

使用 IAM 进行身份认证是通过用户和角色完成的，而授权是通过策略完成的。表 6-1 展示了用户和角色的区别。角色认证一个 EC2 实例，而用户可以用于其他一切。

表 6-1　root 用户、IAM 用户和 IAM 角色的区别

	root 用户	IAM 用户	IAM 角色
可以有一个密码	总是	是	否
可以有一个访问密钥	是（不推荐）	是	否
可以属于一个组	否	是	否
可以与一个 EC2 实例关联	否	否	是

IAM 用户和 IAM 角色使用策略进行授权。在我们继续讲解用户和角色时首先看一下策略。记住用户和角色不能做任何事直到你在策略中允许特定的操作。

6.3.3　用于授权的策略

每个策略在 JSON 中定义且包含一个或多个声明。一个声明可以允许或拒绝在特定资源上做特定操作。用户可以在 AWS 官方网站找到可用于 EC2 资源的所有操作的概览。通配符*可以被用来创建更通用的声明。

下面的策略有一个声明允许对 EC2 服务中所有资源进行任意操作：

```
{
  "Version": "2012-10-17",          <- 指定 2012-10-17 来锁定版本
  "Statement": [{
    "Sid": "1",
    "Effect": "Allow",              <- 允许（另一个选项是拒绝）……
    "Action": ["ec2:*"],            <- ……所有 EC2 操作（通配符*）……
    "Resource": ["*"]               <- ……和所有资源
  }]
}
```

如果在同一操作上有多个声明，拒绝将覆盖允许。下面的策略允许除了终止实例以外的所有 EC2 操作：

```
{
  "Version": "2012-10-17",
  "Statement": [{
    "Sid": "1",
    "Effect": "Allow",
    "Action": ["ec2:*"],
    "Resource": ["*"]
  }, {
    "Sid": "2",
```

```
    "Effect": "Deny",                                   拒绝……
    "Action": ["ec2:TerminateInstances"],               ……终止 EC2 实例
    "Resource": ["*"]
  }]
}
```

下面的策略拒绝所有 EC2 操作。声明 `ec2:TerminateInstances` 不是关键性的，因为 Deny 覆盖 Allow。当你拒绝一个操作时，是无法通过在另一个声明来允许它的：

```
{
  "Version": "2012-10-17",
  "Statement": [{
    "Sid": "1",
    "Effect": "Deny",                                   拒绝所有 EC2 操作
    "Action": ["ec2:*"],
    "Resource": ["*"]
  }, {
    "Sid": "2",
    "Effect": "Allow",                                  允许不是关键性的，拒绝覆盖允许
    "Action": ["ec2:TerminateInstances"],
    "Resource": ["*"]
  }]
}
```

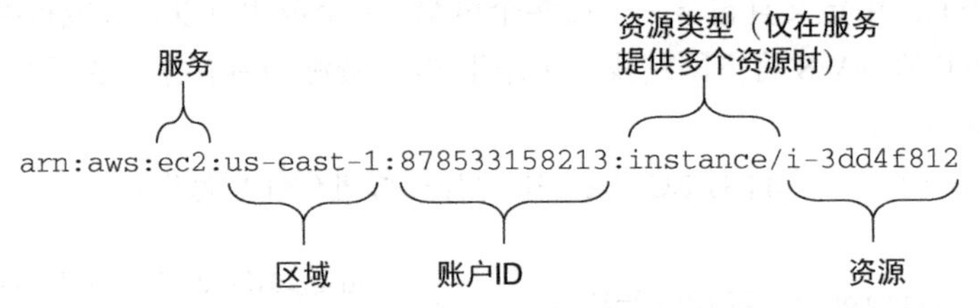

图 6-3 用于标识一个 EC2 实例的 Amazon Resource Name（ARN）的组成

至此，`Resource` 部分我们使用了`["*"]`来表示所有资源。在 AWS 中资源有一个 Amazon Resource Name（ARN）；图 6-3 显示了一个 EC2 实例的 ARN。要找出账户 ID，你可以使用 CLI：

```
$ aws iam get-user --query "User.Arn" --output text      账户 ID 有 12 个数字
arn:aws:iam::878533158213:user/mycli
```

如果你知道自己的账户 ID，则可以使用 ARN 来允许访问一个服务的特定资源：

```
{
  "Version": "2012-10-17",
  "Statement": [{
    "Sid": "2",
    "Effect": "Allow",
    "Action": ["ec2:TerminateInstances"],
    "Resource": ["arn:aws:ec2:us-east-1:878533158213:instance/i-3dd4f812"]
  }]
}
```

有以下两种类型的策略。

- 托管策略——如果用户想创建可以在自己的账户内复用的策略，托管策略正是用户要找的。有以下两种类型的托管策略。
  - AWS 托管策略——AWS 维护的策略。有一些授予管理员权限、只读权限等的策略。
  - 客户托管策略——可以是代表你的组织中的角色的策略。
- 内联策略——属于某个特定 IAM 角色、用户或组的策略。内联策略不能存在于 IAM 角色、用户或组之外。

通过 `CloudFormation`，内联策略很容易维护；这就是为什么我们在本书中大多数时候使用内联策略的原因。一个例外是 mycli 用户：这个用户被附加了 AWS 托管策略 `AdministratorAccess`。

6.3.4 用于身份认证的用户和用于组织用户的组

一个用户可以被密码或访问密钥所认证。当用户登录到管理控制台，用户是通过密码认证的。如果你在计算机中使用了 CLI，就可以使用一个访问密钥来认证 mycli 用户。

目前用户正使用 root 用户登录管理控制台。因为使用最小权限总是个好主意，你将为管理控制台创建一个新用户。为了使将来添加用户更容易，首先要为所有管理员用户创建一个组。一个组不能被用来作为身份认证，但它集中了授权。如果想阻止管理员用户终止 EC2 服务器，只需修改这个组的策略，而不是所有管理员用户的策略。一个用户可以不是任何组的成员，也可以是一个或多个组的成员。

使用 CLI 很容易创建组和用户。使用一个安全的密码来替换`$Password`：

```
$ aws iam create-group --group-name "admin"
$ aws iam attach-group-policy --group-name "admin" \
--policy-arn "arn:aws:iam::aws:policy/AdministratorAccess"
$ aws iam create-user --user-name "myuser"
$ aws iam add-user-to-group --group-name "admin" --user-name "myuser"
$ aws iam create-login-profile --user-name "myuser" --password "$Password"
```

用户 myuser 已经准备好可以使用了。但是，如果不是使用 root 用户的话，则必须使用一个不同的 URL 来访问管理控制台，即 https://$accountId.signin.aws.amazon.com/console。用之前使用 `aws iam get-user` 提取的账户 ID 替换`$accountId`。

为 IAM 用户启用 MFA

我们也鼓励用户为所有用户启用 MFA。如果可能，不要为自己的 root 用户和日常用户使用同样的 MFA 设备。用户可以从 AWS 合作伙伴，如 Gemalto 那里以 13 美元购买硬件 MFA 设备。按下列步骤为自己的用户启用 MFA。

（1）在管理控制台中打开 IAM 服务。

（2）在左侧选择用户。

（3）选择用户 myuser。

（4）在页面底部的 Sign-In Credentials 部分中点击 Manage MFA Device 按钮。向导界面和 root 用户是相同的。

应该为所有拥有密码的用户激活 MFA，即哪些可以使用管理控制台的用户。

警告 从现在起停止使用 root 用户。总是使用 myuser 及管理控制台的新链接。

警告 用户永远不应该把一个用户访问密钥复制到一个 EC2 实例上，要使用 IAM 角色！不要在自己的源代码中存储安全凭证，并且永远不要把它们提交到自己的 Git 或 SVN 资源库中。替代方案是，在可能的情况下尝试使用 IAM 角色。

6.3.5 用于认证 AWS 的角色

IAM 角色可以被用来认证 AWS 资源，如虚拟服务器。可以不为一个 EC2 实例附加角色，也可以附加一个或多个角色。从一个 AWS 资源（如 EC2 实例）发送的每个 AWS API 请求都会使用附加的角色进行认证。如果 AWS 资源附加了一个或多个角色，IAM 会检查这些角色附加的所有策略来确定请求是否是被允许的。默认情况下，EC2 实例没有任何角色，所以就不被允许调用任何 AWS API。

还记得第 4 章中的临时 EC2 实例吗？如果临时服务器没有被终止——人们经常忘了这么做。许多钱就这样被浪费了。现在我们将创建一个过一会儿会自己停止的 EC2 实例。`at` 命令将在 5 min 延迟后停止这个实例：

```
echo "aws ec2 stop-instances --instance-ids i-3dd4f812" | at now + 5 minutes
```

这个 EC2 实例需要停止自己的授权。我们可以使用内联策略来进行授权。下面的代码展示了如何在 CloudFormation 中把角色定义成一个资源：

```
"Role": {
  "Type": "AWS::IAM::Role",
  "Properties": {
    "AssumeRolePolicyDocument": {          <-- 魔术：复制和粘贴
      "Version": "2012-10-17",
      "Statement": [{
        "Effect": "Allow",
        "Principal": {
          "Service": ["ec2.amazonaws.com"]
        },
        "Action": ["sts:AssumeRole"]
      }]
    },
    "Path": "/",
    "Policies": [{                          <-- 策略开始
      "PolicyName": "ec2",
      "PolicyDocument": {                   <-- 策略定义
        "Version": "2012-10-17",
        "Statement": [{
```

```
          "Sid": "Stmt1425388787000",
          "Effect": "Allow",
          "Action": ["ec2:StopInstances"],
          "Resource": ["*"],
          "Condition": {
            "StringEquals": {"ec2:ResourceTag/aws:cloudformation:stack-id":
            {"Ref": "AWS::StackId"}}
          }
        }]
      }
    }]
  }
}
```

角色之后创建 EC2 实例：不能{"Ref"}一个实例 ID！

Condition 可以解决这一问题：只允许用堆栈 ID 打上标签的

要附加一个角色给实例，必须首先创建一个实例配置文件：

```
"InstanceProfile": {
  "Type": "AWS::IAM::InstanceProfile",
  "Properties": {
    "Path": "/",
    "Roles": [{"Ref": "Role"}]
  }
}
```

现在可以把角色和 EC2 实例关联起来了：

```
"Server": {
  "Type": "AWS::EC2::Instance",
  "Properties": {
    "IamInstanceProfile": {"Ref": "InstanceProfile"},
    [...],
    "UserData": {"Fn::Base64": {"Fn::Join": ["", [
      "#!/bin/bash -ex\n",
      "INSTANCEID=`curl -s ",
      "http://169.254.169.254/latest/meta-data/instance-id`\n",
      "echo \"aws --region us-east-1 ec2 stop-instances ",
      "--instance-ids $INSTANCEID\" | at now + 5 minutes\n"
    ]]}}
  }
}
```

使用位于 https://s3.amazonaws.com/awsinaction/chapter6/server.json 的模板创建 CloudFormation 堆栈。我们可以通过参数指定服务器的生命周期。等待生命周期结束，然后看看实例是不是被停止了。生命周期在服务器完全启动和引导后开始。

资源清理

在本节结束时别忘了删除堆栈来清除所有用过的资源，否则很可能会因为使用这些资源被收取费用。

6.4 控制进出虚拟服务器的网络流量

用户只希望必要的数据流量进出自己的 EC2 实例。使用防火墙，用户可以控制进入（也叫作 inbound 或 ingress）和出去（也叫作 outbound 或 egress）的数据流量。如果用户运行一台网站服务器，用户需要对外面的世界打开的端口只有 HTTP 流量使用的 80 端口及 HTTPS 流量使用的 443 端口。所有其他端口都应该被关闭，只打开必要的端口，就像只通过 IAM 授予最小的权限那样。如果用户有一个严格的防火墙，就关闭了许多可能的安全漏洞。用户也可以通过不为测试系统开放出去的 SMTP 连接来阻止不小心从测试系统发送给客户的邮件。

在网络流量进入或离开用户的 EC2 实例之前，它将穿过 AWS 提供的防火墙。这个防火墙审查网络流量并使用规则来确定流量是被允许的还是被拒绝的。

IP 和 IP 地址

缩写 IP 代表 Internet Protocol（网际协议），而 IP 地址则类似于 84.186.116.47。

图 6-4 展示了一个来自源 IP 地址 10.0.0.10 的 SSH 请求是怎样被防火墙检查，然后被目的地 IP 地址 10.10.0.20 收到的。在这一案例中，防火墙允许这一请求因为有条规则允许源和目的地址之间的端口 22 上的 TCP 流量。

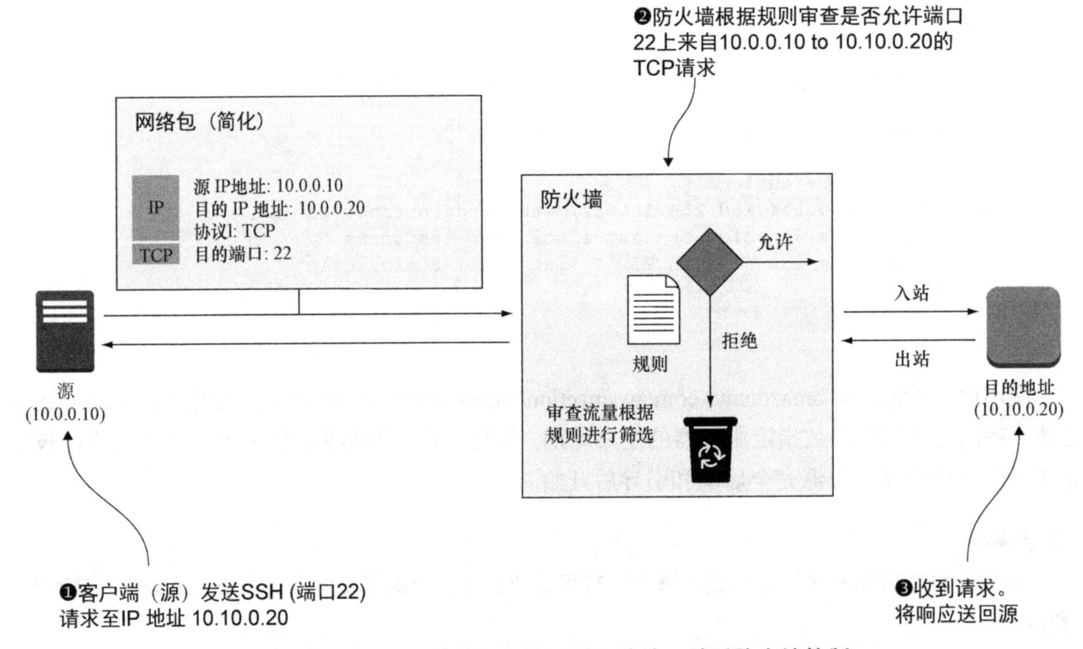

图 6-4　一个 SSH 请求如何从源到目的地，并受防火墙控制

源和目的地

入站安全组规则筛选基于网络流量的源。源可以是一个 IP 地址也可以是一个安全组。这样就可以只允许从特定源 IP 地址范围来的入站流量。

出站安全组规则筛选基于网路流量的目的地。目的地可以是一个 IP 地址或安全组。可以只允许特定目的 IP 地址范围的出站流量。

AWS 对防火墙负责，但你对规则负责。默认情况下，所有的入站流量都被拒绝而所有的出站流量都被允许。然后你可以开始允许入站流量。如果开始添加出站流量规则，则默认值会从允许所有切换至拒绝所有，只有你添加的例外会被允许。

6.4.1 使用安全组控制虚拟服务器的流量

一个安全组可以被关联到 AWS 资源（如 EC2 实例）。通常 EC2 实例有超过一个安全组与之关联，而同一安全组会被关联到许多个 EC2 实例。

一个安全组遵循一组规则。一个规则可以基于以下内容允许网络流量：

- 方向（入站或出站）；
- IP 协议（TCP、UDP、ICMP）；
- 源 IP 地址/目的 IP 地址；
- 端口；
- 源安全组/目的安全组（仅在 AWS 上有效）。

你可以定义规则来允许所有的流量进入和离开你的服务器，AWS 不会阻止你这么做。但是一种好的做法是定义规则，使它们尽可能严格。

在 CloudFormation 里一个安全组资源类型是 `AWS::EC2::SecurityGroup`。代码清单 6-2 在本书的代码目录/chapter6/firewall1.json 中。这个模板描述了一个与单个 EC2 实例关联的空的安全组。

代码清单 6-2 关联单个 EC2 实例的空安全全组

```
{
  "Parameters": {
    "KeyName": {
      "Type": "AWS::EC2::KeyPair::KeyName",
      "Default": "mykey"
    },
    "VPC": {                    <- 6.5 节将介绍相关内容
      [...]
    },
    "Subnet": {                 <- 6.5 节将介绍相关内容
      [...]
    }
  },
  "Resources": {
```

```
    "SecurityGroup": {                          <------ 安全组描述
      "Type": "AWS::EC2::SecurityGroup",
      "Properties": {
        "GroupDescription": "My security group",
        "VpcId": {"Ref": "VPC"}
      }
    },                                                   EC2 实例的描述
    "Server": {                                 <------
      "Type": "AWS::EC2::Instance",
      "Properties": {
        "ImageId": "ami-1ecae776",
        "InstanceType": "t2.micro",
        "KeyName": {"Ref": "KeyName"},
        "SecurityGroupIds": [{"Ref": "SecurityGroup"}],   <------ 用Ref将安全组关
        "SubnetId": {"Ref": "Subnet"}                            联到 EC2 实例
      }
    }
  }
}
```

要探究安全组，可以在位于 https://s3.amazonaws.com/awsinaction/chapter6/firewall1.json 的 CloudFormation 模板上尝试。基于这个模板创建一个堆栈，然后从堆栈输出复制 `PublicName`。

6.4.2 允许 ICMP 流量

如果用户要从自己的计算机 ping 一个 EC2 实例，就必须允许来自因特网控制报文协议（Internet Control Message Protocol，ICMP）流量入站。默认情况下，所有的入站流量都被阻止了。尝试 `ping $PublicName` 来确认 ping 访问不被允许：

```
$ ping ec2-52-5-109-147.compute-1.amazonaws.com
PING ec2-52-5-109-147.compute-1.amazonaws.com (52.5.109.147): 56 data bytes
Request timeout for icmp_seq 0
Request timeout for icmp_seq 1
[...]
```

用户需要在安全组中添加一条规则来允许入站流量，其中协议是 ICMP。代码清单 6-3 可以在本书的代码目录/chapter6/firewall2.json 中找到。

代码清单 6-3 允许 ICMP 的安全组

```
{
  [...]
  "Resources": {
    "SecurityGroup": {
      [...]
    },                                          允许 ICMP 规则描述
    "AllowInboundICMP": {                 <------
      "Type": "AWS::EC2::SecurityGroupIngress",        <------ 入站规则类型
      "Properties": {
        "GroupId": {"Ref": "SecurityGroup"},    <------ 将规则与安全组联系起来
```

```
        "IpProtocol": "icmp",          ◁—— 指定协议
        "FromPort": "-1",              ◁—— -1 意味着所有端口
        "ToPort": "-1",
        "CidrIp": "0.0.0.0/0"          ◁—— 0.0.0.0/0 意味着所有源
      }                                     IP 地址都被允许
    },
    "Server": {
      [...]
    }
  }
}
```

使用位于 https://s3.amazonaws.com/awsinaction/chapter6/firewall2.json 的模板更新 CloudFormation 堆栈，然后再次尝试 ping 命令。现在它看上去应该是这样的：

```
$ ping ec2-52-5-109-147.compute-1.amazonaws.com
PING ec2-52-5-109-147.compute-1.amazonaws.com (52.5.109.147): 56 data bytes
64 bytes from 52.5.109.147: icmp_seq=0 ttl=49 time=112.222 ms
64 bytes from 52.5.109.147: icmp_seq=1 ttl=49 time=121.893 ms
[...]
round-trip min/avg/max/stddev = 112.222/117.058/121.893/4.835 ms
```

现在每个人的入站 ICMP 流量（每个源 IP 地址）被允许抵达 EC2 实例。

6.4.3 允许 SSH 流量

当能够 ping 自己的 EC2 实例之后，用户会想要通过 SSH 登录自己的服务器。要这么做，必须创建一条规则，允许端口 22 上的入站 TCP 请求，如代码清单 6-4 所示。

代码清单 6-4 允许 SSH 的安全组

```
[...]
"AllowInboundSSH": {                         ◁—— 允许 SSH 规则描述
  "Type": "AWS::EC2::SecurityGroupIngress",
  "Properties": {
    "GroupId": {"Ref": "SecurityGroup"},
    "IpProtocol": "tcp",                     ◁—— SSH 基于 TCP 协议
    "FromPort": "22",                        ◁—— 默认的 SSH 端口是 22
    "ToPort": "22",                          ◁—— 允许一个范围的端口或者
    "CidrIp": "0.0.0.0/0"                         设置 FromPort = ToPort
  }
},
[...]
```

使用位于 https://s3.amazonaws.com/awsinaction/chapter6/firewall3.json 的模板更新 CloudFormation 堆栈。现在我们可以使用 SSH 登录自己的服务器了。记住，我们还需要正确的私钥。防火墙只是控制网络层，它不能替代基于密钥或密码的身份认证。

6.4.4 允许来自源 IP 地址的 SSH 流量

目前为止，我们允许从任意 IP 地址来的端口 22（SSH）上的入站流量。

在模板中硬编码进公有 IP 地址并不是一个好的解决方案，因为它会时不时发生变化。但是我们已经知道解决方法了——参数。我们需要添加一个参数来保存自己当前的公有 IP 地址，然后需要修改 `AllowInboundSSH` 规则。读者可以在本书的代码目录/chapter6/firewall4.json 中找到代码清单 6-5。

代码清单 6-5 仅允许从特定 IP 地址来的 SSH 的安全组

```
[...]
"Parameters": {
  [...]
  "IpForSSH": {                                          <-- 公有 IP 地址参数
    "Description": "Your public IP address to allow SSH access",
    "Type": "String"
  }
},
"Resources": {
  "AllowInboundSSH": {
    "Type": "AWS::EC2::SecurityGroupIngress",
    "Properties": {
      "GroupId": {"Ref": "SecurityGroup"},
      "IpProtocol": "tcp",
      "FromPort": "22",
      "ToPort": "22",
      "CidrIp": {"Fn::Join": ["", [{"Ref": "IpForSSH"}, "/32"]]}   <-- 使用$IpForSSH/32 作为值
    }
  },
  [...]
}
```

公有 IP 地址和私有 IP 地址有什么区别

在我的本地网络，我是使用以 192.168.0.*开头的私有 IP 地址。我的笔记本电脑使用 192.168.0.10，而我的 iPad 使用 192.168.0.20。但是，如果我访问互联网，我的笔记本电脑和 iPad 使用相同的公有 IP（如 79.241.98.155）。这是因为只有我的互联网网关（那个连接至互联网的盒子）有一个公有 IP 地址，而所有的请求都被网关重定向（如果读者想深入研究这点，可查找网络地址转换）。你的本地网络并不知道这个公有 IP 地址。我的笔记本电脑和 iPad 只知道互联网网关可以在私有网络的 192.168.0.1 访问到。

要找出你的公有 IP 地址，访问 http://api.ipify.org。对大多数人来说，通常当我们重新连接到互联网时（在我的案例中大约每 24 小时发生一次），公有 IP 地址会时不时地发生变化。

使用位于 https://s3.amazonaws.com/awsinaction/chapter6/firewall4.json 的模板更新 CloudFormation 堆栈。当要求输入参数时，输入你的公有 IP 地址`$IPForSSH`。现在只有你的 IP 地址能够建立到你的 EC2 实例的 SSH 连接。

无类别域间路由（CIDR）

读者可能想知道代码清单 6-5 中的`/32`是什么意思。要理解发生了什么，需要将思维切换至二进制模式。一个 IP 地址的长度是 4 字节（即 32 位）。`/32` 定义的位数（在这一案例中是 32）应该被用来组成一个地址范围。如果想定义被允许的准确的 IP 地址，必须使用 32 位。

但是，有时候定义一个允许的 IP 地址范围是合理的。例如，我们可以使用 `10.0.0.0/8` 来创建一个 10.0.0.0 至 10.255.255.255 之间的范围，使用 `10.0.0.0/16` 来创建一个 10.0.0.0 至 10.0.255.255 之间的范围，或者使用 `10.0.0.0/24` 来创建一个 10.0.0.0 至 10.0.0.255 之间的范围。不是必须使用二进制边界（8, 16, 24, 32），只是它们对大多数人来说更容易理解。我们已经使用了 `0.0.0.0/0` 来创建一个包含每一个可能 IP 地址的范围。

现在我们已经能够通过根据协议、端口和源 IP 地址做筛选，来控制从 AWS 外部流入或流出至 AWS 外部的流量了。

6.4.5　允许来自源安全组的 SSH 流量

如果要控制从一个 AWS 资源（如一个 EC2 实例）到另一个 AWS 资源的流量，安全组是很强大的。可以根据源与目的地是否属于一个特定的安全组来控制网络流量。例如，我们可以定义一个 MySQL 数据库只能被自己的网站服务器访问，或只有我们的网络缓存服务器被允许访问网站服务器。因为云的弹性性质，用户很可能要处理动态数量的服务器，所以基于源 IP 地址的规则难以维护。如果用户的规则是基于源安全组的，这就会变得很容易。

要探究基于源安全组的规则的能力，我们来看一下用于 SSH 访问的堡垒主机（有些人称其为跳转盒）的概念。其中的技巧在于只有一台服务器——堡垒主机，能通过 SSH 被互联网访问（应该被限制到一个特定的源 IP 地址）。所有其他服务器只能从堡垒主机使用 SSH 访问。这一方法有两个优势。

- 用户的系统只有一个入口，且这一入口除了 SSH 不做其他事。这个盒子被攻破的机会很小。
- 如果用户的某台网站服务器、邮件服务器、FTP 服务器等被攻破了，攻击者无法从这台服务器跳转到所有其他服务器。

要实现堡垒主机的概念，必须遵守这两条规则。

- 允许从 0.0.0.0/0 或一个指定的源地址使用 SSH 访问堡垒主机。
- 只有当流量来源于堡垒主机时才允许使用 SSH 访问所有其他服务器。

图 6-5 展示了一台堡垒机加两台服务器的体系。这两台服务器仅仅接受来自堡垒机的入站 SSH 访问。

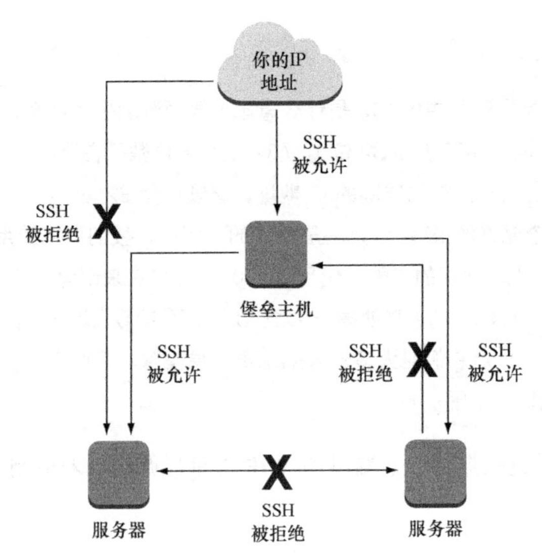

图 6-5 堡垒主机是唯一能用 SSH 访问系统的点，从它可以通过 SSH 访问所有其他服务器（使用安全组实现）

代码清单 6-6 展示了允许从特定源安全组的 SSH 规则。

代码清单 6-6 Se 允许从堡垒主机使用 SSH 访问的安全组

```
[...]
"SecurityGroupPrivate": {                    ⊲—— 新安全组
  "Type": "AWS::EC2::SecurityGroup",
  "Properties": {
    "GroupDescription": "My security group",
    "VpcId": {"Ref": "VPC"}
  }
},
"AllowPrivateInboundSSH": {
  "Type": "AWS::EC2::SecurityGroupIngress",
  "Properties": {
    "GroupId": {"Ref": "SecurityGroupPrivate"},
    "IpProtocol": "tcp",
    "FromPort": "22",
    "ToPort": "22",
    "SourceSecurityGroupId": {"Ref": "SecurityGroup"}    ⊲—— 仅当源是其他安全组时允许
  }
},
[...]
```

使用位于 https://s3.amazonaws.com/awsinaction/chapter6/firewall5.json 的模板更新 CloudFormation 堆栈。如果更新完成了，堆栈会显示以下 3 个输出。

- `BastionHostPublicName`——从你的计算机通过 SSH 使用堡垒主机连接。
- `Server1PublicName`——你只能从堡垒主机连接这台服务器。

■ Server2PublicName——你只能从堡垒主机连接这台服务器。

现在通过 SSH 命令 ssh -I $PathToKey/mykey.pem -A ec2-user@$BastionHostPublicName 连接 BastionHostPublicName。把$PathToKey 替换成你的 SSH 密钥路径，把 $BastionHostPublicName 替换成你的堡垒主机的公开名称。-A 选项用于启用 AgentForwarding，代理转发让你可以使用你登录到堡垒主机的同一密钥来为进一步的从堡垒主机发起的 SSH 登录进行身份认证。

执行下面的命令来把你的密钥加到 SSH 代理。使用 SSH 密钥路径替换$PathToKey：

```
ssh-add $PathToKey/mykey.pem
```

6.4.6 用 PuTTY 进行代理转发

要使用 PuTTY 进行代理转发，我们需要确保已经双击私钥文件将密钥装载到 PuTTY Pageant。同时必须启用 Connection→SSH→Auth→Allow Agent Forwarding，如图 6-6 所示。

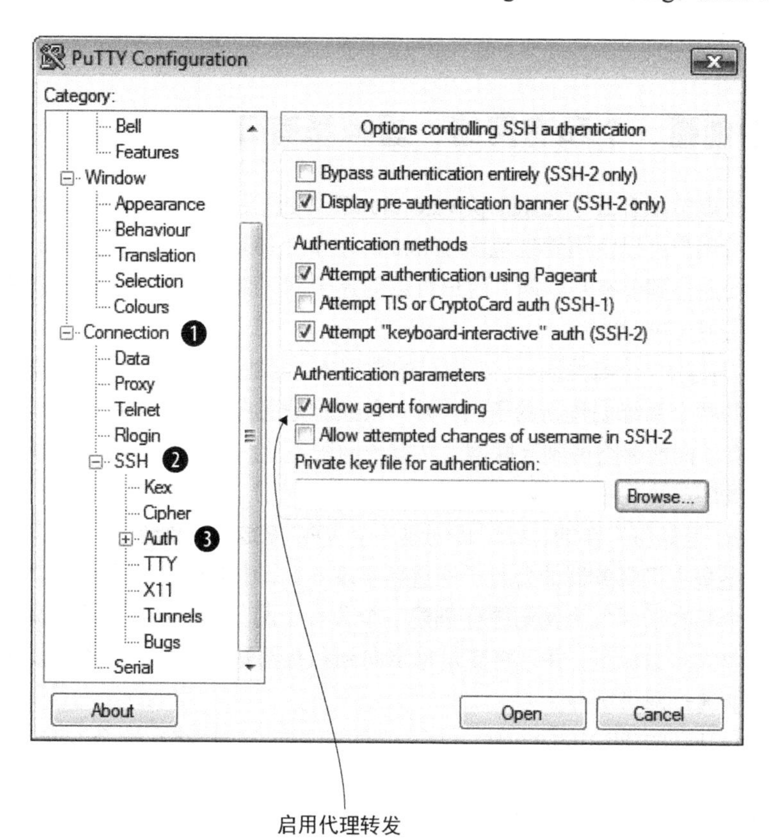

图 6-6 通过 PuTTY 允许代理转发

这样从堡垒主机就可以继续登录到`$Server1PublicName`或者`$Server2PublicName`：

```
[computer]$ ssh -i mykey.pem -A ec2-user@ec2-52-4-234-102.[...].com    ◁ 登录到堡垒主机
Last login: Sat Apr 11 11:28:31 2015 from [...]
[...]
[bastionh]$ ssh ec2-52-4-125-194.compute-1.amazonaws.com    ◁ 从堡垒主机登录到$Server1PublicName
Last login: Sat Apr 11 11:28:43 2015 from [...]
[...]
```

堡垒主机可以用来为系统增加一层安全保护。如果其中一台服务器被攻陷了，攻击者无法跳转到系统中的其他服务器上。这样减少了一个攻击者能够造成的潜在的损害。堡垒主机只做 SSH 不做其他事，这一点很重要，这样能减少它成为安全风险的机会。我们经常使用堡垒主机模式来保护我们的客户。

资源清理

在本节结束时别忘了删除堆栈来清除所有用过的资源，否则很可能会因为使用这些资源被收取费用。

6.5　在云中创建一个私有网络：虚拟私有云

通过创建一个虚拟私有云（virtual private cloud，VPC），用户将在 AWS 上得到自己的私有网络。私有意味着用户可以使用地址范围 10.0.0.0/8、172.16.0.0/12 或 192.168.0.0/16 来设计一个网络，它不一定要连接到公有互联网。用户可以创建子网、路由表、访问控制列表（ACL）以及访问互联网的网关或 VPN 端点。

一个子网可以让用户分离关注点。为用户的数据库、网站服务器、缓存服务器或应用服务器，或者任何能分离的两个系统创建新的子网。另一条经验是用户应该至少有两个子网，即公有子网和私有子网。公有子网能够路由到互联网，私有子网则不能。用户的网站服务器应该在公有子网中，而用户的数据库应该在私有子网中。

为了理解 VPC 是如何工作的，我们将创建一个 VPC 来放置一个企业网站应用。我们将通过创建一个只包含堡垒主机服务器的公有子网重新实现 6.4 节中的堡垒主机概念。同时我们将为网站服务器创建一个私有子网且为网站缓存创建一个公有子网。网站缓存将通过返回在缓存中的最新版本页面来吸收大多数流量，并且将流量重定向到私有网站服务器。不能直接从互联网访问网站服务器——只能通过网络缓存。

这一 VPC 使用地址空间 10.0.0.0/16。为了分离关注点，我们将在这个 VPC 中创建两个公有子网和一个私有子网：

- 10.0.1.0/24 公有 SSH 堡垒主机子网；
- 10.0.2.0/24 公有 Varnish 网络缓存子网；
- 10.0.3.0/24 私有 Apache 网站服务器子网。

10.0.0.0/16 是什么意思

10.0.0.0/16 表示所有 10.0.0.0 至 10.0.255.255 之间的 IP 地址。它使用了 CIDR 标记法（本章前面介绍过）。

网络 ACL 像防火墙那样限制流量从一个子网流向另一个子网。6.5 节中的 SSH 堡垒主机可以使用下面这些 ACL 来实现。

- 从 0.0.0.0/0 到 10.0.1.0/24 的 SSH 是被允许的。
- 从 10.0.1.0/24 到 10.0.2.0/24 的 SSH 是被允许的。
- 从 10.0.1.0/24 到 10.0.3.0/24 的 SSH 是被允许的。

要允许网络流量到 Varnish 网络缓存及 HTTP 服务器，需要额外的 ACL。

- 从 0.0.0.0/0 到 10.0.2.0/24 的 HTTP 是被允许的。
- 从 10.0.2.0/24 到 10.0.3.0/24 的 HTTP 是被允许的。

图 6-7 展示了这一 VPC 的架构。

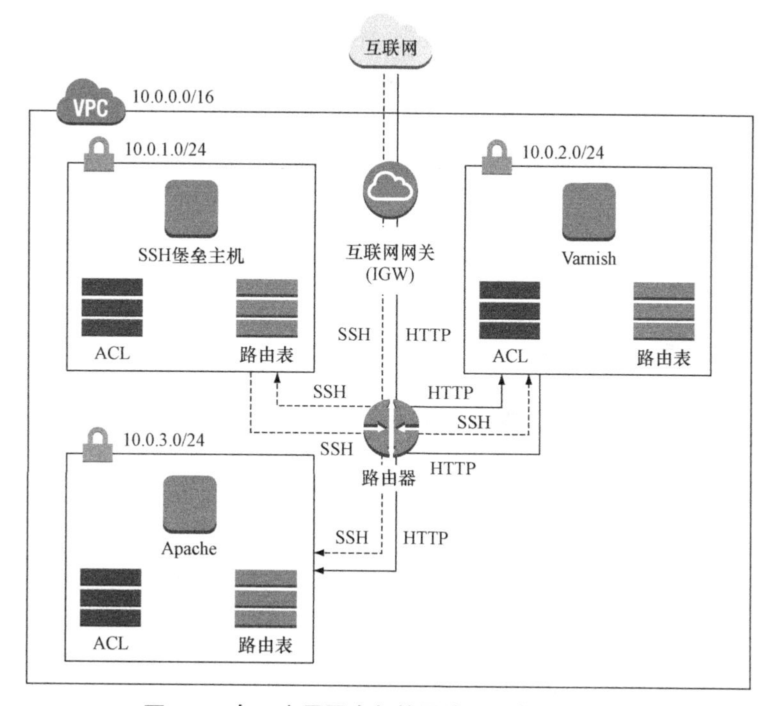

图 6-7　有 3 个子网来保护网站应用安全的 VPC

我们将使用 CloudFormation 来描述 VPC 和内部的子网。在本书中为了使其更好地被理解，这一模板被分割成若干小块。读者同样可以在本书的源代码中找到相应的代码。这个模板位于 /chapter6/vpc.json。

6.5.1 创建 VPC 和 IGW

这个模板中的第一个资源是 VPC 和 IGW（Internet Gateway）。IGW 会使用网络地址转换（network address translation，NAT）把虚拟服务器的公有 IP 地址转换成它们的私有 IP 地址。这个 VPC 里的所有公有 IP 地址都由这个 IGW 控制：

```
"VPC": {
  "Type": "AWS::EC2::VPC",
  "Properties": {
    "CidrBlock": "10.0.0.0/16",        <—— 地址空间
    "EnableDnsHostnames": "true"
  }
},                                         通过 IGW 访问互联网并为
"InternetGateway": {                   <—— 公有 IP 地址做 NAT 转换
  "Type": "AWS::EC2::InternetGateway",
  "Properties": {
    [...]
  }
},                                    将网关关联到 VPC
"VPCGatewayAttachment": {         <——
  "Type": "AWS::EC2::VPCGatewayAttachment",
  "Properties": {
    "VpcId": {"Ref": "VPC"},
    "InternetGatewayId": {"Ref": "InternetGateway"}
  }
},
```

接下来我们将为堡垒主机定义子网。

6.5.2 定义公有堡垒主机子网

堡垒主机子网只有一台机器，以保护 SSH 访问安全：

```
"SubnetPublicSSHBastion": {
  "Type": "AWS::EC2::Subnet",
  "Properties": {                          第 11 章中将学习
    "AvailabilityZone": "us-east-1a",  <——
    "CidrBlock": "10.0.1.0/24",                 <—— 地址空间
    "VpcId": {"Ref": "VPC"}
  }
},
"RouteTablePublicSSHBastion": {    <—— 路由表
  "Type": "AWS::EC2::RouteTable",
  "Properties": {
    "VpcId": {"Ref": "VPC"}
  }
},                                                 将路由表关联到
"RouteTableAssociationPublicSSHBastion": {   <—— 子网
  "Type": "AWS::EC2::SubnetRouteTableAssociation",
```

```
    "Properties": {
      "SubnetId": {"Ref": "SubnetPublicSSHBastion"},
      "RouteTableId": {"Ref": "RouteTablePublicSSHBastion"}
    }
  },
  "RoutePublicSSHBastionToInternet": {
    "Type": "AWS::EC2::Route",
    "Properties": {
      "RouteTableId": {"Ref": "RouteTablePublicSSHBastion"},
      "DestinationCidrBlock": "0.0.0.0/0",
      "GatewayId": {"Ref": "InternetGateway"}
    },
    "DependsOn": "VPCGatewayAttachment"
  },
  "NetworkAclPublicSSHBastion": {
    "Type": "AWS::EC2::NetworkAcl",
    "Properties": {
      "VpcId": {"Ref": "VPC"}
    }
  },
  "SubnetNetworkAclAssociationPublicSSHBastion": {
    "Type": "AWS::EC2::SubnetNetworkAclAssociation",
    "Properties": {
      "SubnetId": {"Ref": "SubnetPublicSSHBastion"},
      "NetworkAclId": {"Ref": "NetworkAclPublicSSHBastion"}
    }
  },
```

将任何地址（0.0.0.0/0）路由至 IGW

ACL

将 ACL 与子网关联

ACL 定义如下：

允许来自任何地方的入站 SSH

```
"NetworkAclEntryInPublicSSHBastionSSH": {
  "Type": "AWS::EC2::NetworkAclEntry",
  "Properties": {
    "NetworkAclId": {"Ref": "NetworkAclPublicSSHBastion"},
    "RuleNumber": "100",
    "Protocol": "6",
    "PortRange": {
      "From": "22",
      "To": "22"
    },
    "RuleAction": "allow",
    "Egress": "false",
    "CidrBlock": "0.0.0.0/0"
  }
},
"NetworkAclEntryInPublicSSHBastionEphemeralPorts": {
  "Type": "AWS::EC2::NetworkAclEntry",
  "Properties": {
    "NetworkAclId": {"Ref": "NetworkAclPublicSSHBastion"},
    "RuleNumber": "200",
    "Protocol": "6",
    "PortRange": {
      "From": "1024",
      "To": "65535"
```

入站

用于短 TCP/IP 连接的临时端口

```
      },
      "RuleAction": "allow",
      "Egress": "false",
      "CidrBlock": "10.0.0.0/16"
    }
  },
  "NetworkAclEntryOutPublicSSHBastionSSH": {          <-- 允许从 VPC 出站的 SSH
    "Type": "AWS::EC2::NetworkAclEntry",
    "Properties": {
      "NetworkAclId": {"Ref": "NetworkAclPublicSSHBastion"},
      "RuleNumber": "100",
      "Protocol": "6",
      "PortRange": {
        "From": "22",
        "To": "22"
      },
      "RuleAction": "allow",
      "Egress": "true",                   <-- 出站
      "CidrBlock": "10.0.0.0/16"
    }
  },
  "NetworkAclEntryOutPublicSSHBastionEphemeralPorts": {     <-- 临时端口
    "Type": "AWS::EC2::NetworkAclEntry",
    "Properties": {
      "NetworkAclId": {"Ref": "NetworkAclPublicSSHBastion"},
      "RuleNumber": "200",
      "Protocol": "6",
      "PortRange": {
        "From": "1024",
        "To": "65535"
      },
      "RuleAction": "allow",
      "Egress": "true",
      "CidrBlock": "0.0.0.0/0"
    }
  },
```

安全组与 ACL 有一个重要的区别：安全组是有状态的，而 ACL 则没有。如果用户允许在安全组上的一个入站端口，那么该入站端口上的请求对应的出站响应也是被允许的。安全组规则将按用户所期望的方式工作。如果用户在安全组上打开端口 22，就能通过 SSH 连接。

ACL 则不同。如果用户仅仅为子网的 ACL 打开入站端口 22，仍然不能通过 SSH 访问。除此之外，用户还需要允许出站临时端口，因为 sshd（SSH 守护进程）在端口 22 上接受连接，但却使用临时端口与客户端通信。临时端口从范围 1024 至 65535 中选择。

如果用户想从自己的子网发起一个 SSH 连接，就需要打开出站端口 22 且同时打开入站临时端口。如果对这些都不熟悉，应该使用安全组且在 ACL 层允许所有。

6.5.3 添加私有 Apache 网站服务器子网

Varnish 网络缓存子网与堡垒主机子网类似，它也是一个公有子网。因此，我们跳过它，继

续 Apache 网站服务器的私有子网：

```
"SubnetPrivateApache": {
  "Type": "AWS::EC2::Subnet",
  "Properties": {
    "AvailabilityZone": "us-east-1a",
    "CidrBlock": "10.0.3.0/24",          <- 地址空间
    "VpcId": {"Ref": "VPC"}
  }
},
"RouteTablePrivateApache": {            <- 没有路由到 IGW
  "Type": "AWS::EC2::RouteTable",
  "Properties": {
    "VpcId": {"Ref": "VPC"}
  }
},
"RouteTableAssociationPrivateApache": {
  "Type": "AWS::EC2::SubnetRouteTableAssociation",
  "Properties": {
    "SubnetId": {"Ref": "SubnetPrivateApache"},
    "RouteTableId": {"Ref": "RouteTablePrivateApache"}
  }
},
```

公有子网和私有子网唯一的区别是，私有子网不能路由到 IGW。默认情况下，VPC 内的子网之间的流量总是能被路由的。不能移除子网间的路由。如果想阻止 VPC 内部子网间的流量，需要使用与子网关联的 ACL。

6.5.4 在子网中启动服务器

子网已经准备好了，我们可以继续操作 EC2 实例。首先，我们可以描述堡垒主机：

```
"BastionHost": {
  "Type": "AWS::EC2::Instance",
  "Properties": {
    "ImageId": "ami-1ecae776",
    "InstanceType": "t2.micro",
    "KeyName": {"Ref": "KeyName"},
    "NetworkInterfaces": [{
      "AssociatePublicIpAddress": "true",     <- 分配一个公有 IP 地址
      "DeleteOnTermination": "true",
      "SubnetId": {"Ref": "SubnetPublicSSHBastion"},     <- 在堡垒主机子网中启动
      "DeviceIndex": "0",
      "GroupSet": [{"Ref": "SecurityGroup"}]     <- 安全组允许所有
    }]
  }
},
```

Varnish 服务器看上去与此类似。但是，私有 Apache 网站服务器的配置有所不同：

```
"ApacheServer": {
  "Type": "AWS::EC2::Instance",
  "Properties": {
    "ImageId": "ami-1ecae776",
    "InstanceType": "t2.micro",
    "KeyName": {"Ref": "KeyName"},
    "NetworkInterfaces": [{
      "AssociatePublicIpAddress": "false",
      "DeleteOnTermination": "true",
      "SubnetId": {"Ref": "SubnetPrivateApache"},
      "DeviceIndex": "0",
      "GroupSet": [{"Ref": "SecurityGroup"}]
    }]
    "UserData": {"Fn::Base64": {"Fn::Join": ["", [
      "#!/bin/bash -ex\n",
      "yum -y install httpd24-2.4.12\n",
      "service httpd start\n"
    ]]}}
  }
}
```

非公有 IP 地址：私有的

在 Apache 服务器子网中启动

从互联网安装 Apache

现在有一个严重的问题：安装 Apache 不起作用，因为私有子网不能路由到互联网。

6.5.5　通过 NAT 服务器从私有子网访问互联网

公有子网能路由到互联网网关。用户能够使用类似的机制来提供私有子网访问互联网而不需要直接路由到互联网：在公有子网中使用一个 NAT 服务器，并且创建一条从用户的私有子网到 NAT 服务器的路由。一台 NAT 服务器就是一台用来处理网络地址转换的虚拟服务器。来自用户的私有子网的互联网流量将从 NAT 服务器的公有 IP 地址访问互联网。

警告　从用户的 EC2 实例到通过 API（Object Store S3，NoSQL 数据库 DynamoDB）访问的其他 AWS 服务的流量将通过 NAT 实例。这很快会成为一个主要的瓶颈。如果用户的 EC2 实例需要大量与互联网通信，NAT 实例可能并不是一个好主意。相反，应该考虑在公有子网中启动这些实例。

为了保持关注点分离，我们将为 NAT 服务器创建一个新的子网。AWS 提供了一个已经为用户配置好了的虚拟服务器映像（AMI）：

```
"SubnetPublicNAT": {
  "Type": "AWS::EC2::Subnet",
  "Properties": {
    "AvailabilityZone": "us-east-1a",
    "CidrBlock": "10.0.0.0/24",
    "VpcId": {"Ref": "VPC"}
  }
},
"RouteTablePublicNAT": {
  "Type": "AWS::EC2::RouteTable",
  "Properties": {
    "VpcId": {"Ref": "VPC"}
```

10.0.0.0/24 是 NAT 子网

```
    }
  },
  [...]
  "RoutePublicNATToInternet": {          <-- NAT 子网是公有的能路由到互联网
    "Type": "AWS::EC2::Route",
    "Properties": {
      "RouteTableId": {"Ref": "RouteTablePublicNAT"},
      "DestinationCidrBlock": "0.0.0.0/0",
      "GatewayId": {"Ref": "InternetGateway"}
    },
    "DependsOn": "VPCGatewayAttachment"
  },
  [...]
  "NatServer": {
    "Type": "AWS::EC2::Instance",
    "Properties": {
      "ImageId": "ami-303b1458",          <-- AWS 提供了配置好的NAT 实例映像
      "InstanceType": "t2.micro",
      "KeyName": {"Ref": "KeyName"},
      "NetworkInterfaces": [{
        "AssociatePublicIpAddress": "true",          <-- 公有 IP 地址将会是所有私有子网到互联网的流量的源地址
        "DeleteOnTermination": "true",
        "SubnetId": {"Ref": "SubnetPublicNAT"},
        "DeviceIndex": "0",
        "GroupSet": [{"Ref": "SecurityGroup"}]
      }],
      "SourceDestCheck": "false"          <-- 默认情况下，一个实例必须是它发送的网路流量的源或目的地。对 NAT 实例禁用此检查
    }
  },
  [...]
  "RoutePrivateApacheToInternet": {
    "Type": "AWS::EC2::Route",
    "Properties": {
      "RouteTableId": {"Ref": "RouteTablePrivateApache"},
      "DestinationCidrBlock": "0.0.0.0/0",
      "InstanceId": {"Ref": "NatServer"}          <-- 从Apache子网路由到NAT实例
    }
  },
```

现在我们已经为使用位于 https://s3.amazonaws.com/awsinaction/chapter6/vpc.json 的模板创建 CloudFormation 堆栈做好了准备。一旦完成了这项工作，复制 `VarnishServerPublicName` 输出并在浏览器中打开。我们将看见一个 Varnish 缓存的 Apache 测试页面。

资源清理

在本节结束时别忘了删除堆栈来清除所有用过的资源，否则很可能会因为使用这些资源被收取费用。

6.6 小结

- AWS 是一个责任共担的环境，在这个环境中只有用户和 AWS 一起工作才能达到安全。用户负责安全的配置自己的 AWS 资源以及自己在 EC2 实例上运行的软件，与此同时 AWS 保护建筑物和主机系统。
- 使自己的软件保持最新是关键，这样才可以被自动化。
- IAM 服务通过 AWS API 提供身份认证和授权所需要的一切。每一个用户用 AWS API 发出的请求都通过 IAM 检查其是否被允许。IAM 控制在使用者的 AWS 账户中谁可以做什么。给自己的用户和角色授予最小的权限可以保护自己的 AWS 账户。
- 发送到或来自像 EC2 实例这样的 AWS 资源的网络流量，在安全组的帮助下可以根据协议、端口以及源和目的地进行筛选。
- 一台堡垒主机是访问用户操作系统的一个入口。它可以用来保护对服务器的 SSH 访问，可以使用安全组或 ACL 来实现。
- VPC 是 AWS 里用户拥有完全控制的私有网络。使用 VPC，能够控制路由、子网、ACL 以及通往互联网的网关或者通过 VPN 的公司网络。
- 应该在网络中分离关注点来减少潜在的损失。例如，把所有不需要被公有互联网访问的系统放在私有子网中，这样即使用户的某一个子网被攻破了，也可以减少可被攻击的面。

第三部分

在云上保存数据

设想一下你的办公室里有个叫独行侠的家伙，他对文件服务器了如指掌。如果独行侠不在办公室，没人能维护文件服务器。当他休假时，如果刚好文件服务器宕机，而领导又需要马上拿到文档，否则公司就会损失一大笔钱的话——麻烦大了，因为没人会知道备份存放在哪。如果独行侠把他的知识存在数据库里，同事们就可以查看到文件服务器的相关信息。但是现在文件如何存储的信息和独行侠紧耦合在一起，就可能无法获取到需要的文件。

现在设想一下服务器上有一些重要的文件存在本地磁盘上。服务器正常运行时一切都好。但是机器不时会出故障——终有一天它们会坏掉。服务器也是如此。如果用户在自己的网站上传一个文件，这文件会存储在哪里？很有可能就保存在服务器的本地磁盘上。但是假设上传到网站的文档，以一个对象的方式持久化保存在独立于服务器的存储上会怎样？如果网站服务器发生故障，用户仍然可以访问到该文档。如果需要两台服务器来承担网站的负载，因为存储没有紧耦合在一台服务器上，所以它们两个都可以访问到文档。只要应用的状态信息存储在服务器以外的地方，用户的系统就具备了容错性和弹性。一些高度专业化的解决方案，如对象存储和数据库，就可以帮助持久化地存储应用状态。

第 7 章介绍 S3，一个对象存储的服务。读者将了解到如何集成对象存储到应用程序中，以实现一个无状态的应用。第 8 章讨论 AWS 的虚拟机使用的块存储，以及如何把传统的应用程序部署在块存储上。第 9 章介绍 RDS，一个托管的数据库服务，它支持像 Oracle、MySQL、PostgreSQL 和 Microsoft SQL Server 这样的数据库引擎。如果应用需要数据库，使用它可以很轻松地实现无状态的架构。第 10 章介绍 DynamoDB，一个提供 NoSQL 数据库的服务。用户可以把 NoSQL 数据库集成到应用里来实现无状态的应用服务器。

第三部分

在云上保存数据

第 7 章　存储对象：S3 和 Glacier

本章主要内容

- 使用 Terminal 终端传输文件到 S3
- 使用 SDK 集成 S3 到用户的应用程序
- 使用 S3 服务静态的 Web 站点
- 研究 S3 对象存储的内部机制

对象存储可以帮助用户存储图片、视频、文档和可执行文件。本章我们将了解对象存储的基本概念。另外，本章还会介绍 AWS 提供的对象存储服务 Amazon S3，以及备份和归档的存储服务 Amazon glacier。

不是所有示例都包含在免费套餐中

本章中的示例不都包含在免费套餐中。当一个示例会产生费用时，会显示一个特殊的警告消息。只要不是运行这些示例好几天，就不需要支付任何费用。记住，这仅适用于读者为学习本书刚刚创建的全新 AWS 账户，并且在这个 AWS 账户里没有其他活动。尽量在几天的时间里完成本章中的示例，在每个示例完成后务必清理账户。

7.1　对象存储的概念

以前，数据以文件的形式在层级的目录和文件中进行管理。文件是数据的表现形式。在对象存储里，数据存储为对象。每个对象由一个全球唯一的标识符、元数据和数据本身组成，如图 7-1 所示。对象的全球唯一标识符也称为键，有了这个全球唯一的标识符，我们才有可能使用分布式系统中的不同设备和机器访问每个对象。

元数据和数据的分离使客户可以直接操作元数据来管理和查询数据。在必要的时候才需要加载数据本身。元数据还用来存储访问权限信息和其他管理任务。

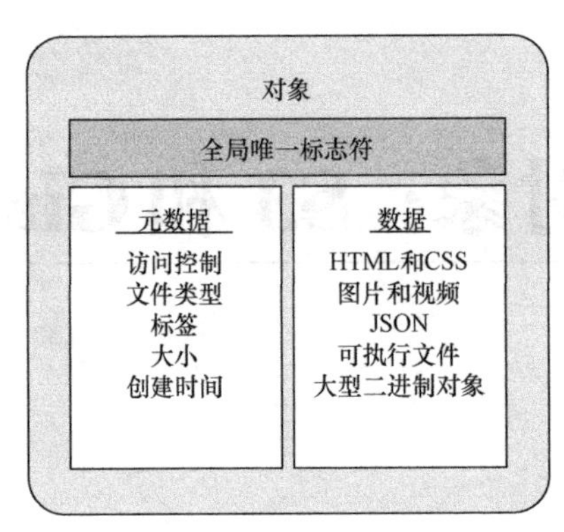

图 7-1　对象存储中存放的对象包含 3 个部分：一个对象 ID、描述内容的元数据和内容本身

7.2　Amazon S3

Amazon S3 是 AWS 最古老的服务之一。Amazon S3 是 Amazon Simple Storage Service 的简称。它是一个典型的 Web 服务，让用户可以通过 HTTPS 和 API 来存储和访问数据。

这个服务提供了无限存储空间，并且让用户的数据高可用和高度持久化的保存。用户可以保存任何类型的数据，如图片、文档和二进制文件，只要单个对象的容量不超过 5TB 容量。用户需要为保存在 S3 的每 GB 的容量付费，同时还有少量的成本花费在每个数据请求和数据传输流量上。如图 7-2 所示，可以通过管理控制台使用 HTTPS 协议访问 S3，通过命令行工具（CLI）、SDK 和第三方工具来上传和下载对象。

图 7-2　通过 HTTPS 上传和下载对象

S3 使用存储桶组织对象。存储桶是对象的容器。用户可以创建最多 100 个存储桶，每个存储桶都有全球唯一的名字。我指的是真正独一无二的名字——用户必须选择一个没有被其他 AWS 客户在任何其他区域使用过的存储桶的名字，所以建议选择域名（如 `com.mydomain.*`）或者公司名称作为存储桶名的前缀。图 7-3 解释了这个概念。

典型的使用场景如下。

- 使用 S3 和 AWS CLI 来备份和恢复文件。
- 归档对象到 Amazon Glacier 比归档到 S3 更节省成本。
- 使用 AWS SDK 集成 Amazon S3 到应用程序里，以保存和读取像图片这样的对象。
- 在 S3 帮助下上托管静态网站内容，让所有人都可以访问。

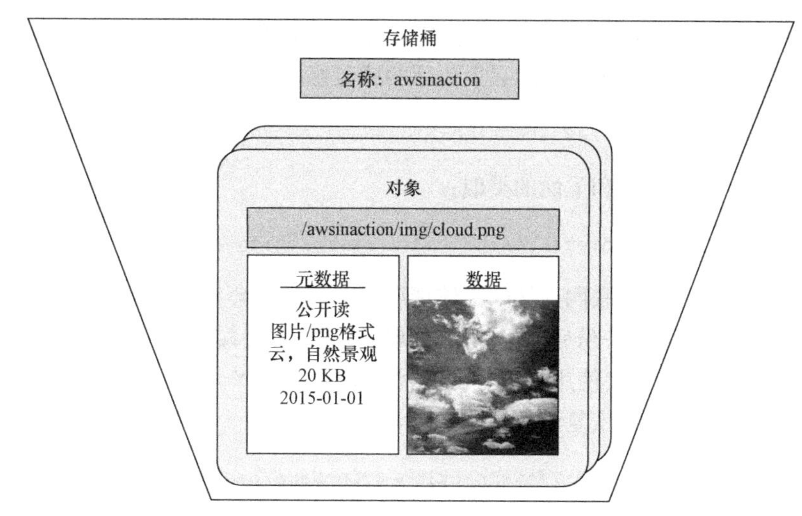

图 7-3 S3 使用全球唯一命名的存储桶来组织对象

7.3 备份用户的数据

关键数据需要及时备份来避免丢失。根据业务要求，用户可能需要备份数据到多个设备或者到另外一个站点。用户可以把任何数据以对象的形式保存在 S3，这样就可以把 S3 当作备份存储使用。

在本节中，读者将了解如何使用 AWS CLI 命令行工具来上传数据和从 S3 下载数据。这种方法不仅限于备份的使用场景，其他任何场景都可以使用命令行工具。

首先需要为数据创建一个 S3 存储桶。像之前提到的那样，存储桶的名字必须避免和其他存储桶冲突，包括其他 AWS 客户在其他区域的 S3 存储桶。在终端输入下面的命令行，替换 `$YourName` 为用户的名字：

```
$ aws s3 mb s3://awsinaction-$YourName
```

所使用的命令应该和下面的命令看上去差不多：

```
$ aws s3 mb s3://awsinaction-awittig
```

如果用户的存储桶名和已有的存储桶冲突，会看到下面的报错信息：

```
A client error (BucketAlreadyExists) [...]
```

在这个例子中，需要使用一个不同的`$YourName`。

现在一切就绪，我们可以上传自己的数据了。选择一个我们想要备份的目录，如桌面目录。尽量选择一个合适的目录，其中的文件大小不超过 1 GB，并且文件数量少于 1000 个，这样既不需要等太长时间，也不会超出免费试用的用量。使用下面的命令从本地的目录上传数据到 S3 存储桶。将$Path 替换为我们的目录路径，将$YourName 替换为用户的名字。Sync 命令比较目录和 S3 存储桶里的/backup 目录，然后只上传新的或者修改过的文件：

```
$ aws s3 sync $Path s3://awsinaction-$YourName/backup
```

所使用的命令应该看上去和下面的类似：

```
$ aws s3 sync /Users/andreas/Desktop s3://awsinaction-awittig/backup
```

根据目录的文件容量和互联网连接的具体情况，上传可能会花费不等的时间。

在文件上传至 S3 存储桶备份后，可以测试恢复流程。在终端执行下面的命令，将$Path 替换为希望用来恢复的目录（不要使用用来备份的目录），并且将$YourName 替换为自定义的名字。下载目录通常很合适用来测试恢复流程：

```
$ aws s3 cp --recursive s3://awsinaction-$YourName/backup $Path
```

所使用的命令应该和下面的类似：

```
$ aws s3 cp --recursive s3://awsinaction-awittig/backup/ \
/Users/andreas/Downloads/restore
```

同样，根据文件的容量和互联网连接的具体情况，下载可能会花一段时间。

对象的版本

默认情况下，S3 存储桶禁用了版本功能。假设使用下面的步骤上传了两个对象。

（1）添加一个对象，主键 A 和数据 1。

（2）添加一个对象，主键 A 和数据 2。

如果进行下载，也就是 get 操作，获取主键为 A 的对象，将下载到数据 2。旧的数据 1 将不再存在。

读者可以为存储桶激活版本功能来保护数据。下面的命令为存储桶激活版本保护。请替换$YourName 为自己的名字：

```
$ aws s3api put-bucket-versioning --bucket awsinaction-$YourName \
--versioning-configuration Status=Enabled
```

如果重复之前的步骤，即使在添加了主键 A 和数据 2 的对象之后，也可以访问到对象 A 的第一个版本的数据 1。下面的命令获取所有对象和版本：

```
$ aws s3api list-object-versions --bucket awsinaction-$YourName
```

可以下载一个对象的所有版本。

版本在备份和规定的场景中非常有用。记住，需要付费的存储桶的容量将随着新版本的增加而增加。

我们不需要担心丢失数据。S3 设计为每年 99.999999999%的持久性。

资源清理

读者要执行下面的命令来移除包涵所有备份对象的 S3 存储桶。读者需要替换$YourName 为自己的名字来选择正确的存储桶。rb 命令移除存储桶，force 选项将在删除存储桶之前，强制删除桶里面的每个对象：

```
$ aws s3 rb --force s3://awsinaction-$YourName
```

所使用的命令应该和下面的命令类似：

```
$ aws s3 rb --force s3://awsinaction-awittig
```

完成了！我们已经使用 CLI 命令行工具上传和下载文件。

移除存储桶造成 BucketNotEmpty 报错

如果激活了存储桶的版本功能，删除存储桶时将报错 BucketNotEmpty。这种情况下请使用管理控制台来删除存储桶。

（1）在浏览器中打开管理控制台。

（2）从主页面导航至 S3 服务页面。

（3）选择存储桶。

（4）从“操作”子菜单中执行“删除存储桶”的操作。

7.4 归档对象以优化成本

在前一部分我们使用 S3 来备份数据。如果希望降低备份存储的成本，应该考虑使用另一个 AWS 服务 Amazon Glacier。在 Glacier 中存储数据的成本大概是 S3 中的 1/3。但是，它们有哪些区别呢？表 7-1 展示了 S3 和 Glacier 的区别。

表 7-1 使用 S3 和 Glacier 存储数据的区别

	S3	Glacier
每 GB 容量成本	0.03 美元	0.01 美元
数据访问速度	立即可以访问	在提交请求 3～5h 后
持久性	设计为年度 99.999999999%的数据持久性	设计为年度 99.999999999%的数据持久性

用户可以通过 HTTPS 直接使用 Glacier 服务，或者集成 S3 一起使用，就像下面的例子展示的一样。

7.4.1 创建 S3 存储桶配合 Glacier 使用

在本部分，读者将了解如何集成 S3 和 Glacier 来降低存储数据的成本。如果有异地数据备份的需求，这将很有帮助。首先需要创建一个新的 S3 存储桶。

（1）打开管理控制台。

（2）从主菜单中转移到 S3 服务页面。

（3）点击“创建存储桶”按钮。

（4）为存储桶输入唯一的名字，并选择作为存储桶的区域，如图 7-4 所示。

（5）点击“创建”按钮。

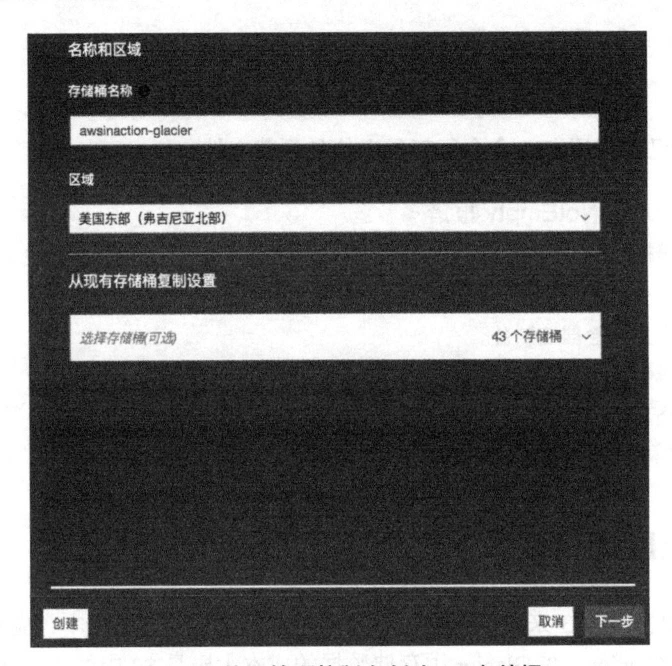

图 7-4　使用管理控制台创建 S3 存储桶

7.4.2　添加生命周期规则到存储桶

可以添加一条或者多条生命周期规则到存储桶，以管理对象的生命周期。生命周期规则可以用来在给定的日期之后归档或者删除对象，它还可以帮助把 S3 的对象归档到 Glacier。

添加一条生命周期规则来移动对象到 Glacier，参照下面的具体步骤。

（1）在管理控制台打开 S3 服务页面。

（2）点击进入创建的存储桶，并选择“管理”。

（3）在“管理”标签栏的下方，点击“添加生命周期规则”按钮，如图 7-5 所示。

警告　Glacier 不包含在免费试用内。本示例将造成一些成本花费。如果想了解更多现在的定价信息，可访问 AWS 官方网站。

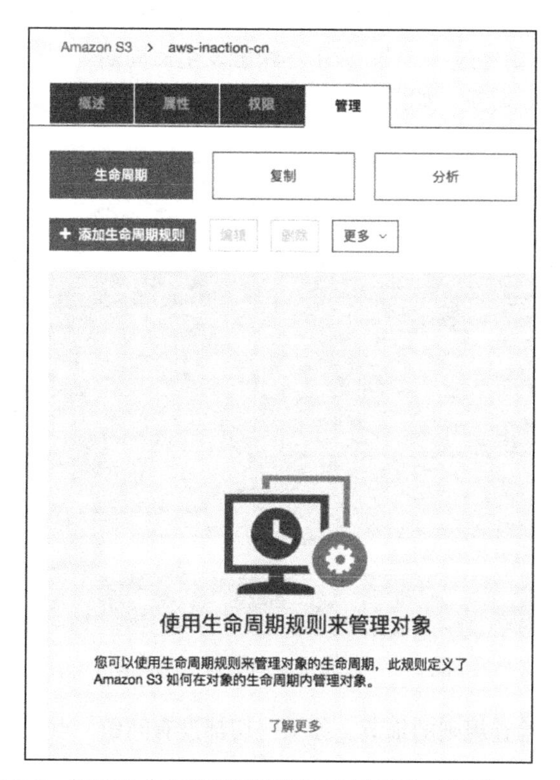

图 7-5　添加生命周期管理规则来自动移动对象到 Glacier

将弹出一个向导帮助为存储桶创建新的生命周期管理规则。第一步是选择生命周期规则的目标，输入规则名称为 move-to-glacier，在筛选条件文本框保持空白，以将生命规则应用到整个存储桶，如图 7-6 所示，并点击“下一步”。

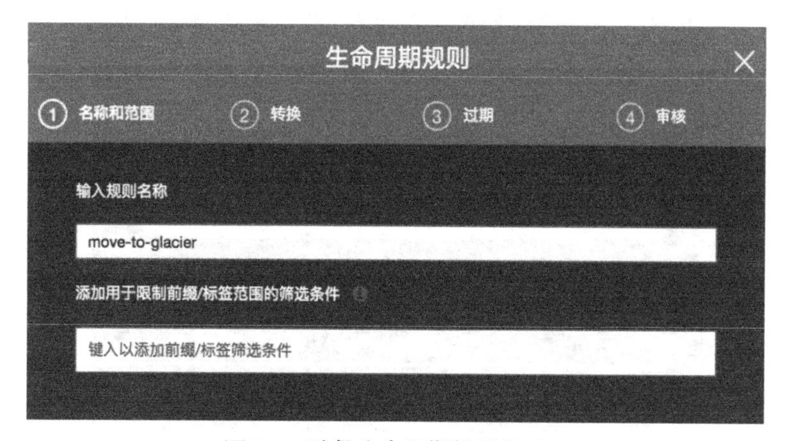

图 7-6　选择生命周期规则的目标

下一步是配置生命周期规则。选择“当前版本”为配置转换的目标，并点击“添加转换”，接着选择“转换到 Glacier 前经过……”。为了尽快触发生命周期规则来让对象一旦创建就归档，选择在对象创建 0 天后进行转换，如图 7-7 所示。连续点击“下一步”进入向导的最后一步。

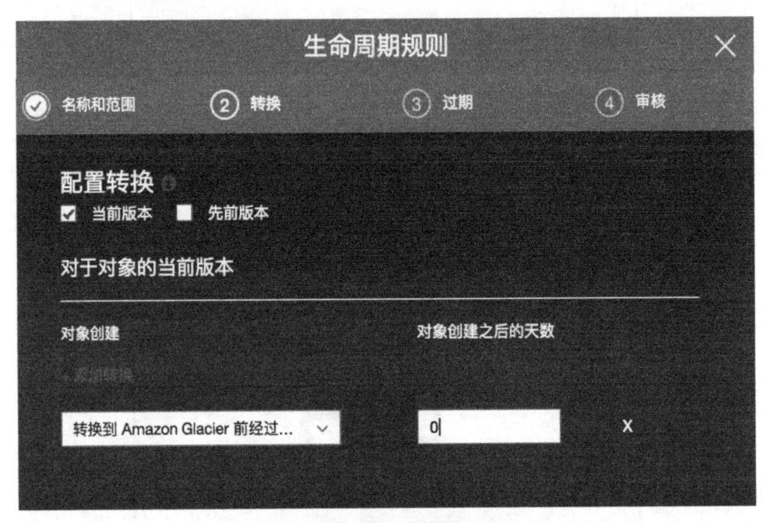

图 7-7 选择生命周期规则的时间

另外，如图 7-8 所示检查规则的细节。如果一切都没有问题，点击“保存”按钮。

图 7-8 保存 S3 存储桶的生命周期规则

7.4.3 测试 Glacier 和生命周期规则

我们已经成功地创建了生命周期管理规则，它将自动把对象从 S3 存储桶移动至 Glacier。

注意 移动对象到 Glacier 大概会花费 24h 左右的时间。从 Glacier 恢复数据到 S3 大概需要 3～5h，所以读者尽可以继续阅读本书，而无须执行上面的示例。

打开存储桶，在管理控制台点击“上传”来上传文件到存储桶。在图 7-9 中，我们已经上传了 3 个文件到 S3。默认情况下，所有文件都保存在“标准”存储类别，意味着它们目前保存在 S3 中。

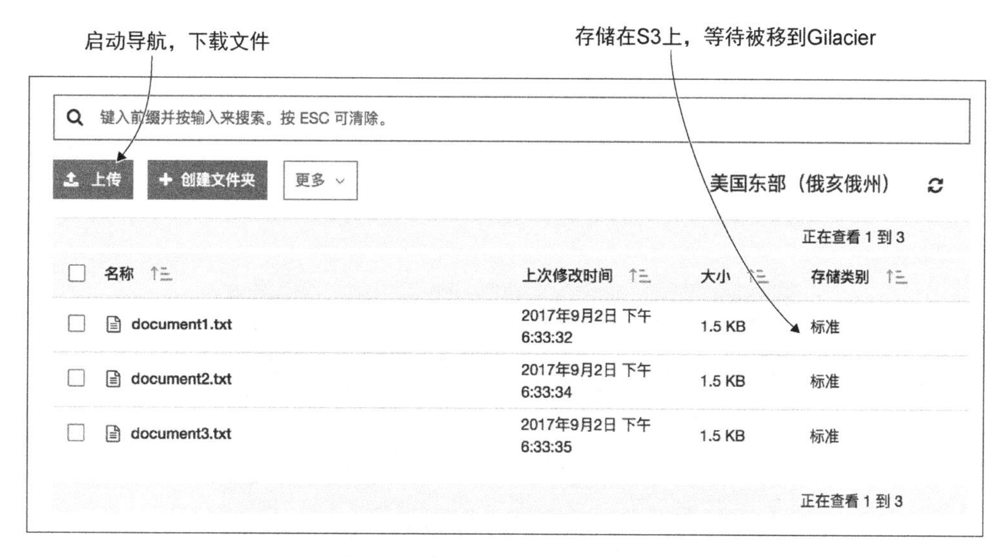

图 7-9 生命周期规则将在几小时后移动对象到 Glacier

生命周期规则将移动对象到 Glacier。但是，即使把时间设为 0 天，移动过程仍然会需要 24h 左右。在对象移动到 Glacier 之后，存储类别会切换为 Glacier。

用户无法直接下载存储在 Glacier 中的文件，但是可以触发一个恢复过程来从 Glacier 恢复对象到 S3。参考图 7-10 所示的步骤在管理控制台触发恢复操作。

（1）打开 S3 存储桶。

（2）选择希望从 Glacier 恢复的对象并点击“更多”按钮。

（3）选择“启动还原”。

（4）在弹出的对话框里选择对象从 Glacier 恢复后要保留在 S3 的天数，选择要检索的速度选项（标准检索 3～5h），如图 7-10 所示。

（5）点击“还原”来发起恢复。

恢复对象大概需要 3～5h。在恢复完成后，可以下载对象。

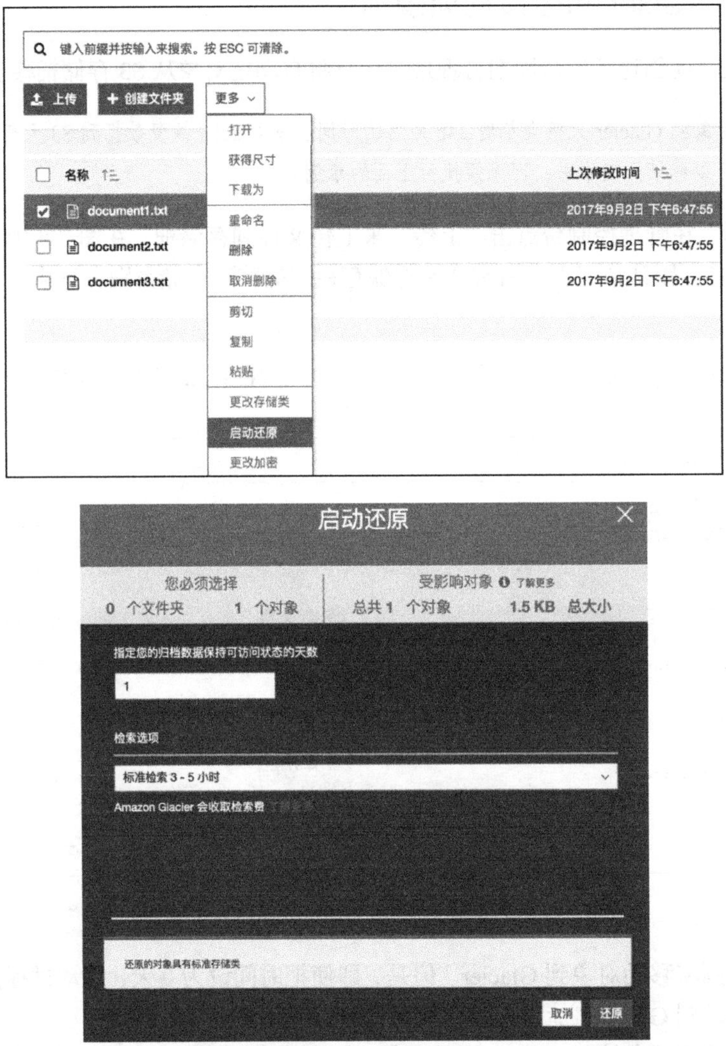

图 7-10　从 Glacier 里恢复对象到 S3 非常简单，单默认获取选项需要 3～5h

资源清理

完成 Glacier 示例之后用户需要删除自己的存储桶。从管理控制台按照如下操作可以完成删除。

（1）在管理控制台打开 S3 服务。

（2）点击选择已经创建的存储桶。

（3）然后点击“删除存储桶”按钮。

（4）在文本框内输入存储桶名称，并点击“确认删除”。

我们已经了解了如何使用CLI和管理控制台来使用S3。接下来我们来演示一下如何通过SDK集成S3到自己的应用程序。

7.5　程序的方式存储对象

S3可以通过HTTPS和API来访问。这意味着，用户可以集成S3到应用程序里，用程序调用API来提交请求到S3。如果用户使用的是一个常见的编程语言，如Java、JavaScript、PHP、Python、Ruby或者.Net，就可以免费使用AWS提供的SDK。在应用程序里通过SDK的帮助可以完成下面的操作。

- 列出存储桶和里面的对象。
- 创建、更新和删除（CRUD）对象和存储桶。
- 管理对象的访问权限和生命周期。

用户可以在下面的场景中集成S3到应用程序。

- *允许用户上传一个档案图片。*在S3上保存图片，并让它可以公开访问。通过HTTPS集成图片到自己的网站。
- *生成月度报表（如PDF文件）并把它们开放给用户访问。*创建文档并上传到S3。如果用户想要下载文档，从S3获取这些文件。
- *在不同的应用之间共享数据。*用户可以从不同的应用中访问文档。例如，应用A写入最新的销售信息到文档里，应用B可以下载该文档并分析数据。

集成S3到应用程序可以帮助实现无状态的服务器的概念。在本节中，我们将深入了解一个简单的名字叫Simple S3 Gallery的互联网应用。这个互联网应用搭建在Node.js并且使用面向JavaScript和Node.js的AWS SDK。因为概念相似，读者可以轻松地把本部分学到的东西转移到其他编程语言。图7-11展示了Simple S3 Gallery的图形界面。我们现在设置S3来开始搭建。

图7-11　Simple S3 Gallery的应用允许用户上传图片到S3存储桶，然后从存储桶下载来展示图片

7.5.1　设置S3存储桶

开始，用户需要创建一个空的存储桶。执行下面的命令，替换`$YourName`为用户的名字

或者昵称：

```
$ aws s3 mb s3://awsinaction-sdk-$YourName
```

存储桶已经准备好了。下一步安装互联网应用。

7.5.2 安装使用 S3 的互联网应用

读者可以在本书的代码目录里的`/chapter7/gallery/`找到 Simple S3 Gallery 的代码。切换到该目录，在终端运行`npm install`安装所有的依赖包。

要运行 Web 应用，需要运行下面的命令。将`$YourName`替换为用户的名字，将 S3 的存储桶名传递给 Web 应用程序：

```
$ node server.js awsinaction-sdk-$YourName
```

启动服务器后，使用浏览器访问 http://localhost:8080 打开 Gallery 应用。试着上传一张新图片。

7.5.3 检查使用 SDK 访问 S3 的代码

我们已经看到 Simple S3 Gallery 如何上传和显示在 S3 的图片。查看一下部分代码将有助于了解怎样才能集成 S3 到应用程序。如果无法完全理解编程语言（JavaScript）和 Node.js 平台的实现细节，这没有关系，只要大概了解如何通过 SDK 使用 S3 即可。

1. 上传一个图片到 S3

用户可以调用 S3 服务 SDK 中的`putObject()`方法来上传一个图片。应用程序将连接到 S3 服务并且使用 HTTPS 协议来传输图片。代码清单 7-1 列出如何完成这些操作。

代码清单 7-1 使用 AWS SDK 上传图片到 S3

```
[...]
var AWS = require("aws-sdk");                          <-- 插入 AWS SDK
[...]
var s3 = new AWS.S3({"region": "us-east-1"});          <-- 配置 AWS SDK

var bucket = "[...]";

function uploadImage(image, response) {                <-- 上传图片的参数
  var params = {
    Body: image,                                       <-- 图片内容

    Bucket: bucket,          <-- 存储桶的名称
    Key: uuid.v4(),          <-- 允许所有人从存储桶读取图片
    ACL: "public-read",      <-- 为对象生成一个唯一的主键
    ContentLength: image.byteCount                     <-- 图片的大小，以字节为单位
  };
```

```
  s3.putObject(params, function(err, data) {      ◁—— 上传图片到 S3
    if (err) {                                    ◁—— 处理错误（如网络问题）
      console.error(err);
      response.status(500);
      response.send("Internal server error.");
    } else {                                      ◁—— 操作成功的后续操作
      response.redirect("/");
    }
  });
}
[...]
```

AWS SDK 负责在后台发送所有相关的 HTTPS 请求到 S3 API。

2．列出 S3 存储桶的所有图片

为了列出所有图片，应用程序需要列出用户的存储桶的所有对象。这可以通过调用 S3 服务的 `listObjects()` 方法完成。代码清单 7-2 显示 server.js 的 JavaScript 代码的相应部分实现，这是 Web 服务器端的代码。

代码清单 7-2　获取 S3 存储桶的所有图片地址

```
[...]
var bucket = "[...]";

function listImages(response) {                   定义 list-objects 方法的参数
  var params = {                                 ◁——
    Bucket: bucket
  };
  s3.listObjects(params, function(err, data) {   ◁—— 调用 list-objects 方法
    if (err) {
      console.error(err);
      response.status(500);
      response.send("Internal server error.");
    } else {
      var stream = mu.compileAndRender("index.html",
        {
          Objects: data.Contents,                ◁—— 返回结果包含存储桶的对象列表
          Bucket: bucket
        }
      );
      stream.pipe(response);
    }
  });
}
```

`list-objects` 操作返回存储桶的所有图片，但是该代码清单不包括图片的内容。在上传阶段，图片的访问权限设置为 Public Read 公开访问。这意味着任何人都可以通过存储桶的名字和对象的主键直接从 S3 下载图片。代码清单 7-3 展示了 index.html 模板的部分代码，这段代码将渲染该请求。`Objects` 变量包含了存储桶的所有对象。

代码清单 7-3 把数据渲染成 HTML 的模板

```
[...]
<h2>Images</h2>
{{#Objects}}                                      ◁ 遍历所有对象
  <p>                                              ◁ 构建 URL，用来从存储桶中提取一个图片
    <img src="https://s3.amazonaws.com/{{Bucket}}/{{Key}}"/>
  </p>
{{/Objects}}
[...]
```

现在我们看到了 Simple S3 Gallery 应用里和 S3 集成的 3 个重要的部分：上传一个图片、列出所有的图片和下载一个图片。

资源清理

别忘了清理和删除在本例中的 S3 存储桶。使用下面的命令，将$YourName 替换为自己的名字：

```
$ aws s3 rb --force s3://awsinaction-sdk-$YourName
```

我们已经学会了如何在 AWS SDK 的帮助下将 S3 用于 Java Script 和 Node.js。针对其他编程语言使用 AWS SDK 也是类拟的。

7.6 使用 S3 来实现静态网站托管

可以使用 S3 来服务一个静态的网站，并且服务静态内容，如 HTML、CSS、图片（如 PNG 和 JPG）、音频和视频。不能在 S3 上执行服务器端脚本（如 PHP 或者 JSP），但是可以在客户端执行存储在 S3 上的客户端脚本（如 JavaScript）。

通过使用 CDN 内容分发系统来改善速度

使用内容分发系统帮助减少静态网站内容的加载时间。CDN 在全球范围分发 HTML、CSS 和图片这样的静态内容。一旦用户请求访问静态内容，CDN 可以从最近的位置以最低的时延返回结果给用户。

Amazon S3 不是一个 CDN，但是可以让 S3 作为 AWS 的 CDN 服务：Amazon CloudFront 的源服务器。如果读者希望了解如何设置 CloudFront，可以从 AWS 官方网站查看 CloudFront 的文档，本书不会介绍这部分内容。

另外，S3 还提供了一些服务静态网站的功能。

- 指定自定义的 index 文档和 error 文档。
- 定义对所有或者特定的页面请求进行重定向。
- 为 S3 存储桶设置自定义的域名。

7.6.1 创建存储桶并上传一个静态网站

首先需要创建一个新的 S3 存储桶。打开终端并且执行下面的命令来完成这个步骤。替换 $BucketName 为自己的存储桶名称。如之前提到的，存储桶的名字需要在全球唯一，所以一个明智的做法是用自己的域名作为存储桶的名字（如 static.yourdomain.com）。如果希望重定向域名到 S3，必须使用域名作为 S3 的存储桶名：

```
$ aws s3 mb s3://$BucketName
```

现在存储桶是空的，接下来将存一个 HTML 文档进去。我们已经准备好一个 HTML 文件（helloworld.html）。读者可以下载的源代码中找到该文件。

现在读者可以上传文件到 S3。读者可以执行下面的命令来做到这一点，将 $PathToPlaceholder 替换为之前下载 HTML 的路径并且替换$BucketName 为用户的存储桶名：

```
$ aws s3 cp $PathToPlaceholder/helloworld.html \
s3://$BucketName/helloworld.html
```

现在已经创建了一个存储桶并且上传了 helloworld.html 的 HTML 文档。接下来配置存储桶。

7.6.2 配置存储桶来实现静态网站托管

默认情况下，只有文件的拥有者可以访问 S3 存储桶的文件。使用 S3 来提供静态网站服务的话，就需要允许所有人查看或者下载该存储桶里的文档。*存储桶策略*可以用来在全局控制存储桶里对象的访问权限。在第 6 章里我们已经学习了 IAM 的策略：IAM 策略使用 JSON 定义权限，它包含了一个或者多个声明，并且一个声明里允许或者拒绝特定操作对某个资源的访问。存储桶策略和 IAM 策略很相似。

读者可以下载的源代码中找到存储桶策略 bucketpolicy. json。

接下来需要编辑 bucketpolicy.json 文件。代码清单 7-4 解释了该策略。使用自己偏好的编辑器打开该文件，并且替换$BucketName 为具体的存储桶名。

代码清单 7-4 本存储桶策略允许对存储桶里的所有对象的只读访问

```
{
  "Version":"2012-10-17",
  "Statement":[
    {
      "Sid":"AddPerm",
      "Effect":"Allow",                        <- 允许访问……
      "Principal": "*",                        <- ……任何人……
      "Action":["s3:GetObject"],               <- ……去下载对象……
      "Resource":["arn:aws:s3:::$BucketName/*"]  <- ……从你的存储桶中
    }
```

```
  ]
}
```

使用下面的命令可以添加桶策略到存储桶。将$BucketName 替换为存储桶名，并且将$PathToPolicy 替换为 bucketpolicy.json 的路径：

```
$ aws s3api put-bucket-policy --bucket $BucketName \
--policy file://$PathToPolicy/bucketpolicy.json
```

现在存储桶里的所有对象可以被任何人下载。接下来需要激活和配置 S3 服务静态网站。要做到这一点，需要执行下面的命令，并且替换$BucketName 为实际的存储桶名称：

```
$ aws s3 website s3://$BucketName --index-document helloworld.html
```

存储桶现在已经配置为服务一个静态网站，使用 helloworld.html 作为索引页面。下面来了解如何访问该网站。

7.6.3 访问 S3 上托管的静态网站

可以通过浏览器访问静态网站。要先选择正确的端点。根据存储桶所在区域的不同，S3 静态网站的端点也可能不同：

```
$BucketName.s3-website-$Region.amazonaws.com
```

这个存储桶创建在默认的区域 us-east-1，所以输入$BucketName 来组成存储桶的端点，替换$Region 为 us-east-1：

```
$BucketName.s3-website-us-east-1.amazonaws.com
```

使用浏览器打开这个 URL，应该能看的一个 Hello World 的网站。

关联一个自定义的域名到 S3 的存储桶

如果不想使用 awsinaction.s3-website-us-east-1.amazonaws.com 这样的域名作为静态网站的域名，用户可以关联一个自定义的域名到 S3 存储桶。用户只需要为自己的域名添加一个 CNAME 别名记录，让该记录指向 S3 存储桶的端点即可。

CNAME 别名记录只在满足下面条件的时候生效。

- 存储桶名必须和 CNAME 别名记录一样。例如，要创建一个 CNAME 给 static.yourdomain.com，存储桶名也必须是 static.yourdomain.com。
- CNAME 别名记录不适用于主域名。可以给子域名创建别名记录的资源，如 static 或者 www 这样前缀的域名。如果想关联主域名到 S3 存储桶，需要使用 AWS 提供的 Route 53 的 DNS 服务。

资源清理

别忘了在完成本示例的时候清理所用的资源。要做到这一点，执行下面的命令，将$BucketName替换为自己的存储桶名：

```
$ aws s3 rb --force s3://$BucketName
```

7.7 对象存储的内部机制

在使用 CLI 命令行访问 S3 的时候，了解 S3 对象存储的一些内部机制会有帮助。和其他很多对象存储不同的是，S3 是最终一致的。如果不考虑到这一点，在刚刚更新对象之后马上去访问对象，读者会观察到奇怪的结果。另外一个挑战是如何合理地设计对象主键来实现 S3 的 I/O 性能的最大化。接下来我们就来了解一下这两点。

7.7.1 确保数据一致性

S3 上创建、更新或者删除对象的操作是原子操作。这意味着，如果用户在创建、更新或者删除之后读取这个对象，永远不会读到失效的或者一半的数据。但是有可能读取操作会在一段时间里只返回旧的数据。

S3 提供的是最终一致性。如果上传一个已有对象的新的版本，并且 S3 对该请求返回成功代码，意味着数据已经安全的保存在 S3。但是，如图 7-12 所示，立即去下载更新后的对象仍可能返回旧的版本。如果反复重试下载对象的操作，过段时间就可以下载到更新后的对象。

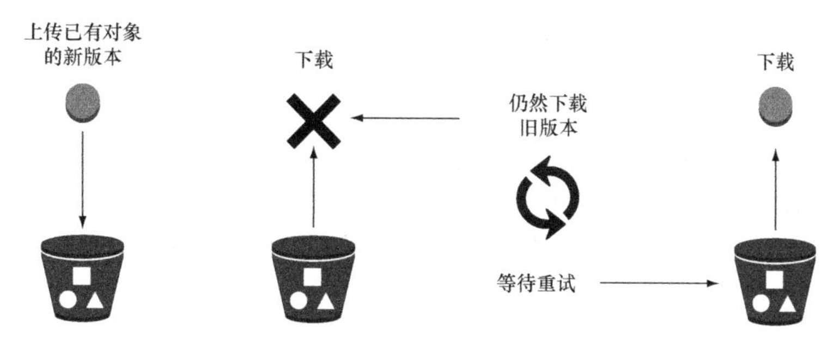

图 7-12 最终一致性：如果更新一个对象然后尝试读取，对象可能还包含旧的版本。在有些情况下，最新的版本可以访问到

在上传新对象之后，立即提交的读请求会读到一致的数据。但是在更新或者删除操作之后的读请求操作将返回最终一致的结果。

7.7.2　选择合适的键

给变量或者文件取名是 IT 领域最困难的任务之一。为存储在 S3 上的对象选择合适的键尤其困难。键的命名决定了该键保存在哪一个分区。为所有对象的键在开头的部分使用相同的字符串，将限制 S3 存储桶的最大 I/O 性能。相反，应该为对象选择开头不同的字符串作为键。如图 7-13 所示，这会带来最大的 I/O 性能。

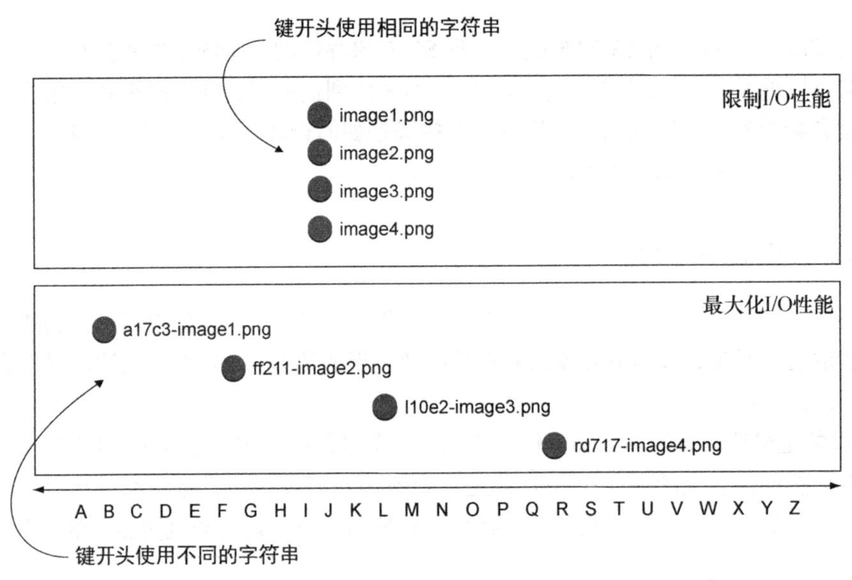

图 7-13　为了改善 S3 的 I/O 性能，不要使用开头相同的字符串作为键

在键中使用一个斜线（/）的效果就像为对象创建目录一样。如果用户创建的对象的键为 `folder/object.png`，在通过管理控制台这样的图形化界面浏览存储桶的时候，用户会看到目录。但是从技术的本质上看，对象的键仍然是 `folder/object.pgn`。

假设要存储的图片分别由不同的用户上传，我们为对象的键设计了下面的命名方式：

```
$ImageId.png
```

`$ImageId` 是一个递增的字符 ID。对象列表看上去大概如下：

```
/image1.png
/image2.png
/image3.png
/image4.png
```

对象的键为阿拉伯字母顺序排序，这种情况下 S3 的存储桶的最大性能不会达到最优。可以通过为每个对象的键添加散列前缀的方式修复这个问题。例如，可以使用原始键名的 MD5 的散列附加在后面组成新的键：

```
/a17c3-image1.png
/ff211-image2.png
/l10e2-image3.png
/rd717-image4.png
```

这样会有助于分配对象键到不同的分区，从而提高 S3 的 I/O 性能。了解这些 S3 的内部机制有助于优化对其的使用。

7.8　小结

- 对象由唯一的标识符、用来描述和管理对象的元数据和内容本身组成。图片、文档、可执行文件或者任何其他内容都可以用对象的形式保存在对象存储中。
- Amazon S3 是一个对象存储，通过 HTTPS 访问。可以使用 CLI 命令行工具、SDK 开发者工具包或者管理控制台来上传、管理和下载对象。
- 因为不再需要把对象保存在本地服务器中，所以在应用程序中集成 S3 有助于实现无状态的服务器架构。
- 可以定义一个生命周期管理的规则，把数据自动从 Amazon S3 移动到 Amazon Glacier，从而降低数据存储的成本。Amazon Glacier 是一个很特别的，适合存放不经常访问的归档数据的服务。
- S3 是最终一致的存储。在应用程序中集成 S3 的时候应该考虑到这一点，并且相应地处理以避免出现不希望的结果。

第 8 章　在硬盘上存储数据：EBS 和实例存储

本章主要内容

- 附加网络存储到 EC2 实例
- 使用 EC2 实例的实例存储
- 备份块级别存储
- 测试和调试块级别存储的性能
- 比较实例存储和网络附加存储

用户就像在个人电脑上做的那样，可以使用磁盘文件系统（FAT32、NTFS、ext3、ext4、XFS 等）和块级别存储来存储文件。块是顺序的字节和最小的寻址单位。操作系统位于需要访问文件的应用程序和底层的文件系统和块存储的中间。文件系统负责管理文件放在底层的块级别存储的具体哪个位置（哪个块的地址）。块级别的存储只能在运行操作系统的 EC2 实例上使用。

操作系统通过打开、写和读系统调用来提供对块级别存储的访问。简化后的读请求操作大概是下面这样的。

（1）应用程序想要读取文件`/path/to/file.txt`，然后提交了一个读系统调用。

（2）操作系统转发读请求给文件系统。

（3）文件系统把`/path/to/file.txt`文件翻译为具体存储数据的磁盘的数据块。

数据库这样的应用程序通过使用系统调用的方式来读写文件，它们必须能够访问块级别的存储来持久化保存数据。因为 MySQL 必须使用系统调用访问文件，所以不能把 MySQL 的数据库的文件保存在对象存储里。

不是所有示例都包含在免费套餐中

本章中的示例不都包含在免费套餐中。当一个示例会产生费用时，会显示一个特殊的警告消息。只要不是运行这些示例好几天，就不需要支付任何费用。记住，这仅适用于读者为学习本书刚刚创建的全新 AWS 账户，并且在这个 AWS 账户里没有其他活动。尽量在几天的时间里完成本章中的示例，在每个示例完成后务必清理账户。

AWS 提供两种类型的块级别存储，即网络附加存储和实例存储。网络附加存储（就像 iSCSI）通过网卡附加到 EC2 实例，但是实例存储是提供你的 EC2 实例的主机系统提供的正常的物理磁盘。大多数情况下，网络附加存储是最好的选择，因为它为数据提供 99.999%的可用性。实例存储在需要性能的时候会更合适。8.1 节至 8.3 节会介绍和比较两种块级别存储解决方案。我们将块级别存储连接到 EC2 实例，进行性能测试，并探讨如何备份数据。之后，你将使用实例存储和网络附加存储来搭建共享的文件系统。

8.1 网络附加存储

弹性数据块存储（EBS）提供网络附加的，数据块级别的存储，并且提供 99.999%的可用性。图 8-1 展示了如何在 EC2 实例上使用 EBS 卷。

EC2实例

EBS卷

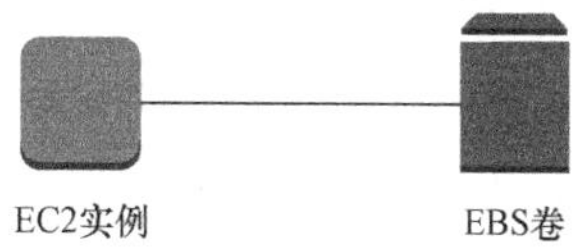

图 8-1 EBS 卷是独立的资源，但是可以挂载到一个 EC2 实例上使用

EBS 卷：

- 不属于EC2 实例的一部分，它们通过网卡附加到 EC2 实例。如果终结了 EC2 实例，EBS 卷仍然存在；
- 可以独立存在或者同一时间挂载到一个 EC2 实例上；
- 可以像普通硬盘一样使用；
- 类似于 RAID1，在后台把数据保存到多块磁盘上。

警告 不能同时挂在一块 EBS 卷到多台服务器！

8.1.1 创建 EBS 卷并挂载到服务器

下面的示例演示了如何在 CloudFormation 的帮助下创建 EBS 卷，并且挂载到 EC2 实例。

```
"Server": {
  "Type": "AWS::EC2::Instance",
  "Properties": {
    [...]
  }
},
"Volume": {                                              EBS 卷描述
  "Type":"AWS::EC2::Volume",
  "Properties": {
    "AvailabilityZone": {"Fn::GetAtt": ["Server", "AvailabilityZone"]},
    "Size": "5",                                     <-- 5 GB 容量
    "VolumeType": "gp2"                              <-- 基于 SSD
  }
},
"VolumeAttachment": {                                    附加 EBS 卷到服务器
  "Type": "AWS::EC2::VolumeAttachment",
  "Properties": {
    "Device": "/dev/xvdf",                           <-- 设备名
    "InstanceId": {"Ref": "Server"},
```

```
    "VolumeId": {"Ref": "Volume"}
  }
}
```

EBS 卷是一个独立的资源。这意味它可以独立于 EC2 服务器存在，但是需要一台 EC2 服务器才能使用 EBS 卷。

8.1.2　使用弹性数据块存储

为了帮助读者了解 EBS，我们准备了一个 CloudFormation 的模板，其位于 https://s3.amazonaws.com/awsinaction/chapter8/ebs.json。基于这个模板创建一个堆栈，设置 `AttachVolume` 参数为 `yes`，然后复制 `Public-Name` 输出，并且通过 SSH 进行连接。

使用 `fdisk` 可以看到已经附加的 EBS 卷。通常，EBS 卷可以在/dev/xvdf 到/dev/xvdp 下面找到。根卷（/dev/xvda）是一个例外——在启动 EC2 实例的时候，它基于选择的 AMI 创建，并且包含了所有用于引导实例的信息（操作系统文件）：

```
$ sudo fdisk -l
Disk /dev/xvda: 8589 MB [...]                    <-- 根卷（存放操作系统）
Units = sectors of 1 * 512 = 512 bytes
Sector size (logical/physical): 512 bytes / 512 bytes
I/O size (minimum/optimal): 512 bytes / 512 bytes
Disk label type: gpt


#       Start          End     Size   Type            Name
  1      4096     16777182       8G    Linux filesyste Linux
128      2048         4095       1M    BIOS boot parti BIOS Boot Partition

Disk /dev/xvdf: 5368 MB [...]                    <-- 附加的 EBS 卷
Units = sectors of 1 * 512 = 512 bytes
Sector size (logical/physical): 512 bytes / 512 bytes
I/O size (minimum/optimal): 512 bytes / 512 bytes
```

创建一个新的 EBS 卷时，必须在上面创建一个文件系统。你还可以在 EBS 卷上创建不同的分区，但是在本例中卷的容量只有 5 GB，所以不需要进一步分区。分区不是使用 EBS 卷的最佳实践。应该创建和需求相同容量大小的卷；在需要两个单独的分区情况下，直接创建两个卷更合适。在 Linux 中，可以使用 `mkfs` 基于卷来创建文件系统。下面的例子创建了 ext4 的文件系统：

```
$ sudo mkfs -t ext4 /dev/xvdf
mke2fs 1.42.12 (29-Aug-2014)
Creating filesystem with 1310720 4k blocks and 327680 inodes
Filesystem UUID: e9c74e8b-6e10-4243-9756-047ceaf22abc
Superblock backups stored on blocks:
  32768, 98304, 163840, 229376, 294912, 819200, 884736

Allocating group tables: done
Writing inode tables: done
```

```
Creating journal (32768 blocks): done
Writing superblocks and filesystem accounting information: done
```

文件系统创建完成之后，就可以挂载文件系统到一个目录：

```
$ sudo mkdir /mnt/volume/
$ sudo mount /dev/xvdf /mnt/volume/
```

使用 `df -h` 命令可以查看已经挂载的卷：

```
$ df -h
Filesystem   Size  Used Avail Use% Mounted on
/dev/xvda1   7.8G  1.1G  6.6G  14% /              <-- 根卷（存放操作系统）
devtmpfs     490M   60K  490M   1% /dev
tmpfs        499M     0  499M   0% /dev/shm
/dev/xvdf    4.8G   10M  4.6G   1% /mnt/volume    <-- EBS 卷
```

EBS 卷有一个很大的优势：它们不属于 EC2 的一部分，是独立的资源。我们可以保存文件到 EBS 卷，然后去掉挂载，并从 EC2 上摘掉该卷，这样就可以了解到它独立于 EC2 的特性：

```
$ sudo touch /mnt/volume/testfile     <-- 在/mnt/volume/目录中创建 testfile
$ sudo umount /mnt/volume/
```

现在更新 CloudFormation 堆栈，修改 `AttachVolume` 参数为 `no`。这个操作将从 EC2 上摘掉 EBS 卷。在堆栈更新完成后，EC2 上只剩下系统根卷：

```
$ sudo fdisk -l
Disk /dev/xvda: 8589 MB, 8589934592 bytes, 16777216 sectors
Units = sectors of 1 * 512 = 512 bytes
Sector size (logical/physical): 512 bytes / 512 bytes
I/O size (minimum/optimal): 512 bytes / 512 bytes
Disk label type: gpt


#        Start         End    Size  Type             Name
  1       4096    16777182      8G  Linux filesyste Linux
128       2048        4095      1M  BIOS boot parti BIOS Boot Partition
```

/mnt/volume/中的测试文件也不见了：

```
$ ls /mnt/volume/testfile
ls: cannot access /mnt/volume/testfile: No such file or directory
```

现在可以重新挂在 EBS 卷到 EC2。更改 CloudFormation 堆栈，并修改 `AttachVolume` 参数为 `Yes`。在更新完成后，/dev/xvdf 重新可以访问：

```
$ sudo mount /dev/xvdf /mnt/volume/
$ ls /mnt/volume/testfile            <-- 检查/mnt/volume/目录中是否有 testfile
/mnt/volume/testfile
```

太棒了。在/mnt/volume/下面创建的测试文件还在那里。

8.1.3 玩转性能

硬盘的性能测试通常分为读操作和写操作测试。用户可以使用很多不同的工具进行测试。一个简单的工具是 dd，它可以通过指定数据源 if=/到源路径和目标 of=/到目的路径来进行数据块级别的读写测试。

```
$ sudo dd if=/dev/zero of=/mnt/volume/tempfile bs=1M count=1024 \     <- 每次写 1 MB，进行 1 024 次写测试
  conv=fdatasync,notrunc
1024+0 records in
1024+0 records out
1073741824 bytes (1.1 GB) copied, 16.9858 s, 63.2 MB/s    <- 63.2 MB/s 的写性能

$ echo 3 | sudo tee /proc/sys/vm/drop_caches    <- 缓存清空至磁盘

$ sudo dd if=/mnt/volume/tempfile of=/dev/null bs=1M count=1024    <- 每次读 1 MB，进行 1 024 次读测试
1024+0 records in
1024+0 records out
1073741824 bytes (1.1 GB) copied, 16.3157 s, 65.8 MB/s    <- 65.8 MB/s 的读性能
```

注意，随着真实的工作负载的不同，存储性能的表现也不一样。本示例假设文件大小为 1MB。如果应用是互联网网站的话，很有可能处理数据的会是大量的小文件。

但是 EBS 卷更加复杂。存储性能取决于 EC2 的实例类型和 EBS 卷的类型。表 8-1 列出了默认为 EBS 优化的 EC2 实例类型和 EBS 卷的类型，有些 EC2 实例类型可能需要每小时为 EBS 优化付出额外的成本。每秒的 I/O 操作使用 16 KB 的 I/O 大小来进行测量。存储性能很大程度上依赖于实际的工作负载：是读操作还是写操作，每个 I/O 操作的大小。这些数据仅供参考，生产中的性能情况可能有所差异。

表 8-1 EBS 优化的实例类型的性能表现

使用场景	实例类型	最大带宽（MB/s）	每秒最大 I/O 次数	默认 EBS 优化
通用类型	m3.xlarge～c4.large	60～120	4 000～8 000	否
优化的计算	c3.xlarge～3.4xlarge	60～240	4 000～16 000	否
优化的计算	c4.large～c4.8xlarge	60～480	4 000～32 000	是
优化的内存	r3.xlarge～r3.4xlarge	60～240	4 000～16 000	否
优化的存储	i2.xlarge～i2.4xlarge 60	60～240	4 000～16 000	否
优化的存储	d2.xlarge～d2.8xlarge	90～480	6 000～32 000	是

根据工作负载的要求，你需要选择一个能够提供足够带宽的 EC2 实例类型。另外，EBS 卷必须能够充分使用 EC2 提供的带宽。表 8-2 给出了可以选择的 EBS 卷类型和它们的性能指标。

表 8-2　不同的 EBS 类型

EBS 卷类型	大小	最大吞吐量（MiB/s）	IOPS	突发 IOPS 性能	价格
物理磁盘	1 GiB～1 TiB	40～90	100	几百	$
通用类型（SSD）	1 GiB～16 TiB	160	3/GiB（最高 10 000）	3 000	$$
预配置 IOPS 性能（SSD）	4 GiB～16 TiB	320	同预配置（最高 30/GiB 即 20 000）	—	$$$

不管实际使用了多少容量，EBS 卷都按照卷的容量大小来收费。如果创建了一个 100 GB 大小的 EBS 卷，即使没有保存任何数据在上面，你仍然需要为 100 GB 的 EBS 卷进行付费。如果使用的是物理磁盘，则需要为每次 I/O 操作付费。如果使用的预配置 IOPS 性能的 EBS 卷（SSD 磁盘），还需要为预先配置的 IOPS 性能付费。用户可以使用简单月度成本计算器来计算存储成本。

GiB 和 TiB

GiB 和 TiB 的术语并不经常看到；你可能更加熟悉 GB 和 TB 的术语。但是在某些情况下，AWS 使用 GiB 和 TiB 的术语。下面是这两个术语的含义：

- 1 GiB = 2^{30}字节 = 1 073 741 824 字节
- 1 GiB 约为 1.074 GB
- 1 GB = 10^{9} 字节 = 1 000 000 000 字节

我们建议默认使用通用 SSD 磁盘。如果工作负载需要更多的 IOPS 性能，推荐选择预配置 IOPS 性能的 SSD 磁盘。用户可以附加多个 EBS 卷到一台 EC2 实例来增加容量或者总体的性能。

可以把两个甚至更多的 EBS 卷挂载到同一台 EC2，并使用软件 RAID0 来提升性能。RAID0 技术让数据分散到多块磁盘，但是同一个数据仅存储在一块磁盘上。在 Linux 系统中可以使用 `mdadm` 来创建软件 RAID。

8.1.4　备份数据

EBS 卷提供 99.999%的可用性，但是仍然需要不时地创建备份。幸运的是，EBS 卷提供了优化的易于使用的 EBS 快照功能来备份 EBS 卷的数据。快照是存储在 S3 上的块级别的数据复制。如果卷大小是 5 GB 并且上面保存了 1 GB 的数据，第一个快照的容量大小为 1 GB 左右。在创建第一个快照后，只有更改过的数据才会被保存在 S3，以节省备份的容量。EBS 卷的快照收费取决于你使用的 GB 容量。

可以使用下面的命令行来创建快照。在创建快照之前，需要获取 EBS 卷的 ID。可以在 CloudFormation 的输出内容里找到 `VolumeId` 卷 ID，或者运行下面的命令：

```
$ aws --region us-east-1 ec2 describe-volumes \
--filters "Name=size,Values=5" --query "Volumes[].VolumeId" \
--output text
vol-fd3c0aba                                  <—— 用户的$VolumeId
```

有了卷 ID，可以接下来创建一个快照：

```
$ aws --region us-east-1 ec2 create-snapshot --volume-id $VolumeId  <—— 替换为用户的$SnapshotId
{
  "Description": null,
  "Encrypted": false,
  "VolumeId": "vol-fd3c0aba",
  "State": "pending",                          <—— 用户的快照的状态
  "VolumeSize": 5,
  "Progress": null,
  "StartTime": "2015-05-04T08:28:18.000Z",
  "SnapshotId": "snap-cde01a8c",               <—— 用户的$SnapshotId
  "OwnerId": "878533158213"
}
```

根据卷的容量大小和改变的数据量的不同，创建快照的时间也不一样。我们可以使用下面的命令来查看快照的状态：

```
$ aws --region us-east-1 ec2 describe-snapshots --snapshot-ids $SnapshotId  <—— 替换为用户的$SnapshotId
{
  "Snapshots": [
    {
      "Description": null,
      "Encrypted": false,
      "VolumeId": "vol-fd3c0aba",
      "State": "completed",                     <—— "completed"代表快照创建完成
      "VolumeSize": 5,
      "Progress": "100%",                       <—— 用户的快照的进度
      "StartTime": "2015-05-04T08:28:18.000Z",
      "SnapshotId": "snap-cde01a8c",
      "OwnerId": "878533158213"
    }
  ]
}
```

可以在一个已经挂载并且正在使用的 EBS 卷上创建快照，但是如果内存缓存中还有尚未写入磁盘的数据，这可能带来一些问题。如果必须在 EBS 卷使用的时候创建快照，可以使用下面的步骤来安全地创建快照。

（1）在服务器上运行 `fsfreeze -f /mnt/volume` 命令来冻结所有写操作。

（2）创建快照。

（3）使用 `fsfreeze -u /mnt/volume` 命令来恢复写操作。

（4）等待快照操作完成。

用户只需要在开始请求创建快照的时候冻结 I/O。从一个 AMI（AMI 是一个快照）创建 EC2

的时候，AWS 使用 EBS 快照来创建一个新的 EBS 卷（根卷）。

要恢复快照里的数据，你必须基于快照来创建一个新的 EBS 卷。当用户从 AMI 来创建一台 EC2 实例时，AWS 基于快照来创建一个新的 EBS 卷（AMI 是一个快照）

资源清理

别忘了删除快照：

```
$ aws --region us-east-1 ec2 delete-snapshot --snapshot-id $SnapshotId
```

在完成这一部分的时候还需要删除整个堆栈以清理所有用过的资源；否则将会为用到的资源付费。

8.2 实例存储

实例存储像物理磁盘一样提供块级别的存储。像图 8-2 显示的那样，实例存储是 EC2 的一部分，并且只有在 EC2 正常运行的时候才可用。如果停止或者终结实例，上面的数据不会持久化保存，所以不需要为实例存储单独付费，实例存储的价格包含在 EC2 实例的价格里。

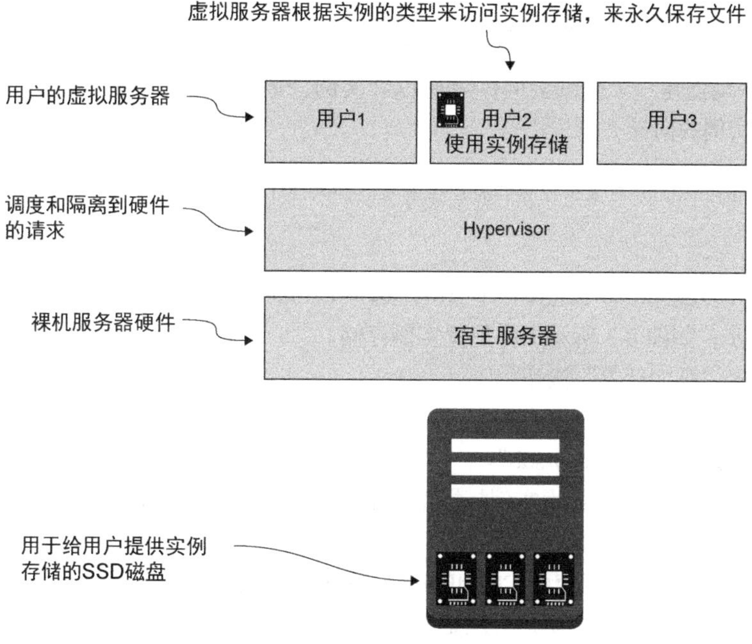

图 8-2 实例存储是 EC2 实例的一部分

和通过网络挂载在 EC2 上的 EBS 卷不同，实例存储包含在虚拟服务器中，没有虚拟服务器就不再存在。

不要使用实例存储来存放不能丢失的数据，把它用来存放缓存、临时数据和一些在多个节点间复制数据的应用如某些数据库。如果用户想使用钟爱的 NoSQL 数据库，应用很有可能负责复制数据，这样用户可以安全地使用实例存储来获得最高的 I/O 性能。

警告 如果用户停止或者终结自己的 EC2 实例，实例存储上的数据会丢失。这意味着用户的数据会被删除并且无法恢复！

AWS 提供 SSD 和物理磁盘的实例存储，容量从 4 GB 到 48 TB 不等。表 8-3 列出了所有提供实例存储的 EC2 实例类型。

表 8-3 提供实例存储的实例类型

使用场景	实例类型	实例存储类型	实例存储容量（GB）
通用类型	m3.medium–m3.2xlarge	SSD	1 × 4～2 × 80
优化的计算	c3.large–c3.8xlar	SSD	2 × 16～2 × 320
优化的内存	r3.large–r3.8xlar	SSD	1 × 32～2 × 320
优化的存储	i2.xlarge–i2.8xlarge	SSD	1 × 800～8 × 800
优化的存储	d2.xlarge–d2.8xlarge	HDD	3 × 2 000～24 × 2 000

如果希望手动创建一个提供实例存储的 EC2 实例，按照 3.1.1 节中的步骤打开 AWS 控制台。运行启动 EC2 实例的向导。

警告 启动 m3.medium 的虚拟服务器将产生费用。如果想了解当前的每小时费用，可以访问 AWS 官方网站。

- 完成第 1 步到第 3 步：选择一个 AMI，选择 m3.medium 实例类型，并配置实例详细信息。
- 在第 4 步，如图 8-3 所示那样配置实例存储。
  - 点击“添加新卷”按钮。
  - 选择“实例存储 0”。
  - 设置设备名为“/dev/sdb”。
- 完成第 5 步到第 7 步：为实例打标签，配置安全组，检查并启动实例。

现在你的 EC2 实例可以使用实例存储了。

代码清单 8-1 展示了如何使用 CloudFormation 来使用实例存储。如果用户启动 EBS 为根卷的 EC2 实例（这是默认情况），用户必须定义 `BlockDeviceMappings` 来映射 EBS 卷和实例存储到特定的设备名。和创建 EBS 卷的模板不同，实例存储不是标准的独立资源；实例存储是 EC2 的一部分：根据实例类型的不同，可以选择零个、1 个或者多个实例存储作映射。

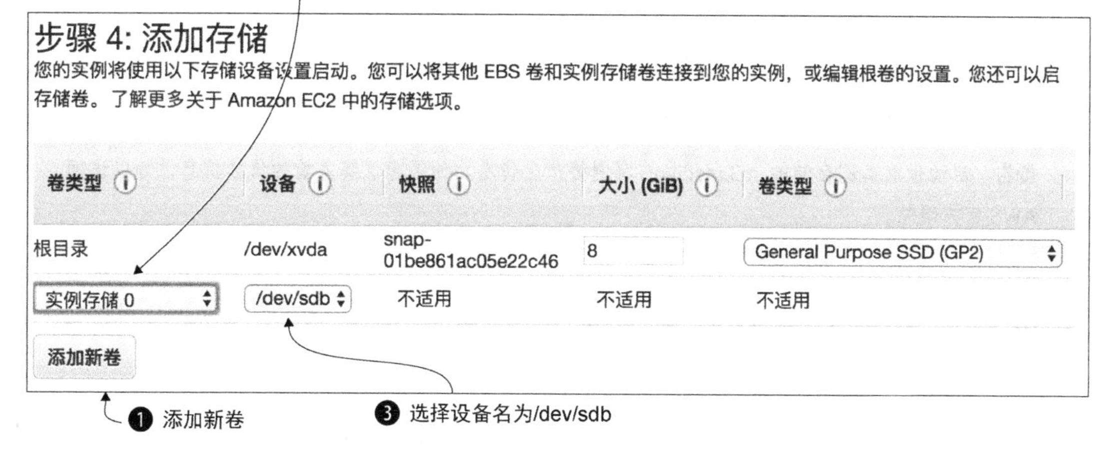

图 8-3　在启动 EC2 实例时添加实例存储

代码清单 8-1　使用 CloudFormation 创建连接实例存储的 EC2 实例

```
"Server": {
  "Type": "AWS::EC2::Instance",
  "Properties": {
    "InstanceType": "m3.medium",      <-- 选择提供实例存储的实例类型
    [...]
    "BlockDeviceMappings": [{
      "DeviceName": "/dev/xvda",      <-- EBS 根卷（存放操作系统文件）
      "Ebs": {
        "VolumeSize": "8",
        "VolumeType": "gp2"
      }
    }, {
      "DeviceName": "/dev/xvdb",      <-- 实例存储会显示为 /dev/xvdb 设备文件
      "VirtualName": "ephemeral0"     <-- 实例存储的虚拟名称为 ephemeral0 或者 ephemeral1
    }]
  }
}
```

基于 Windows 操作系统的 EC2 实例

BlockDeviceMapping 同样适用于 Windows 操作系统。设备名和分区字符（如 C:/、D:/等）不同。DeviceName 要想变成分区字符，首先要把卷挂载在 EC2 上。代码清单 8-1 中显示的实例存储必须被挂载为 Z:/。继续阅读以了解 Linux 操作系统的步骤。

资源清理

完成本部分之后要删除手动启动的 EC2 实例，以清除用过的资源，否则将会为创建的资源付费。

8.2.1 使用实例存储

为了帮助读者使用实例存储，我们创建了 CloudFormation 模板，并存储在 https://s3.amazonaws.com/awsinaction/chapter8/instance_store.json。

警告 启动带有实例存储的 m3.medium 实例将产生费用。如果想了解当前的价格信息，可以访问 AWS 官方网站。

使用该模板创建一个堆栈，复制 PublicName 的输出，并使用 SSH 登录到 EC2 实例。你可以使用 fdisk 命令查看挂载的实例存储。通常，实例存储可以在/dev/xvdb 到/dev/xvde 设备文件中找到。

```
$ sudo fdisk -l
Disk /dev/xvda: 8589 MB [...]                  <-- 根卷（存放操作系统文件）
Units = Sektoren of 1 * 512 = 512 bytes
Sector size (logical/physical): 512 bytes / 512 bytes
I/O size (minimum/optimal): 512 bytes / 512 bytes
Disk label type: gpt


#       Start          End     Size  Type            Name
  1      4096     16777182       8G  Linux filesyste Linux
128      2048         4095       1M  BIOS boot parti BIOS Boot Partition

Disk /dev/xvdb: 4289 MB [...]                  <-- 实例存储
Units = Sektoren of 1 * 512 = 512 bytes
Sector size (logical/physical): 512 bytes / 512 bytes
I/O size (minimum/optimal): 512 bytes / 512 bytes
```

要查看挂载的卷，运行下面的命令：

```
$ df -h
Filesystem  Size  Used  Avail Use% Mounted on
/dev/xvda1  7.8G  1.1G   6.6G  14% /                  <-- 根卷（存放操作系统）
devtmpfs    1.9G   60K   1.9G   1% /dev
tmpfs       1.9G     0   1.9G   0% /dev/shm
/dev/xvdb   3.9G  1.1G   2.7G  28% /media/ephemeral0  <-- 实例存储自动挂载
```

实例存储将自动挂载到/media/ephemera0 目录下。如果 EC2 实例有多个实例存储，将分别挂载到 ephemera1、ephemera2 等目录。接着我们来进行一些性能测试。

8.2.2 性能测试

下面使用相同的性能测试来比较实例存储和 EBS 卷：

```
$ sudo dd if=/dev/zero of=/media/ephemeral0/tempfile bs=1M count=1024 \
conv=fdatasync,notrunc

1024+0 records in
1024+0 records out
1073741824 bytes (1.1 GB) copied, 5.93311 s, 181 MB/s    <-- EBS的3倍的读性能
$ echo 3 | sudo tee /proc/sys/vm/drop_caches
3

$ sudo dd if=/media/ephemeral0/tempfile of=/dev/null bs=1M count=1024
1024+0 records in
1024+0 records out
1073741824 bytes (1.1 GB) copied, 3.76702 s, 285 MB/s    <-- EBS的4倍的写性能
```

根据实际负载的不同，性能可能有所差异。本示例中使用 1MB 大小的文件。如果服务的是一个互联网站点，很有可能你将处理大量的小文件。但是这个性能测试显示实例存储就像一个普通的磁盘，性能也和一个普通的磁盘相近。

资源清理

在本节结束时别忘了删除堆栈来清除所有用过的资源，否则很可能会因为使用这些资源被收取费用。

8.2.3 备份数据

实例存储卷没有内建的方法来进行备份。利用在 7.2 节所学的知识，可以使用 Cron 和 S3 来定期备份数据：

```
$ aws s3 sync /path/to/data s3://$YourCompany-backup/serverdata
```

如果需要备份实例存储的数据，很可能更持久的块存储 EBS 卷会是更合适的选择。实例存储更适合对数据持久化要求不高的数据。

8.3 比较块存储解决方案

表 8-4 展示了 S3、EBS 和实例存储的区别。用户可以参考表决定哪种存储最适合自己的应用。基本原则是：如果应用支持 S3，就使用 S3；否则就选择 EBS。

表 8-4 S3 和 AWS 块存储方案的比较

	S3	EBS	实例存储
常见的使用场景	集成到应用程序中以保存用户上传的内容	为需要块级别存储的数据库或者传统应用程序提供持久化	提供临时数据存储或者为内建复制技术来防止数据丢失的应用程序提供高性能存储
独立的资源	是	是	否

续表

	S3	EBS	实例存储
如何访问数据	HTTPS API	EC2 实例/系统调用	EC2 实例/系统调用
是否有文件系统	没有	有	有
防止数据丢失	很高	高	低
每 GB 容量成本	$$	$$$	$
运维开销	无	低	中等

下面来看一个真实世界里使用实例存储和 EBS 卷的例子。

8.4 使用实例存储和 EBS 卷提供共享文件系统

仅使用 AWS 提供的块级别存储解决方案无法解决下面的问题：如何同时在多个 EC2 实例之间共享块存储。用户可以使用网络文件系统（Network File System，NFS）协议来解决这个问题。

Amazon Elastic File System 已经发布

AWS 提供了一款名为 Amazon Elastic File System 的服务。EFS 是一个分布式的文件系统服务，基于网络文件系统第 4 版（Network File System Version，NFSv4）协议。读者可用选择它来解决在多台服务器之间共享块数据的需求。读者可以访问 AWS 的官方网站，了解 EFS 是否可以在你选择的区域里使用 EFS。

图 8-4 展示了一台 EC2 实例如何工作为一台 NFS 服务器，并且通过 NFS 共享文件。其他 EC2 实例（NFS 客户端）可以通过网络连接从 NFS 服务器挂载 NFS 共享。为了改善延时的性能，NFS 服务器上使用了实例存储。但是你已经了解到实例存储无法提供很好的持久性，所以必须保护数据。NFS 服务器上还挂载了一个 EBS 卷，数据将定期同步到 EBS 卷上。最坏的情况是丢失自上一次同步操作后改变的数据。在某些情况下（例如，在 Web 服务器之间共享 PHP 文件），这些数据丢失是可以接受的，因为数据可以被重新加载。

NFS 服务器是单点故障

设置 NFS 服务器可能不适合业务关键性生产环境。NFS 服务器是一个单点故障：如果 EC2 实例故障，其他 NFS 客户端将无法访问共享文件。请慎重选择使用共享的文件系统。在多数情况下，如果应用数据变化量不大，S3 会是一个很好的选择。如果真的需要一个共享的文件系统，考虑使用 Amazon EFS 或者设置 GlusterFS。

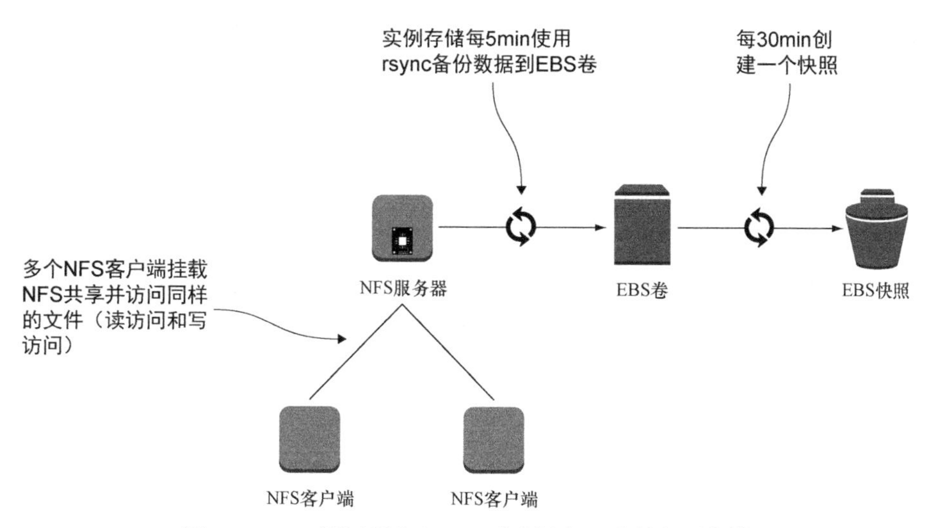

图 8-4 NFS 可以用来在 EC2 实例之间共享块级别存储

我们创建一个 CloudFormation 模板和 Bash 脚本来把这个系统拓扑付诸实现。需要按顺序完成下面的步骤：

（1）添加安全组以保证 NFS 的安全。

（2）添加 NFS 服务器的 EC2 实例和 EBS 卷。

（3）创建安装和配置脚本到 NFS 服务器。

（4）添加 NFS 客户端的 EC2 实例。

下面开始具体的操作。

8.4.1 NFS 的安全组

如何控制应用程序之间的网络访问？在设计安全组的时候必须回答这个问题。为了简化问题（将省略堡垒主机的创建过程），所有 EC2 实例将允许来自互联网（0.0.0.0/0）的 SSH 访问。NFS 服务器必须能够通过 NFS 所需要的端口访问到（TCP 和 UDP 协议：111，2049），但是只有客户端才应该有对这些端口访问，如代码清单 8-2 所示。

代码清单 8-2 NFS 服务配置安全组

```
"SecurityGroupClient": {
  "Type": "AWS::EC2::SecurityGroup",
  "Properties": {
    "GroupDescription": "My client security group",
    "VpcId": {"Ref": "VPC"}
  }
},
```

安全组关联到 NFS 客户端。这个安全组不包含任何规则：仅用来标记来自客户端的流量

```
"SecurityGroupServer": {                              ◁── 关联到NFS服务器的安全组
  "Type": "AWS::EC2::SecurityGroup",
  "Properties": {
    "GroupDescription": "My server security group",
    "VpcId": {"Ref": "VPC"},
    "SecurityGroupIngress": [{
      "SourceSecurityGroupId": {"Ref": "SecurityGroupClient"},   ◁── 允许来自NFS客户端（选择客户端安全组作为允许来源）的所有入站访问（TCP协议）
      "IpProtocol": "tcp",
      "FromPort": 111,
      "ToPort": 111
    }, {
      "SourceSecurityGroupId": {"Ref": "SecurityGroupClient"},
      "IpProtocol": "udp",                             ◁── 允许访问端口 111（UDP协议）
      "FromPort": 111,
      "ToPort": 111
    }, {
      "SourceSecurityGroupId": {"Ref": "SecurityGroupClient"},
      "IpProtocol": "tcp",                             ◁── 允许来自NFS客户端的入站流量访问nfsd服务的端口2049
      "FromPort": 2049,
      "ToPort": 2049
    }, {
      "SourceSecurityGroupId": {"Ref": "SecurityGroupClient"},
      "IpProtocol": "udp",
      "FromPort": 2049,
      "ToPort": 2049
    }]
  }
},
"SecurityGroupCommon": {                              ◁── 关联到NFS服务器和客户端的通用安全组
  "Type": "AWS::EC2::SecurityGroup",
  "Properties": {
    "GroupDescription": "My security group",
    "VpcId": {"Ref": "VPC"},
    "SecurityGroupIngress": [{                         ◁── 允许来自互联网的SSH入站流量
      "CidrIp": "0.0.0.0/0",
      "FromPort": 22,
      "IpProtocol": "tcp",
      "ToPort": 22
    }]
  }
}
```

有趣的是 SecurityGroupClient 没有定义任何规则。它只用来标记来自 NFS 客户端的访问。SecurityGroupServer 使用 SecurityGroupClient 识别被允许 NFS 客户端访问的源地址。

8.4.2　NFS 服务器和卷

NFS 服务器的实例类型必须提供一个实例存储。本例将用到 m3.medium 实例，因为它是自带实例存储的最便宜的实例类型，虽然它只提供 4 GB 容量。如果需要更大的容量，你必须选择其他的实例类型。这台服务器关联了两个安全组：SecurityGroupCommon 允许 SSH 访问，SecurityGroupServer 允许 NFS 相关的端口访问。这台服务器必须在启动的时候安装和配置 NFS 服务，所有你将用到一个 bash 脚本；你将在下面的步骤中创建该脚本。使用 bash 脚本提供更好的可读性——因为有时 UserData 格式很烦琐。为了防止数据丢失，将创建一个 EBS 卷来作为实例存储的备份，如代码清单 8-3 所示。

代码清单 8-3 NFS 服务器和卷

```
"Server": {
  "Type": "AWS::EC2::Instance",
  "Properties": {
    "IamInstanceProfile": {"Ref": "InstanceProfile"},
    "ImageId": "ami-1ecae776",
    "InstanceType": "m3.medium",                      <-- m3.medium 提供 4GB 容量的 SSD 实例存储
    "KeyName": {"Ref": "KeyName"},
    "SecurityGroupIds": [{"Ref": "SecurityGroupCommon"},
      {"Ref": "SecurityGroupServer"}],                <-- 使用服务器的安全组来过滤网络访问
    "SubnetId": {"Ref": "Subnet"},
    "BlockDeviceMappings": [{
      "Ebs": {                                        <-- 映射根 EBS 卷到 /dev/xvda
        "VolumeSize": "8",
        "VolumeType": "gp2"
      },
      "DeviceName": "/dev/xvda"
    }, {
      "VirtualName": "ephemeral0",                    <-- 映射实例存储到 /dev/xvdb
      "DeviceName": "/dev/xvdb"
    }],
    "UserData": {"Fn::Base64": {"Fn::Join": ["", [
      "#!/bin/bash -ex\n",
      "curl -s https://[...]/nfs-server-install.sh | bash -ex\n"    <-- 下载并执行安装脚本（仅从可信任来源下载！）
    ]]}}
  }
},
"Volume": {
  "Type": "AWS::EC2::Volume",                         <-- 创建 5GB 的备份存储（容量足够备份 4GB 的实例存储）
  "Properties": {
    "AvailabilityZone": {"Fn::GetAtt": ["Server", "AvailabilityZone"]},
    "Size": "5",
    "VolumeType": "gp2"
  }
},
"VolumeAttachment": {
  "Type": "AWS::EC2::VolumeAttachment",               <-- 将卷附加到服务器（至/dev/xvdf）
  "Properties": {
    "Device": "/dev/xvdf",
    "InstanceId": {"Ref": "Server"},
    "VolumeId": {"Ref": "Volume"}
  }
}
```

现在你可以在启动的时候安装和配置 NFS 服务器了。

8.4.3 NFS 服务器安装和配置脚本

为了运行 NFS，用户需要使用 yum 安装相关的软件并且配置和启动服务。为了定期备份实例存储的数据，用户还需要挂载 EBS 卷并且定时运行 cron 作业来复制数据到 EBS 卷。最后，将从 EBS 卷创建一个 EBS 快照。安装和配置脚本如代码清单 8-4 所示。

代码清单 8-4 NFS 安装和配置脚本

```
#!/bin/bash -ex

yum -y install nfs-utils nfs-utils-lib
service rpcbind start
service nfs start
chmod 777 /media/ephemeral0
echo "/media/ephemeral0 *(rw,async)" >> /etc/exports
exportfs -a

while ! [ "$(fdisk -l | grep '/dev/xvdf' | wc -l)" -ge "1" ]; \
do sleep 10; done

if [[ "$(file -s /dev/xvdf)" != *"ext4"* ]]
  then
    mkfs -t ext4 /dev/xvdf
fi

mkdir /mnt/backup
echo "/dev/xvdf /mnt/backup ext4 defaults,nofail 0 2" >> /etc/fstab
mount -a

INSTANCEID=$(curl -s http://169.254.169.254/latest/meta-data/instance-id)
VOLUMEID=$(aws --region us-east-1 ec2 describe-volumes \
--filters "Name=attachment.instance-id,Values=$INSTANCEID" \
--query "Volumes[0].VolumeId" --output text)

cat > /etc/cron.d/backup << EOF

SHELL=/bin/bash
PATH=/sbin:/bin:/usr/sbin:/usr/bin:/opt/aws/bin
MAILTO=root
HOME=/
*/15 * * * * root rsync -av --delete /media/ephemeral0/ /mnt/backup/ ; \
fsfreeze -f /mnt/backup/ ; \
aws --region us-east-1 ec2 create-snapshot --volume-id $VOLUMEID ; \
fsfreeze -u /mnt/backup/
EOF
```

- 安装 NFS 软件包
- 启动 rpcbind 进程（NFS 的依赖）
- 启动 NFS 进程
- 允许用户读写实例存储卷
- 使用 NFS 导出实例存储卷给其他的 NFS 客户端
- 重新加载以应用修改后的配置
- 挂载 EBS 卷
- 如果还不是 ext4 文件格式，则格式化 EBS 卷（第一次启动服务器时进行该操作）
- 等待 EBS 卷创建完成
- 获得 EBS 卷的 ID
- 在 cron 作业的定义中复制到 EOF 的所有文本。在/etc/dron.d/目录中保存 cron 作业的定义
- 确保/opt/aws/bin 在执行路径中，以方便运行 AWS 命令
- 每 15 min 从实例存储卷同步数据到 EBS 卷
- 冻结 EBS 卷以创建一致的快照
- 创建 EBS 快照
- 解冻 EBS 卷

因为脚本会通过命令行工具调用 AWS API，EC2 实例需要权限来调用这些 API。我们将通过

使用 IAM 角色的方式来给 EC2 进行授权，如代码清单 8-5 所示。

代码清单 8-5　IAM 角色

```
"InstanceProfile": {
  "Type": "AWS::IAM::InstanceProfile",
  "Properties": {
    "Path": "/",
    "Roles": [{"Ref": "Role"}]
  }
},
"Role": {
  "Type": "AWS::IAM::Role",
  "Properties": {
    "AssumeRolePolicyDocument": {
      "Version": "2012-10-17",
      "Statement": [{
        "Effect": "Allow",
        "Principal": {
          "Service": ["ec2.amazonaws.com"]
        },
        "Action": ["sts:AssumeRole"]
      }]
    },
    "Path": "/",
    "Policies": [{
      "PolicyName": "ec2",
      "PolicyDocument": {
        "Version": "2012-10-17",
        "Statement": [{
          "Sid": "Stmt1425388787000",
          "Effect": "Allow",
          "Action": ["ec2:DescribeVolumes", "ec2:CreateSnapshot"],
          "Resource": ["*"]
        }]
      }
    }]
  }
}
```

在 NFS 服务器上附加 IAM 配置文件

定义 IAM 角色

在大量小文件时使用 rsync 工具

授权允许描述卷和创建快照的操作

如果用户的场景中需要访问海量的小文件（超过 100 万个小文件），rsync 将花费大量的时间，并且消耗 CPU 周期。可以考虑使用 DRBD 来异步地从实例存储同步数据到 EBS 卷。设置过程会稍微复杂些（如果使用的是 Amazon Linux），但是可以获得更好的性能。

还有一个操作没有完成：配置客户端。我们稍后将完成。

8.4.4　NFS 客户端

NFS 共享可以被多个客户端挂载。为了演示，使用两个客户端 Client1 和 Client2 就足够了。Client2 是 Client1 的副本。NFS 客户端代码如代码清单 8-6 所示。

代码清单 8-6 NFS 客户端

```
"Client1": {
  "Type": "AWS::EC2::Instance",
  "Properties": {
    "ImageId": "ami-1ecae776",
    "InstanceType": "t2.micro",
    "KeyName": {"Ref": "KeyName"},
    "SecurityGroupIds": [{"Ref": "SecurityGroupCommon"},
      {"Ref": "SecurityGroupClient"}],
    "SubnetId": {"Ref": "Subnet"},
    "UserData": {"Fn::Base64": {"Fn::Join": ["", [
      "#!/bin/bash -ex\n",
      "yum -y install nfs-utils nfs-utils-lib\n",
      "mkdir /mnt/nfs\n",
      "echo \"", {"Fn::GetAtt": ["Server", "PublicDnsName"]},
        ":/media/ephemeral0 /mnt/nfs nfs rw 0 0\" >> /etc/fstab\n",
      "mount -a\n"
    ]]}}
  }
}
```

将通用安全组与客户端安全组联系起来

将 NFS 共享条目写入 fstab

挂载 NFS 共享

现在可以体验一下如何通过 NFS 来共享文件。

8.4.5 通过 NFS 共享文件

为了帮助读者研究 NFS，本书提供了一个 CloudFormation 模板，位于 https://s3.amazonaws.com/awsinaction/chapter8/nfs.json。

警告 *启动实例类型为 m3.medium 的虚拟服务器将产生费用。如果想了解当前每小时的价格信息，可以访问 AWS 官方网站。*

使用该模板创建一个堆栈，在输出中复制 Client1PublicName 字段，通过 SSH 登录到主机。

在/mnt/nfs/目录下创建文件：

```
$ touch /mnt/nfs/test1
```

现在，在堆栈输出中复制 Client2PublicName 并 SSH 登录到第二台客户端。在/mnt/nfs/下列出所有文件：

```
$ ls /mnt/nfs/
test1
```

太棒了。我们现在可以在多台 EC2 实例之间共享文件了。

资源清理

在本节结束时别忘了删除堆栈来清除所有用过的资源，否则很可能会因为使用这些资源被收取费用。

8.5 小结

- 数据块存储可用配合 EC2 实例来使用，因为操作系统需要块级别的存储（包括分区、文件系统和读/写系统调用）。
- EBS 卷通过网络连接到 EC2 实例。根据实例类型的不同，网络连接的带宽也不同。
- EBS 快照功能提供了强大的工具来把 EBS 卷的数据备份到 S3，因为它们使用的是数据块级别的增量的复制方式。
- 实例存储是 EC2 实例的一部分，快速且廉价。但是在 EC2 实例停止或者终结的时候，实例存储上的数据会丢失。
- 可以使用 NFS 在 EC2 实例之间共享文件。

第 9 章　使用关系数据库服务：RDS

本章主要内容

- 使用 RDS 来启动和初始化关系数据库
- 创建和使用快照来恢复数据库
- 设置高可用的数据库
- 调整数据库的性能
- 监控数据库

关系数据库是业界存储和查询结构化数据的事实上的标准，许多应用程序都搭建在 MySQL、Oracle 数据库、微软 SQL Server 或者 PostgreSQL 这样的关系数据库上。典型的关系数据库专注提供数据一致性和保证 ACID 的数据库事务（原子性、一致性、隔离性和持久性）的功能。关系数据库的典型任务是在财务应用中存储和查询像账户、交易这样的结构化的数据。

如果想在 AWS 上使用一个关系数据库，有以下两个选择。

- 使用托管的数据库服务，如 Amazon RDS，由 AWS 提供。
- 在虚拟服务器上自己搭建关系数据库。

亚马逊关系数据库服务（Amazon RDS）提供了方便、可用的关系数据库。在底层，Amazon RDS 运行一个常见的关系数据库。在本书编写的时候，它支持 MySQL、Oracle Database、微软 SQL Sever 和 PostgreSQL[①]。如果应用程序使用上述的几种关系数据库的引擎，迁移到 Amazon RDS 将非常容易。

Amazon Aurora 已经发布

AWS 发布了一款新的数据库引擎叫作 Amazon Aurora。Aurora 兼容 MySQL，但是以更低的成本提供更好的可用性和性能。你可以用 Aurora 来替代 MySQL。访问 AWS 官方网站，可以了解更多信息。

① 现在额外添加了对 Amazon Aurora 和 MariaDB 的支持。——译者注

RDS是一个托管的服务。托管服务由服务提供商进行运维管理——在Amazon RDS中由AWS管理。托管服务提供商负责提供一系列的服务——Amazon RDS 服务负责关系数据库的运维管理。表 9-1 比较了使用 RDS 数据库和在虚拟服务器上自行搭建数据库的区别。

表 9-1 托管服务 RDS 和虚拟服务器上自建数据库的比较

	Amazon RDS	在虚拟服务器上自己搭建
AWS 服务的成本	更高，因为 RDS 的成本高于 EC2 虚拟服务器	更低，因为 EC2 虚拟服务器比 RDS 便宜
总体拥有成本	更低，因为更多客户分摊了运维成本	高很多，因为需要人力来管理数据库
质量	AWS 专业人员负责托管服务	你需要搭建专业团队和进行质量管理
灵活性	高，因为你可以选择数据库引擎和修改配置参数	更高，因为你可以控制安装在虚拟服务器上的数据库的每个部分

在虚拟服务器上搭建关系数据库需要大量的时间和技能，所以推荐在尽可能的情况下，使用 Amazon RDS 提供需要的关系数据库，以降低成本和改善质量。这是为什么在本书中不会介绍如何在 EC2 上自己搭建关系数据库。相反的，我们将介绍 Amazon RDS 的细节。

在本章中，我们将使用 Amazon RDS 启动一个 MySQL 数据库。第 2 章介绍的 WordPress 搭建使用图 9-1 所示的架构，在本章中我们将再次使用这个示例，但是这次专注于数据库的部分。在基于 Amazon RDS 的 MySQL 数据库运行起来以后，你将了解如何导入数据，备份和恢复数据。更高级的话题，如搭建高可用的数据库和改善性能的内容将随后介绍。

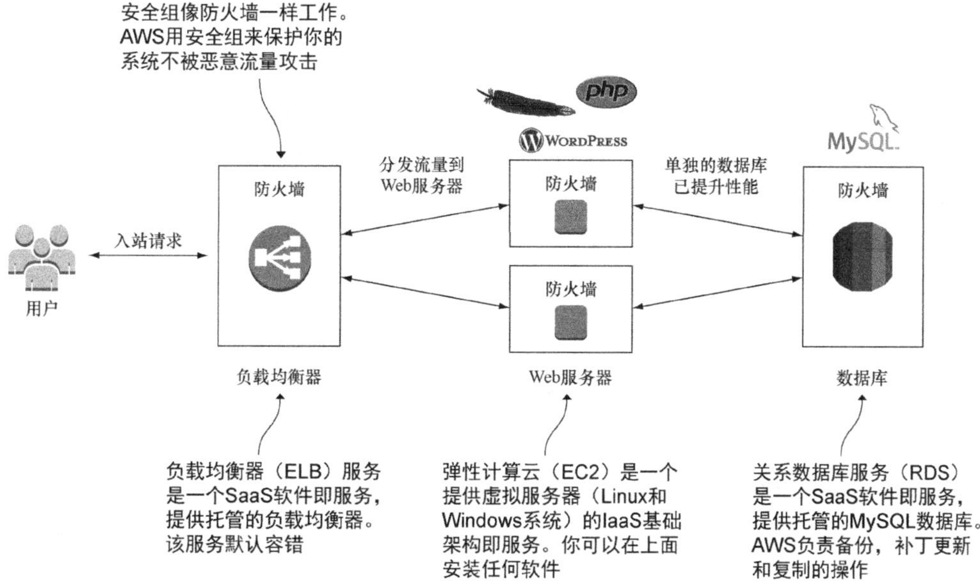

图 9-1 公司的博客系统包含两个负载均衡的运行 WordPress 的 Web 服务器和一台运行 MySQL 数据库的服务器

示例都包含在免费套餐中

本章中的所有示例都包含在免费套餐中。只要不是运行这些示例好几天，就不需要支付任何费用。记住，这仅适用于读者为学习本书刚刚创建的全新 AWS 账户，并且在这个 AWS 账户里没有其他活动。尽量在几天的时间里完成本章中的示例，在每个示例完成后务必清理账户。

本章中的示例使用一个用于 WordPress 应用的 MySQL 数据库。用户可以轻松地把学到的知识应用在其他如 Oracle 数据库、微软 SQL Server 和 PostgreSQL，以及 WordPress 以外的其他应用程序。

9.1 启动一个 MySQL 数据库

流行的博客平台 WordPress 搭建在 MySQL 关系数据库上。如果你想在自己的服务器上搭建博客，则需要运行 PHP 应用程序（例如，安装 Apache Web 服务器），并且需要操作一个 MySQL 数据库，以存放 WordPress 的文章、评论和作者信息。Amazon RDS 以服务的方式提供 MySQL 数据库。你不再需要自己安装、配置和操作 MySQL 数据库。

9.1.1 用 Amazon RDS 数据库启动 WordPress 平台

启动一个数据库包含两个步骤。

（1）启动一个数据库实例。

（2）连接应用程序到数据库的端点。

我们需要使用第 2 章中的 `CloudFormation` 模板来创建 WordPress 博客平台和 MySQL 数据库。你还将在模板里使用 Amazon RDS 服务。你可以在下载的源代码中找到该模板，我们要用的模板位于 chapter9/template.json。同样的文件也保存在 S3 上下面的位置 https://s3.amazonaws.com/awsinaction/chapter9/template.json。

执行下面的命令来创建包含一个 MySQL 引擎的 RDS 实例和服务 WordPress 应用的 Web 服务器：

```
$ aws cloudformation create-stack --stack-name wordpress --template-url \
https://s3.amazonaws.com/awsinaction/chapter9/template.json \
--parameters ParameterKey=KeyName,ParameterValue=mykey \
ParameterKey=AdminPassword,ParameterValue=test1234 \
ParameterKey=AdminEMail,ParameterValue=your@mail.com
```

CloudFormation 堆栈的创建大概需要几分钟的时间，所以你有充分的时间来了解 RDS 数据库实例的细节。代码清单 9-1 给出了用于创建 `wordpress` 堆栈的 CloudFormation 模板的一些组件。

陷阱：媒体上传和插件

WordPress 使用 MySQL 数据库来保存文章和用户信息。但是默认情况下，WordPress 在本地文件系统的 wp-content 目录存储用户上传的媒体文件和插件。这样的架构不是无状态的设计。这种架构下你无法使用多台服务器提供服务，因为只有一台服务器上保存有用户上传的媒体文件和插件。

本章中的示例并不完整，因为它没有解决上面提到的问题。如果对如何解决这个问题感兴趣，可以查看第 14 章的内容。第 14 章将介绍通过自动化配置虚拟服务器的方式来自动安装插件，并且将把媒体文件上传到对象存储进行保存。

表 9-2 展示了在管理控制台上使用 CloudFormation 创建 RDS 数据库所需要的一些属性。

表 9-2 创建 RDS 数据库需要的属性

属　性	描　述
AllocatedStorage	数据库的容量（以 GB 为单位）
DBInstanceClass	底层虚拟服务器的实例类型
Engine	数据库引擎（MySQL、Oracle 数据库、Microsoft SQL 服务器或者 PostgreSQL）
DBInstanceIdentifier	数据库实例的标识符
DBName	数据库的名字
MasterUsername	主用户的用户名
MasterUserPassword	主用户的密码

RDS 数据库可以部署在一个虚拟的私有网络中（VPC）。推荐用户这么做以保护数据，而且不要部署一个公网 IP 地址给数据库。在 VPC 中部署 RDS 数据库的情况下，可以使用私有 IP 地址来和 RDS 实例通信。这样数据库不会直接在互联网上被访问到。如果想在 VPC 里部署 RDS 实例，需要指定数据库所在的子网，如代码清单 9-1 所示。

代码清单 9-1 创建 RDS 数据库的 CloudFormation 模板代码片段

```
{
  [...]
  "Resources": {
    [...]
    "DatabaseSecurityGroup": {
      "Type": "AWS::EC2::SecurityGroup",
      "Properties": {
        "GroupDescription": "awsinaction-db-sg",
        "VpcId": {"Ref": "VPC"},
        "SecurityGroupIngress": [{
          "IpProtocol": "tcp",
          "FromPort": "3306",
          "ToPort": "3306",
          "SourceSecurityGroupId": {
            "Ref": "WebServerSecurityGroup"
```

数据库实例的安全组，允许来自 Web 服务器流量访问 MySQL 默认端口

MySQL 的默认端口是3306

引用 Web 服务器所在的安全组

```
            }
          }]
        }
      },
      "Database": {
        "Type": "AWS::RDS::DBInstance",          <── 创建亚马逊 RDS 数据库实例
        "Properties": {
          "AllocatedStorage": "5",               <── 数据库提供 5 GB 容量
          "DBInstanceClass": "db.t2.micro",      <── 数据库服务器的实例类型是 t2.micro，可选的最小的实例类型
          "DBInstanceIdentifier": "awsinaction-db",   <── RDS 数据库的标识符
          "DBName": "wordpress",                 <── 创建名为 wordpress 的默认的数据库
          "Engine": "MySQL",                     <── 使用 MySQL 作为数据库的引擎
          "MasterUsername": "wordpress",         <── MySQL 数据库的主用户的用户名
          "MasterUserPassword": "wordpress",     <── MySQL 数据库主用户的密码
          "VPCSecurityGroups": [
            {"Fn::GetAtt": ["DatabaseSecurityGroup", "GroupId"]}
          ],                                     <── 引用数据库的安全组名称
          "DBSubnetGroupName":
            {"Ref": "DBSubnetGroup"}             <── 定义 RDS 数据库实例将启动在哪个子网
        }
      },
      "DBSubnetGroup" : {
        "Type" : "AWS::RDS::DBSubnetGroup",      <── 创建子网组来定义数据库实例所在的子网
        "Properties" : {
          "DBSubnetGroupDescription" : "DB subnet group",
          "SubnetIds": [
            {"Ref": "SubnetA"},
            {"Ref": "SubnetB"}
          ]                                      <── 在子网 A 或者子网 B 中启动 RDS 数据库实例
        }
      },
      [...]
    },
    [...]
}
```

使用下面的命令检查名为`wordpress`的CloudFormation堆栈是否进入`CREATE_COMPLETE`状态：

```
$ aws cloudformation describe-stacks --stack-name wordpress
```

在输出栏中查找 StackStatus 堆栈状态，并且查看是否状态已经为`CREATE_COMPLETE`创建完成。如果不是，再等待几分钟（创建堆栈可能需要多达 15 min），然后再运行该命令。当状态已经为`CREATE_COMPLETE`时，你将在输出部分看到`Outputkey`属性。对应的`OutputValue`包含了 WordPress 博客平台的 URL 连接。代码清单 9-2 给出了详细的输出。在浏览器中打开该 URL 连接，你将看到一个正在运行的 WordPress 服务。

代码清单 9-2　检查 CloudFormation 堆栈的状态

```
$ aws cloudformation describe-stacks --stack-name wordpress
{
  "Stacks": [{
```

```
    "StackId": "...",
    "Description": "AWS in Action: chapter 9",
    "Parameters": [{
      "ParameterValue": "mykey",
      "ParameterKey": "KeyName"
    }],
    "Tags": [],
    "Outputs": [{
      "Description": "Wordpress URL",
      "OutputKey": "URL",
      "OutputValue": "http://[...].com/wordpress"   <-- 在浏览器中打开此 URL 超链接访问 WordPress 博客程序
    }],
    "StackStatusReason": "",
    "CreationTime": "2015-05-16T06:30:40.515Z",
    "StackName": "wordpress",
    "NotificationARNs": [],
    "StackStatus": "CREATE_COMPLETE",   <-- 等待 CloudFormation 堆栈完成创建
    "DisableRollback": false
  }]
}
```

启动和操作一个 MySQL 这样的数据库就是这么简单。当然，除了使用 CloudFormation 的模板外，你也可以使用管理控制台来启动一个 RDS 数据库实例模板。RDS 是一个托管的服务，AWS 负责大部分的操作任务来保证数据库是安全和可靠的。你只需要专注在下面的任务。

- 监控数据库的可用存储空间，确保在需要的时候增加存储空间。
- 监控数据库的性能，确保在需要的时候增加 I/O 性能和计算性能。

这两样工作都可以使用 CloudWatch 监控来帮助完成，稍后将了解这部分内容。

9.1.2 探索使用 MySQL 引擎的 RDS 数据库实例

CloudFormation 堆栈创建了一个带 MySQL 引擎的 RDS 数据库。每个 RDS 数据库都提供了一个端点来接受 SQL 请求。应用程序可以发送请求到这个端点来查询和存储数据。使用 `describe` 命令可以获得端点和其他的详细信息：

```
$ aws rds describe-db-instances
```

这个请求的输出包含了代码清单 9-2 所示的 RDS 数据库实例的详细信息。连接到 RDS 数据库所需的最重要的几个属性如表 9-3 所示。

表 9-3 连接到 RDS 数据库所需要的属性

属　性	描　述
Endpoint	数据库端点的主机名和端口，以便应用程序连接到数据库。这个端点接受 SQL 命令
DBName	启动时自动创建的默认数据库的名字

续表

属 性	描 述
MasterUsername	数据库主用户的用户名。这里没有显示密码；你必须记住密码或者在 CLoudFormation 模板中查找。主用户可以创建额外的数据库用户。具体的步骤取决于具体的数据库引擎
Engine	描述该数据库实例使用的数据库类型。本例中是 MySQL

这里有很多其他属性。你将在本章稍后了解到关于它们的更多的信息。代码清单 9-3 描述了 MySQL 关系数据库的实例。

代码清单 9-3 描述 MySQL RDS 数据库实例

```
{
  "DBInstances": [{
    "PubliclyAccessible": false,
    "MasterUsername": "wordpress",
    "LicenseModel": "general-public-license",
    "VpcSecurityGroups": [{
      "Status": "active",
      "VpcSecurityGroupId": "sg-7a84aa1e"
    }],
    "InstanceCreateTime": "2015-05-16T06:40:33.107Z",
    "OptionGroupMemberships": [{
      "Status": "in-sync",
      "OptionGroupName": "default:mysql-5-6"
    }],
    "PendingModifiedValues": {},
    "Engine": "mysql",
    "MultiAZ": false,
    "LatestRestorableTime": "2015-05-16T08:00:00Z",
    "DBSecurityGroups": [],
    "DBParameterGroups": [{
      "DBParameterGroupName": "default.mysql5.6",
      "ParameterApplyStatus": "in-sync"
    }],
    "AutoMinorVersionUpgrade": true,
    "PreferredBackupWindow": "06:01-06:31",
    "DBSubnetGroup": {
      "Subnets": [{
        "SubnetStatus": "Active",
        "SubnetIdentifier": "subnet-f045c9db",
        "SubnetAvailabilityZone": {
          "Name": "us-east-1a"
        }
      }, {
```

该数据库无法从互联网访问到——只可以从私有网络（VPC）访问

MySQL 数据库的主用户的用户名

数据库的安全组，只允许 Web 服务器访问 3306 端口

选项组用于额外的数据库相关的配置

数据库实例运行的是 MySQL 引擎

没有启用高可用的设置。在 9.5 节你将了解如何设置

参数组用于配置数据库引擎的参数

RDS 将自动进行数据库的小版本补丁升级

每天创建数据库快照的时间窗口（UTC 时间）

用于启动数据库实例的子网

```
        "SubnetStatus": "Active",
        "SubnetIdentifier": "subnet-42e4a235",
        "SubnetAvailabilityZone": {
          "Name": "us-east-1b"
        }
      }],
      "DBSubnetGroupName": "wordpress-dbsubnetgroup-1lbc2t9palsej",
      "VpcId": "vpc-941e29f1",
      "DBSubnetGroupDescription": "DB subnet group",
      "SubnetGroupStatus": "Complete"
    },
    "ReadReplicaDBInstanceIdentifiers": [],
    "AllocatedStorage": 5,
    "BackupRetentionPeriod": 1,
    "DBName": "wordpress",
    "PreferredMaintenanceWindow": "mon:06:49-mon:07:19",
    "Endpoint": {
      "Port": 3306,
      "Address": "awsinaction-db.czwgnecjynmj.us-east-1.rds.amazonaws.com"
    },
    "DBInstanceStatus": "available",
    "EngineVersion": "5.6.22",
    "AvailabilityZone": "us-east-1b",
    "StorageType": "standard",
    "DbiResourceId": "db-SVHSQQOW4CPNR57LYLFXVHYOVU",
    "CACertificateIdentifier": "rds-ca-2015",
    "StorageEncrypted": false,
    "DBInstanceClass": "db.t2.micro",
    "DBInstanceIdentifier": "awsinaction-db"
  }]
}
```

数据库实例的端点，应用程序用来发送 SQL 请求。本例中是一个私有 IP 地址，因为该数据库无法从互联网访问

RDS 执行数据库引擎的小版本补丁升级的时间窗口（每周一 6:49 到 07:19，UTC 时间）

数据库分配了 5 GB 的存储容量。用户可以需要的时候增加容量

启动数据库实例的私有网络（VPC）

RDS 允许为某些数据库实例创建读副本。这将在 9.6 节介绍

数据库快照备份将保留 1 天

默认数据库的名称

数据库的状态

数据库引擎的版本为 MySQL 5.6.22

数据库实例运行的数据中心

存储类型为标准类型，即物理磁盘。你将在后续章节了解 SSD 固态硬盘和预配置 IOPS 性能的存储选项。

表示数据写入磁盘前是否进行加密

数据库运行的虚拟服务器的实例类型。db.t2.micro 是可选的最小的类型

数据库实例的标识符

RDS 数据库在运行，但是它将产生多少成本？

9.1.3 Amazon RDS 的定价

Amazon RDS 数据库的定价取决于底层虚拟服务器的类型和分配的存储容量。和一个虚拟服务器（EC2）上运行的数据库相比，大概要额外付出 30%的成本。在我们看来，Amazon RDS 服务值得额外的成本，因为你不再需要担心典型的 DBA 任务，如安装、打补丁、升级、迁移、备份和恢复。Forester 分析结果显示 1 个数据库管理员大概需要花费一半的时间来完成这些任务。

表 9-4 展示了在美国弗吉尼亚北区域的中等规模的 RDS 数据库实例的价格，该价格不包括

高可用的故障切换功能。

表 9-4　中等规模的 RDS 实例的月度成本

描　　述	月度价格（美元）
数据库实例类型 db.m3.medium	65.88
50 GB 的通用类型 SSD	5.75
额外的数据库快照容量（300 GB）	28.50
总计	100.13

我们已经为 WordPress 互联网应用启动了一个 RDS 数据库实例，下面来了解一下如何将数据导入 RDS 数据库。

9.2 将数据导入数据库

没有数据的数据库毫无用处。通常你需要给新的数据库导入数据。在从自有机房迁移到 AWS 的时候，还需要迁移数据库的数据。本部分将指导如何从 MySQL 数据库 dump 数据到使用 MySQL 引擎的 RDS 数据库。这一流程和其他所有数据库引擎（Oracle 数据库、微软 SQL Server、PostgreSQL）的迁移流程也相似。

要从数据库中将数据导入 Amazon RDS 数据库要按照下面的步骤操作。

（1）导出自有数据中心里的数据库。

（2）在 RDS 数据库所在的区域的同一个 VPC 中启动一台虚拟服务器。

（3）把数据库导出的 dump 文件上传到该虚拟服务器。

（4）从虚拟服务器中导入数据到 RDS 数据库。

我们将略过导出 MySQL 数据库数据的具体步骤。下面的内容介绍了导出现有的 MySQL 数据库的一些方法。

导出一个 MySQL 数据库

MySQL 和其他所有的数据库系统都提供导出和导入数据库的方法。我们推荐使用 MySQL 提供的命令行工具来导出和导入数据库。你可能需要安装 MySQL 客户端工具。

下面的命令从本机导出所有数据库，并且把它们转储到名为 dump.sql 的文件。需要将`$UserName`替换为 MySQL 的 admin 或者 master 用户。

```
$ mysqldump -u $UserName -p --all-databases > dump.sql
```

还可以仅导出特定的数据库。如果有这样的需求，替换`$DatabaseName` 为你想要导出的数据库的名称：

```
$ mysqldump -u $UserName -p $DatabaseName > dump.sql
```

当然也可以通过网络连接来导出数据库。要连接一个数据库来导出数据，替换$Host 为主机名或者数据库的 IP 地址。

```
$ mysqldump -u $UserName -p $DatabaseName --host $Host > dump.sql
```

如果需要了解 mysqldump 的更多信息，可查看 MySQL 文档。

理论上讲，你可以从任何自有数据中心的服务器或者本地网络导入数据库到 RDS。但是通过互联网或者 VPN 连接的高延时将显著拖慢导入的过程。因此推荐进行额外的步骤：把数据库的转储文件上传到和 RDS 数据库位于相同区域和 VPC 里的虚拟服务器上，然后从那里导入数据库到 RDS。

要完成这些操作，需要按照下面的步骤操作。

（1）获得能够访问 RDS 数据库的虚拟服务器的公网 IP（运行 WordPress 应用的虚拟服务器）。

（2）通过 SSH 连接到该虚拟服务器。

（3）从 S3 下载数据库的 dump 文件到虚拟服务器。

（4）从 RDS 数据库运行 import 导入命令从虚拟服务器导入数据库到 RDS。

幸运的是，你已经启动了两台可以连接到 RDS 上的 MySQL 数据库的虚拟服务器。在本机上运行下面的命令获取这两台虚拟服务器的公网 IP 地址：

```
$ aws ec2 describe-instances --filters Name=tag-key,\
Values=aws:cloudformation:stack-name Name=tag-value,\
Values=wordpress --output text \
--query Reservations[0].Instances[0].PublicIpAddress
```

建立 SSH 连接到该虚拟服务器。使用 SSH 的密钥 mykey 来认证身份，并且替换 $PublicIpAddress 为运行 WordPress 应用程序的虚拟服务器的公网 IP：

```
$ ssh -i $PathToKey/mykey.pem ec2-user@$PublicIpAddress
```

作为示例，我们准备了一个用于 WordPress 博客的 MySQL 数据库的转储文件。使用下面的命令从 S3 上下载该转储文件。

```
$ wget https://s3.amazonaws.com/awsinaction/chapter9/wordpress-import.sql
```

现在已经就绪，可以开始把包含 WordPress 博客数据的转储文件导入到 RDS 数据库实例。你将需要 RDS 数据库实例上的 MySQL 数据库的端口，主机名（也叫作端点）。无法找到端点的信息？下面的命令可以帮助列出 RDS 数据库的端点。在本机上运行该命令：

```
$ aws rds describe-db-instances --query DBInstances[0].Endpoint
```

在虚拟服务器上运行下面的命令把 wordpress-import.sql 文件导入到 RDS 数据库实例；替换 $DBHostName 为之前的命令中列出的 RDS 的端点。当被提示输入密码的时候输入 wordpress：

```
$ mysql --host $DBHostName --user wordpress -p < wordpress-import.sql
```

在浏览器中在此访问 WordPress 博客，你将看到很多新的发帖和评论。如果无法找到博客的 URL 的话，在本机输入下面的命令来重新获取地址：

```
$ aws cloudformation describe-stacks --stack-name wordpress \
--query Stacks[0].Outputs[0].OutputValue --output text
```

9.3 备份和恢复数据库

Amazon RDS 是一个托管的服务，但是你仍然需要备份数据，这样在某些情况下或者被某些人损坏了数据的时候，仍然可以通过快照及时恢复数据，你也可以复制一个数据库到同一个区域里或者其他的区域。RDS 提供了手动快照和自动快照的功能，并且可以对 RDS 数据库实例进行基于时间点的恢复。

在本节中，读者将了解如何使用 RDS 快照：

- 为自动快照配置保留期限和时间窗口；
- 手动创建快照；
- 从创建的快照恢复数据库到一个新的数据库实例；
- 复制快照到其他的区域，以进行跨区域容灾或者数据迁移。

9.3.1 配置自动快照

在 9.1 节中创建的 WordPress 博客的 RDS 数据库可以自动为数据库创建快照。在每天特定的时间段，RDS 会为数据库创建全自动的快照。如果没有指定特定的时间窗口，RDS 会在晚上随机选择一个 30 min 的时间窗口来创建快照。默认情况下，全自动快照在一天后会被删除；可以修改保留期为 1～35 天的任意时间段。

创建快照需要暂停所有磁盘的操作。对数据库的访问请求可能会被推迟响应，甚至在超时后失败，所以推荐选择一个对应和用户影响最小的时间段进行全自动快照的操作。

下面的命令将把默认的自动快照时间窗口改为 UTC 时间 05:00～06:00，保留期改为 3 天。在本机的终端上执行下面的命令：

```
$ aws cloudformation update-stack --stack-name wordpress --template-url \
https://s3.amazonaws.com/awsinaction/chapter9/template-snapshot.json \
--parameters ParameterKey=KeyName,UsePreviousValue=true \
ParameterKey=AdminPassword,UsePreviousValue=true \
ParameterKey=AdminEMail,UsePreviousValue=true
```

RDS 数据库将根据修改后的 CloudFormation 模板做修改，如代码清单 9-4 所示。

代码清单 9-4　修改 RDS 数据库的快照时间窗口和保留期

```
[...]
"Database": {
  "Type": "AWS::RDS::DBInstance",
```

```
    "Properties": {
      "AllocatedStorage": "5",
      "DBInstanceClass": "db.t2.micro",
      "DBInstanceIdentifier": "awsinaction-db",
      "DBName": "wordpress",
      "Engine": "MySQL",
      "MasterUsername": "wordpress",
      "MasterUserPassword": "wordpress",
      "VPCSecurityGroups": [
        {"Fn::GetAtt": ["DatabaseSecurityGroup", "GroupId"]}
      ],
      "DBSubnetGroupName": {"Ref": "DBSubnetGroup"},
      "BackupRetentionPeriod": 3,
      "PreferredBackupWindow": "05:00-06:00"
    }
  }
  [...]
```

保留快照 3 天

在 05:00～06:00（UTC 时间）自动创建快照

如果用户想要禁用自动快照，可以修改保留期为 0。通常可以使用 CloudFormation 模板，管理控制台或者 SDK 来配置全自动快照。

9.3.2 手动创建快照

在全自动快照之外，用户还可以在需要的时候手动创建快照。下面的命令将创建一个名为 `wordpress-manual-snapshot` 的快照：

```
$ aws rds create-db-snapshot --db-snapshot-identifier \
wordpress-manual-snapshot \
--db-instance-identifier awsinaction-db
```

创建快照大概需要几分钟的时间。用户可以使用下面的命令检查快照的状态：

```
$ aws rds describe-db-snapshots \
--db-snapshot-identifier wordpress-manual-snapshot
```

RDS 不会自动删除手动创建的快照；如果不再需要它们，用户需要自己手动删除。本节的最后将介绍如何操作。

复制自动快照到手动快照

自动快照和手动快照不一样：自动快照在保留期过后会自动删除，但是手动快照不会。如果希望在保留其后仍然保留自动快照，必须把自动快照复制成手动快照。

在本地终端中输入下面的命令，可以获取在 9.1 节中创建的 RDS 数据库的自动快照的快照标 ID：

```
$ aws rds describe-db-snapshots --snapshot-type automated \
--db-instance-identifier awsinaction-db \
--query DBSnapshots[0].DBSnapshotIdentifier \
--output text
```

下面的命令把自动快照复制为名为wordpress-copy-snapshot 的手动快照。替换$SnapshotId 为上一步命令的输出：

```
$ aws rds copy-db-snapshot --source-db-snapshot-identifier \
$SnapshotId --target-db-snapshot-identifier \
wordpress-copy-snapshot
```

自动快照的副本被命名为 wordpress-copy-snapshot，不会被自动删除。

9.3.3　恢复数据库

从自动快照或者手动快照恢复时，将会基于快照创建一个新的数据库。如图 9-2 所示，你不能把快照恢复到一个已有的数据库。

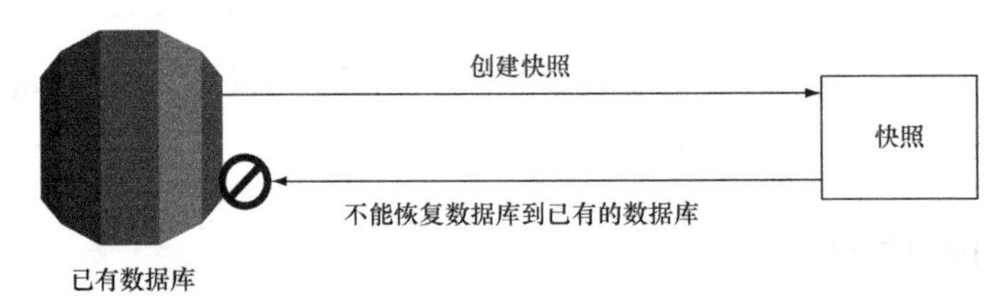

图 9-2　不能把快照恢复到已有的数据库

图 9-3 所示为了恢复快照，创建一个新数据库。

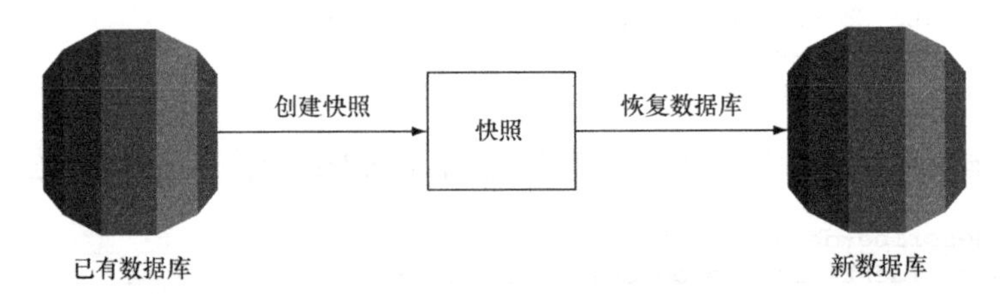

图 9-3　为了恢复快照创建一个新数据库

使用 DNS CNAME 指向用户的数据库

每个 RDS 数据库会获得一个 DNS 名称，类似 awsinaction-db.czwgnecyjmj.us-east-1.rds.amazonaws.com。从快照恢复数据库后，新的数据库实例将会获得一个新的名字。如果把数据库名硬编码到应用的配置中，应用程序就将无法工作，因为它没有使用新的 DNS 名。为了避免这种情况，可以创建一个 DNS 记录如 mydatabase.mycompany.com，通过 CNAME 指向数据库的 DNS 名称。在需要恢复数据库时，修改 DNS 记录指向新的数据库；应用程序就可以重新工作，因为使用 mydatabase.mycompany.com 的域名连接数据库。AWS 的 DNS 服务是 Route 53。

想要在 9.1 节中创建的 VPC 里创建一个新数据库，需要找到已有数据库的子网组。获取该信息需要执行下面的命令：

```
$ aws cloudformation describe-stack-resource \
--stack-name wordpress --logical-resource-id DBSubnetGroup \
--query StackResourceDetail.PhysicalResourceId --output text
```

现在可以基于之前创建的手动快照来创建一个新的数据库。替换$SubnetGroup 后执行下面的命令：

```
$ aws rds restore-db-instance-from-db-snapshot \
--db-instance-identifier awsinaction-db-restore \
--db-snapshot-identifier wordpress-manual-snapshot \
--db-subnet-group-name $SubnetGroup
```

基于手动快照创建的新的数据库名为 awsinaction-db-restore。在数据库创建后，可以切换 WordPress 应用到新的端点。

使用自动创建的快照，就可以把数据库恢复到一个特定的时间点，因为 RDS 保存了数据库的变更日志。这样就可以把数据库恢复到从备份保留期开始到最近的 5 min 的任意一个时间点。

在下面的命令中替换$subnetGroup 为之前的 describe-stack-resource 命令的输出，并且替换$Time 为一个 5 min 前的时间（如 2015-05-23T12:55:00Z，UTC 时间），然后运行下面的命令：

```
$ aws rds restore-db-instance-to-point-in-time \
--target-db-instance-identifier awsinaction-db-restore-time \
--source-db-instance-identifier awsinaction-db \
--restore-time $Time --db-subnet-group-name $SubnetGroup
```

这样就可以基于 5 min 前的源数据库创建起来一个新的名为 awsinaction-db-restore-time 的数据库。在数据库创建完成后，可以切换 WordPress 应用到新的端点。

9.3.4 复制数据库到其他的区域

使用快照可以方便地把数据库复制到其他区域。可能基于下面的原因跨区域复制数据库。

- 灾难恢复——可以区域基本进行灾难恢复。
- 迁移——把基础架构迁移到另外一个区域，这样改善用户的访问延时。

你可以轻松地把快照复制到其他区域。下面的命令把名为 wordpress-manual-snapshot 的快照从 us-east-1 区域复制到 eu-west-1。在执行命令之前需要替换$AccountId：

```
$ aws rds copy-db-snapshot --source-db-snapshot-identifier \
arn:aws:rds:us-east-1:$AccountId:snapshot:\
wordpress-manual-snapshot --target-db-snapshot-identifier \
wordpress-manual-snapshot --region eu-west-1
```

注意 跨区域移动数据可能违反隐私法律或者法规规定，特别是数据跨越国界的时候。在跨越区域移动真实的数据前确保你被允许这么做。

如果用户记不得自己的账户 ID，可以使用下面的命令行查看：

```
$ aws iam get-user --query "User.Arn" --output text
arn:aws:iam::878533158213:user/mycli        ← 账户 ID 为 12 位的数字（878533158213）
```

快照复制到 eu-west-1 区域后，就可以像之前介绍的内容恢复数据库。

9.3.5 计算快照的成本

快照基于使用的存储容量收费。用户可以免费存储和自己数据库实例相同容量的快照。在 WordPress 博客平台的这个例子中，你可以免费存储最多 5 GB 的快照。超过的部分，按照每 GB 每月使用的存储容量付费。在编写本书的时候，每 GB 每月成本为 0.095 美元（在 us-east-1 区域）。

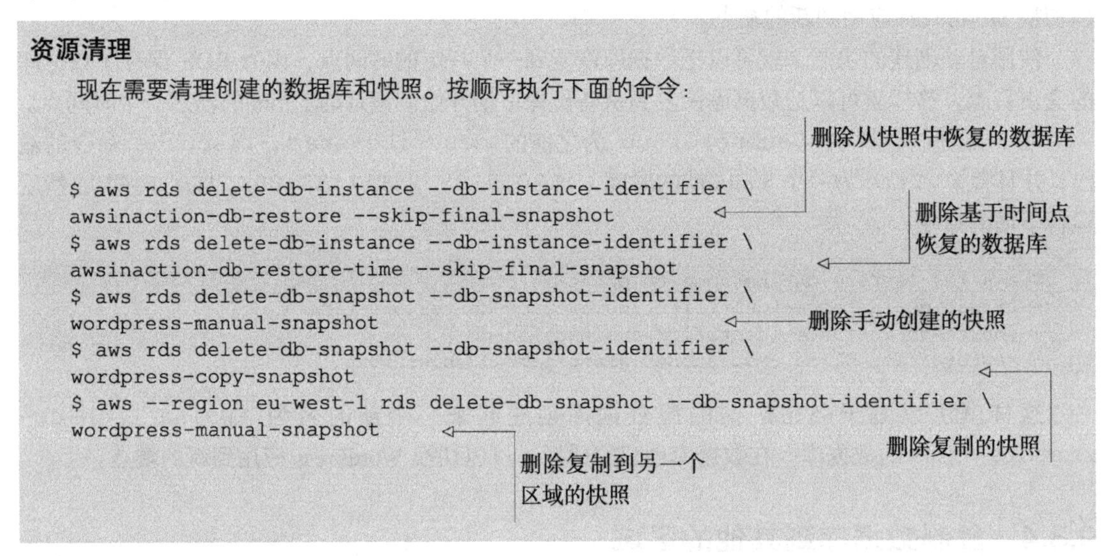

资源清理

现在需要清理创建的数据库和快照。按顺序执行下面的命令：

```
$ aws rds delete-db-instance --db-instance-identifier \
awsinaction-db-restore --skip-final-snapshot
$ aws rds delete-db-instance --db-instance-identifier \
awsinaction-db-restore-time --skip-final-snapshot
$ aws rds delete-db-snapshot --db-snapshot-identifier \
wordpress-manual-snapshot
$ aws rds delete-db-snapshot --db-snapshot-identifier \
wordpress-copy-snapshot
$ aws --region eu-west-1 rds delete-db-snapshot --db-snapshot-identifier \
wordpress-manual-snapshot
```


9.4 控制对数据库的访问

责任共担的安全模型适用于 RDS 服务，也适用于其他 AWS 服务。在本例中 AWS 为云上的安全负责，如底层操作系统的安全。作为客户，你需要制定规则控制对数据和 RDS 数据库的访问。

图 9-4 展示了对于 RDS 数据库进行访问控制的 3 个层面。

- 控制对 RDS 数据库的配置的访问。
- 控制对 RDS 数据库的网络访问。
- 使用用户和权限管理来控制对数据库自身的数据访问控制。

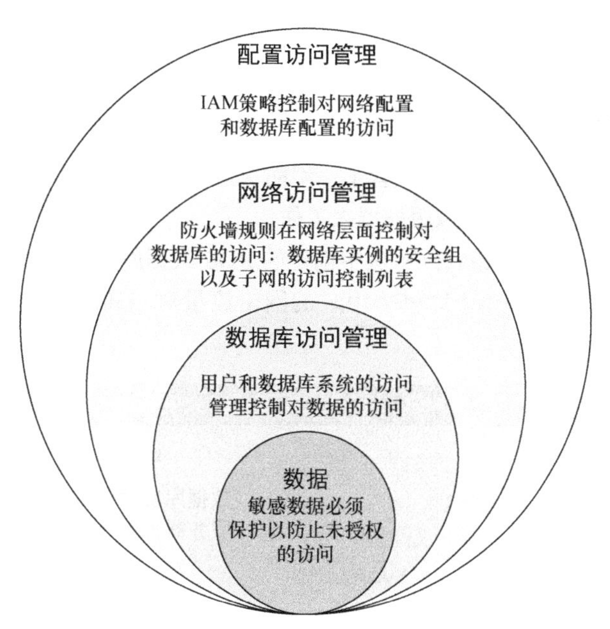

图 9-4 数据访问通过数据库访问管理，安全组和 IAM 来控制

9.4.1 控制对 RDS 数据库的配置的访问控制

身份和访问控制管理服务（IAM）可以帮助控制对 RDS 服务的访问。IAM 服务负责控制诸如对创建、更新和删除 RDS 数据库实例等操作的访问。IAM 不管理数据库内部的访问；数据库引擎负责那部分的安全控制（见 9.4.3 节）。IAM 的策略定义了一个用户或者用户组允许执行的 RDS 服务的配置和管理操作。把 IAM 策略关联到特定的 IAM 用户，用户组或者角色，被关联的实体就可以使用该策略配置 RDS 数据库。

代码清单 9-5 显示的 IAM 策略允许对 RDS 服务进行所有配置和管理操作。仅把策略关联到特定的 IAM 用户和组以限制访问。

代码清单 9-5 IAM 策略允许管理 RDS 的权限

```
{
  "Version": "2012-10-17",
  "Statement": [{
    "Sid": "Stmt1433661637000",
    "Effect": "Allow",
    "Action": ["rds:*"],
    "Resource": "*"
  }]
}
```

- "Effect": "Allow" — IAM 策略允许对特定自由的特定操作
- "Action": ["rds:*"] — 允许对 RDS 服务的所有可能操作（例如，修改数据库的配置）
- "Resource": "*" — 指定了所有的 RDS 数据库资源

应该仅授权给真正需要更改 RDS 数据库的人或者服务器。如果对 IAM 服务感兴趣，可以查看第 6 章的内容。

9.4.2 控制对 RDS 数据库的网络访问

RDS 实例关联到安全组。安全组包含了一组防火墙规则，控制数据库入站和出站的流量。你已经了解过如何把安全组配合虚拟服务器来工作。

代码清单 9-6 展示了在 WordPress 示例中创建的 RDS 数据库所使用的安全组。这里的规则仅仅允许来源为 `WebServerSecurityGroup` 的网络流量对 3306 端口的入站访问（3306 为 MySQL 的默认端口）。

代码清单 9-6 CloudFormation 模板片段：RDS 数据库的防火墙规则

```
{
  [...]
  "Resources": {
    [...]
    "DatabaseSecurityGroup": {
      "Type": "AWS::EC2::SecurityGroup",
      "Properties": {
        "GroupDescription": "awsinaction-db-sg",
        "VpcId": {"Ref": "VPC"},
        "SecurityGroupIngress": [{
          "IpProtocol": "tcp",
          "FromPort": "3306",
          "ToPort": "3306",
          "SourceSecurityGroupId": {"Ref": "WebServerSecurityGroup"}
        }]
      }
    },
    [...]
  },
  [...]
}
```

数据库实例的安全组，允许 Web 服务器访问 MySQL 的默认端口

MySQL 默认端口为 3306

来源为 Web 服务器所在的安全组

在网络层面上，应该仅允许真正需要连接到 RDS 数据库的服务器的入站访问。如果你有兴趣，请到第 6 章查看安全组和防火墙规则的详细信息。

9.4.3 控制数据访问

数据库引擎提供了访问权限控制。数据库引擎的用户管理和 IAM 用户的权限没有任何关系；它只用来控制对数据库的访问。例如，通常需要为每个应用程序创建一个用户，并且在必要的时候为该用户分配访问和操作表的权限。

常见的使用场景如下：

- 限制特定的用户对数据库的写操作（例如，仅授权给应用程序）。
- 仅允许特定的用户访问特定的表（例如，授权给某个组织的某个部门）。

- 通过对表的访问限制来隔离不同的应用程序（例如，允许不同的客户的多个应用程序的访问同一个数据库）。

不同的数据库系统使用的用户和权限管理也不尽相同。本书中不会介绍这部分内容；请参考数据库的文档来了解相关信息。

9.5 可以依赖的高可用的数据库

数据库是一个系统中最重要的部分。如果数据库无法访问，应用程序就无法正常工作，存储在数据库里的数据是业务关键型数据，所以数据库必须是高可用并且持久化地存储数据。

Amazon RDS 让你运行一个高可用的数据库。和默认的包含一个实例的数据库相比，高可用的 RDS 数据库包含两个数据库实例：一个主库和一个从库。如果运行一个高可用的 RDS 数据库，你需要为两个实例付费。所有的客户端请求发送到主库。就像图 9-5 显示的那样，数据在主库和从库之间同步复制。

如果主库因为硬件或者网络故障，RDS 会启动故障切换流程。从库提升为主库。如图 9-6 所示，DNS 名称会被更新，客户端的请求将发送给之前的从库。

RDS 自动侦测故障并进行切换，不需要人工干预。对于生产负载，强烈推荐使用高可用的部署方式。

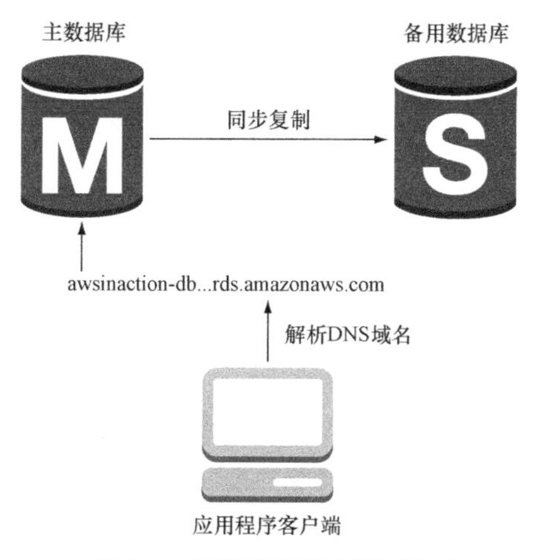

图 9-5 运行在高可用模式时主数据库复制到从数据库

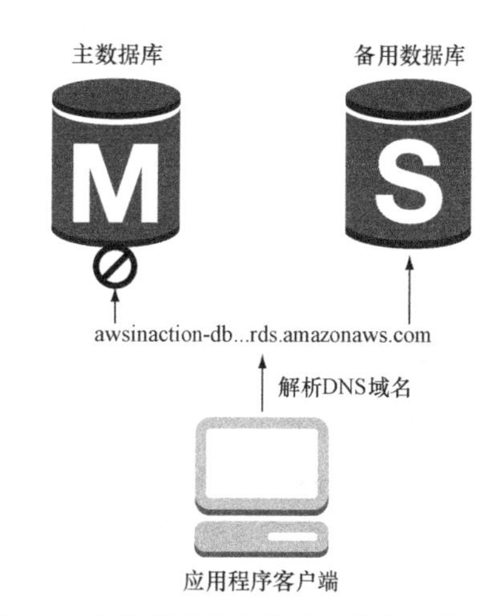

图 9-6 主数据库发生故障后客户端程序通过 DNS 名字解析切换到从数据库

激活 RDS 数据库的高可用部署选项

在本地的终端输入下面的命令来激活 RDS 数据库的高可用部署，用于 WordPress 博客平台使用：

```
$ aws cloudformation update-stack --stack-name wordpress --template-url \
https://s3.amazonaws.com/awsinaction/chapter9/template-multiaz.json \
--parameters ParameterKey=KeyName,UsePreviousValue=true \
ParameterKey=AdminPassword,UsePreviousValue=true \
ParameterKey=AdminEMail,UsePreviousValue=true
```

警告 启动高可用部署的 RDS 数据库将产生费用。如果想了解当前的价格信息，可以访问 AWS 官方网站。

我们使用稍修改过的 CloudFormation 模板来更新 RDS 数据库，如代码清单 9-7 所示。

代码清单 9-7 修改 RDS 数据库以激活高可用

```
[...]
"Database": {
  "Type": "AWS::RDS::DBInstance",
  "Properties": {
    "AllocatedStorage": "5",
    "DBInstanceClass": "db.t2.micro",
    "DBInstanceIdentifier": "awsinaction-db",
    "DBName": "wordpress",
    "Engine": "MySQL",
    "MasterUsername": "wordpress",
    "MasterUserPassword": "wordpress",
    "VPCSecurityGroups": [
      {"Fn::GetAtt": ["DatabaseSecurityGroup", "GroupId"]}
    ],
    "DBSubnetGroupName": {"Ref": "DBSubnetGroup"},
    "MultiAZ": true                          <-- 为 RDS 数据库激活高可用部署
  }
}
[...]
```

数据库大概需要几分钟的时间才能进入高可用模式。但是不需要做任何其他事情——现在数据库已经支持高可用了。

什么是多可用区部署

每个 AWS 区域都包含多个独立的数据中心，也被称为可用区。第 11 章将介绍可用区的概念。所以这里暂时略过对 RDS 跨可用区部署（把 RDS 的主库和从库启动在两个不同的可用区）的介绍。AWS 把这种高可用的部署方式称为 RDS 多可用区部署。

使用 RDS 高可用的部署除了提高数据库可靠性之外，还有其他的好处。重新配置或者维护数据库一般将导致停机。一个高可用部署的 RDS 数据库允许在维护的时候切换到从库，从而解决了这个问题。

9.6　调整数据库的性能

通常情况下，RDS 数据库，或者任何 SQL 数据库，可以在垂直方向上扩展。如果数据库性能不足，就必须增加底层硬件的性能：

- 更快的 CPU；
- 更多的内存；
- 更高性能的 I/O 存储。

和关系数据库不同的是，S3 这样的对象存储或者 DynamoDB 这样的 NoSQL 数据库可以在水平方向上进行扩展。可以通过向集群中添加节点的方式增加性能。

9.6.1　增加数据库资源

在启动 RDS 数据库的时候，需要选择一种实例类型。实例类型决定了虚拟服务器的计算能力和内存容量（和启动一台 EC2 实例一样）。选择更大的实例类型能增加数据库可以使用的处理性能和内存容量。

这里启动的是 db.t2.micro 类型的 RDS 数据库，这是最小的实例类型。可以通过 CloudFormation 模板、命令行、软件开发工具包 SDK 和管理控制台来修改实例类型。代码清单 9-8 显示如何使用 CloudFormation 模板来把拥有 1 个虚拟内核和 615 MB 内存的 db.t2.micro 修改为 2 倍虚拟内核和 7.5 GB 内存的 db.m3.large 实例。这里只是在理论上介绍如何操作——不要去扩展你正在运行的数据库。

代码清单 9-8　修改实例类型来改善 RDS 数据库的性能

```
{
  [...]
  "Resources": {
    [...]
    "Database": {
      "Type": "AWS::RDS::DBInstance",
      "Properties": {
        "AllocatedStorage": "5",
        "DBInstanceClass": "db.m3.large",          <-- 把数据库实例底层的虚拟服务器类型从 db.t2.micro 修改为 db.m3.large
        "DBInstanceIdentifier": "awsinaction-db",
        "DBName": "wordpress",
        "Engine": "MySQL",
        "MasterUsername": "wordpress",
        "MasterUserPassword": "wordpress",
        "VPCSecurityGroups": [
          {"Fn::GetAtt": ["DatabaseSecurityGroup", "GroupId"]}
        ],
        "DBSubnetGroupName": {"Ref": "DBSubnetGroup"}
      }
    },
```

```
    [...]
  },
  [...]
}
```

因为数据库必须从磁盘读取和写入数据，所以 I/O 性能对数据库的总体性能来说至关重要。RDS 提供 3 种不同的存储，你已经在 EBS 的介绍中了解到了这些 EBS 存储类型：

- 通用 SSD 磁盘；
- 预配置 IOPS 性能的 SSD 磁盘；
- 物理磁盘。

针对生产系统的工作负载，应该选择通用 SSD 磁盘或者选择预配置 IOPS 性能的 SSD 磁盘。这些选项和你为虚拟服务器选择的 EBS 存储服务选项一样。如果希望保证高水平的读和写吞吐量，应该使用预配置 IOPS 性能的 SSD 固态硬盘。通用 SSD 提供了中等的性能，并且在需要的时候可用突发性能来满足突发的工作负载的需求。通用 SSD 的基线性能取决于最初配置的存储容量。如果需要以很低的成本存储数据或者不需要保证访问的性能，可以选择物理磁盘。代码清单 9-9 显示如何使用 CloudFormation 来激活通用 SSD 存储。

代码清单 9-9　修改 RDS 数据库的存储类型来改善性能

```
{
  [...]
  "Resources": {
    [...]
    "Database": {
      "Type": "AWS::RDS::DBInstance",
      "Properties": {
        "AllocatedStorage": "5",
        "DBInstanceClass": "db.t2.micro",
        "DBInstanceIdentifier": "awsinaction-db",
        "DBName": "wordpress",
        "Engine": "MySQL",
        "MasterUsername": "wordpress",
        "MasterUserPassword": "wordpress",
        "VPCSecurityGroups": [
          {"Fn::GetAtt": ["DatabaseSecurityGroup", "GroupId"]}
        ],
        "DBSubnetGroupName": {"Ref": "DBSubnetGroup"},
        "StorageType": "gp2"            <-- 使用通用类型（SSD）存储来改善 I/O 性能
      }
    },
    [...]
  },
  [...]
}
```

9.6.2 使用读副本来增加读性能

SQL 数据库可以在特定的情况下水平扩展性能。服务大量读请求的数据库可以通过水平添加更多的读副本的数据库实例的方式来扩展性能。如图 9-7 所示，数据库的修改以异步的方式复制到额外的只读数据库实例。可以在主数据库和读副本之间分担读请求，来增加读吞吐量。

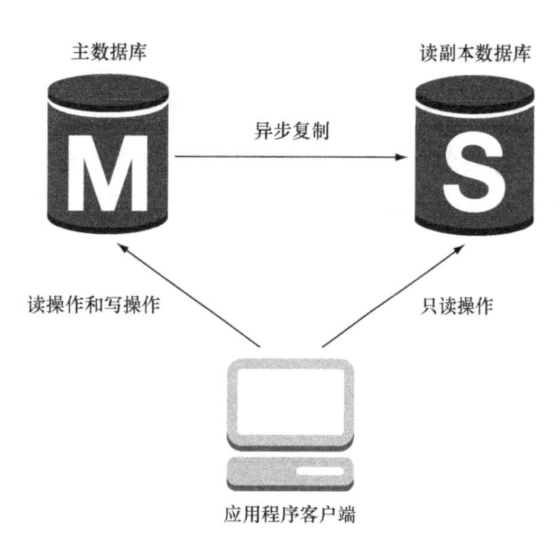

图 9-7 在主数据库和读副本数据库之间分担读负载，以提升读性能

通过读副本的方式改善性能只适用于大量读操作和少量写操作的应用类型。幸运的是，大多数应用读取的操作远远大于写入操作。

1. 创建一个读副本的数据库

Amazon RDS 支持创建 MySQL 和 PostgreSQL 数据库的只读副本。要使用读复制，需要激活数据库的自动备份，将在本章的最后一节显示如何操作。

从本地终端执行下面的命令，为在 9.1 节中的 WordPress 博客平台的数据库创建只读副本：

```
$ aws rds create-db-instance-read-replica \
--db-instance-identifier awsinaction-db-read \
--source-db-instance-identifier awsinaction-db
```

RDS 在后台自动触发下列操作。

（1）从源数据库（也叫做主数据库）创建快照。

（2）从该快照创建新的数据库。

（3）激活主数据库和只读数据库的复制关系。

（4）为只读副本数据库创建 SQL 只读请求的端点。

一旦只读数据库成功创建，它就可以开始接收 SQL 读请求。应用程序需要支持使用只读副本的数据库。例如，WordPress 默认不支持使用只读副本数据库，但是可以通过安装一个叫作 HyperDB 的插件来支持；它的配置有些复杂，这里略过这部分内容。创建或者删除一个只读副本不会影响主库的可用性。

使用只读副本来跨区域的传输数据

RDS 支持 MySQL 数据库的跨区域复制。例如，可以把位于弗吉尼亚的数据中心里的数据库复制到爱尔兰的数据中心。这个功能主要有下面的使用场景。

（1）跨区域的备份数据，以防范极少出现的区域级别的故障。

（2）跨区域迁移数据，以满足本地用户读请求所需要的低延时。

（3）跨区域迁移数据库。

跨区域的复制数据库会产生额外的成本，因为你还需要为传输的数据流量付费。

2. 提升读副本数据库为单独的数据库

如果需要跨区域迁移数据库，或者需要为主数据库分担像添加索引这样高负载的任务，把这些负载从主库切换到只读副本会很有帮助。只读副本必须成为新的主数据库。RDS 的 MySQL 和 PostgreSQL 的只读数据库可以提升为主数据库。

下面的命令把创建的只读副本数据库提升为单独的主数据库。注意只读数据库将会重新启动并且在几分钟内不可用：

```
$ aws rds promote-read-replica --db-instance-identifier awsinaction-db-read
```

名为 `awsinaction-db-read` 的 RDS 数据库从只读从库提升为主数据库之后，就可以开始接受写请求。

资源清理

现在应该清理不再需要的资源。执行下面的命令：

```
$ aws rds delete-db-instance --db-instance-identifier \
awsinaction-db-read --skip-final-snapshot
```

在本章我们已经积累了一定的 AWS 关系数据库服务的经验。最后我们来了解如何紧密监控 RDS 的性能。

9.7 监控数据库

RDS 是一个托管的服务。但是，用户仍然需要监控一些指标，以确保数据库可以响应所有来自应用程序的访问请求。RDS 发布一些指标给 AWS CloudWatch 服务，CloudWatch 是一个 AWS 云的监控服务。像图 9-8 显示的那样，可以通过管理控制台查看这些指标，并且定义超过一定阈值之后产生报警。

访问 RDS 数据库的指标可以按照下面的步骤。

（1）打开管理控制台。

（2）在主菜单中选择 CloudWatch 服务。

（3）在左侧选择 RDS 指标的子菜单。

（4）在显示的表下选择想要查看的指标。

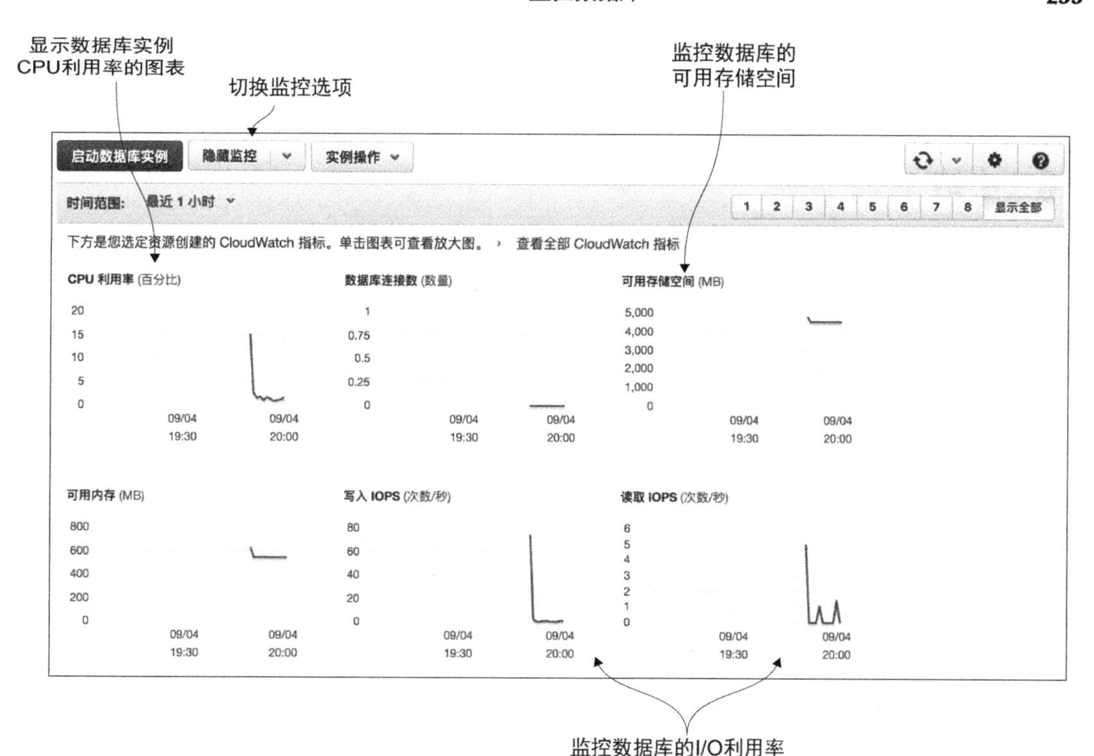

图 9-8 从管理控制台监控 RDS 数据库的指标

RDS 数据库实例提供 18 个指标，表 9-5 展示了重要的指标；推荐通过创建报警的方式持续监控这些指标。

表 9-5 从 CloudWatch 监控 RDS 数据库的重要指标

名 称	描 述
可用存储空间	可用的存储容量，字节为单位。确保没有用完存储容量
CPU 利用率	CPU 利用率以百分比显示。高利率用率可能意味着 CPU 性能瓶颈
可用内存	可用内存容量，字节为单位。内存不足会导致性能问题
磁盘队列深度	磁盘的等待请求数量。一个长队列意味着数据库遇到了存储 I/O 性能瓶颈

推荐对这些指标给予特别的关注，以确保数据库不会为应用程序带来性能问题。

资源清理

现在清理资源来避免不必要的花费。执行下面的命令来删除为 WordPress 博客平台创建的 RDS 数据库相关资源：

```
$ aws cloudformation delete-stack --stack-name wordpress
```

本章中我们学习了如何使用 RDS 服务来管理应用的关系数据库。下一章我们将专门讨论一个 NoSQL 数据库。

9.8 小结

- RDS 是一个提供关系数据库的托管服务。
- 可以选择 MySQL、PostgreSQL、Microsoft SQL、Oracle、MariaDB 和 Amazon Aurora 这样的数据库引擎。
- 最方便地把数据导入 RDS 数据库的方法，是复制数据到同一个区域的一台虚拟服务器，然后从该虚拟服务器导入数据到 RDS 数据库。
- 可以配合使用 IAM 策略和防火墙规则，以及数据库级别的安全工具来控制对数据的访问。
- 在数据保留期内，可以把 RDS 数据库恢复到任何时间点。
- RDS 数据库可以是高度可用的。对于生产负载，应该以多 AZ 模式启动 RDS 数据库。
- 读副本数据库可以改善 SQL 数据库的读密集应用的性能。

第10章 面向NoSQL数据库服务的编程：DynamoDB

本章主要内容

- DynamoDB 的 NoSQL 数据库服务
- 创建表和二级索引
- 在服务堆栈里集成 DynamoDB
- 设计键值优化的数据模型
- 优化性能

扩展传统的关系数据库的性能非常困难，因为保证事务（原子性、一致性、隔离、持久性，也叫作 ACID）需要跨数据库的所有节点通信。添加的节点越多，数据库会变得越慢，因为更多的节点需要彼此协调交易操作。要应对这样的难题需要使用不提供上面 ACID 保证的数据库类型。它们叫作 NoSQL 数据库。

有 4 种主要的 NoSQL 数据库（文档、图形、列式和键值存储）每种类型有适用的场景和应用程序。亚马逊提供一个叫作 DynamoDB 的 NoSQL 数据库服务。和 RDS 不一样，DynamoDB 是完全托管的，非开源的键值存储。如果希望使用不同的 NoSQL 数据库类型（如 MongoDB 这样的文档数据库），你需要启动 EC2 实例并且在上面自己安装管理 MongoDB。第 3 章和第 4 章的会介绍如何操作。DynamoDB 高可用和高度持久的。你可以把 DynamoDB 的容量从一个项目扩展到存储几十亿个项目，也可以把它的性能从每秒钟一个操作扩展到每秒上万个操作。

本章详细了解如何使用 DynamoDB：如何管理它和如何编程以使用 DynamoDB。管理 DynamoDB 非常简单。可以为 DynamoDB 创建表和二级索引。性能相关的可以调整的参数只有一个：读容量和写容量单位，读写容量单位直接决定了表的性能和成本。

我们将查看 DynamoDB 的细节，并通过一个简单的任务管理应用 nodetodo（类似 Hello World 程序）来展示如何使用它。图 10-1 展示了如何使用 nodetodo 的任务管理应用。

示例都包含在免费套餐中

本章中的所有示例都包含在免费套餐中。只要不是运行这些示例好几天，就不需要支付任何费用。记住，这仅适用于读者为学习本书刚刚创建的全新 AWS 账户，并且在这个 AWS 账户里没有其他活动。尽量在几天的时间里完成本章中的示例，在每个示例完成后务必清理账户。

```
chapter10 — bash — 92×39
mwittig:chapter10 michael$ node index.js user-add michael michael@widdix.de +4971537507824
user added with uid michael
mwittig:chapter10 michael$ node index.js task-add michael "book flight to AWS re:Invent"
task added with tid 1433743784399
mwittig:chapter10 michael$ node index.js task-add michael "revise chapter 10"
task added with tid 1433743827724
mwittig:chapter10 michael$ node index.js task-ls michael
tasks [ { tid: '1433743784399',
    description: 'book flight to AWS re:Invent',
    created: '20150608',
    due: null,
    category: null,
    completed: null },
  { tid: '1433743827724',
    description: 'revise chapter 10',
    created: '20150608',
    due: null,
    category: null,
    completed: null } ]
mwittig:chapter10 michael$ node index.js task-done michael 1433743784399
task completed with tid 1433743784399
mwittig:chapter10 michael$ 
```

图 10-1　你可以使用 nodetodo 应用的命令行接口管理你的任务

在开始实现 nodetodo 之前，需要了解 DynamoDB 的最基本的信息。

10.1　操作 DynamoDB

DynamoDB 不需要任何传统关系数据库的管理操作，但是有其他需要关注的任务。DynamoDB 的价格取决于存储容量和性能需求。本节还比较了 DynamoDB 和 RDS 的不同。

10.1.1　管理

有了 DynamoDB，你不需要担心安装、更新、服务器、存储或者备份操作。

- DynamoDB 不是一个可以下载的软件产品。相反的，它是一个 NoSQL 的数据库服务。所以，不能像安装一个 MySQL 或者 MongoDB 一样安装 DynamoDB。这也意味着不能为数据库打补丁；DynamoDB 的软件是由 AWS 来维护的。
- DynamoDB 运行在 AWS 运维管理的一批服务器上。他们负责操作系统和安全相关的问题。从安全的角度来说，你的任务是分配合适的权限给 IAM 用户访问 DynamoDB 表。
- DynamoDB 跨服务器和多个数据中心复制数据。没有必要出于持久化保存数据的目的来做备份——数据库已经帮助在物理层面保护了数据。

现在了解到了使用 DynamoDB，用户不再需要进行某些管理操作。但是，要在生产环境里使用 DynamoDB，仍然需要考虑一些事情：创建表（见 10.4 节）、创建二级索引（见 10.6 节）、监控容量使用和配置读写容量（见 10.9 节）。

10.1.2 价格

如果使用 DynamoDB，每月需要为下面的用量付费。

- 每 GB 每月容量 0.25 美元（二级索引通用消耗容量）。
- 每 10 个写容量单位 0.47 美元（10.9 节将解释读写容量单位）。
- 每 50 个读容量单位 0.09 美元。

这些价格信息适用于当前的弗吉尼亚北部的区域（us-east-1）。如果使用在同一区域的 EC2 服务器访问 DynamoDB，不会产生额外的流量费。

10.1.3 与 RDS 对比

表 10-1 比较了 DynamoDB 和 RDS。注意这就像拿着苹果和橘子对比，并不是对等的比较。DynamoDB 和 RDS 唯一的共同点就是它们都叫作数据库。

表 10-1 DynamoDB 和 RDS 的区别

任　务	DynamoDB	RDS
创建一个表	管理控制台，SDK 或者 CLI `aws dynamodb create-table`	SQL `CREATE TABLE` 语句
插入、更新或者删除数据	SDK	SQL 分别使用 `INSERT`、`UPDATE` 或 `DELETE` 语句
查询数据	如果查询主键：SDK 无法查询非主键属性，但是可以添加二级索引或者扫描整张表	SQL `SELECT` 语句
增加存储	无须任何操作；DynamoDB 随着项目的增加自动扩容	调配更多存储
增加性能	水平方向，通过增加读写容量单位。DynamoDB 会在底层增加服务器	垂直方向，通过增加实例大小；或者水平，通过增加只读副本。有容量上限
在本地安装数据库	DynamoDB 不提供下载。仅可以以服务的方式使用	下载数据库软件并安装在本地
雇佣专家	寻找掌握 DynamoDB 的人才	寻找熟悉 SQL 或者专业技术的人才，取决于具体的数据库引擎

10.2　开发者需要了解的 DynamoDB 内容

DynamoDB 以键值存储的方式组织表里的数据。每个表包含了使用键（Key）来代表表的项目（值）。一个表还可以包含二级索引，用来提供基于主键以外的数据查询功能。在本节中，你将看到这些 DynamoDB 的基本组件，并且最后将比较它和其他 NoSQL 数据库的不同。

10.2.1　表、项目和属性

DynamoDB 的表需要起一个名字，表里组织项目的集合。一个项目包含了属性的集合。一个属性就是一个名—值对。属性的值可以是基本类型（如数值、字符串、二进制、布尔型）、复合类型（数字集、字符串集、二进制集）或者一个 JSON 文档（对象、数组）。在表里的项目不需要一定有相同的属性；没有强制的模式。

可以从管理控制台、CloudFormation、SDK 或者命令行来创建表（现在先不要使用下面的命令创建表，本章稍后将创建一个 DynamoDB 表）：

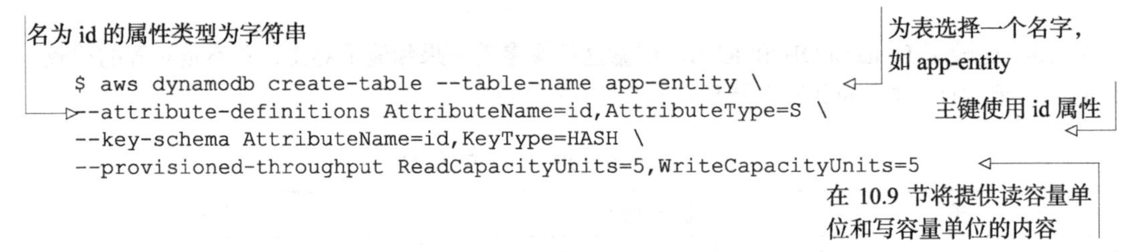

如果计划让多个应用程序使用 DynamoDB，好的实践是用应用程序的名称作为表名字的前缀。可以通过管理控制台创建表。注意不能修改表的名字，也不能修改主键的模式。但是随时可以添加属性的定义和修改配置的吞吐量。

10.2.2　主键

主键在表里唯一，并唯一地标识一个项目。你需要使用主键来查找一个项目。主键可以是一个分区键或者由一个分区键和一个排序键组成复合主键。

1. 分区键

一个分区键使用项目的一个属性来创建散列索引。如果希望基于分区键查找一个项目，需要知道准确的分区键值。一个用户表可以使用用户电子邮件作为分区主键。如果你知道用户的分区键（本例中是电子邮件地址），就可以获取对应的项目的数据。

2. 分区键和排序键

分区键和排序键使用项目的两个属性来创建更加强大的索引功能。第一个属性是键的分区键，第二个属性是排序键。要查找一个项目，仍然需要知道项目的分区键，但是不需要知道它的排序键。相同分区键不同排序键的项目顺序存储在同一个分区。这样可以从一个特定的出发点进行范围查询。一个消息表可以使用分区和排序键作为主键；分区键是用户的电子邮件，排序键是时间戳。你可以查找用户在特定时间之后发的所有消息。

10.2.3 与其他 NoSQL 数据库的对比

表 10-2 对 DynamoDB 和其他 NoSQL 数据库做了比较。但要记住，所有数据库都有优势和劣势，表 10-2 只展示了高级别的比较和如何在 AWS 上使用。

表 10-2　DynamoDB 和一些 NoSQL 数据库的不同

任　务	DynamoDB 键值存储	MongoDB 文档存储	Neoj 图形存储	Cassandra 列式存储	Riak KV 键值存储
在 AWS 运行生产数据库	一键部署；它是托管服务	EC2 实例集群，自己运维管理	EC2 实例集群，自己运维管理	EC2 实例集群，自己运维管理	EC2 实例集群，自己运维管理
联机增加可用存储容量	不需要。数据库自动扩容	增加更多的 EC2 实例（副本集）	不可以（增加 EBS 卷需要停机）	增加更多的 EC2 实例	增加更多的 EC2 实例

10.2.4 DynamoDB 本地版

假设有一组开发者在使用 DynamoDB 开发一个新的应用。在开发时，每个开发者需要一个隔离的数据库，以免损坏其他团队成员的数据。他们还需要进行单元测试，以保证他们的应用程序可以正常工作。你可以使用 CloudFormation 创建一个堆栈来给每个开发人员提供单独的 DynamoDB 表，或者可以使用 DynamoDB 本地版。AWS 提供一个基于 Java 的 DynamoDB 的模型，可以在 AWS 官方网站下载。别在生产环境里使用它！它仅用于开发环境并且提供和 DynamoDB 相同的功能，但是底层实现不同：只有 API 是一样的。

10.3 编写任务管理应用程序

为了最小化引入编程语言的复杂性，你将使用 Node.js/JavaScript 来创建一个小的任务管理应用，可以运行在本地电脑的终端。我们把这个应用称为 nodetodo。nodetodo 将使用 DynamoDB 作为数据库。nodetodo 可以帮你实现下面的功能：

- 创建和删除用户；
- 创建和删除用户；
- 将任务标记为完成；
- 使用各种过滤条件显示任务列表。

nodetodo 支持多个用户，并且可以跟踪有或者没有到期日期的任务。为了帮助用户处理多个任务，任务可以被加入目录。nodetod 通过终端访问。下面显示了如何通过终端访问 nodetodo 并添加一个用户（现在先别运行这个命令，我们还没有实现这个应用）：

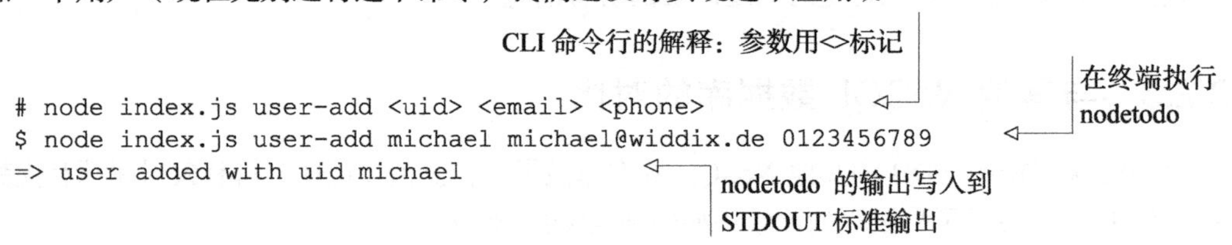

要添加一个新的任务，需要进行如下操作（现在先不要运行这个命令，我们还没有实现这个应用）：

用户可以像下面这样将任务标记为完成（现在先不要运行这个命令，我们还没有实现这个应用）：

```
# node index.js task-done <uid> <tid>
$ node index.js task-done michael 1432187491647
=> task completed with tid 1432187491647
```

用户还可以列表查看所有任务。下面的命令显示如何使用 nodetodo 列出任务（现在先不要运行这个命令，我们还没有实现这个应用）：

```
# node index.js task-ls <uid> [<category>] [--overdue|--due|...]
$ node index.js task-ls michael
=> tasks [...]
```

为了实现一个直观的命令行工具，nodetodo 使用了 docopt，一个命令行接口描述语言，来描述命令行接口。支持的命令如下所示。

- user-add——添加新用户到 nodetodo。
- user-rm——删除用户。
- user-ls——用户清单。
- user——显示一个用户的详细信息。

- task-add——添加任务到 nodetodo。
- task-rm——删除任务。
- task-ls——使用过滤条件列出用户任务。
- task-la——使用过滤条件按照目录列出任务。
- task-done——标记某个任务为完成。

在本章下面的几节，我们将实现这些命令。代码清单 10-1 展示了所有的 CLI 的命令描述，包括参数。

代码清单 10-1 使用 docopt 的 CLI 命令行描述：使用 nodetodo（cli.txt）

```
nodetodo

Usage:
  nodetodo user-add <uid> <email> <phone>
  nodetodo user-rm <uid>
  nodetodo user-ls [--limit=<limit>] [--next=<id>]      <-- 命名的参数限制和可选的下一个参数
  nodetodo user <uid>
  nodetodo task-add <uid> <description> \
  [<category>] [--dueat=<yyyymmdd>]                     <-- category 参数是可选的
  nodetodo task-rm <uid> <tid>
  nodetodo task-ls <uid> [<category>] \
  [--overdue|--due|--withoutdue|--futuredue]            <-- 管道符代表“或者”
  nodetodo task-la <category> \
  [--overdue|--due|--withoutdue|--futuredue]
  nodetodo task-done <uid> <tid>
  nodetodo -h | --help                                  <-- help 列出如何使用 nodetodo 的帮助信息
  nodetodo --version                                    <-- 版本信息

Options:
  -h --help         Show this screen.
  --version         Show version.
```

DynamoDB 和在关系数据库中使用的创建、读取、更新和删除数据的 SQL 命令完全不同。你将使用 SDK 开发工具包调用 HTTP REST API 来访问 DynamoDB。你必须把 DynamoDB 集成到应用程序里；不能使用一个 SQL 数据库的应用直接运行访问 DynamoDB。要想使用 DynamoDB，需要编写代码！

10.4 创建表

DynamoDB 表组织你的数据。在建表的时候不需要定义表里的项目所有需要的属性。DynamoDB 不要求一个静态的模型，这一点和传统数据库不同，但是必须定义要用来做主键的属性。为了做到这一点，我们将使用 AWS 命令行工具。aws dynamodb create-table 命令有以下 4 个必需的选项。

- table-name——表的名字（不能修改）。

- attribute-defnitions——用作主键的属性的名字和类型。可以多次使用 AttributeName=attr1, AttributeType=S 定义，用空格键隔开。合格的数据类型包括 S（字符串）、N（数值）和 B（二进制）。
- Key-schema——用作主键的一部分的属性的名称（不能修改），包含一个或者两个 AttributeName=attr1,KeyType=HASH 条目来定义分区键和排序键。合格的类型为 HASH 类型和 RANGE 类型。
- provisioned-throughput——该表的性能设置，使用 ReadCapacityUnits=5, WriteCapacityUnits=5 来定义（见 10.9 节对这部分内容的介绍）。

现在我们要为 nodetodo 应用程序创建一个用户表，并为所有任务创建一个任务表。

10.4.1　使用分区键的用户表

在为 nodetodo 用户创建表之前，用户必须认真考虑表的名字和主键。我们推荐你使用应用名称作为表名字的前缀。在本例中，表的名字为 todo-user。在选择主键的时候，你必须考虑将来要运行的查询和数据项目有哪些唯一的数据。用户会有一个唯一的 ID，称为 uid，所以使用 uid 作为主键属性。你必须能够在 user 命令中使用 uid 来查询用户。如果想使用单一属性作为主键，可以创建一个散列索引：一个基于分区键的没有排序的索引。下面的示例展示了一个用户表，使用 uid 作为主分区键：

```
"michael" => {                          <- uid（“Michael”）是主分区键；{}
  "uid": "michael",                        包含的所有内容组成一个项目
  "email": "michael@widdix.de",
  "phone": "0123456789"
}
"andreas" => {                          <- 分区键没有顺序
  "uid": "andreas",
  "email": "andreas@widdix.de",
  "phone": "0123456789"
}
```

因为用户将仅使用已知的 uid 来查询，使用分区键是可行的。下面将使用 AWS 命令行创建一个结构和之前示例相同的用户表：

```
$ aws dynamodb create-table --table-name todo-user \
--attribute-definitions AttributeName=uid,AttributeType=S \
--key-schema AttributeName=uid,KeyType=HASH \
--provisioned-throughput ReadCapacityUnits=5,WriteCapacityUnits=5
```

注释：
- 表名使用应用程序的名字作为前缀，避免未来发生冲突（指向 --table-name todo-user）
- 项目必须至少包含一个属性 uid，类型为字符串（指向 --attribute-definitions）
- 主分区键使用 uid 属性（指向 --key-schema）
- 可以在 10.9 节了解此内容（指向 --provisioned-throughput）

创建表需要一定的时间。等到表状态改为 ACTIVE 即可。可以使用下面的命令检查表的状态：

```
$ aws dynamodb describe-table --table-name todo-user   ← CLI 命令检查表状态
{
  "Table": {
    "AttributeDefinitions": [                           ← 表的属性定义
      {
        "AttributeName": "uid",
        "AttributeType": "S"
      }
    ],
    "ProvisionedThroughput": {
      "NumberOfDecreasesToday": 0,
      "WriteCapacityUnits": 5,
      "ReadCapacityUnits": 5
    },
    "TableSizeBytes": 0,
    "TableName": "todo-user",
    "TableStatus": "ACTIVE",                 ← 表的状态
    "KeySchema": [                           ← 定义为主键的属性
      {
        "KeyType": "HASH",
        "AttributeName": "uid"
      }
    ],
    "ItemCount": 0,
    "CreationDateTime": 1432146267.678
  }
}
```

10.4.2 使用分区键和排序键的任务表

任务永远属于一个用户，任务相关的所有的命令都包含了用户的 ID。为了实现 task-ls 命令，你需要一个访问根据 uid 来查询任务。除了分区键指纹，你可以使用一个分区键和排序键的组合主键。因为和任务相关的所有交互都需要用户 ID，你可以选择 uid 作为分区键和一个任务 ID（tid），创建的时间戳，作为键的排序部分。现在你可以运行包含用户 ID 的查询，如果需要的话，查询也可以包含任务 ID。

注意 这个方案有一个限制：用户同一时间戳只能添加一个任务。我们的时间戳使用最小单位为 ms（毫秒），这应该没有问题。但是你需要小心防止用户同一时间创建两个任务，这会导致奇怪的结果。

分区键和排序键使用表的两个属性。对于主键的分区部分，系统维护了一个没有排序的散列索引；排序部分存储在一个排序的范围索引。分区和排序键的组合唯一地识别一个项目。下面的数据集展示了没有排序的分区部分和排过顺序的排序键。

```
["michael", 1] => {              <-- uid（“Michael”）是主键的分区键，tid（1）是主键的排序键
  "uid": "michael",
  "tid": 1,
  "description": "prepare lunch"
}
["michael", 2] => {              <-- 排序键为使用同一分区键的项目排序
  "uid": "michael",
  "tid": 2,
  "description": "buy nice flowers for mum"
}
["michael", 3] => {
  "uid": "michael",
  "tid": 3,
  "description": "prepare talk for conference"
}
["andreas", 1] => {              <-- 分区键没有顺序
  "uid": "andreas",
  "tid": 1,
  "description": "prepare customer presentation"
}
["andreas", 2] => {
  "uid": "andreas",
  "tid": 2,
  "description": "plan holidays"
}
```

nodetodo 提供获取一个用户的所有任务的功能。如果任务只有一个分区主键，这将非常困难，因为你需要知道所有的主键才能从 DynamoDB 获取这些数据。幸运的是，分区和排序键让事情更加容易，因为只需要知道主键的分区部分就可以获取所有的项目。对于任务，你将使用 `uid` 作为已知分区部分。排序部分是 `tid`。任务 ID 使用创建任务时的时间戳来定义。你将创建任务表，使用两个属性来创建分区和排序索引。

```
$ aws dynamodb create-table --table-name todo-task \
--attribute-definitions AttributeName=uid,AttributeType=S \      <-- 组合主键需要至少两个属性
AttributeName=tid,AttributeType=N \
--key-schema AttributeName=uid,KeyType=HASH \
AttributeName=tid,KeyType=RANGE \                                <-- tid 属性是主键的排序键部分
--provisioned-throughput ReadCapacityUnits=5,WriteCapacityUnits=5
```

等待表状态改变，直到 `aws dynamodb describe-table -table-name todo-task` 显示表的状态为 `ACTIVE`。现在两张表都已经就绪，你将添加一些数据。

10.5 添加数据

现在有两张表在活跃状态。要使用它们，需要添加一些数据。我们将使用 Node.js SDK 来访问 DynamoDB。在添加用户和任务之前，我们需要先设置 SDK 和部署现成的代码。

安装和开始使用 Node.js

Node.js 是一个在事件驱动环境下执行 JavaScript 代码的平台，因此用户可以轻松地构建网络应用。要安装 Node.js，可以访问 Node.js 官方网站并且下载适合的操作系统包。

安装完 Node.js，就可以运行 `node --version` 来确认一切就绪。用户的终端应该返回一些类似 `v0.12.*`的输出，此时就可以运行使用 AWS 的 nodetodo 这样的 JavaScript 示例。

在开始使用 Node.js 和 docopt 前，用户需要一些命令来载入所有的依赖包和配置工作。代码清单 10-2 展示了如何操作。

代码在哪里下载

同样，读者可以在下载的源代码中找到这些代码，nodetodo 位于 chapter10/。

docopt 负责读取传递给进程的所有参数。它返回一个 JavaScript 对象，对象里的变量映射到 CLI 中描述的参数。

代码清单 10-2　nodetodo:在 Node.js（index.js）中使用 docopt

```
var fs = require('fs');                    // 加载 fs 模块访问文件系统
var docopt = require('docopt');            // 加载 docopt 模块来读取输入参数
var moment = require('moment');            // 加载 moment 模块简化 JavaScript 中的 temporal 临时类型
var AWS = require('aws-sdk');              // 加载 AWS SDK 模块
var db = new AWS.DynamoDB({
  "region": "us-east-1"
});

var cli = fs.readFileSync('./cli.txt', {"encoding": "utf8"});   // 从 cli.txt 读取 CLI 的描述
var input = docopt.docopt(cli, {           // 解析参数并保存到输入变量
  "version": "1.0",
  "argv": process.argv.splice(2)
});
```

接下来就实现 nodetodo 的特性，可以使用 `putItem` SDK 操作像下面这样向 DynamoDB 添加数据：

```
var params = {
  "Item": {
    "attr1": {"S": "val1"},
    "attr2": {"N": "2"}
  },
  "TableName": "app-entity"
};
db.putItem(params, function(err) {
  if (err) {
    console.error('error', err);
  } else {
    console.log('success');
  }
});
```

所有项目的属性为名称–数值对

字符串类型以 S 标记

数字类型（浮点型和整型）以 N 标记

添加项目到 app-entity 表

调用 DynamoDB 的 putItem 操作

处理错误

第一步是添加数据到 nodetodo。

10.5.1　添加一个用户

可以调用 nodetodo user-add <uid> <email> <phone> 命令来添加用户到 nodetodo。在 Node.js 中，可以用代码清单 10-3 中的代码实现这一点。

代码清单 10-3　nodetodo：添加一个用户（index.js）

项目包含所有属性。键也是属性，所以必须在添加数值时告诉 DynamoDB 哪些属性是键

```
if (input['user-add'] === true) {
  var params = {
    "Item": {
      "uid": {"S": input['<uid>']},
      "email": {"S": input['<email>']},
      "phone": {"S": input['<phone>']},
    },
    "TableName": "todo-user",
    "ConditionExpression": "attribute_not_exists(uid)"
  };
  db.putItem(params, function(err) {
    if (err) {
      console.error('error', err);
    } else {
      console.log('user added with uid ' + input['<uid>']);
    }
  });
}
```

uid 属性为字符串类型，包含 uid 的参数值

email 属性类型为字符串，包含电子邮件的参数值

phone 电话属性为字符串类型，包含电话号码的参数值

指定用户表

调用 DynamoDB 的 putItem 操作

如果对同样的键执行两次 putItem 操作，数据会被替换。配合 ConditionExpression 条件表达式可用仅在不存在同样键的情况下 putItem 写入项目

调用 AWS API 时，需要完成下面的操作。

（1）创建一个 JavaScript 对象（映射），使用需要的参数（params 变量）作为对象的属性。

（2）调用 AWS SDK 的函数。

（3）检查响应消息中是否包含错误，或者处理返回的数据。

这样，如果需要添加一个任务而不是一个用户的话，只需要改变 params 的内容即可。

10.5.2 添加一个任务

可以调用 nodetodo task-add <uid> <description> [<category>] [--duedate=<yyyymmdd>] 来添加任务到 nodetodo。在 Node.js 中，使用代码清单 10-4 中的代码实现这一功能。

代码清单 10-4 nodetodo：添加一个任务（index.js）

```
if (input['task-add'] === true) {
  var tid = Date.now();                        ◁—— 基于当前时间戳来创建任务 ID（tid）
  var params = {
    "Item": {
      "uid": {"S": input['<uid>']},
      "tid": {"N": tid.toString()},            ◁—— tid 属性为数值类型，包含 tid 的值
      "description": {"S": input['<description>']},
      "created": {"N": moment().format("YYYYMMDD")}   ◁—— 创建的属性为数值类型（格式如 20150525）
    },
    "TableName": "todo-task",                  ◁—— 指定任务表
      "ConditionExpression":
      "attribute_not_exists(uid) and attribute_not_exists(tid)"
  };
  if (input['--dueat'] !== null) {             ◁—— 如果设置了可选的 dueat 参数，添加该值到项目中
    params.Item.due = {"N": input['--dueat']};
  }
  if (input['<category>'] !== null) {          ◁—— 如果设置了可选的 category 参数，添加该值到项目中
    params.Item.category = {"S": input['<category>']};
  }
  db.putItem(params, function(err) {           ◁—— 调用 DynamoDB 的 putItem 操作
    if (err) {
      console.error('error', err);
    } else {
      console.log('task added with tid ' + tid);
    }
  });
}
```

现在用户就可以添加用户和任务到 nodetodo。如果还能读取出所有这些数据会不会更棒？

10.6 获取数据

DynamoDB 是一个键值存储。键通常是从这类存储中获得数据的唯一的入口。在设计 DynamoDB 的数据模型的时候，用户必须在创建表的时候注意这个限制（10.4 节中介绍过如何创建表）。如果只能使用一个键来查询数据，不久你就会遇到麻烦。幸运的是，DynamoDB 提供了两种其他的方法来查询项目：一个二级索引查询和扫描操作。你将从简单的主键查询开始，然后继续了解更复杂的数据获取方式。

DynamoDB Streams

在修改数据之后，DynamoDB 允许你马上查询到修改后的数据。DynamoDB Streams 捕获对表项目的所有写操作（创建、修改和删除），并且按照顺序记录对给定分区键的项目的修改操作：

- 和应用需要轮询数据库来捕捉数据变更相比，DynamoDB Streams 以更优雅的方法满足同样需求。
- DynamoDB Streams 可以帮助把表里的数据变更复制到缓存里。
- DynamoDB Streams 可以帮助把数据跨区域复制到另外一张表里。

10.6.1 提供键来获取数据

最简单的获取数据的方式就是使用它的主键查找数据。getItem SDK 操作可以从 DynamoDB 获取一个单独的项目：

```
var params = {
  "Key": {
    "attr1": {"S": "val1"}        <-- 指定组成键的属性
  },
  "TableName": "app-entity"
};
db.getItem(params, function(err, data) {        <-- 调用 DynamoDB 表的 getItem 操作
  if (err) {
    console.error('error', err);
  } else {
    if (data.Item) {        <-- 检查是否找到项目
      console.log('item', data.Item);
    } else {
      console.error('no item found');
    }
  }
});
```

nodetodo user <uid>命令必须使用用户 ID（uid）来获取一个用户的信息。具体实现的 Node.js AWS SDK 的代码如代码清单 10-5 所示。

代码清单 10-5 nodetodo：提取一个用户（index.js）

```
function mapUserItem(item) {        <-- Helper 帮助函数转化 DynamoDB 返回的结果
  return {
    "uid": item.uid.S,
    "email": item.email.S,
    "phone": item.phone.S
  };
}

if (input['user'] === true) {
  var params = {
    "Key": {
      "uid": {"S": input['<uid>']}        <-- 按照主键 uid 查找用户
```

```
    },
    "TableName": "todo-user"          <—— 指定用户表
  };
  db.getItem(params, function(err, data) {        <—— 调用 DynamoDB 的 getItem 操作
    if (err) {
      console.error('error', err);
    } else {
      if (data.Item) {                  <—— 检查是否找到满足主键参数值的数据
        console.log('user', mapUserItem(data.Item));
      } else {
        console.error('user not found');
      }
    }
  });
}
```

用户还可以使用 getItem 操作使用分区键和排序键的组合主键来查询数据。唯一的不同是，组合 Key 有两个条目而不是之前的一个，getItem 返回一个项目或者没有项目返回。如果希望一次查询获取多个项目，就必须使用 DynamoDB 的查询 API。

10.6.2 使用键和过滤来查询

如果希望返回一组项目而不只是一个项目，就只能使用 DynamoDB 的查询 API。只有在表里有一个分区键和排序键的时候，才能使用分区键返回多个项目。否则，分区键仅返回一个项目。使用 query 查询 SDK 从 DynamoDB 返回一组项目的操作如下：

```
var params = {
  "KeyConditionExpression": "attr1 = :attr1val AND attr2 = :attr2val",   <—— 键必须满足的条件。如果有分区键和排序键条件，就必须使用 AND 操作符。分区键允许的操作符为=。排序键允许使用的操作符为=、>、<、>=、<=、BETWEEN… AND…
  "ExpressionAttributeValues": {
    ":attr1val": {"S": "val1"},         <—— 在表达式中引用动态值
    ":attr2val": {"N": "2"}             <—— 始终指定正确的类型（S、N 和 B）
  },
  "TableName": "todo-task"
};
db.query(params, function(err, data) {        <—— 调用 DynamoDB 的 query 操作
  if (err) {
    console.error('error', err);
  } else {
    console.log('items', data.Items);
  }
});
```

query 操作还允许指定一个可选的 FilterExpression 过滤表达式。FilterExpression 过滤表达式的语法类似 KeyConditionExpression 键条件表达式，但是过滤没有使用索引。过滤条件作用在所有满足 KeyConditionExpression 查询条件的返回结果上。

要返回一个特定用户的所有任务，就必须查询 DynamoDB。一个任务的主键是 uid 的分区

键部分和 tid 的排序键部分的组合。要返回所有用户的任务，KeyConditionExpression 只需要主键的分区键部分做相等运算。Nodetodo task-ls <uid> [<category>] [--overdue|--due|--withoutdue|--futuredue]的代码实现如代码清单 10-6 所示。

代码清单 10-6　nodetodo：提取任务（index.js）

```
function getValue(attribute, type) {          <-- Helper 函数访问可选的属性
  if (attribute === undefined) {
    return null;
  }
  return attribute[type];
}

function mapTaskItem(item) {                  <-- Helper 函数对 DynamoDB 的返回结果进行转化
  return {
    "tid": item.tid.N,
    "description": item.description.S,
    "created": item.created.N,
    "due": getValue(item.due, 'N'),
    "category": getValue(item.category, 'S'),
    "completed": getValue(item.completed, 'N')
  };
}

if (input['task-ls'] === true) {
  var now = moment().format("YYYYMMDD");
  var params = {
    "KeyConditionExpression": "uid = :uid",   <-- 主键查询。任务表使用分区键和排序键。查询中只使用了分区键，将返回所有满足条件的分区键
    "ExpressionAttributeValues": {
      ":uid": {"S": input['<uid>']}           <-- 查询属性必须以这样的格式传入
    },
    "TableName": "todo-task"
  };
  if (input['--overdue'] === true) {
    params.FilterExpression = "due < :yyyymmdd";   <-- 过滤器不使用索引。在所有满足主键查询的返回结果里应用过滤器
    params.ExpressionAttributeValues[':yyyymmdd'] = {"N": now};   <-- 可用使用逻辑操作符组合多个过滤器
  } else if (input['--due'] === true) {
    params.FilterExpression = "due = :yyyymmdd";
    params.ExpressionAttributeValues[':yyyymmdd'] = {"N": now};
  } else if (input['--withoutdue'] === true) {
    params.FilterExpression = "attribute_not_exists(due)";   <-- 在缺少相应的属性的时候（与 attribute_exists 相反）返回 attribute_not_exists(due)为 true
  } else if (input['--futuredue'] === true) {
    params.FilterExpression = "due > :yyyymmdd";
    params.ExpressionAttributeValues[':yyyymmdd'] = {"N": now};
  }
  if (input['<category>'] !== null) {
    if (params.FilterExpression === undefined) {
      params.FilterExpression = '';
    } else {

      params.FilterExpression += ' AND ';     <-- 多个过滤器可以和逻辑运算符组合
    }
    params.FilterExpression += 'category = :category';
```

```
    params.ExpressionAttributeValues[':category'] = {"S": input['<category>']};
  }
  db.query(params, function(err, data) {          ◁—— 调用 DynamoDB
    if (err) {                                          的查询操作
      console.error('error', err);
    } else {
      console.log('tasks', data.Items.map(mapTaskItem));
    }
  });
}
```

查询 API 调用会产生以下两个问题。

- 如果满足主键查询的结果集很大，过滤性能可能很慢。过滤条件没有使用索引：每个返回的项目都必须进行检查。想象一下，如果 DynamoDB 里面保存的是股票价格，使用了分区键和排序键：分区键值是 AAPL（Apple 苹果公司股票代码），排序键是时间戳，你可以查询到苹果公司（AAPL）在 2010 年 1 月 1 日到 2015 年 1 月 1 日之间的所有股价信息。但是如果只希望返回每周一的价格，你需要定义过滤条件，仅返回结果集中的 20% 的数据。那将浪费很多资源！
- 可以只查询主键。不可能只返回所有用户的属于某个特定的目录的任务，因为不能针对 category 属性进行查询。

我们可以使用二级索引解决这些问题。下面我们就来看一下二级索引是如何工作的。

10.6.3 更灵活地使用二级索引查询数据

二级索引是 DynamoDB 自动维护的原来那张表的映射。可以像查询一张表的主键那样查询一个二级索引。可以把全局二级索引想象为一个 DynamoDB 表的只读副本，DynamoDB 服务会自动更新索引表里的数据：一旦你修改了主表里的数据，所有的索引就会异步地更新（最终一致！）。图 10-2 展示了二级索引的工作方式。

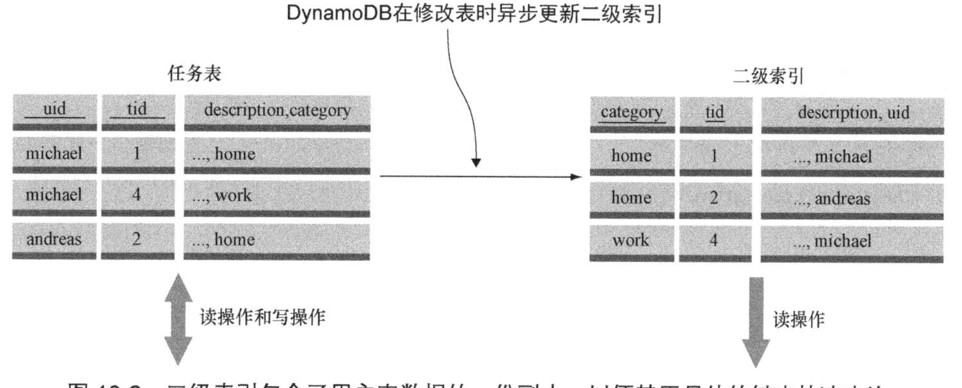

图 10-2 二级索引包含了用户表数据的一份副本，以便基于另外的键来快速查询

使用二级索引需要付出成本：索引需要存储容量（和源表的存储成本一样）。你必须为索引配置额外的写容量单位，因为每个对主表的写入操作都会造成到二级索引的写操作。

DynamoDB 的一个很大的优势是可以根据工作负载动态配置性能的容量单位。如果你的一个索引接到了大量的读请求，可以增加索引的读容量单位。还可以精细化地调整表和索引的性能。10.9 节将介绍如何操作。

回到 nodetodo 的例子上。为了实现按照目录来读取任务列表的需求，你将为 todo-task 表添加一个二级索引。这将允许你按照目录来查询。一样用到了分区键和排序键：分区键是 category 属性，排序键是 tid 属性。索引还需要一个名字：category-index。你可以查看在 nodetodo 的代码目录下的 README.md 找到下面的命令：

```
$ aws dynamodb update-table --table-name todo-task \
--attribute-definitions AttributeName=uid,AttributeType=S \
AttributeName=tid,AttributeType=N \
AttributeName=category,AttributeType=S \
--global-secondary-index-updates '[{\
"Create": {\
"IndexName": "category-index", \
"KeySchema": [{"AttributeName": "category", "KeyType": "HASH"}, \
{"AttributeName": "tid", "KeyType": "RANGE"}], \
"Projection": {"ProjectionType": "ALL"}, \
"ProvisionedThroughput": {"ReadCapacityUnits": 5, \
"WriteCapacityUnits": 5}\
}}]'
```

在创建表的时候添加全局二级索引

添加一个目录 category 属性，因为索引将用到该属性

创建新的二级索引

category 属性为主键的分区部分，tid 属性是排序部分

把所有的属性映射到索引

创建全局二级索引的需要一定的时间，可以使用命令查看索引是否进入 active 活动状态：

```
$ aws dynamodb describe-table --table-name=todo-task \
--query "Table.GlobalSecondaryIndexes"
```

代码清单 10-7 展示了使用 query 操作实现 nodetodo task-la <category> [--overdue|...] 的代码。

代码清单 10-7 nodetodo：从目录索引获取任务（index.js）

```
if (input['task-la'] === true) {
  var now = moment().format("YYYYMMDD");
  var params = {
    "KeyConditionExpression": "category = :category",
    "ExpressionAttributeValues": {
      ":category": {"S": input['<category>']}
    },
    "TableName": "todo-task",
    "IndexName": "category-index"
  };
  if (input['--overdue'] === true) {
    params.FilterExpression = "due < :yyyymmdd";
    params.ExpressionAttributeValues[':yyyymmdd'] = {"N": now};
```

查询索引一样需要以主键作为查询条件

但是你可以指定使用哪个索引查询

过滤器的使用方法和基于主键查询一样

```
  }
  [...]
  db.query(params, function(err, data) {
    if (err) {
      console.error('error', err);
    } else {
      console.log('tasks', data.Items.map(mapTaskItem));
    }
  });
}
```

但是查询也会有无法满足的情况：无法提取所有的用户。下面来了解一下表扫描可以帮我们实现哪些功能。

10.6.4 扫描和过滤表数据

有些查询只针对主键是无法满足的；相反，你需要遍历表里的所有项目。这种操作效率很低，但是在某些情况下是可以接受的。DynamoDB 提供 scan 操作遍历表里的所有项目。

```
var params = {
  "TableName": "app-entity",
  "Limit": 50                     <-- 指定每次扫描操作返回的项目的最大数量
};
db.scan(params, function(err, data) {     <-- 调用DynamoDB的scan扫描操作
  if (err) {
    console.error('error', err);
  } else {
    console.log('items', data.Items);
    if (data.LastEvaluatedKey !== undefined) {     <-- 检查是否还有更多项目可供扫描
      console.log('more items available');
    }
  }
});
```

代码清单 10-8 展示了 nodetodo user-ls [--limit=<limit>] [--next=<id>]的实现。它使用了分页的机制来防止返回太多的项目。

代码清单 10-8 nodetodo：分页获取所有用户（index.js）

```
if (input['user-ls'] === true) {
  var params = {
    "TableName": "todo-user",
    "Limit": input['--limit']          <-- 每次扫描操作返回的项目数量
  };
if (input['--next'] !== null) {
    params.ExclusiveStartKey = {       <-- 命名的参数包含上一次获取的键值
      "uid": {"S": input['--next']}
    };
}
db.scan(params, function(err, data) {     <-- 调用DynamoDB的scan操作
    if (err) {
```

```
      console.error('error', err);
    } else {
      console.log('users', data.Items.map(mapUserItem));
      if (data.LastEvaluatedKey !== undefined) {    ◁── 检查是否已经扫描返回了所有的项目
        console.log('more users available with
        ➥ --next=' + data.LastEvaluatedKey.uid.S);
      }
    }
  });
}
```

scan 操作读取表里的所有项目。在本例中没有过滤任何数据，但是可以配合使用 FilterExpression 过滤表达式。注意不要频繁使用 scan 操作——它很灵活但不够高效。

10.6.5　最终一致地数据提取

DynamoDB 不支持传统数据库支持的事务。不能在一个事务中修改（即创建、更新和删除）多个项目——项目是 DynamoDB 中的原子操作单元。

另外，DynamoDB 是最终一致的。这意味着如果创建了一个项目（版本 1），更新该项目到第二个版本，然后马上读取该项目，你可能还会看到旧的版本 1 的数据；如果等待一下然后获取该项目，会看到版本 2。图 10-3 展示了这个过程。不同的服务器服务用户的查询请求，但是请求到达的 DynamoDB 服务器上可能没有最新版本的数据。

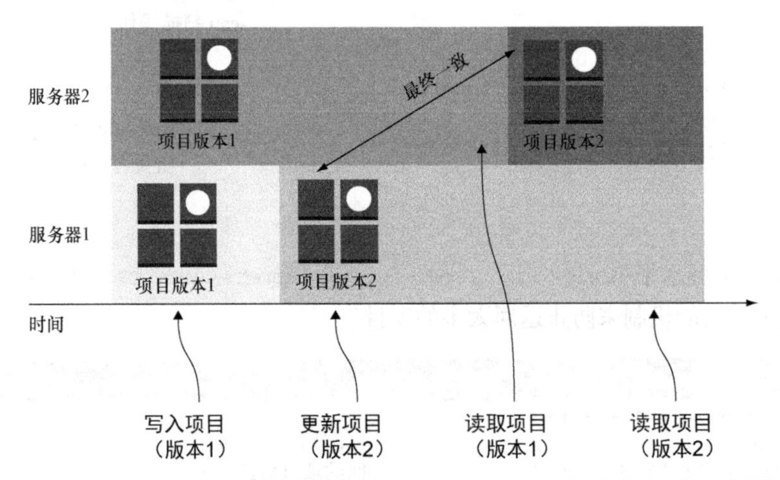

图 10-3　在写操作更新到所有后端服务器之前，最终一致的读操作可能返回旧的数据

可以设置"ConsistentRead":true 的选项来向 DynamoDB 请求强一致的读操作，以避免读取到最终一致的数据。getItem、query 和 scan 等操作支持强一致的读选项。但是强一致的读操作要花更多的时间，和最终一致的读操作相比会消耗更多的读单位容量。从全局二级索引读到的数据永远是最终一致的，因为索引自身是最终一致的。

10.7 删除数据

和 getItem 操作类似，deleteItem 操作需要指定要删除的项目的主键值。根据表使用的主键类型的不同（分区主键还是分区和排序组合主键），你需要指定一个或者两个属性。

调用 nodetodo user-rm <uid>可以删除一个用户。在 Node.js 中，如代码清单 10-9 所示。

代码清单 10-9 nodetodo：移除用户（index.js）

```
if (input['user-rm'] === true) {
  var params = {
    "Key": {
      "uid": {"S": input['<uid>']}        ← 按照分区键识别一个项目
    },
    "TableName": "todo-user"             ← 指定 user 用户表
  };
  db.deleteItem(params, function(err) {      ← 调用 DynamoDB 的 deleteItem 属性
    if (err) {
      console.error('error', err);
    } else {
      console.log('user removed with uid ' + input['<uid>']);
    }
  });
}
```

删除一个任务的操作也类似：nodetodo task-rm <uid> <tid>。唯一的不同是需要使用表的名称、提供分区键和排序键来识别一个特定的项目，如代码清单 10-10 所示。

代码清单 10-10 nodetodo：移除一个任务（index.js）

```
if (input['task-rm'] === true) {
  var params = {
    "Key": {
      "uid": {"S": input['<uid>']},
      "tid": {"N": input['<tid>']}       ← 使用分区键和排序键识别一个项目
    },
    "TableName": "todo-task"              ← 指定任务表
  };
  db.deleteItem(params, function(err) {
    if (err) {
      console.error('error', err);
    } else {
      console.log('task removed with tid ' + input['<tid>']);
    }
  });
}
```

现在我们学会了创建、读取和删除 DynamoDB 中的项目，唯一没讲的操作就是更新数据。

10.8 修改数据

更新项目可以使用 updateItem 操作。用户必须通过其键来识别你想更新的项目，用户也可以提供一个 UpdateExpression 更改表达式来指定想要完成的更新操作。可以使用更新操作的一种或者几种组合。

- 使用 SET 来覆盖或者创建一个新的属性，如 SET attr1=:attr1val, SET attr1 = attr2 + : attr2val, SET attr1 = :attr1val, attr2 = :attr2val。
- 使用 REMOVE 来删除一个属性，如 REMOVE attr1, REMOVE attr1, attr2。

在 nodetodo 应用中，可以使用 nodetodo task-done <uid> <tid>来标记一项任务为完成。为了实现这个功能，需要修改任务的项目，如代码清单 10-11 中的 Node.js 代码所示。

代码清单 10-11 nodetodo：修改任务为完成（index.js）

```
if (input['task-done'] === true) {
  var now = moment().format("YYYYMMDD");
  var params = {
    "Key": {
      "uid": { "S": input['<uid>']},      <-- 使用分区键和排序键识别一个项目
      "tid": { "N": input['<tid>']}
    },
    "UpdateExpression": "SET completed = :yyyymmdd",      <-- 定义要修改哪个属性
    "ExpressionAttributeValues": {
      ":yyyymmdd": {"N": now}      <-- 必须以这样的格式定义属性修改
    },
    "TableName": "todo-task"
  };
  db.updateItem(params, function(err) {      <-- 调用 DynamoDB 的 updateItem 修改属性操作
    if (err) {
      console.error('error', err);
    } else {
      console.log('task completed with tid ' + input['<tid>']);
    }
  });
}
```

10.9 扩展容量

在创建一个 DynamoDB 的表或者索引的时候，必须配置吞吐量。吞吐量分为读容量单位和写容量单位。DynamoDB 使用 ReadCapacityUnits 和 WriteCapacityUnits 来分别指定表或者全局二级索引的吞吐量性能。但是，容量单位（Capacity Unit）如何定义呢？我们通过命令行接口来体验一下：

```
$ aws dynamodb get-item --table-name todo-user
--key '{"uid": {"S": "michael"}}' \
--return-consumed-capacity TOTAL \
--query "ConsumedCapacity"
{
  "CapacityUnits": 0.5,
  "TableName": "todo-user"
}
$ aws dynamodb get-item --table-name todo-user \
--key '{"uid": {"S": "michael"}}' \
--consistent-read --return-consumed-capacity TOTAL \
--query "ConsumedCapacity"
{
  "CapacityUnits": 1.0,
  "TableName": "todo-user"
}
```

告诉DynamoDB返回使用的容量单位

getItem操作使用了0.5个容量单位

强一致的读操作

需要两倍的容量单位

关于吞吐量的消耗的更多信息如下所示。

- 和强一致的读操作相比，最终一致的读操作消耗一半的读容量单位
- 如果一个项目的大小不超过 4 KB，强一致的 getItem 操作消耗一个读容量单位。如果项目超过 4 KB 大小，你需要额外的读容量单位。你可以使用 roundUP (itemSize/4) 计算需要多少单位。
- 对 4 KB 大小的 query 进行一个强一致的查询，需要消耗一个读容量单位。这意味着如果查询返回 10 个项目，每个项目的大小是 2 KB，总的项目大小为 20 KB，会需要 5 个读容量单位。和 10 个 getItem 操作相比很不一样，getItem 的操作将使用 10 个读容量单位。
- 对 1 KB 大小的项目的 1 个写操作，会消耗一个写容量单位。如果项目超过 1 KB，可以使用 roundUP (itemSize) 取整计算所需要的写容量单位。

如果不熟悉容量单位的概念，可以使用 AWS 简单月度成本计算器，提供读写负载的细节，它会帮用户计算出所需的容量单位。

表和索引的吞吐量配置以每秒为单位来计算。如果使用 ReadCapacityUnits=5 来设置每秒 5 个读容量单位，并且该表的项目的大小不超过 4 KB，每秒钟就可以对该表进行 5 个强一致的 getItem 请求。如果用户提交超过配置容量的请求，DynamoDB 会拒绝超出的请求。

监控读容量和写容量单位的使用量很重要。幸运的是，DynamoDB 服务每分钟会向 CloudWatch 服务发送有用的指标。要查看这些指标，打开 AWS 管理控制台，访问到 DynamoDB 服务的页面，选择其中的 todo-user 表，然后选择“指标”选项卡。图 10-4 展示了 todo-user 表的 CloudWatch 指标。

可以随时修改表的预配置吞吐量，但是每天只能降低 4 次表的吞吐量单位。

资源清理

在本节结束时别忘了删除 DynamoDB 的表。使用 AWS 管理控制台进行删除操作。

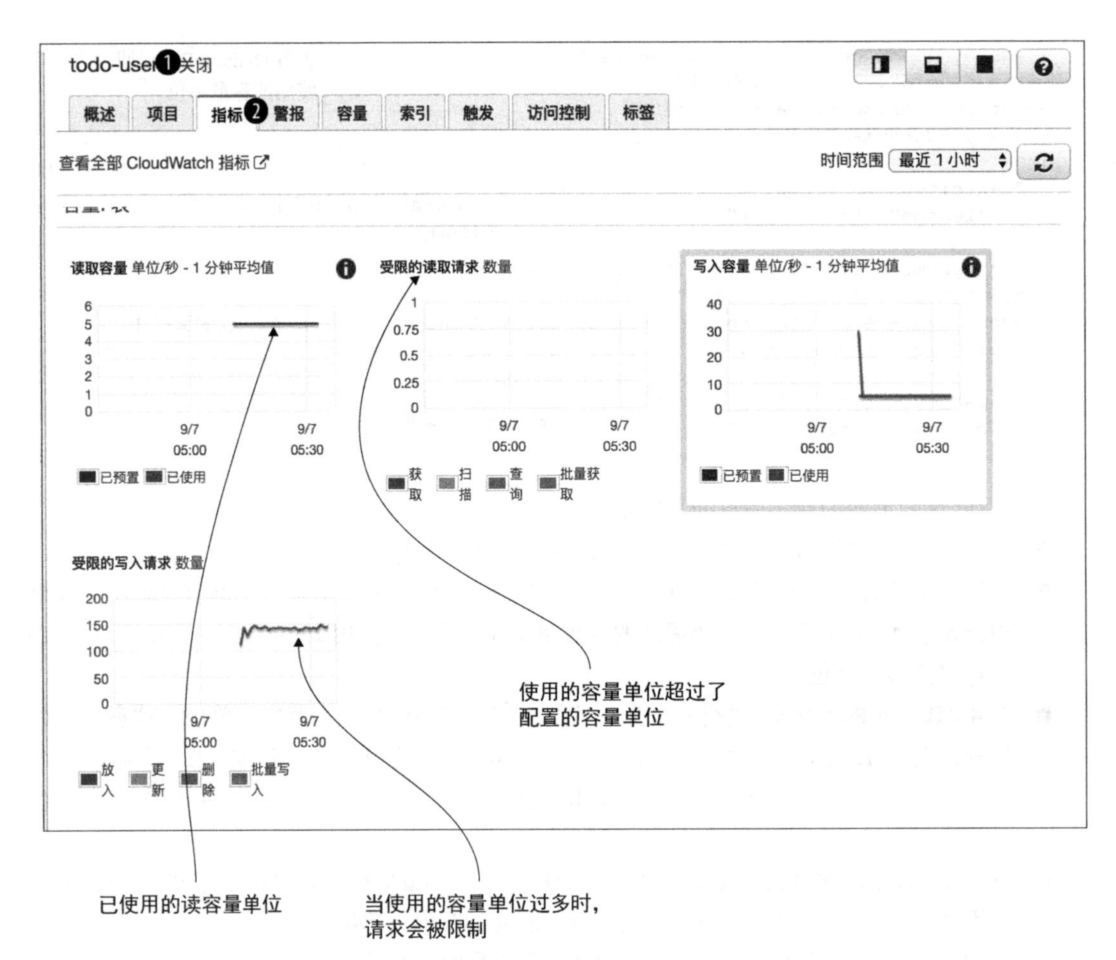

图 10-4　监控配置和使用的 DynamoDB 表的容量单位

10.10　小结

- DynamoDB 是一个 NoSQL 的数据库服务，用户不再有任何运维管理的负担，可以很方便地扩展，在多种情况下用作应用程序的后端存储。
- 对 DynamoDB 表的数据的查询基于键。只有在知道键值的情况下才能对一个分区键进行查询。但是 DynamoDB 还支持分区键和排序键，这在分区键之外提供了额外的排序键。
- 可以提供键给 `getItem` 操作以返回一个项目。
- 如有需要，可以指定强一致的读操作（`getItem`、`query` 和 `scan`）。对全局二级索引提交的读操作永远是最终一致的。

- DynamoDB 不提供 SQL 接口。不同的是，需要使用 SDK 来让应用程序和 DynamoDB 通信。这也意味着必须修改现有的应用程序的代码，才能让它使用 DynamoDB。
- DynamoDB 使用表达式来完成更加复杂的数据库交互，例如，在需要修改一个项目的时候。
- 如果想要为表和索引配置足够的容量单位，监控使用的读容量和写容量单位就非常重要。
- DynamoDB 按照使用的每 GB 存储容量和预配置的读容量和写容量量单位来收费。
- 可以使用 `query` 操作来查询主键或者二级索引。
- `scan` 操作很灵活，但是效率不高，尽量避免使用该操作。

第四部分

在 AWS 上搭架构

Amazon.com 的 CTO 沃纳 · 威格尔（Werner Vogels）经常被引用的一句名言是："每个事物在任何时间都可能失效。"这句话是 AWS 背后的一个重要的理念。不要试图让自己的系统牢不可，这是一个无法达到的目标，而 AWS 就是为了应对失效而设计的。硬盘驱动器会出现故障，因此 S3 服务将数据存储在多个硬盘上，以防止数据丢失。计算机硬件会发生故障，如果需要虚拟服务器能够被自动在另一台服务器上重新启动。数据中心也可能失效，因此每个区域有多个数据中心，这些数据中心可以同时按照需要而使用。

在本书的这一部分，读者将学习如何通过使用正确的工具和架构，防止你的运行在 AWS 上的应用程序运行中断。下面的表中列出了最重要的服务和故障处理的方法。

	描述	示例
容错	服务可以从失败自动恢复，无须停机	S3（对象存储）、DynamoDB（NoSQL 数据库）、Route 53（DNS）
高可用	服务可以自动从某些故障中恢复，只需要一个短暂的停机时间	RDS（关系数据库）、EBS（网络存储）
手动的失效处理	服务不能够实现默认的故障恢复，但是提供了用于建立高可用基础设施的工具	EC2（虚拟服务器）

面向失效设计是 AWS 的一个基本原则，另一个充分利用云计算的弹性。你还将学习在 AWS 之上如何基于当前的工作和架构的可靠性要求增加虚拟服务器的数量。第 11 章提供了关于关于单一服务器和数据中心失效风险基础知识。第 12 章讨论如何解耦系统以提高系统的可靠性：采用同步解耦以及利用负载均衡器的帮助，或者过亚马逊 AWS 的分布式队列服务 SQS 实现异步解耦，来建立一个容错系统。第 13 章涵盖了基于 EC2 实例（非默认的容错），设计一个容错的 Web 应用程序。第 14 章是关于弹性和自动扩展的，将学习根据计划或当前系统负载来扩展容量。

第11章　实现高可用性：可用区、自动扩展以及CloudWatch

本章主要内容

- 使用CloudWatch实现虚拟服务器失效告警
- 理解AWS区域下的可用区
- 使用自动扩展以保证虚拟服务器的正常运行
- 分析灾难恢复的需求

在本章中，我们将介绍如何基于EC2实例搭建一个高可用性架构。需要强调的一点是，在默认情况下虚拟服务器没有为高可用而做设置。下面罗列的场景将会导致虚拟服务器的停机。

- 虚拟服务器因为软件问题（虚拟服务器的操作系统）失败。
- 发生在宿主机服务器上的软件故障，导致虚拟服务器的崩溃（宿主机服务器的操作系统或者虚拟化层的问题）。
- 物理设备上的计算、存储以及网络等硬件的故障。
- 数据中心中的虚拟服务器所依赖的资源的故障，如网络连接、供电以及制冷系统等。

例如，如果物理主机上的计算机硬件出现故障，所有的运行在该主机上的EC2实例将会失效。如果用户在一台受故障影响的虚拟服务器上运行自己的应用程序，这个应用将无法正常运行。直到有人或许是用户自己在另一台物理主机上启动一个新的虚拟服务器。为了避免这些情况的出现，你应当瞄准具有高可用性的虚拟服务器，可以在无须人工干预的情况下自动从故障中恢复。

示例都包含在免费套餐中

本章中的所有示例都包含在免费套餐中。只要你不是运行这些示例好几天，就不需要支付任何费用。记住，这仅适用于你为学习本书刚刚创建的全新AWS账户，并且在你的AWS账户里没有其他活动。尽量在几天的时间里完成本章中的示例，在每个示例完成后务必清理账户。

高可用性通常被描述为系统的运行几乎没有停机时间。即使发生故障，系统也能够以较大的可能性继续提供服务。虽然需要短暂的中断以便系统从故障中恢复，但是这个过程不需要人工交互。哈佛研究团队（Harvard Research Group，HRG）使用 AEC-2 分类法对高可用性做出了定义，在一年以内需要满足 99.99%的正常运行。

高可用性与容错

一个高可用性系统可以在较短的停机时间内自动从故障中恢复。相比之下，容错系统要求系统提供的服务不会因为一个组件失效而无法提供服务。第 13 章将展示如何构建一个容错系统。

AWS 提供了构建基于 EC2 实例的高可用系统的工具。

- 利用 CloudWatch 监控虚拟服务器的运行状况。如果需要，自动触发故障恢复。
- 通过使用多个隔离的数据中心（在 AWS 称作一个区域内的可用区，简称 AZ）搭建高可用的基础架构。
- 使用自动扩展（auto-scaling）确保拥有一定数量的虚拟服务器用以自动替换失效的实例。

11.1 使用 CloudWatch 恢复失效的服务器

AWS 的 EC2 服务会自动地检查每个虚拟服务器的状态。这种检查每一分钟都将进行，活跃状态是 CloudWatch 的监测指标。AWS CloudWatch 是一个提供监测指标、日志和告警的服务。在第 9 章中我们已经了解使用 CloudWatch 以获得关系数据库实例当前的负荷。图 11-1 展示了如何在 EC2 实例的详细信息页面手动设置 CloudWatch 告警，告警的信息来自 EC2 实例的系统检查。

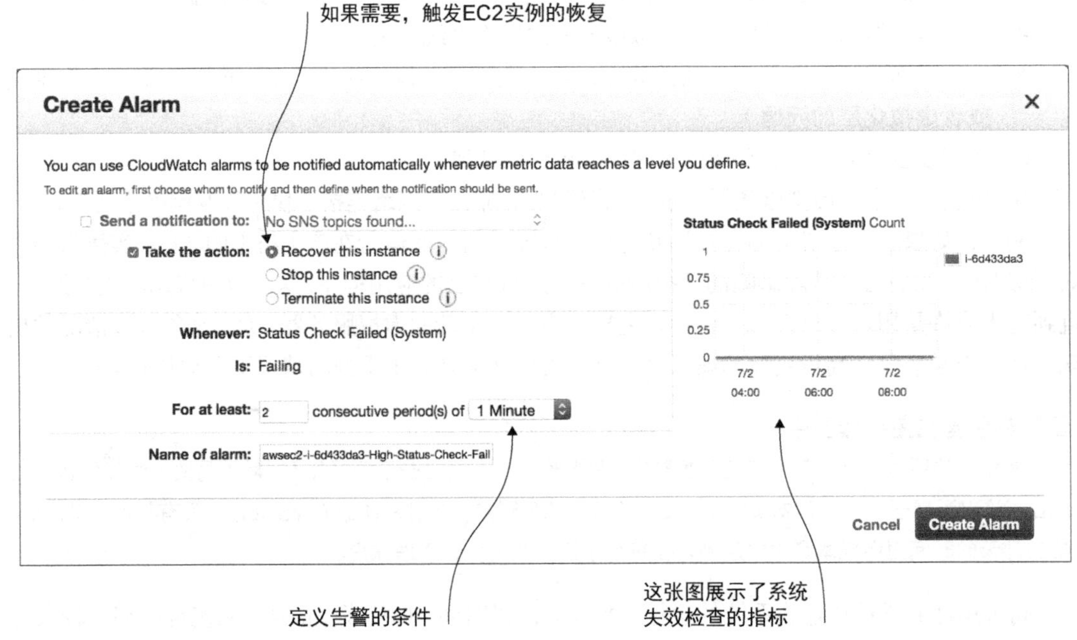

图 11-1 基于系统检查的指标建立 CloudWatch 告警，一旦 EC2 的实例失效就会触发自动恢复

系统状态检查通常是检测网络连接、供电或者物理主机上的软件或硬件是否存在问题。AWS 需要通过系统检查去发现失效并启动修复。一个常常用于解决此类故障的策略是将出现故障的虚拟服务器恢复到另一台物理主机之上。

图 11-2 展示了停机处理的流程对虚拟服务器的影响。

（1）物理服务器的失效导致运行其上的虚拟服务器失效。

（2）EC2 服务检测到运行中断并报告给 CloudWatch 的度量。

（3）CloudWatch 告警触发了对于虚拟服务器的恢复。

（4）在另外一台物理服务器上启动这个虚拟服务器。

（5）EBS 卷和弹性 IP 将被连接到新的虚拟服务器并保持原样。

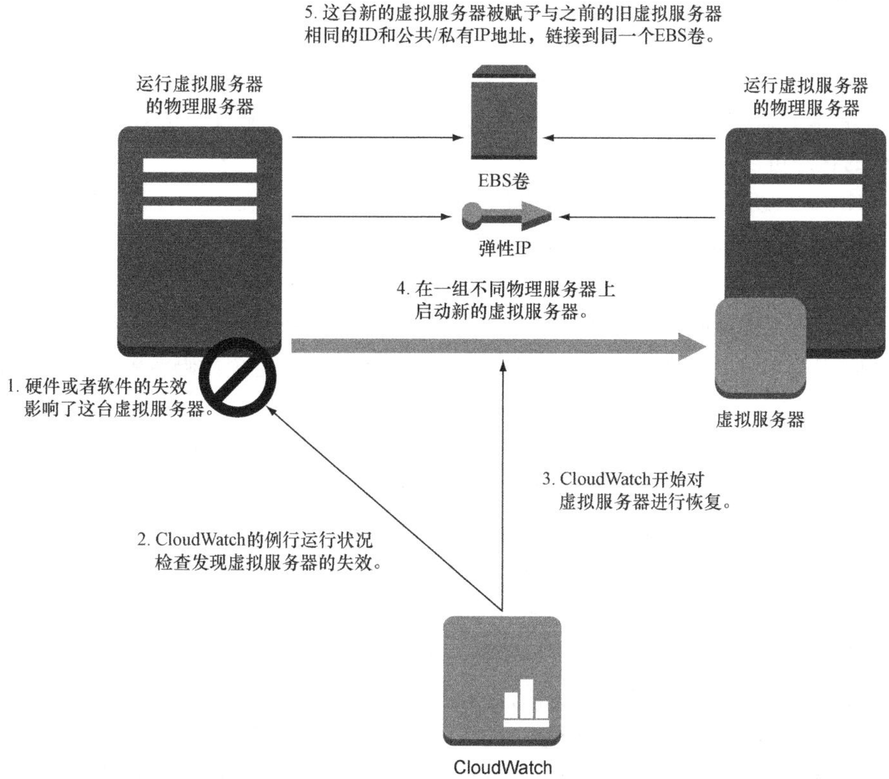

图 11-2　在硬件失效的情况下，CloudWatch 触发对虚拟服务器的恢复

完成恢复以后，新的被运行的虚拟服务器拥有相同的 ID 和私有 IP 地址。在 EBS 卷上的数据，这是一种网络存储，也同样被恢复。因为拥有的是同一个 EBS 卷，数据不会被丢失。虚拟服务器自身的本地磁盘（实例存储）无法通过 CloudWatch 告警触发的处理流程而恢复。如果原有的虚拟服务器设置有弹性 IP，新的服务器也会拥有同样的公有 IP 地址。

恢复 EC2 实例的要求

如果你打算使用这个恢复的功能，虚拟服务器必须满足以下的条件。

- 它必须运行在一个虚拟专网（VPC）之内。
- 实例家族必须是 c3（计算优化）、c4（计算优化）、m3（通用）、r3（内存优化）或者 t2（突发性能优化）。早期的实例家族不被支持（如 t1）。
- EC2 实例只能够使用 EBS 卷，因为这样可以保证在实例回复以后数据不会丢失。

11.1.1　建立一个 CloudWatch 告警

一个 CloudWatch 告警由以下部分组成。

- 一组监控数据的指标（运行状况检查、CPU 利用率等）。
- 一个规则定义在一段时间基于统计函数的阈值。
- 当告警状态改时触发的动作（例如，如果告警状态改变触发一个 EC2 实例恢复）。

下列的状态可以被用来告警。

- `OK`——一切状态都很好，还没有达到阈值。
- `INSUFFICIENT_DATA`——没有足够的数据来评估告警。
- `ALARM`——有东西发生了故障，告警的门槛已经被越过。

当你需要监视虚拟服务器的运行状况，并需要当宿主的系统出现故障进行恢复的时候，可以使用像代码清单 11-1 所示的一个 CloudWatch 告警进行设置。这个代码清单是从 CloudFormation 模板中摘录出来的。

代码清单 11-1 创建了一个 CloudWatch 告警，设置的基础来自一个名为 `StatusCheckFailed_System`（通过 `MetricName` 属性链接）的度量标准。该指标包括了由 EC2 服务每分钟所进行的虚拟服务器系统状态检查的结果。如果检查失败，一个具有数值 1 的测量点被加入到 `StatusCheckFailed_System` 指标中。因为 EC2 服务会发布该指标，因此 `Namespace` 被称为 `AWS/EC2` 以及 `Dimension` 的维度使用了虚拟服务器的 ID。

CloudWatch 告警指标检查的 `Period` 属性设定为每 60 s 一次。如在 `EvaluationPeriods` 中定义的那样，告警服务将会检查最后的 5 个周期的状态，在这种情况下这意味着最后的 5 min。检查将在这期间运行 `Statistic` 中指定的统计函数。在这种情况下对于统计函数的结果，最小值函数将会用 `ComparisonOperator` 将其与 `Threshdd` 进行比较。如果结果是否定的，在 `AlarmActions` 中定义的告警动作将会被执行——在代码清单 11-1 中，虚拟服务器的恢复是 EC2 实例的内置动作。

代码清单 11-1　创建一个 CloudWatch 告警用以监视一个 EC2 实例的运行状况实例

```
[...]
"RecoveryAlarm": {
```

创建一个 CloudWatch 告警用以监控虚拟服务器的运行状况

统计函数被用于检测的指标，即使最小的状态检查失效也会得到通知

监控器指标由 EC2 服务提供，命名空间用的是 AWS/EC2

运行状况检查的指标名称，EC2 实例包含的系统故障检查的名称

```
  "Type": "AWS::CloudWatch::Alarm",
  "Properties": {
    "AlarmDescription": "Recover server when underlying hardware fails.",
    "Namespace": "AWS/EC2",
    "MetricName": "StatusCheckFailed_System",
    "Statistic": "Minimum",
    "Period": "60",          <-- 统计函数用来计算应用的时间，以秒为单位，并且必须是 60 的倍数
    "EvaluationPeriods": "5",       <-- 用于将数据与阈值进行比较的周期数
    "ComparisonOperator": "GreaterThanThreshold",
    "Threshold": "0",          <-- 阈值触发告警
    "AlarmActions": [{       <-- 告警情况下采取的动作。使用针对 EC2 实例的预定义的恢复操作
      "Fn::Join": ["", ["arn:aws:automate:", {"Ref": "AWS::Region" },
      ":ec2:recover" ]]
    }],
    "Dimensions": [{"Name": "InstanceId", "Value": {"Ref": "Server"}}]
  }
}
[...]
```

虚拟服务器自身就是一个度量的维度

将统计函数的输出结果与阈值进行比较的操作

总之，虚拟服务器的状态由 AWS 每分钟检查一次。告警服务检查 `StatusCheckFailed-System` 指标。如果有连续的 5 个失效的报告，告警将被触发。

11.1.2 基于 CloudWatch 对虚拟服务器监控与恢复

假定你的团队正在你的开发过程中采用敏捷流程。为了加速这个流程，你的团队决定采用自动化的软件测试、构建和部署。于是你被要求设立一个持续集成服务器（CI 服务）。你为此选择了使用 Jenkins，这是一个用 Java 编写的运行在 servlet 容器（如 Apache Tomcat）上的开源应用。因为你所使用的环境具有“基础设施即是代码”的特性，你打算在你的基础设施之上做出调整以及部署 Jenkins。

Jenkins 服务器是一个典型的设置高可用性的使用场景。这是你的基础设施当中非常重要的一个部分。一旦这个服务出现停机故障，你的同事将无法测试和部署新的软件。因为系统故障而导致的系统恢复只会产生很短的停机时间，而且故障恢复不会破坏你的业务的情况下，其实你并不需要一个容错的系统。

在这个例子里面，你将按照下面的步骤操作。

（1）在云计算的环境里面建立一个虚拟网络（VPC）。

（2）在 VPC 中启动一个虚拟服务器，并通过初始化启动程序（bootstrap）自动安装 Jenkins。

（3）创建一个 CloudWatch 告警服务，监控虚拟服务器的运行状况。

我们将帮助你通过 CloudFormation 模板的帮助完成这些步骤。你可以通过 GitHub 以及 S3

找到用于这个例子的 CloudFormation 模板。

我们在第 11 章中谈到的 recovery.json 可以在 S3 找到，文件位于 https://s3.amazonaws.com/awsinaction/chapter11/recovery.json。

关于学习和了解更多关于 Jenkins 的内容，可以参考其官方文档。

下面的命令启动一个含有 EC2 实例与 CloudWatch 告警触发服务器失效恢复的 CloudFormation 模板。使用由 8～40 个字符和数字组成的密码替换`$Password`。一个 Jenkins 服务器将会自动安装在一个虚拟服务器上：

```
$ aws cloudformation create-stack --stack-name jenkins-recovery \
--template-url https://s3.amazonaws.com/\
awsinaction/chapter11/recovery.json \
--parameters ParameterKey=JenkinsAdminPassword,ParameterValue=$Password
```

CloudFormation 模板包含了私有网络和安全的配置。但是该模板最重要的部分是下面的这些。

- 虚拟服务器的用户数据包含一个 bash 的脚本用以在启动期间安装 Jenkins。
- 公有 IP 地址被分配给新的虚拟服务器，你可以在服务器被恢复以后使与之前相同的 IP 地址去访问它。
- CloudWatch 告警服务基于 EC2 服务发布的系统状态的指标。

代码清单 11-2 展示了 CloudFormation 模板中重要的部分。

代码清单 11-2　在 EC2 实例上启动运行具有告警恢复能力的 Jenkins CI 服务器

```
[...]
"ElasticIP": {                                   <-- 使用弹性 IP 提供的公有 IP 地址将会在服务器恢复以后保持一致
  "Type": "AWS::EC2::EIP",
  "DependsOn": "GatewayToInternet",
  "Properties": {
    "InstanceId": {"Ref": "Server"},
    "Domain": "vpc"
  }
},
"Server": {                                      <-- 启动一个虚拟服务器来运行 Jenkins 服务器
  "Type": "AWS::EC2::Instance",
  "Properties": {
    "InstanceType": "t2.micro",                  <-- 恢复的是 t2 类型的实例
    "KeyName": {"Ref": "KeyName"},
    "UserData": {"Fn::Base64": {"Fn::Join": ["", [     <-- 用户数据中包含了一个 shell 脚本，这个脚本将在启动阶段被执行，用以在虚拟服务器上安装 Jenkins 服务器
      "#!/bin/bash -ex\n",
      "wget http://pkg.jenkins-ci.org/redhat/
      ➥ jenkins-1.616-1.1.noarch.rpm\n",
      "rpm --install jenkins-1.616-1.1.noarch.rpm\n",
      [...]
      "service jenkins start\n"
    ]]}},
    [...]
  }
},
"RecoveryAlarm": {                               <-- 创建一个 CloudWatch 告警来监控虚拟服务器的运行状况
```

```
    "Type": "AWS::CloudWatch::Alarm",
    "Properties": {
      "AlarmDescription": "Recover server when underlying hardware fails.",
      "Namespace": "AWS/EC2",
      "MetricName": "StatusCheckFailed_System",
      "Statistic": "Minimum",
      "Period": "60",
      "EvaluationPeriods": "5",
      "ComparisonOperator": "GreaterThanThreshold",
      "Threshold": "0",
      "AlarmActions": [{
        "Fn::Join": ["", ["arn:aws:automate:", {"Ref": "AWS::Region" },
        ":ec2:recover" ]]
      }],
      "Dimensions": [{"Name": "InstanceId", "Value": {"Ref": "Server"}}]
    }
  }
  [...]
```

由 EC2 服务提供的监控指标，使用的命名空间是 AWS/EC2

EC2 实例运行状况检查指标名包含系统检查失败的事件

将数据与阈值进行比较的周期数

触发告警的阈值

用于将统计功能的输出与阈值进行比较的运算符

虚拟服务器指标的一个维度

统计函数应用的时间，以秒为单位，必须是 60 的倍数

告警时执行的动作。对 EC2 实例使用预先定义好的恢复动作

统计函数应用到指标。如果单个状态监测失败，最小值将会被通知

CloudFormation 模板的创建和 Jenkins 在虚拟服务器上的安装需要几分钟时间。运行以下命令可以得到堆栈的结果输出。如果结果为空，过几分钟之后可以重试一下：

```
$ aws cloudformation describe-stacks --stack-name jenkins-recovery \
--query Stacks[0].Outputs
```

如果该查询结果正如这里所显示的，包含一个链接、一个用户和一个密码，那么这个堆栈创建就好了，Jenkins 服务器准备好可用了。在浏览器中打开这个链接，用之前选择的 `admin` 用户名和密码登录 Jenkins 服务器：

```
[
  {
    "Description": "URL to access web interface of Jenkins server.",
    "OutputKey": "JenkinsURL",
    "OutputValue": "http://54.152.240.91:8080"
  },
  {
    "Description": "Administrator user for Jenkins.",
    "OutputKey": "User",
    "OutputValue": "admin"
  },
  {
    "Description": "Password for Jenkins administrator user.",
    "OutputKey": "Password",
    "OutputValue": "********"
  }
]
```

在浏览器中打开这个 URL，访问 Jenkins 服务器的 Web 界面

使用这个用户名登录 Jenkins 服务器

使用这个密码登录 Jenkins 服务器

现在我们已可以在 Jenkins 服务器上创建第一个作业。同时，我们需要用之前输出的用户名和密码进行登录。图 11-3 展示的是 Jenkins 服务器的登录表单。

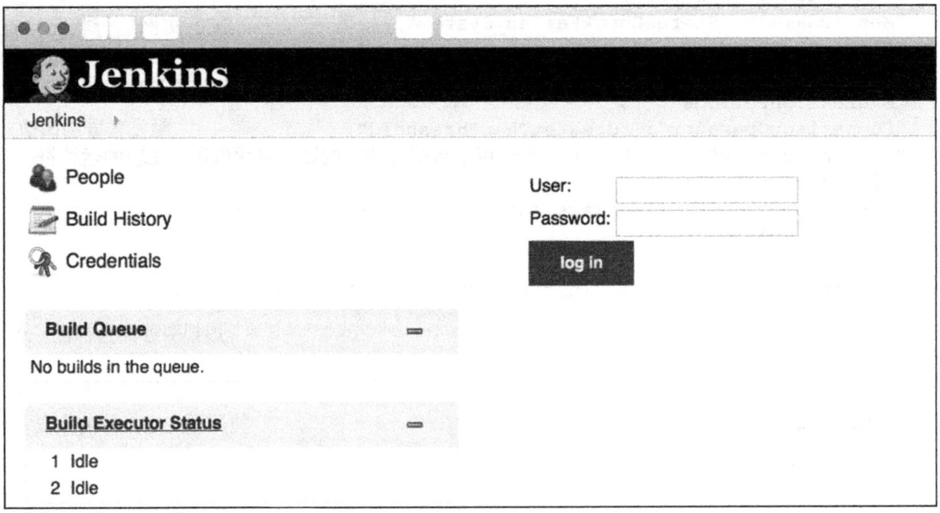

图 11-3　Jenkins 服务器的 Web 界面

Jenkins 服务器运行在带自恢复功能的虚拟服务器上。如果虚拟服务器由于宿主机的问题出现故障，它将恢复所有数据和相同的 IP。由于虚拟服务器用了弹性 IP 地址，所以链接不会改变。所有数据将恢复，因为新的虚拟服务器和之前的虚拟服务器使用一样的 EBS 卷。

遗憾的是，我们不能测试恢复的过程。CloudWatch 告警可以监控宿主系统的运行状况，但这只能由 AWS 控制。

资源清理

现在完成了这个例子，可以清理所有资源以避免不必要的花费。执行以下命令删除所有 Jenkins 配置相关的资源：

```
$ aws cloudformation delete-stack --stack-name jenkins-recovery
$ aws cloudformation describe-stacks --stack-name jenkins-recovery
```

重试这条命令，直到状态改变为 DELETE_COMPLETE 或者出现一个堆栈不存在的错误

11.2　从数据中心故障中恢复

如前一节描述的，底层硬件和软件失败之后，由系统状态检查和 CloudWatch 恢复虚拟服务器是可能的。但如果由于电力、火或者其他因素导致整个数据中心故障那会发生什么？正如 11.1 节描述的恢复虚拟服务器将会失效，因为那是在同一个数据中心启动 EC2 实例。

AWS 的设计理念是“假定失败”，即便是很小的概率发生整个数据中心故障。AWS 的区域

是由多个数据中心组成的集群，我们把这个集群称之为可用区（Availability Zone，AZ）。结合用量去定义虚拟服务器的数量和类型来支撑 AWS，必须时刻保持运行状态，在自动扩展的帮助下，你可以在数据中心在以很短的宕机时间恢复并启动虚拟服务器。另外，在多个可用区内搭建一个高可用的架构有两个注意点。

- 存储在网络附加存储的数据故障转移到另一个数据中心之后默认不可用。
- 在另一个数据中心不能用同一个私有 IP 地址启动新的虚拟服务器。另外，恢复后不能自动保持同一个公有 IP 地址，正如前一节中用 CloudWatch 告警触发恢复。

在本节中，我们将改善前一节中的 Jenkins 设置，增加整个数据中心故障恢复和解决陷阱的能力。

11.2.1　可用区：每个区域有多个数据中心

正如你已经了解的，AWS 在全球范围内运营着多个地理位置，称为区域（region）。如果到目前为止你一直在跟进前面的示例，你已经使用了美国东部（弗吉尼亚北部）区域，也称为 us-east-1。截至 2018 年 1 月，一共有 18 个公开可用的区域，分别位于北美洲、南美洲、欧洲和亚洲。

每个区域由多个可用区组成。一个可用区可以理解为是一组数据中心的集合，区域是由多个独立的数据中心组成，每个数据中心之间有足够的距离。可用区与可用区之间通过低延时的链路相连，所以不同可用区之间的请求并不会像走互联网一样贵。可用区的数量取决于区域。例如，截至 2018 年 1 月美国东部（弗吉尼亚北部）区域在目前有 6 个可用区，欧洲（法兰克福）有 3 个可用区。图 11-4 阐述了一个区域内可用区的概念。

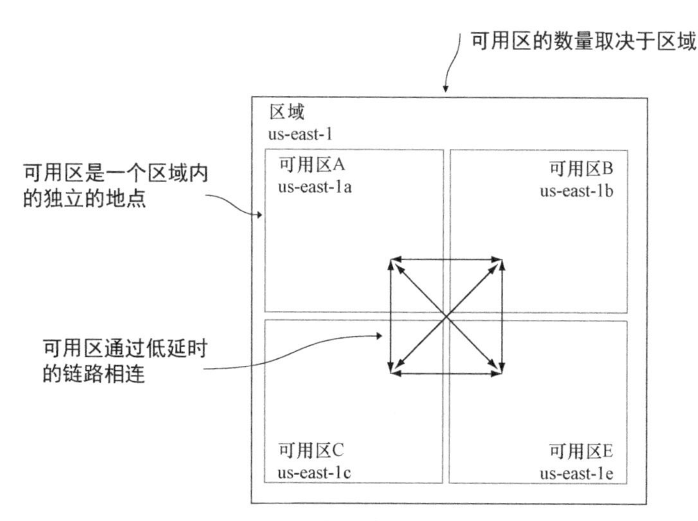

图 11-4　一个区域由多个通过低延时链路相连的可用区组成

有一些 AWS 的服务器是高可用的，甚至默认就具有容错机制。对于有些服务，客户必须自己通过可靠的工具来搭建高可用的架构。如图 11-5 所示，使用多个可用区甚至多个区域来搭建一个高可用的架构也是如此。

- 有些全球性的服务跨多个区域：Route 53（DNS）和 CloudFront（CDN）。
- 有些服务在一个区域中用了多个可用区，因此可以从数据中心故障中恢复：S3（对象存储）和 DynamoDB（NoSQL 数据库）。
- 关系型数据库（RDS）提供了主-备设置，称为多可用区部署。如果有必要，可以将故障转移到另一个可用区。
- 虚拟服务器运行在单一可用区中。但是 AWS 提供了工具基于 EC2 搭建架构，可以从另一个可用区中故障转移。

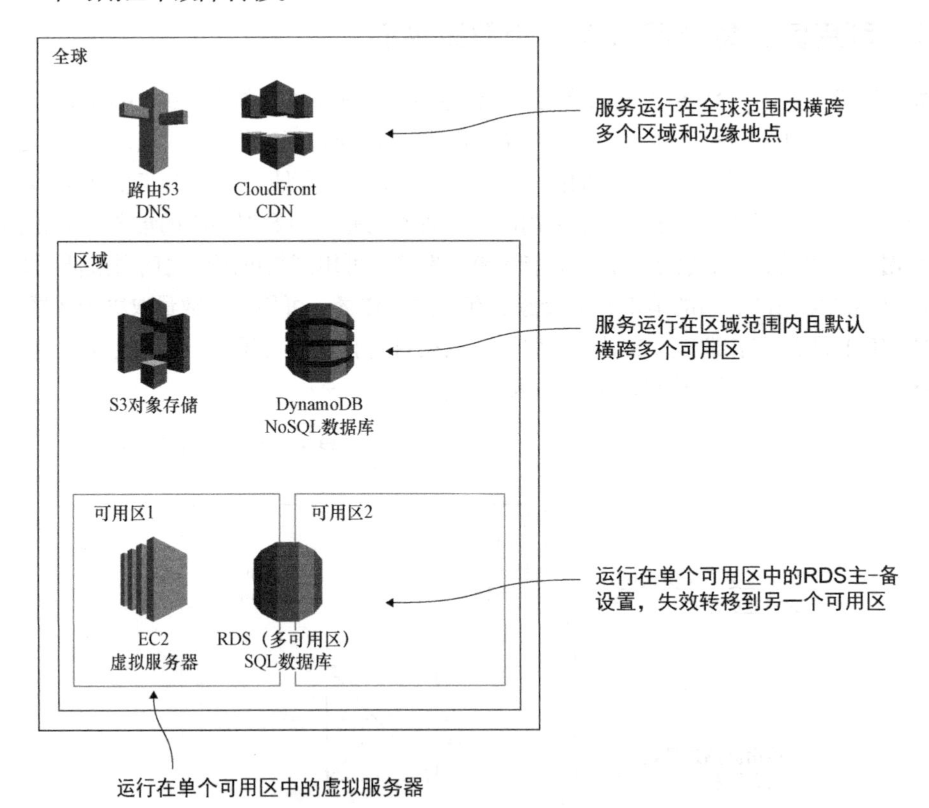

图 11-5　AWS 的服务可以运行在单一可用区中、跨可用区，甚至在全球范围内跨区域

可用区的标识符由区域（如 us-east-1）的标识符和一个字母（a、b、c、d 或者 e）组成。us-east-1a 是区域 us-east-1 内可用区的标识符。为了让资源横跨分布在不同的可用区，一个可用区的标识符针对每个 AWS 账户是随机生成的，这意味着在你的 AWS 账号中 us-east-1a 指向了另一个物理数据中心，在我的 AWS 账号中也一样。

客户可以用以下这条命令查看在自己的账号中的所有区域：

```
$ aws ec2 describe-regions
{
  "Regions": [
    {
    "Endpoint": "ec2.eu-central-1.amazonaws.com",
    "RegionName": "eu-central-1"
    },
    {
      "Endpoint": "ec2.sa-east-1.amazonaws.com",
      "RegionName": "sa-east-1"
    },
    {
      "Endpoint": "ec2.ap-northeast-1.amazonaws.com",
      "RegionName": "ap-northeast-1"
    },
    {
      "Endpoint": "ec2.eu-west-1.amazonaws.com",
      "RegionName": "eu-west-1"
    },
    {
      "Endpoint": "ec2.us-east-1.amazonaws.com",
      "RegionName": "us-east-1"
    },
    {
      "Endpoint": "ec2.us-west-1.amazonaws.com",
      "RegionName": "us-west-1"
    },
    {
      "Endpoint": "ec2.us-west-2.amazonaws.com",
      "RegionName": "us-west-2"
    },
    {
      "Endpoint": "ec2.ap-southeast-2.amazonaws.com",
      "RegionName": "ap-southeast-2"
    },
    {
      "Endpoint": "ec2.ap-southeast-1.amazonaws.com",
      "RegionName": "ap-southeast-1"
    }
  ]
}
```

为了列出每个区域中所有的可用区，运行以下命令，并在命令行中用 `RegionName` 替换 `$Region`：

```
$ aws ec2 describe-availability-zones --region $Region
{
  "AvailabilityZones": [
    {
      "State": "available",
      "RegionName": "us-east-1",
```

```
        "Messages": [],
        "ZoneName": "us-east-1a"
      },
      {
        "State": "available",
        "RegionName": "us-east-1",
        "Messages": [],
        "ZoneName": "us-east-1b"
      },
      {
        "State": "available",
        "RegionName": "us-east-1",
        "Messages": [],
        "ZoneName": "us-east-1c"
      },
      {
        "State": "available",
        "RegionName": "us-east-1",
        "Messages": [],
        "ZoneName": "us-east-1e"
      }
    ]
  }
```

在基于 EC2 实例搭建一个在多个可用区之间自动故障转移的高可用架构之前，还有一些知识是需要了解的。如果借助虚拟私有网络（VPC）在 AWS 内定义一个私有网络，需要了解：

- VPC 总是绑定到一个区域。
- VPC 内的一个子网链接到一个可用区。
- 虚拟服务器运行在单个子网中。

图 11-6 展示了这些依赖关系。

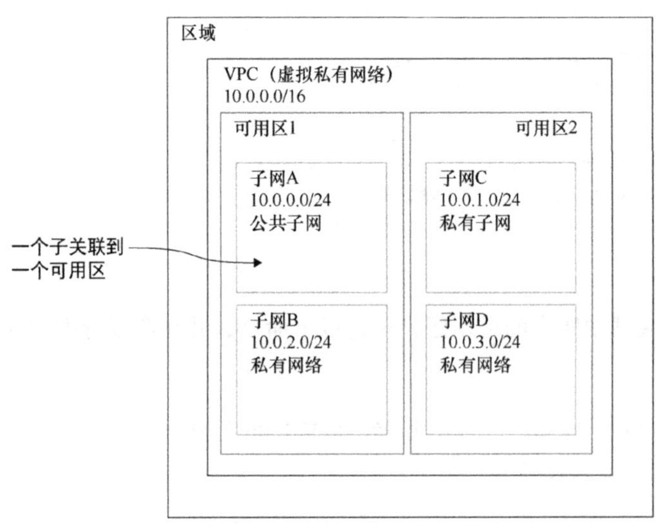

图 11-6 VPC 仅属于一个特定区域，子网仅和一个可用区关联

接下来，我们将会学习如何启动虚拟服务器，并且如果出现故障这个虚拟服务区可以在另一个可用区内自动重启。

11.2.2 使用自动扩展确保虚拟服务器一直运行

自动扩展是 EC2 服务的一部分，可以帮助你确保按指定数量的虚拟服务器一直运行。你可以使用自动扩展启动一个虚拟服务器，确保当原始虚拟服务器故障时可以启动新的虚拟服务器。通过自动扩展，你可以在多个子网中启动 EC2 实例，在整个可用区出现故障的情况下，新的虚拟服务器可以在另一个可用区的子网中启动。

配置自动扩展，需要创建配置以下两个部分。

- *启动配置*包含了虚拟服务器启动的所有信息：实例类型（虚拟服务器的大小）和启动所需的映像（AMI）。
- *自动扩展组*会告诉 EC2 按指定的启动项配置启动多少个虚拟服务器，如何监控实例，应该在哪个子网中启动。

图 11-7 展示了这个过程。

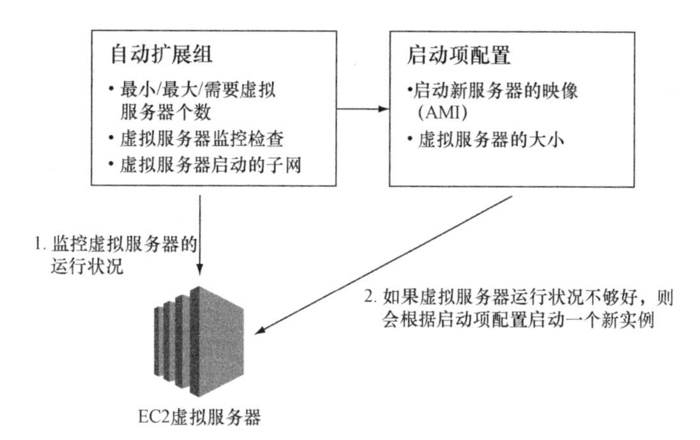

图 11-7 自动扩展确保指定数量的虚拟服务器处于运行

代码清单 11-3 展示了如何使用自动扩展来确保单个 EC2 实例一直运行。表 11-1 展示了具体的参数。

表 11-1 启动项配置和自动扩展组需要的参数

内　　容	属　　性	描　　述	值
LaunchConfiguration	ImageId	被启动虚拟服务器的 AMI 的 ID	账号中任何可用的 AMI 的 ID
LaunchConfiguration	InstanceType	虚拟服务器的大小	所有可用的实例，如 t2.micro、m3.medium、c3.large

续表

内 容	属 性	描 述	值
AutoScalingGroup	DesiredCapacity	某一时刻所需虚拟服务器的数量	任何正整数。如果想基于启动配置启动一台虚拟服务器，那么使用 1
AutoScalingGroup	MinSize	使用自动扩展允许同时运行虚拟服务器的最小值	任何正整数。如果想基于启动配置启动一台虚拟服务器，那么使用 1
AutoScalingGroup	MaxSize	使用自动扩展允许同时运行虚拟服务器的最大值	任何正整数。如果想基于启动配置启动一台虚拟服务器，那么使用 1
AutoScalingGroup	VPCZoneIdentifier	虚拟服务器启动所在子网的 ID	账号中 VPC 内的任何子网 ID
AutoScalingGroup	HealthCheckType	区分失效的虚拟服务器的监控检查。如果检查检查失败，自动扩展用新的代替	EC2 使用虚拟服务器的状态检查，或者使用 ELB 检查负载均衡的监控状态（见第 13 章）

代码清单 11-3 配置自动扩展组和启动配置

```
[...]
"LaunchConfiguration": {
  "Type": "AWS::AutoScaling::LaunchConfiguration",    ← 用于自动扩展的启动配置
  "Properties": {
    "ImageId": "ami-1ecae776" [                       ← 启动虚拟服务器的映像（AMI）
    "InstanceType": "t2.micro",                       ← 虚拟服务器的大小
  }
},
"AutoScalingGroup": {                                 自动扩展组负责启动虚拟服务器
  "Type": "AWS::AutoScaling::AutoScalingGroup",      ←
  "Properties": {                                                          关联到启动配置
    "LaunchConfigurationName": {"Ref": "LaunchConfiguration"},  ←
    "DesiredCapacity": 1,                             ← EC2 实例的需要数量
    "MinSize": 1,                                     ← EC2 实例的最小数量
    "MaxSize": 1,                                     ← EC2 实例的最大数量
    "VPCZoneIdentifier": [                            ← 在子网 A（在可用区 A 中的）和
      {"Ref": "SubnetA"},                               子网 B（在可用区 A 中的）中启
      {"Ref": "SubnetB"}                                动虚拟服务器（在可用区 B 中）
    ],
    "HealthCheckType": "EC2"                          ← 使用 EC2 内部的
  }                                                     运行状况检查
}
[...]
```

自动扩展组可以根据系统的用量自动扩展虚拟服务器的数量。我们将在第 14 章中学习如何根据当前的负载扩展虚拟服务器的数量。在本章中，我们只需确保一台虚拟服务器一直运行。因为需要一台虚拟服务器，为了自动扩展设置以下参数为 1：

- DesiredCapacity；
- MinSize；
- MaxSize。

接下来的一节将复用本章开始的 Jenkins 示例，在实践中展示如何用自动扩展实现高可用性。

11.2.3 在另一个可用区中通过自动扩展恢复失效的虚拟服务器

本章一开始就介绍了，万一失效，可以使用 CloudWatch 告警触发运行着 Jenkins CI 服务器的虚拟服务器的恢复。在需要的情况下，这一机制会启动一个原始虚拟服务器的副本。这只是发生在同一个可用区中，因为虚拟服务器的私有 IP 地址和 EBS 卷是和一个子网和一个可用区绑定的。但是假设 AWS 的区域出现数据中心的故障，你的团队不会满意自己无法使用 Jenkins 服务器去测试、搭建和部署新软件这一事实，你需要寻找一种能够让你在另一个可用区中恢复的工具。

在自动扩展的辅助下，运行 Jenkins 的虚拟服务器故障转移到另一个可用区中将变为可能。这个例子的 CloudFormation 模板可以在下载的源代码中找到，其中 multiaz.json 就是我们在本章中讨论过的文件。同一文件在 S3 上位于 https://s3.amazonaws.com/awsinaction/chapter11/multiaz.json。

执行以下命令创建虚拟服务器，通过自动扩展，如果需要的话，可将故障转移到另一个可用区中。用 8～40 个字母和数字组成的密码替换$Password。通过以下命令用代码清单 11-3 所示的 CloudFormation 模板来设置环境：

```
$ aws cloudformation create-stack --stack-name jenkins-multiaz \
--template-url https://s3.amazonaws.com/\
awsinaction/chapter11/multiaz.json \
--parameters ParameterKey=JenkinsAdminPassword,ParameterValue=$Password
```

读者可在 CloudFormation 模板中按代码清单 11-4 找到启动配置和自动扩展组。在前一节中，当通过 CloudWatch 恢复告警启动单台虚拟服务器时，使用了启动配置的最重要的一些参数。

- ImageId——虚拟服务器的映像（AMI）的 ID。
- InstanceType——虚拟服务器的大小。
- KeyName——SSH 密钥对的名称。
- SecurityGroupIds——关联的安全组。
- UserData——引导安装 Jenkins CI 服务器期间执行的脚本。

单个 EC2 实例的定义和启动配置之间有一个重要的区别：虚拟服务器的子网没有在启动配置中定义，而是在自动扩展组中定义的，如代码清单 11-4 所示。

代码清单 11-4　在两个可用区中自动扩展的 Jenkins CI 服务器

```
[...]
"LaunchConfiguration": {
  "Type": "AWS::AutoScaling::LaunchConfiguration",      <- 用于自动扩展的启动配置
  "Properties": {
    "InstanceMonitoring": false,      <- 默认情况下，EC2 每 5 min 发送指标到 CloudWatch，当然你也可以通过额外付费，启动更详细的实例监控，每分钟获得指标
    "ImageId": {"Fn::FindInMap": [      <- 启动虚拟服务器的映像（AMI）
      "EC2RegionMap",
      {"Ref": "AWS::Region"},
      "AmazonLinuxAMIHVMEBSBacked64bit"
    ]},
    "KeyName": {"Ref": "KeyName"},      <- 远程 SSH 登录到虚拟服务器的密钥
    "SecurityGroups": [{"Ref": "SecurityGroupJenkins"}],      <- 附加到虚拟服务器的安全组
    "AssociatePublicIpAddress": true,      <- 给虚拟服务器启动公有 IP 地址
    "InstanceType": "t2.micro",      <- 虚拟服务器的类型
    "UserData": {      <- 用户数据包含一个脚本，这个脚本是在虚拟服务器里安装 Jenkins 服务器，在虚拟服务器引导配置时执行
      "Fn::Base64": {
        "Fn::Join": [
          "",
          [
            "#!/bin/bash -ex\n",
            "wget http://pkg.jenkins-ci.org/redhat/
➥ jenkins-1.616-1.1.noarch.rpm\n",
            "rpm --install jenkins-1.616-1.1.noarch.rpm\n",
            [...]
            "service jenkins start\n"
          ]
        ]
      }
    }
  }
},
"AutoScalingGroup": {
  "Type": "AWS::AutoScaling::AutoScalingGroup",      <- 自动扩展组负责启动虚拟服务器
  "Properties": {
    "LaunchConfigurationName": {"Ref": "LaunchConfiguration"},      <- 关联到启动配置
    "Tags": [      <- 自动扩展组的标签
      {
        "Key": "Name",
        "Value": "jenkins",
        "PropagateAtLaunch": true      <- 将相同的标签附加到由此自动扩展组启动的虚拟服务器
      }
    ],
    "DesiredCapacity": 1,      <- EC2 实例的需要个数
    "MinSize": 1,      <- EC2 实例的最小个数
    "MaxSize": 1,      <- EC2 实例的最大个数
    "VPCZoneIdentifier": [      <- 在子网 A（创建在可用区 A）和子网 B（创建在可用区 B）中启动虚拟服务器
      {"Ref": "SubnetA"},
      {"Ref": "SubnetB"}
    ],
```

```
    "HealthCheckType": "EC2"          <-- 使用 EC2 服务内部的运行状况检查
  }
}
[...]
```

CloudFormation 模板的创建需要几分钟。执行以下命令获得虚拟服务器的公有 IP 地址。如果没有 IP 地址出现，说明虚拟服务器还没启动完成，可以过一会儿再试。

```
$ aws ec2 describe-instances --filters "Name=tag:Name,\
Values=jenkins-multiaz" "Name=instance-state-code,Values=16" \
--query "Reservations[0].Instances[0].\
[InstanceId, PublicIpAddress, PrivateIpAddress, SubnetId]"
[
  "i-e8c2063b",             <-- 虚拟服务器的实例 ID
  "52.4.11.10",             <-- 虚拟服务器的公有 IP 地址
  "10.0.1.56",              <-- 虚拟服务器的私有 IP 地址
  "subnet-36257a41"         <-- 虚拟服务器的子网 ID
]
```

在浏览器中打开 http://$PublicIP:8080，用之前的 `describe` 命令输出的公有 IP 地址替换 `$PublicIP`，Jenkins 服务器的 Web 界面就出现了。

执行以下命令终止虚拟服务器，测试自动扩展的恢复过程。用之前 `discribe` 命令输出的实例 ID 替换`$InstanceId`：

```
$ aws ec2 terminate-instances --instance-ids $InstanceId
```

几分钟之后自动扩展组检测到虚拟服务器被终止了，然后启动一台新的虚拟服务器。重新运行 `describe-instances` 命令，直到出现一台运行的虚拟服务器信息。

```
$ aws ec2 describe-instances --filters "Name=tag:Name,\
Values=jenkins-multiaz" "Name=instance-state-code,Values=16" \
--query "Reservations[0].Instances[0].\
[InstanceId, PublicIpAddress, PrivateIpAddress, SubnetId]"
[
  "i-5e4f68f7",
  "54.88.118.96",
  "10.0.0.36",
  "subnet-aa29b281"
]
```

对于新实例，实例 ID、公有 IP 地址、私有 IP 地址甚至子网 ID 都变了。在浏览器中打开 http://$PublicIP:8080，用之前的 `describe` 命令输出的公有 IP 地址替换`$PublicIP`，Jenkins 服务器的 Web 界面就出现了。

通过自动扩展，你已经搭建了一个由 EC2 组成的高可用的架构。当前的步骤中存在下面两个问题。

- Jenkins 服务器的数据存储在磁盘上，当出现故障时，一台新的虚拟服务器被启动，新的磁盘会被创建，数据将丢失。

- 新的虚拟服务器恢复时，Jenkins 服务器的公有 IP 地址、私有 IP 地址发生了改变。Jenkins 服务器在同一个端点下变为不可用。

接下来我们将学习如何解决这些问题。

11.2.4　陷阱：网络附加存储恢复

EBS 服务为虚拟服务器提供了网络附加存储（NAS）。EC2 关联到一个子网，子网关联到一个可用区。EBS 卷存在于单个可用区中。如果虚拟服务器由于故障在另一个可用区中启动，存储在 EBS 卷中的数据将不再可用。图 11-8 阐述了这个问题。

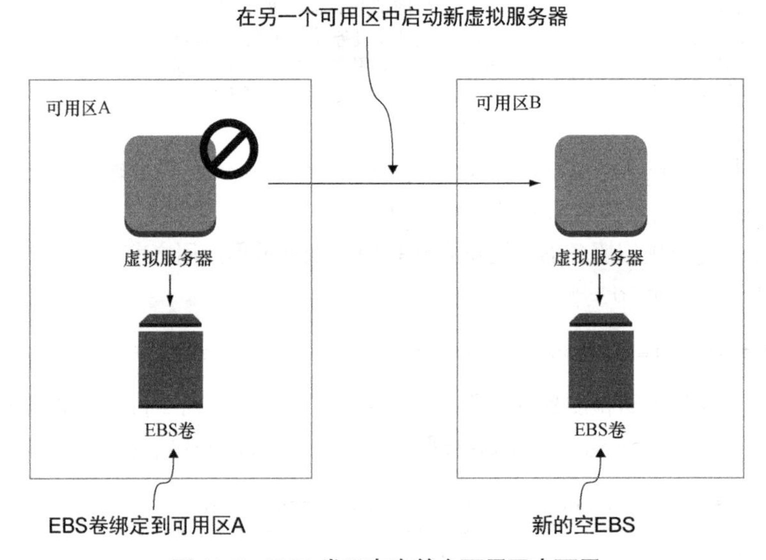

图 11-8　EBS 卷只有在单个可用区中可用

这个问题有很多种解决方案。

- 将虚拟服务器的状态移到托管的服务里，默认使用多个可用区：RDS（关系型数据库）、DynamoDB（NoSQL 数据库）或者 S3（对象存储）。
- 给 EBS 卷创建快照，如果虚拟服务器需要在另一个可用区中恢复，则可使用快照。EBS 快照存储在 S3 中以便在多个可用区中保持可用。
- 使用分布式的第三方存储解决方案（GlusterFS、DRBD、MongoDB 等），在多个可用区中存储数据。

Jenkins 服务器直接在磁盘上存储数据。为了在外面存放虚拟服务器的状态，不能使用 RDS、DynamoDB 或者 S3，需要用快照级别的存储解决方案代替。正如我们所学到的，EBS 卷只有单个可用区中可用，所以这不能很好地解决这个问题。使用分布式第三方存储解决方案可行，但也引入了很多超出了本书范围的复杂性。我们将学习如何使用 EBS 快照在另一个可用区中恢复一台虚拟服务器，并且没有丢失存储在 EBS 卷里面的完整状态数据。

如代码清单 11-5 所示，在启动配置的辅助下可以为通过自动扩展启动的虚拟服务器指定一个自己的映像（AMI），映像就类似于 EBS 快照，包含操作系统虚拟化相关的其他信息。客户可以基于这个 AMI 启动一个新的虚拟服务器，但不能用 EBS 快照创建一个根卷。客户创建任何运行的虚拟服务器的映像（AMI）。与 EBS 卷本身相比，EBS 快照和映像 AMI 是存储在一个区域内的多个可用区的，所以客户可以通过它在另一个可用区恢复。

代码清单 11-5 更新映像，在失败时启动新的虚拟服务器

```
[...]
"LaunchConfiguration": {
  "Type": "AWS::AutoScaling::LaunchConfiguration",
  "Properties": {
    "InstanceMonitoring": false,
    "ImageId": {"Ref": "AMISnapshot"},        <- 自动扩展根据指定的 AMI 启动新的虚拟服务器
    "KeyName": {"Ref": "KeyName"},
    "SecurityGroups": [{"Ref": "SecurityGroupJenkins"}],
    "AssociatePublicIpAddress": true,
    "InstanceType": "t2.micro",
    "UserData": {
      "Fn::Base64": {
        "Fn::Join": [
          "",
          [
            "#!/bin/bash -ex\n",
            "wget http://pkg.jenkins-ci.org/redhat/
➥jenkins-1.616-1.1.noarch.rpm\n",
            "rpm --install jenkins-1.616-1.1.noarch.rpm\n",
            [...]
            "service jenkins start\n"
          ]
        ]
      }
    }
  }
}
[...]
```

我们将执行以下步骤。

（1）为 Jenkins CI 服务器增加一个作业。

（2）用虚拟服务器的当前状态的快照创建一个 AMI。

（3）更新启动配置。

（4）测试恢复情况。

执行以下命令来获得正在运行的虚拟服务器的实例 ID 和公有 IP 地址：

```
$ aws ec2 describe-instances --filters "Name=tag:Name,\
Values=jenkins-multiaz" "Name=instance-state-code,Values=16" \
--query "Reservations[0].Instances[0].[InstanceId, PublicIpAddress]"
[
```

```
  "i-5e4f68f7",
  "54.88.118.96"
]
```

现在，通过以下步骤创建一个新的 Jenkins 作业。

（1）在浏览器中打开 http://$PublicIP:8080/newJob，用之前的 describe 命令输出的公有 IP 地址替换$PublicIP。

（2）用启动 CloudFormation 模板时选择的 admin 用户名和密码进行登录。

（3）输入 AWS in Action 作为新作业的名字。

（4）选择"Freestyle Project"（自由式项目）作为作业类型，点击"OK"按钮保存作业。

我们已经对存储在 EBS 根卷里的虚拟服务器的状态做了一些修改。

在失效的情况下，为了确保通过自动扩展组启动虚拟服务器的新作业不会丢失，需要创建一个 AMI 作为当前状态的快照。执行以下命令来实现这一点，将$InstanceId 替换为前面 describe 命令中的实例 ID。

```
$ aws ec2 create-image --instance-id $InstanceId --name jenkins-multiaz
{
  "ImageId": "ami-0dba4266"                    <-- 利用 CloudFormation 更新
}                                                  启动配置里的新 AMI 的 ID
```

等到映像变为可用的，执行以下命令检查当前状态，用 create-image 命令输出的 ImageId 替换$ImageId：

```
$ aws ec2 describe-images --image-id $ImageId --query "Images[].State"
```

我们需要通过代码清单 11-5 所示的 CloudFormation 模板更新启动配置。执行以下命令来实现这一点，用 ImageId 替换$ImageId：

```
$ aws cloudformation update-stack --stack-name jenkins-multiaz \
--template-url https://s3.amazonaws.com/awsinaction/\
chapter11/multiaz-ebs.json --parameters \
ParameterKey=JenkinsAdminPassword,UsePreviousValue=true \
ParameterKey=AMISnapshot,ParameterValue=$ImageId
```

等待几分钟，直到 CloudFormation 已经更换启动配置。运行 aws cloudformation describe-stacks --stack-name jenkins-multiaz 来检查状态，直到状态变更为 UPDATE_COMPLETE。现在模拟虚拟服务器的工作，执行以下命令终止虚拟服务器，用 describe 命令输出的结果替换$InstanceId：

```
$ aws ec2 terminate-instances --instance-ids $InstanceId
```

自动扩展组检测丢失的虚拟服务器，并开启一个新的虚拟服务器需要 5 min。运行以下命令得到新启动虚拟服务器的信息。如果输出是空值，几分钟后重试命令执行：

```
$ aws ec2 describe-instances --filters "Name=tag:Name,\
Values=jenkins-multiaz" "Name=instance-state-code,Values=16" \
--query "Reservations[0].Instances[0].[InstanceId, PublicIpAddress]"
```

在浏览器中打开 http://$PublicIP:8080，用之前的 describe 命令输出的公有 IP 地址替换 $PublicIP，就会在 Jenkins Web 接口中看到可执行作业的名字。

资源清理

为了避免不必要的花费，接下来清理一下资源。执行以下命令准备删除未使用的资源：

```
$ aws ec2 describe-images --owners self \
--query Images[0].[ImageId,BlockDeviceMappings[0]\
.Ebs.SnapshotId]
```

输出内容包含映像（AMI）的 ID，以及相应快照的 ID。执行以下命令删除相应 Jenkins 设置的所有资源。用之前输出的映像 ID 替换$ImageId，快照 ID 替换$SnapshotId。

```
$ aws cloudformation delete-stack --stack-name jenkins-multiaz
$ aws cloudformation describe-stacks --stack-name jenkins-multiaz
$ aws ec2 deregister-image --image-id $ImageId
$ aws ec2 delete-snapshot --snapshot-id $SnapshotId
```

重复执行命令直到状态变更为 DELETE_COMPLETE 或者出现堆栈不存在的错误

11.2.5　陷阱：网络接口恢复

正如本章一开始描述的，在同一个可用区内，通过 CloudWatch 告警的辅助来恢复虚拟服务器，可以很容易地保持私有 IP 地址和公有 IP 地址不变。客户可以在故障转移后使用这个 IP 地址作为一个端点去访问服务。

当使用自动扩展从服务器或数据中心故障恢复时不能这样做。如果一个虚拟服务器必须在另一个可用区内从数据中心故障中恢复，它必须在另一个子网内启动。这时虚拟服务器不能使用相同的私有 IP 地址，如图 11-9 所示。

默认情况下，通过自动扩展启动的虚拟服务器不能把弹性 IP 作为公有 IP。但其实用一个静态端点去接收请求，这种需求是常见的。对于 Jenkins 服务器的使用场景，开发者想用 IP 地址或者主机名访问 Web 接口。当通过使用自动扩展功能为单一虚拟服务器构建高可用性时，有多种不同的情况可能用来提供一个静态端点。

- 分配弹性 IP，在虚拟服务器引导程序中绑定这个公有 IP 地址。
- 创建或者更新一个 DNS 条目关联到当前虚拟服务器的公共或私有 IP 地址。
- 使用弹性负载均衡器（ELB）作为一个静态端点，将请求路由到当前虚拟服务器。

使用第二种方案需要用 Route53（DNS）服务关联一个域名。目前已经跳过这种方案，因为需要注册一个域名来实现。ELB（弹性负载均衡）方案将在第 12 章中介绍，本节先跳过不讲。

因此，我们关注于第一种方案：通过自动扩展在虚拟服务器引导程序中分配一个弹性 IP，并且关联这个公有 IP 地址。

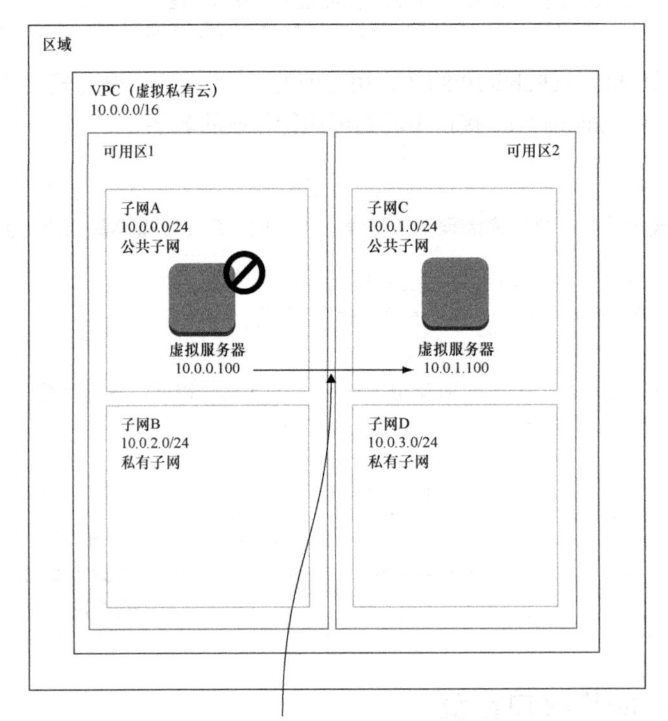

图 11-9　在出现故障时，虚拟服务器在另一个子网中启动，私有 IP 地址改变

基于自动扩展，再次执行以下命令创建 Jenkins 配置，使用弹性 IP 作为一个静态端点。

```
$ aws cloudformation create-stack --stack-name jenkins-elasticip \
--template-url https://s3.amazonaws.com/\
awsinaction/chapter11/multiaz-elasticip.json \
--parameters ParameterKey=JenkinsAdminPassword,ParameterValue=$Password \
--capabilities CAPABILITY_IAM
```

在代码清单 11-6 所示模板的基础上，该命令创建堆栈。通过自动扩展运行 Jenkins 服务器，与原始模板不同之处如下。

- 分配弹性 IP。
- 在用户数据的脚本中，加上关联弹性 IP 的命令。
- 创建 IAM 角色和策略，运行 EC2 实例来关联弹性 IP。

代码清单 11-6　使用弹性 IP 作为一个静态端点

```
[...]
"IamRole": {                    <—— 创建一个用于 EC2 实例的 IAM 角色
  "Type": "AWS::IAM::Role",
```

```
  "Properties": {
    "AssumeRolePolicyDocument": {
      "Version": "2012-10-17",
      "Statement": [
        {
          "Effect": "Allow",
          "Principal": {"Service": ["ec2.amazonaws.com"]
        },
          "Action": ["sts:AssumeRole"]
        }
      ]
    },
    "Path": "/",
    "Policies": [
      {
        "PolicyName": "root",
        "PolicyDocument": {
          "Version": "2012-10-17",
          "Statement": [
            {
              "Action": ["ec2:AssociateAddress"],  <-- 使用此IAM角色的EC2实例允许关联弹性IP
              "Resource": ["*"],
              "Effect": "Allow"
            }
          ]
        }
      }
    ]
  }
},
"IamInstanceProfile": {
  "Type": "AWS::IAM::InstanceProfile",
  "Properties": {
    "Path": "/",
    "Roles": [{"Ref": "IamRole"}]
  }
},
"ElasticIP": {            <-- 为运行Jenkins的虚拟服务器分配弹性IP
  "Type": "AWS::EC2::EIP",
  "Properties": {
    "Domain": "vpc"       <-- 为VPC创建弹性IP
  }
},
"LaunchConfiguration": {
  "Type": "AWS::AutoScaling::LaunchConfiguration",
  "DependsOn": "ElasticIP",       <-- 等待直至弹性IP可用
  "Properties": {
    "InstanceMonitoring": false,
    "IamInstanceProfile": {"Ref": "IamInstanceProfile"},
    "ImageId": {"Fn::FindInMap": [
      "EC2RegionMap",
      {"Ref": "AWS::Region"},      <-- 将AWS CLI的默认区域设置为虚拟服务器正在运行的区域
      "AmazonLinuxAMIHVMEBSBacked64bit"
    ]},
```

```
      "KeyName": {"Ref": "KeyName"},
      "SecurityGroups": [{"Ref": "SecurityGroupJenkins"}],
      "AssociatePublicIpAddress": true,
      "InstanceType": "t2.micro",
      "UserData": {
        "Fn::Base64": {
          "Fn::Join": [
            "",
            [
              "#!/bin/bash -ex\n",
              "aws configure set default.region ", {"Ref": "AWS::Region"},",   <- 从实例元数据获得实例 ID
              "aws ec2 associate-address --instance-id ",   <- 给虚拟服务器关联弹性 IP
              "$INSTANCE_ID --allocation-id ",
              {"Fn::GetAtt": ["ElasticIP", "AllocationId"]}
              "\n",
              "wget http://pkg.jenkins-ci.org/redhat/
              ➥jenkins-1.616-1.1.noarch.rpm\n",
              "rpm --install jenkins-1.616-1.1.noarch.rpm\n",
              [...]
              "service jenkins start\n"
            ]
          ]
        }
      }
    }
  }
  [...]
```

如果该查询返回的输出包括 URL、用户和密码，就表明这个堆栈创建好了，并且 Jenkins 服务器也可以使用了。在浏览器中打开这个 URL，用选择的 admin 用户和密码登录 Jenkins 服务器。如果输出是空的，几分钟后重试：

```
$ aws cloudformation describe-stacks --stack-name jenkins-elasticip \
--query Stacks[0].Outputs
```

现在可以测试虚拟服务器是否按期望恢复。接下来，我们需要知道运行虚拟服务器的实例 ID。运行以下命令获取这个信息：

```
$ aws ec2 describe-instances --filters "Name=tag:Name,\
Values=jenkins-elasticip" "Name=instance-state-code,Values=16" \
--query "Reservations[0].Instances[0].InstanceId" --output text
```

执行以下命令终止虚拟服务器，通过自动扩展触发测试恢复过程。用之前的命令输出的信息替换$InstanceId：

```
$ aws ec2 terminate-instances --instance-ids $InstanceId
```

等待几分钟恢复虚拟服务器。因为我们是通过启动时引导配置把弹性 IP 分配给新虚拟服务器的，所以我们可以在浏览器中打开同一个 URL，这个 URL 就是之前终止旧实例的 URL。

资源清理

清理资源避免额外花费。执行以下命令删除 Jenkins 设置相关的所有资源：

```
$ aws cloudformation delete-stack --stack-name jenkins-elasticip
$ aws cloudformation describe-stacks --stack-name jenkins-elasticip
```

重新运行这个命令，直到状体变为 DELETE_COMPLETE，或者发送错误说堆栈不存在

现在即使运行中的虚拟服务器需要被一个可用区的另一个虚拟服务器代替，运行 Jenkins 的虚拟服务器的公有 IP 地址不会改变了。

11.3 分析灾难恢复的需求

在 AWS 上实现高可用或者容错的架构之前，你应该先分析灾难恢复需求。与传统数据中心相比，云上的灾难恢复更容易、更经济。但是这也增加了系统的复杂性，进而增加了系统的初始成本和运营成本。从业务的角度上看，对系统进行灾难恢复，恢复时间目标（RTO）和恢复点目标（RPO）的标准定义是非常重要的系统容灾的标准。

恢复时间目标（Recovery Time Objective，RTO）是让系统从失败中恢复的时间。时间的长度直到故障后达到系统服务级别。在 Jenkins 服务器的例子中，RTO 应该是在虚拟服务器或者整个数据中心故障后，一直到新的虚拟服务器被启动，Jenkins 服务器被安装并运行。

恢复点目标（Recovery Point Objective，RPO）是由失败导致的可接受数据丢失的时间点。丢失的数据量在时间内可被衡量。如果故障发生在早上 10 点，系统从数据快照在早上 9 点开始恢复，数据丢失的时间跨度是 1 h。在使用自动扩展的 Jenkins 服务器的例子中，两个 EBS 快照是 RPO 的最大时间跨度。在另一个数据中心恢复时，Jenkins 作业的配置和结果发送改变，数据在最后一个 EBS 快照之后将丢失。图 11-10 说明了 RTO 和 RPO 的定义。

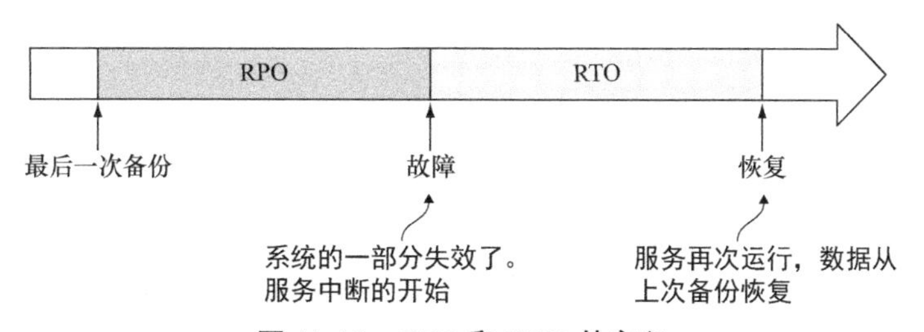

图 11-10 RTO 和 RPO 的定义

单个虚拟服务器的 RTO 和 RPO 的比较

要使单个服务具有高可用性，我们将学习两种可行的解决方案。表 11-2 对这两种解决方案进行了对比。

表 11-2　对单个虚拟服务器的高可用性对比

	RTO	RPO	可用性
通过 CloudWatch 告警触发恢复	大约 10 min	没有数据丢失	从虚拟服务器失效中恢复，但并不能从整个可用区故障中恢复
通过自动扩展恢复	大约 10 min	自最后一次快照的所有数据丢失。快照的时间花费在 30 min 到 24 h	从虚拟服务器失效中恢复，并且从整个可用区故障中恢复

如果想在可用区之外恢复并降低 RPO，应该尝试实现无状态服务器。使用存储服务，如 RDS、S3 和 DynamoDB 服务，可以做到这一点。如果需要使用这些服务，可阅读本书的第三部分。

11.4　小结

- 如果底层硬件或者软件出现故障，虚拟服务器将失效。
- 可以借助 CloudWatch 告警的帮助来恢复已经失效的虚拟服务机。
- AWS 区域由多个独立的数据中心组成，这些数据中心称之为可用区。
- 使用多可用区部署可从数据中心故障中恢复。
- 虽然有一些服务默认使用多可用区部署，但虚拟服务器是运行在单个可用区内的。
- 如果一个可用区失效了，可以使用自动扩展来保证单个虚拟服务器总处于运行状态。
- 当数据存储在 EBS 卷中，而不是使用 RDS、S3 和 DynamoDB 这样的托管服务时，在另一个可用区中恢复数据是不太现实的。

第 12 章　基础设施解耦：ELB 与 SQS

本章主要内容

- 系统解耦的原因
- 利用负载均衡器同步解耦
- 利用消息队列异步解耦

设想一下你打算从我这里得到一些关于使用 AWS 的建议，因此我们计划在咖啡馆见个面。为了使这次会面成功，我们必须具备这样几个条件：

- 同时有空；
- 在同一个地点；
- 在咖啡馆找到彼此。

这次会面的问题是它与一个具体的位置密切相关。我们可以通过将会面与具体位置脱钩来解决问题，于是我们更改计划并安排使用 Google Hangout 来对话。那么，我们现在就必须要做到：

- 同时有空；
- 在 Google Hangout 上找到对方。

Google Hangout（这也适用于所有其他视频/语音聊天工具）让我们实现了同步解耦。它消除了在同一地点的要求，但仍然要求我们在同一时间对话。

我们甚至还可以通过使用电子邮件来进行沟通，摆脱时间上的束缚。现在我们可以这么做：

- 通过邮件找到彼此。

电子邮件可以做到异步解耦。我们可以在收件人睡觉的时候发出电子邮件，当他们醒来时会做出回应。

示例都包含在免费套餐中

本章中的所有示例都包含在免费套餐中。只要不是运行这些示例好几天，就不需要支付任何费用。记住，这仅适用于读者为学习本书刚刚创建的全新 AWS 账户，并且在这个 AWS 账户里没有其他活动。尽量在几天的时间里完成本章中的示例，在每个示例完成后务必清理账户。

注意 要完全理解本章的内容，读者需要阅读并理解第 11 章中介绍的自动扩展的概念。

会面不是唯一需要解耦的事情。在软件系统中用户可以找到很多紧耦合的组件。

- 公有 IP 地址就像我们会面的地点一样。要向 Web 服务器发出请求，就必须知道对方的公有 IP 地址，并且必须有一台服务器与该地址相连。如果要更改公有 IP 地址，双方都要参与进来做适当的更改。
- 如果要向 Web 服务器发出请求，则 Web 服务器必须同时处于联机状态，否则请求将会失败。导致 Web 服务器离线的原因有很多，如正在安装更新、硬件故障等。

AWS 为这两个问题提供了一个解决方案。弹性负载均衡（Elastic Load Balancing，ELB）服务提供了一个位于 Web 服务器和互联网之间的负载均衡器，可用以同步解耦服务器。对于异步解耦，AWS 提供了一个简单消息队列服务（Simple Queue Service，SQS）。它提供了一个消息队列的基础设施。本章将介绍这两种服务。我们现在就从 ELB 开始学习吧。

12.1 利用负载均衡器实现同步解耦

将单个 Web 服务器暴露给外界会引入依赖关系，这就是 EC2 实例的公有 IP 地址。从这一点来看，不能再一次改变这个公有 IP 地址，因为许多客户端正用这个地址发送请求到我们的服务器。于是我们遇到了以下的问题。

- 改变公有 IP 地址是不可能的，因为有许多客户端依赖着它。
- 如果添加额外的服务器（以及 IP 地址）来处理增加的负载，则所有当前的客户端都将会忽略掉这个变化：它们仍将所有的请求发送到第一个服务器的公有 IP 地址。

我们可以使用指向自己的服务器的 DNS 名字来解决这些问题，但 DNS 并不完全在我们的控制之下。DNS 服务器会缓存条目，有时它们不遵循我们的生存时间（Time To Live，TTL）设置。更好的解决方案就是使用负载均衡器。

负载均衡器可以帮助解耦请求者等待即时响应这一类的系统。客户不必将 Web 服务器暴露给外部世界，只需要将负载均衡器暴露给外界即可。然后，负载均衡器将请求重定向到其后面的 Web 服务器上。图 12-1 展示了负载均衡器是如何工作的。

AWS 通过 ELB 服务提供负载均衡器。AWS 负载均衡器具有容错和可扩展的特性。对于每个 ELB，客户需要支付 0.025 美元/h 的费用，而每 GB 处理流量则需支付 0.008 美元。这个价格适用于弗吉尼亚北部（us-east-1）区域。

注意 ELB 服务没有独立的管理控制台，它被集成在 EC2 服务中。

负载均衡器可以与多个 Web 服务器一起使用——客户可以在处理请求/响应类型的任何系统的前端使用负载均衡器。

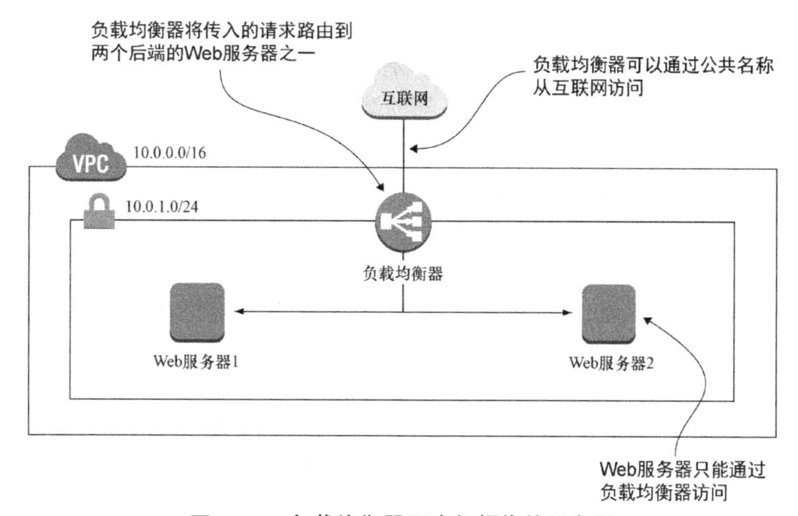

图 12-1 负载均衡器同步解耦你的服务器

12.1.1 使用虚拟服务器设置负载均衡器

当涉及许多 AWS 服务集成在一起时，AWS 的优势就会显现出来。在第 11 章中，我们了解了自动扩展组。你现在将弹性负载均衡器（ELB）放在自动扩展组之前，以便将流量与 Web 服务器解耦。自动扩展组将确保你始终有两台服务器正在运行。在自动扩展组中启动的服务器将自动向 ELB 注册。图 12-2 展示了设置的方式。有趣的是，Web 服务器不能直接从互联网访问。只有负载均衡器是可以访问的，并将请求重定向到其后端的服务器上，这是由安全组完成的，读者可以在第 6 章中了解安全组的知识。

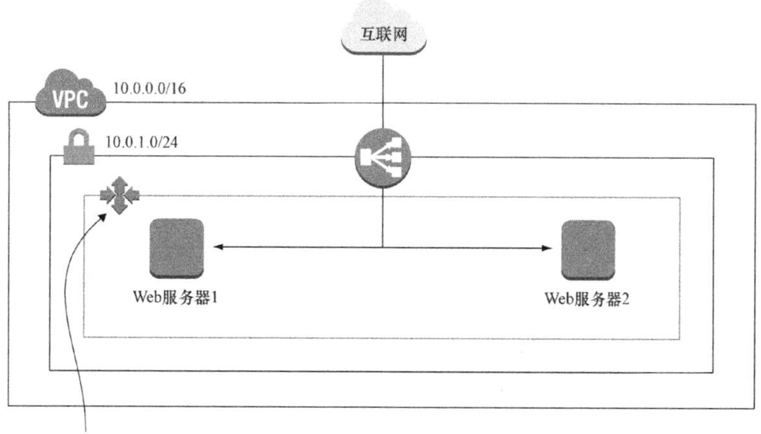

图 12-2 自动扩展组与 ELB 紧密合作：在负载均衡器上注册新的服务

关于 ELB 有如下的描述。

- 将 ELB 附加到子网上，子网的数量可以有多个。
- ELB 的端口映射到位于其后端的服务器的端口上。
- 需要分配安全组给 ELB，客户可以使用与 EC2 实例相同的方式限制 ELB 的流量。
- 可以选择 ELB 是否可以从公网访问。

通过在自动扩展组描述中指定 `LoadBalancerNames` 实现 ELB 和自动扩展组之间的连接。

代码清单 12-1 展示了一个 CloudFormation 模板片段，其作用是创建 ELB 并将其与自动扩展组连接。这个代码清单实现了图 12-2 所示的示例。

代码清单 12-1　创建负载均衡器并将其与自动扩展组连接

```
[...]
"LoadBalancerSecurityGroup": {
  "Type": "AWS::EC2::SecurityGroup",
  "Properties": {
    "GroupDescription": "elb-sg",
    "VpcId": {"Ref": "VPC"},
    "SecurityGroupIngress": [{        <- 负载均衡器只接受 80 端口的流量
      "CidrIp": "0.0.0.0/0",
      "FromPort": 80,
      "ToPort": 80,
      "IpProtocol": "tcp"
    }]
  }
},
"LoadBalancer": {
  "Type": "AWS::ElasticLoadBalancing::LoadBalancer",
  "Properties": {
    "Subnets": [{"Ref": "Subnet"}],        <- 将 ELB 附加到子网上
    "LoadBalancerName": "elb",
    "Listeners": [{        <- 映射负载均衡器的端口到其后端的服务器端口
      "InstancePort": "80",
      "InstanceProtocol": "HTTP",
      "LoadBalancerPort": "80",
      "Protocol": "HTTP"
    }],
    "SecurityGroups": [{"Ref": "LoadBalancerSecurityGroup"}],        <- 分配一个安全组
    "Scheme": "internet-facing"        <- ELB 是公开可访问的（仅用于内部而不是互联网，可以将负载均衡器定义为仅可从私有网络访问）
  }
},
"LaunchConfiguration": {
  "Type": "AWS::AutoScaling::LaunchConfiguration",
  "Properties": {
    [...]
  }
},
"AutoScalingGroup": {
  "Type": "AWS::AutoScaling::AutoScalingGroup",
  "Properties": {
```

```
    "LoadBalancerNames": [{"Ref": "LoadBalancer"}],      <-- 将自动扩展组连接到 ELB
    "LaunchConfigurationName": {"Ref": "LaunchConfiguration"},
    "MinSize": "2",
    "MaxSize": "2",
    "DesiredCapacity": "2",                 <-- 最小尺寸（MinSize）、最大尺寸（MaxSize）和最大容量（DesiredCapacity）的设定
    "VPCZoneIdentifier": [{"Ref": "Subnet"}]
  }
}
```

为了更好地理解 ELB，我们创建了一个 CloudFormation 模板，这个模板位于 https://s3.amazonaws.com/awsinaction/chapter12/loadbalancer.json。根据该模板创建一个堆栈，然后使用浏览器访问堆栈的 URL 输出。每次重新加载页面时，都应该可以看到后端 Web 服务器的私有 IP 地址之一。

资源清理

删除创建的堆栈。

12.1.2　陷阱：过早地连接到服务器

自动扩展组负责将新启动的 EC2 实例与负载均衡器连接起来。但是，自动扩展组如何知道 EC2 实例何时已经安装并准备好接受流量？遗憾的是，自动扩展组其实并不知道服务器是否准备就绪，它会在实例启动后立即向负载均衡器注册 EC2 实例。如果将流量发送到已启动但未就绪的服务器，则请求将失败，你的用户将会感到很不满意。

但是，ELB 可以对连接的每个服务器定期进行运行状况检查，以确定服务器是否可以提供请求。在 Web 服务器示例中，需要检查是否获取特定资源（如/index.html）的状态响应代码 200。代码清单 12-2 展示了如何使用 CloudFormation 完成此操作。

代码清单 12-2　ELB 健康检查以确定服务器是否能够响应请求

```
"LoadBalancer": {
  "Type": "AWS::ElasticLoadBalancing::LoadBalancer",
  "Properties": {
    [...]
    "HealthCheck": {
      "Target": "HTTP:80/index.html",      <-- 服务器对/index.html 返回的状态代码是 200 吗
      "Interval": "10",                    <-- 每 10 s 进行一次检查
      "Timeout": "5",                      <-- 超时时间为 5 s（必须小于 Interval）
      "HealthyThreshold": "3",             <-- 检查连续通过 3 次才能认为是运行状况良好的
      "UnhealthyThreshold": "2"            <-- 检查连续失败两次，则认为是运行状况不好的
    }
  }
}
```

如果不去检查/index.html，还可以去请求一个动态页面，如/healthy.php，来进行一些额外的检查，以确定 Web 服务器是否准备好处理请求。协议中的约定就是，当服务器准备就绪时，必须返回 200 作为 HTTP 状态码。如此而已。

过于激进的运行状况检查会导致服务器宕机

如果服务器过于忙，以至于无法接收运行状况检查，则 ELB 将停止向该服务器转发流量。如果这种情况是对你的系统只是由于常规的负载增加而引起的，ELB 的反应将使情况变得更糟！我们已经看到应用程序由于过于激进的运行状况检查而遭遇停机。你需要的是合理的负载测试用来了解究竟发生了什么。一个适用的解决方案一定是针对特定的应用程序的，不可能是通用的方案。

默认情况下，自动扩展组会根据 EC2 每分钟执行的运行状况检查的结果来判定 EC2 实例是否正常。你也可以将自动扩展组配置为使用负载均衡器所运行的状况检查。不仅仅是当硬件出现故障，而且对于应用程序发生故障自动扩展组都将终止服务器。具体的做法是在自动扩展组描述中设置"HealthCheckType"："ELB"。许多时候这个设置是有意义的，因为重新启动服务器可以解决内存、线程池或磁盘空间不足等问题。但是，在应用程序已经损坏的情况下这也可能导致完全不必要的 EC2 实例重启。

12.1.3　更多使用场景

到目前为止，我们已经看到了 ELB 最常见的使用场景：通过 HTTP 将传入的 Web 请求负载均衡到 Web 服务器上。如前所述，ELB 实际上可以做得更多。在本节中，我们将看看另外 4 个典型的使用场景。

（1）ELB 能够均衡 TCP 流量，几乎可以将任何应用程序部署在负载均衡器的后端。

（2）如果将 SSL 证书添加到 AWS 上，ELB 可以将 SSL 加密过的流量转换为普通的流量。

（3）ELB 可以记录下每一个请求，并将请求日志存储在 S3 上。

（4）ELB 可以在多个可用区（AZ）之间均匀分配客户的请求。

1. 处理 TCP 流量

到目前为止，你只使用 ELB 来处理 HTTP 流量。你还可以配置 ELB 用来重定向纯 TCP 的通信，解耦使用专有接口的数据库或传统应用。与处理 HTTP 流量的 ELB 配置相比，你必须更改侦听器和健康检查的设定以实现使用 ELB 处理 TCP 流量。这种情况下，运行状况检查就不同于处理 HTTP 时一样检查特定的响应。当 ELB 打开套接字时，TCP 流量的运行状况可以认为是运行状况良好的。代码清单 12-3 展示了如何将 TCP 流量重定向到后端的 MySQL。

代码清单 12-3　ELB 处理普通的 TCP 流量（不仅仅是 HTTP）

```
"LoadBalancer": {
  "Type": "AWS::ElasticLoadBalancing::LoadBalancer",
  "Properties": {
    "Subnets": [{"Ref": "SubnetA"}, {"Ref": "SubnetB"}],
    "LoadBalancerName": "elb",
    "Listeners": [{                          <- 流量被重定向到后端服务
      "InstancePort": "3306",                   器的端口 3306（MySQL）
      "InstanceProtocol": "TCP",
```

```
      "LoadBalancerPort": "3306",
      "Protocol": "TCP"
    }],
    "HealthCheck": {
      "Target": "TCP:3306", )          <-- 当ELB可以在后端的服务器的端口3306
      "Interval": "10",                    上打开套接字的时候，一切运行正常
      "Timeout": "5",
      "HealthyThreshold": "3",
      "UnhealthyThreshold": "2"
    },
    "SecurityGroups": [{"Ref": "LoadBalancerSecurityGroup"}],
    "Scheme": "internal"              <-- MySQL 数据库不应该被暴露到外
  }                                        部，应当选择内部的负载均衡器
}
```

实际上，还可以将端口 80 配置为按照 TCP 流量进行处理，但这样你将无法根据 Web 服务器返回的状态代码进行运行状况检查。

2. 终止 SSL

ELB 可以用来终止 SSL，而无须做任何配置。终止 SSL 意味着 ELB 提供了 SSL 加密的端点，将未加密的请求转发到后端服务器。图 12-3 展示了这是如何工作的。

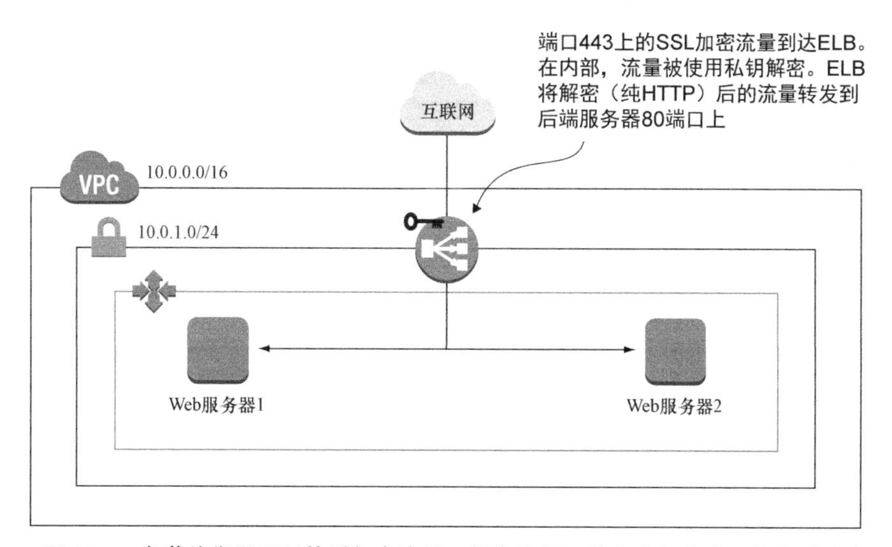

图 12-3 负载均衡器可以接受加密流量，解密流量，并将未加密流量转发到后端

端口 443 上的 SSL 加密流量到达 ELB。在内部，流量被使用私钥解密。ELB 将解密（纯 HTTP）后的流量转发到后端服务器 80 端口上。

客户可以使用来自 AWS 的预定义的安全策略以获得安全的 SSL 配置，好处是当 SSL 被发现了漏洞可以得到保护。客户可以接受来自端口 443（HTTPS）的请求，而 ELB 终止 SSL 并将该

请求转发到 Web 服务器上的端口 80。这是针对 SSL 加密通信的简单的解决方案。SSL 终止不仅适用于 HTTP 请求，也适用于 TCP 流量（如 POP3、SMTP、FTP 等）。

注意 以下示例仅在读者已经拥有 SSL 证书时有效。如果没有，读者需要购买 SSL 证书或跳过该示例。AWS 目前不提供 SSL 证书。读者可以使用自签名证书进行测试[①]。

在激活 SSL 加密之前，我们必须借助 AWS 命令行接口（Command Line Interface，CLI）将 SSL 证书上传到 IAM：

```
$ aws iam upload-server-certificate \
--server-certificate-name my-ssl-cert \
--certificate-body file://my-certificate.pem \
--private-key file://my-private-key.pem \
--certificate-chain file://my-certificate-chain.pem
```

现在，我们可以通过引用 `my-ssl-cert` 来使用 SSL 证书了。代码清单 12-4 展示了如何在 ELB 的帮助下配置加密的 HTTP 通信。

代码清单 12-4 使用 ELB 终止 SSL 提供的加密通信

```
"LoadBalancer": {
  "Type": "AWS::ElasticLoadBalancing::LoadBalancer",
  "Properties": {
    "Subnets": [{"Ref": "SubnetA"}, {"Ref": "SubnetB"}],
    "LoadBalancerName": "elb",
    "Policies": [{                    <-- 配置 SSL
      "PolicyName": "ELBSecurityPolicyName",
      "PolicyType": "SSLNegotiationPolicyType",
      "Attributes": [{
        "Name": "Reference-Security-Policy",
        "Value": "ELBSecurityPolicy-2015-05"      <-- 使用预定义的安全策略作为配置
      }]
    }],
   "Listeners": [{
      "InstancePort": "80",           <-- 后端服务器监听端口 80（HTTP）
      "InstanceProtocol": "HTTP",
      "LoadBalancerPort": "443",      <-- ELB 接受端口 443（HTTPS）的请求
      "Protocol": "HTTPS",
      "SSLCertificateId": "my-ssl-cert",     <-- 引用之前上传的 SSL 证书
      "PolicyNames": ["ELBSecurityPolicyName"]
    }],
    "HealthCheck": {
      [...]
    },
    "SecurityGroups": [{"Ref": "LoadBalancerSecurityGroup"}],
    "Scheme": "internet-facing"
  }
}
```

① 2016 年发布的 AWS Certificate Manager 可以帮助用户快速申请证书在 AWS 资源上部署该证书。——译者注

在 ELB 的帮助下终止 SSL，将减少许多对提供安全通信至关重要的管理任务。我们鼓励你在 ELB 的帮助下使用 HTTPS，这将保护你的客户在与你的服务器通信时免受各种攻击。

> **警告** 安全策略 ELBSecurityPolicy-2015-05 不再是最新的[①]。安全策略中定义了支持什么版本的 SSL、支持哪些密码以及其他与安全相关的选项。如果没有使用最新的安全策略版本，则 SSL 设置可能会很脆弱。访问 AWS 官方网站可获取最新版本。

我们建议你仅为自己的用户提供 SSL 加密的通信。除保护敏感数据之外，这也将对 Google 的搜索排名产生积极的影响。

3. 记录日志

ELB 可以与 S3 集成以提供访问日志。访问日志包含了 ELB 处理的所有请求的信息。你可能已经熟悉了 Apache Web 服务器等 Web 服务器的访问日志，可以使用访问日志来调试后端的故障，并分析对系统进行了多少请求。

要激活访问日志记录，ELB 必须知道应将日志写入哪个 S3 存储桶。我们还可以指定访问日志写入 S3 的频率。我们需要设置一个 S3 存储桶的策略，以允许 ELB 写入存储桶，如代码清单 12-5 所示。

代码清单 12-5 policy.json

```
{
  "Id": "Policy1429136655940",
  "Version": "2012-10-17",
  "Statement": [{
    "Sid": "Stmt1429136633762",
    "Action": ["s3:PutObject"],
    "Effect": "Allow",
    "Resource": "arn:aws:s3:::elb-logging-bucket-$YourName/*",
    "Principal": {
      "AWS": [
        "127311923021", "027434742980", "797873946194",
        "156460612806", "054676820928", "582318560864",
        "114774131450", "783225319266", "507241528517"
      ]
    }
  }]
}
```

要应用策略并创建 S3 存储桶，要使用 CLI。但不要忘记用你的姓名或昵称替换`$YourName`，以防止与其他读者发生名称上的冲突。这也适用于 policy.json 文件。

```
$ aws s3 mb s3://elb-logging-bucket-$YourName
$ aws s3api put-bucket-policy --bucket elb-logging-bucket-$YourName \
--policy file://policy.json
```

① 截至 2017 年 5 月，最新的安全策略是 ELBSecurityPolicy-2016-08。——译者注

现在还可以使用代码清单 12-6 所示的 CloudFormation 描述激活访问日志。

代码清单 12-6 激活 ELB 生成的访问日志

```
"LoadBalancer": {
  "Type": "AWS::ElasticLoadBalancing::LoadBalancer",
  "Properties": {
    [...]
    "AccessLoggingPolicy": {
      "EmitInterval": 10,            <—— 日志写入 S3 的间隔（5～60 min）
      "Enabled": true,
      "S3BucketName": "elb-logging-bucket-$YourName",      <—— S3 存储桶的名字
      "S3BucketPrefix": "my-application/production"    <—— 如果要将多个访问日志保存到同一个 S3 存储桶(可选)，可以在访问日志前加上前缀
    }
  }
}
```

ELB 现在不时地将访问日志文件写入到指定的 S3 存储桶。访问日志类似于 Apache Web 服务器创建的访问日志，但是你不能更改其包含的信息的格式。以下片段显示访问日志的一行内容：

```
2015-06-23T06:40:08.771608Z elb 92.42.224.116:17006 172.31.38.190:80
0.000063 0.000815 0.000024 200 200 0 90
"GET http://elb-....us-east-1.elb.amazonaws.com:80/ HTTP/1.1"
"Mozilla/5.0 (Macintosh; ...) Gecko/20100101 Firefox/38.0" - -
```

下面是访问日志始终包含的信息片段的示例。

- 时间戳：`2015-06-23T06:40:08.771608Z`。
- ELB 的名称：`elb`。
- 客户端 IP 地址和端口：`92.42.224.116:17006`。
- 后端 IP 地址和端口：`172.31.38.190:80`。
- 在负载均衡器中处理请求的秒数：`0.000063`。
- 请求在后端处理的秒数：`0.000815`。
- 在负载均衡器中处理响应的秒数：`0.000024`。
- 负载均衡器返回的 HTTP 状态码：`200`。
- 后端返回的 HTTP 状态码：`200`。
- 接受的字节数：`0`。
- 发送的字节数：`90`。
- 请求：`"GET http://elb-....us-east-1.elb.amazonaws.com:80/ HTTP/1.1"`。
- 用户代理：`"Mozilla/5.0 (Macintosh; ...) Gecko/20100101 Firefox/38.0"`。

资源清理

删除在日志示例中创建的 S3 存储桶：

```
$ aws s3 rb --force s3://elb-logging-bucket-$YourName
```

4. 跨可用区的负载均衡

ELB 是一种容错服务。创建一个 ELB，将收到一个公共的名称，如 elb-1079556024.us-east-1.elb.amazonaws.com。这个名字将作为端点（endpoint）。看到这个名字背后的东西是很有趣的，可以使用命令行应用程序 dig（或 Windows 上的 nslookup）向 DNS 服务器查询这个特定的名称：

```
$ dig elb-1079556024.us-east-1.elb.amazonaws.com
[...]
;; ANSWER SECTION:
elb-1079556024.us-east-1.elb.amazonaws.com. 42 IN A 52.0.40.9
elb-1079556024.us-east-1.elb.amazonaws.com. 42 IN A 52.1.152.202
[...]
```

名字 elb-1079556024.us-east-1.elb.amazonaws.com 被解析为两个 IP 地址，即 52.0.40.9 和 52.1.152.202。当创建负载均衡器时，AWS 将在后台启动两个实例，并使用 DNS 在两者之间进行分配。为了使服务器具有容错的机制，AWS 会在不同的可用区中生成负载均衡器实例。默认情况下，ELB 的每个负载均衡器实例只将流量发送到同一可用区中的 EC2 实例。如果要跨可用性区分发请求，则可以启用跨可用区的负载均衡。图 12-4 展示了跨可用区负载均衡的很重要的场景。

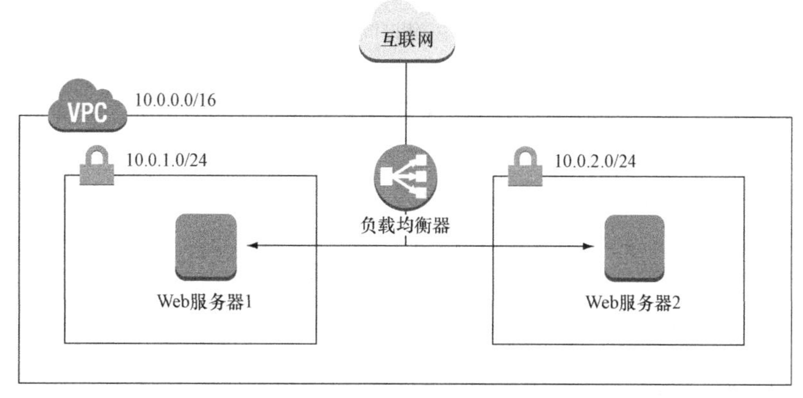

图 12-4 启用跨可用区负载均衡实现在可用区之间分配流量

下面的 CloudFormation 代码片段展示了如何使用这个特性：

```
"LoadBalancer": {
  "Type": "AWS::ElasticLoadBalancing::LoadBalancer",
  "Properties": {
    [...]
    "CrossZone": true
  }
}
```

我们建议启用跨可用区负载均衡（默认情况下是禁用的），以确保请求均匀地路由到所有的后端服务器。

在下一节中，我们将了解有关异步解耦的更多信息。

12.2 利用消息队列实现异步解耦

利用 ELB 实现同步解耦是比较容易的，不需要修改代码去做到这一点。但是，对于异步解耦，必须调整代码来使用消息队列。

消息队列有一个头和一个尾。从头部读取信息时，可以向尾部添加新消息，这样可以使消息的生产和消费解耦。生产者和消费者彼此并不认识，它们只知道消息队列而已。图 12-5 说明了这一原则。

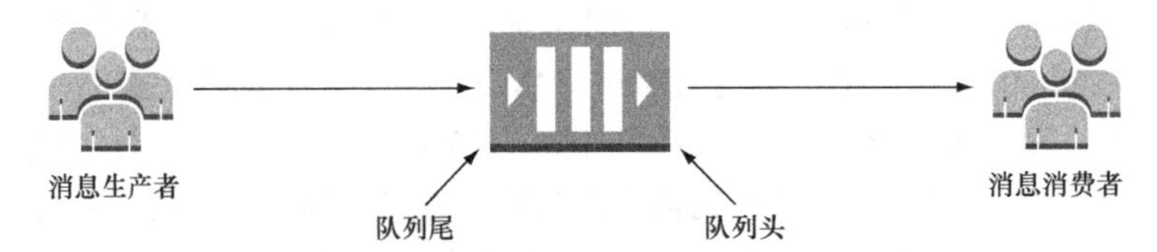

图 12-5 生产者将消息发送到消息队列，消费者读取消息

我们可以将新消息放入队列，而此时并没有人正在读取消息，消息队列充当了缓冲区。为了防止消息队列增长无限大，消息只能保存一定的时间。如果我们从消息队列中消费消息，则必须确认已经成功地处理了消息，并将其从队列中永久删除。

简单队列服务（SQS）是完全托管的 AWS 服务。SQS 提供消息队列，确保消息被传递至少一次。

- 极少数情况下，一条消息可能被消费两次。如果将这一点与其他消息队列产品进行比较，你可能会觉得有点儿奇怪。但在本章的后面我们看到了如何处理这一问题。
- SQS 并不保证消息的顺序，因此你可能会按照不同的顺序读取消息。

SQS 的这个限制也是有其好处的：

- 你可以随意添加多个消息到 SQS 中。
- 消息队列随着生产和消费的消息数量而伸缩。

这个服务的定价模式也很简单：每个 SQS 请求需要客户支付 0.000 000 50 美元，即每百万个请求需要支付 0.5 美元。生产消息是一个请求，消费则是另一个请求（如果消息的有效负载大于 64 KB，则每 64 KB 存储块就算作一个请求）。

12.2.1 将同步过程转换成异步过程

典型的同步过程如下：用户向你的服务器发出请求，服务器完成一些处理，并将结果返回给用户。为了使这个过程看起来更具体，我们将在下面的例子中讨论创建 URL 预览图片的过程。

（1）用户提交 URL。

（2）服务器下载 URL 中的内容，并将其转换为 PNG 格式的图片。

（3）服务器将 PNG 文件返回给用户。

利用一个小技巧，可以将这个过程转化成异步的。

（1）用户提交 URL。

（2）服务器将包含随机 ID 和 URL 的消息发入消息队列中。

（3）服务器返回一个将来可以访问这个 PNG 图片的链接，该链接包含随机 ID（http://$Bucket.s3-website-us-east-1.amazonaws.com/$RandomId.png）。

（4）在后端，工作进程从队列中读取消息、下载内容，并将内容转化为 PNG 格式的图片，然后将图片上传到 S3。

（5）在某个时间点，用户尝试通过已知的链接下载这个 PNG 文件。

如果要使用异步的处理过程，就必须管理过程启动程序跟踪过程状态的方式。一种方法是将 ID 返回给可用于查找过程的启动器。在此过程中，ID 一步一步传递。

12.2.2　URL2PNG 应用的架构

我们现在可以建立一个简单但是解耦的软件片段，我们称其为 URL2PNG。它的功能是将一个网页的 URL 转换成 PNG 图片。接下来，我们将使用 Node.js 来完成编程的部分，并且将会用到 SQS。图 12-6 展示了 URL2PNG 应用是如何工作的。

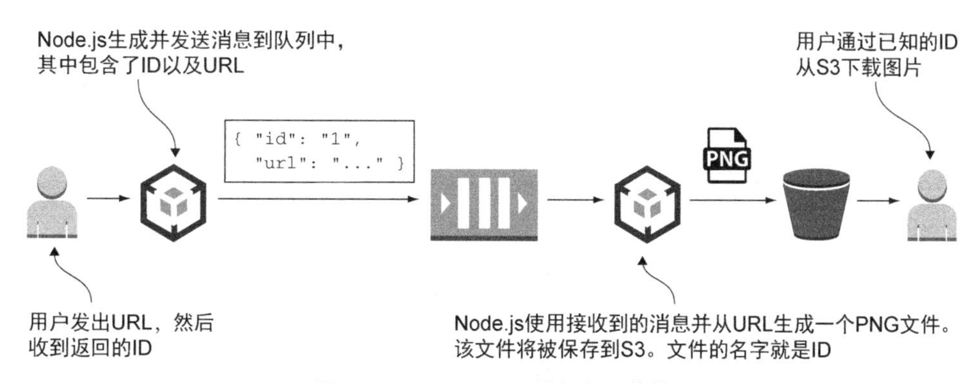

图 12-6　URL2PNG 是如何工作的

为了完成这个例子，我们需要创建一个启用 Web 托管的 S3 存储桶。执行下面的命令，用我们的名字或者昵称替换`$YourName`，以避免与其他读者的名字冲突。

```
$ aws s3 mb s3://url2png-$YourName
$ aws s3 website s3://url2png-$YourName --index-document index.html \
```

```
--error-document error.html
```

Web 托管的特性是需要的，以便用户可以从 S3 下载图片。现在可以开始建立消息队列了。

12.2.3 创建消息队列

创建消息队列是一件简单的事情——仅需要指定队列的名字：

```
$ aws sqs create-queue --queue-name url2png
{
  "QueueUrl": "https://queue.amazonaws.com/878533158213/url2png"
}
```

返回的 QueueUrl 将会在后面的例子中用到，一定要保存好。

12.2.4 以程序化的方法处理消息

你现在已经有了一个可以用来发送消息的 SQS 队列了。为了生成消息，你需要指定队列以及有效的载荷（payload）。你将再次使 Node.js 与 AWS SDK 结合使用，将你的程序与 AWS 连接起来。

安装并开始使用 Node.js

要安装 Node.js 请访问 Node.js 官方网站，并下载满足所用的操作系统的包。

下面是通过适用于 Node.js 的 AWS SDK 生成消息的方式。它将在以后被 URL2PNG 的工作进程所使用。Node.js 脚本可以像下面这样用（现在不要尝试运行这个命令——需要先安装和配置 URL2PNG）：

```
$ node index.js "http://aws.amazon.com"
PNG will be available soon at
http://url2png-$YourName.s3-website-us-east-1.amazonaws.com/XYZ.png
```

像之前的一样，读者可以在下载的源代码中找到这段代码。URL2PNG 示例位于 /chapter12/url2png/下面。代码清单 12-7 展示了 index.js 的实现。

代码清单 12-7 index.js：发送消息到队列中

```
var AWS = require('aws-sdk');
var uuid = require('node-uuid');
var sqs = new AWS.SQS({          <—— 创建一个 SQS 端点
  "region": "us-east-1"
});
if (process.argv.length !== 3) {          <—— 检查是否提供了 URL
  console.log('URL missing');
  process.exit(1);
}
                                     创建一个随机 ID
var id = uuid.v4();              <——
```

```
var body = {                                    <-- 消息的内容中包
  "id": id,                                         含随机 ID 和 URL
  "url": process.argv[2]
};

var params = {
  "MessageBody": JSON.stringify(body),  <-- 创建一个 SQS 端点
  "QueueUrl": "$QueueUrl"               <-- 将消息内容转换为
};                                          JSON 字符串

sqs.sendMessage(params, function(err) {  <-- 发送消息的队列（创
  if (err) {                                 建队列时返回的）
    console.log('error', err);
  } else {
    console.log('PNG will be available soon at http://url2png-$YourName.s3-
➥    website-us-east-1.amazonaws.com/' + id + '.png');
  }
});
```

在运行这段脚本之前，需要先安装 Node.js 模块。在终端中运行 `npm install` 来完成依赖模块的安装。我们将会发现一个名为 config.json 的文件，这个文件需要修改。确保将 `QueueUrl` 改为你在本示例开头创建的队列，并将 `Bucket` 改为 `url2png-$YourName`。

现在就可以使用 `nodeindex.js "http://aws.amazon.com"`来运行脚本了。程序会作出类似于"PNG will be available soon at http://url2png-$YourName.s3-website-us-east-1.amazonaws.com/XYZ.png"这样的响应。要验证消息是否已准备好被使用，可以查询队列中有多少条消息：

```
$ aws sqs get-queue-attributes \
--queue-url $QueueUrl \
--attribute-names ApproximateNumberOfMessages
{
  "Attributes": {
    "ApproximateNumberOfMessages": "1"
  }
}
```

接下来，是时候处理消费消息的工作进程了，这个处理要完成生成 PNG 文件的所有工作。

12.2.5 程序化地消费消息

使用 SQS 处理消息需要 3 个步骤。

（1）接收消息。

（2）处理消息。

（3）确认消息被成功处理。

现在，我们就来实现上述步骤来将 URL 变成 PNG。

要从 SQS 队列接收消息，必须指定以下内容：

■ 队列。

- 要接受的最大的消息的数量（为了获得更高的吞吐量，可以批量处理消息）。
- 要从队列中取出这条消息来处理所花的秒数（在这期间，还必须从队列中删除该消息，否则该消息将再次被接收）。
- 希望等待接受消息的最大秒数（从 SQS 接收消息是通过轮询 API 来实现的，但是 API 允许的轮询最长时间是 10 s）。

代码清单 12-8 展示了如何使用 SDK 去实现从队列接收一条消息。

代码清单 12-8　worker.js：从队列中接收一条消息

```
var fs = require('fs');
var AWS = require('aws-sdk');
var webshot = require('webshot');
var sqs = new AWS.SQS({
  "region": "us-east-1"
});
var s3 = new AWS.S3({
  "region": "us-east-1"
});

function receive(cb) {
  var params = {
    "QueueUrl": "$QueueUrl",
    "MaxNumberOfMessages": 1,          <-- 一次消费不超过一条消息
   "VisibilityTimeout": 120,           <-- 在 120 s 的时间内从队列中获取消息
    "WaitTimeSeconds": 10              <-- 轮询 10 s 等待新的消息
  };
  sqs.receiveMessage(params, function(err, data) {   <-- 对 SQS 调用 receiveMessage 操作
    if (err) {
      cb(err);
    } else {
      if (data.Messages === undefined) {      <-- 检查是否有可用的消息
         cb(null, null);
      } else {
         cb(null, data.Messages[0]);          <-- 获取一条且是唯一的一条消息
      }
    }
  });
}
```

接收步骤现已经实现，下一步就该是处理消息了，如代码清单 12-9 所示。得益于一个名为 webshot 的 Node.js 模块，创建一个网站的屏幕截图就成为一件很容易的事。

代码清单 12-9　worker.js：处理消息（得到截屏图并上传到 S3 上）

```
function process(message, cb) {
  var body = JSON.parse(message.Body);       <-- 消息正文是一个 JSON 字符串，将其转换为 JavaScript 对象
  var file = body.id + '.png';
  webshot(body.url, file, function(err) {    <-- 使用 webshot 模块创建截屏图
    if (err) {
      cb(err);
    } else {
```

```
      fs.readFile(file, function(err, buf) {            ◁ 打开由 webshot 模块保
        if (err) {                                        存到本地磁盘的截屏图
          cb(err);
        } else {
          var params = {
            "Bucket": "url2png-$YourName",                允许所有人在 S3
            "Key": file,                                  上读取屏幕截图
            "ACL": "public-read",                     ◁
            "ContentType": "image/png",
            "Body": buf
          };
          s3.putObject(params, function(err) {         ◁ 上传截图到 S3
            if (err) {
              cb(err);
            } else {
              fs.unlink(file, cb);                    ◁ 从本地磁盘删除快照
            }
          });
        }
      });
    }
  });
}
```

现在唯一缺少的步骤就是确认消息已经被成功处理。如果收到来自 SQS 的消息，就会收到一个 `ReceiptHandle`，它是一个唯一的 ID，从队列中删除消息时必须指定它，如代码清单 12-10 所示。

代码清单 12-10　worker.js：确认消息（从队列中删除消息）

```
function acknowledge(message, cb) {
  var params = {                                        ReceiptHandle 对每次
    "QueueUrl": "$QueueUrl",                            收到的消息是唯一的
    "ReceiptHandle": message.ReceiptHandle          ◁
  };
  sqs.deleteMessage(params, cb);                    ◁ 调用 deleteMessage 操作
}
```

我们已经有了所有部件，现在是时候把它们连接起来了，如代码清单 12-11 所示。

代码清单 12-11　worker.js：连接所有部件

```
function run() {
  receive(function(err, message) {                 ◁ 接收一条消息
    if (err) {
      throw err;
    } else {                                         调用 deleteMessage 操作
      if (message === null) {                      ◁
        console.log('nothing to do');                检查消息是否可用
        setTimeout(run, 1000);                     ◁
      } else {
        console.log('process');
```

```
        process(message, function(err) {              在 1 s 内再次调用 run 方法
          if (err) {
            throw err;
          } else {
            acknowledge(message, function(err) {        处理消息确认消息
              if (err) {
                throw err;
              } else {
                console.log('done');
                setTimeout(run, 1000);                在 1 s 内再次调用 run 方法
              }
            });

          }
        });
      }
    }
  });
}
                                          调用 run 方法启动程序
run();
```

现在，我们就可以启动工作进程来处理已在队列中的消息了。使用 `node worker.js` 来运行脚本，应该看到输出的一些内容，说明工作进程正处在处理步骤，然后就会转换到完成状态。几秒钟之后，截屏图应该被上传到 S3。我们的第一个异步应用程序已经完成。

我们创建了一个异步解耦的应用程序。如果 URL2PNG 服务流行起来，并且数以百万计的用户开始使用它，那么队列就会变得越来越长。因为你的工作进程无法从 URL 生成许多个 PNG。很酷的事情是，我们可以增加尽可能多的工作进程来处理这些消息。不是只启动 1 个工作进程，而是启动 10 个或者 100 个。另一个优点是，如果工作进程因某种原因终止，那么在 2 min 后，正在“飞行”中的消息将可用于消费，并由另一个工作进程接管。这就具有了容错的特性！如果将系统设计为异步解耦，则系统易于扩展，而且具有良好的容错基础。第 13 章将集中讨论这个话题。

资源清理

按照以下的步骤删除消息队列：

```
$ aws sqs delete-queue --queue-url $QueueUrl
```

同时，不要忘记清理并删除示例中使用的 S3 存储桶。发出以下命令，用你的名字替换`$YourName`：

```
$ aws s3 rb --force s3://url2png-$YourName
```

12.2.6　SQS 消息传递的局限性

本章前面提到了 SQS 的一些局限性。本节将对此进行更详细的介绍。

1. SQS 不保证消息仅被传送一次

如果在 `VisibilityTimeout` 期间未能删除收到的消息，则该消息将被再次接收。这个问题可以通过使接收幂等来解决。幂等意味着无论消息的消费频率如何，结果都保持不变[1]。在 URL2PNG 示例中，设计如下：如果多次处理消息，则将相同的图片上传到 S3。如果图片在 S3 上已经可用，则会被替换。幂等有效解决了分布式系统中的许多问题，保证了消息至少传递一次。

不是所有的东西都可以做成幂等的，发送电子邮件就是一个很好的例子。如果你多次处理邮件，并且每次都会发送一封电子邮件，那么收件人就会为此而烦恼。作为解决的方法，你可以使用数据库跟踪自己是否已经发送了这封电子邮件。

在很多情况下，至少有一次是很好的权衡的结果。在使用 SQS 之前检查你的要求，确认这种权衡的处理符合你的需求。

2. SQS 并不保证消息的顺序

消费消息可能与生成消息的顺序不同。如果需要严格的顺序，就要寻找其他方法了。SQS 是容错和可扩展的消息队列。但如果需要的是稳定的消息顺序，那么将很难找到像 SQS 一样具有扩展能力的解决方案。我们的建议是改变系统的设计，使你不再需要稳定的顺序或在客户端生成顺序。

3. SQS 不会取代消息代理

SQS 不是一个类似 ActiveMQ 的消息代理——SQS 只是一个消息队列服务。不要指望 SQS 具有消息代理提供的功能。将 SQS 与 ActiveMQ 进行对比就好像将 DynamoDB 与 MySQL 进行对比一样。[2]

12.3 小结

- 解耦使事情变得更容易了，因为它减少了依赖。
- 同步解耦需要双方同时使用，但双方彼此并不了解对方。
- 通过异步解耦，可以在不要求双方可用的情况下进行通信。
- 大多数应用程序可以使用 ELB 提供的负载均衡服务，在不改变代码的情况下实现同步解耦。
- 负载均衡器可以定期对你的应用进行运行状况检查，以确定后端是否准备好处理流量。
- 异步解耦仅在异步处理过程中可用。但是在大多数情况下，可以将同步处理修改为异步处理。
- 使用 SQS 实现异步解耦要求使用 SDK 进行编程。

---

① 在编程中，幂等操作的特点是其任意多次执行所产生的影响均与一次执行产生的影响一样。——译者注

② 2017 年 AWS 发布了基于 Apache ActiveMQ 的名为 AmazonMQ 的新服务。——译者注

第13章　容错设计

本章主要内容

- 什么是容错，为什么需要容错
- 使用冗余消除单点故障
- 失败后重试
- 使用幂等操作实现失败后重试
- AWS服务保证

磁盘、网络、电源等出现故障是不可避免的。容错可以解决这个问题。容错系统就是为故障而构建的。如果发生故障，容错系统将不会中断，并且可以继续处理请求。如果系统有单点故障，它就不是容错的。用户可以通过在系统中引入冗余来实现容错，并通过将各系统分离，使一方不依赖另一方，从而正常运行。

要使系统容错，最便捷的方式就是组成容错模块系统。如果所有的模块是容错，那么系统就是容错的。许多AWS服务默认情况下就是容错，尽可能使用这些服务。要不然需要自己处理故障。

遗憾的是，AWS其中一个非常重要的服务，即EC2，默认情况下并不是容错的。虚拟机不是容错的。这意味着，在默认情况下，单台EC2服务不是容错的。但是AWS提供了组件来解决这个问题。这个解决方案包括了自动扩展组（auto-scaling group）、ELB和SQS。

区别各种服务，保证下列要求是非常重要的。

- 没有（单点故障）——在出现故障时，不能处理请求。
- 高可用性——在出现故障时，需要一些时间直到像之前一样处理请求。
- 容错——在出现故障时，请求会像之前一样得到处理，并且没有任何可用性问题。

以下是本书中涵盖的AWS服务的详细保证。单点故障（SPOF）意味着，如一个硬件发生故障，那么服务则中断。

- Amazon EC2实例——单个EC2可能由于各种原因而失败，如硬件故障、网络问题、可用区问题等。然而使用自动扩展组使得一组EC2以冗余的方式处理请求，以实现高可用性或容错。

- Amazon 关系数据库服务（RDS）单个实例——单个 RDS 实例失败的原因有很多，如硬件故障、网络问题、可用性区域问题等。然而使用多可用区模式部署能实现高可用性。

高可用性（HA）意味着当故障发生时，服务在短时间内不可用，但会自动回到正常状态。

- 弹性网络接口（Elastic Network Interface，ENI）——网络接口绑定到可用区（AZ），因此，如果可用区不可用，那么网络接口将不可用。
- Amazon 虚拟私有云（Virtual Private Cloud，VPC）子网——VPC 子网绑定到一个 AZ，因此，如果此 AZ 不可用，那么子网将关闭。在不同的 AZ 中可以使用多个子网来消除对单个 AZ 的依赖。
- Amazon 弹性块状存储（Elastic Block Store，EBS）卷——EBS 卷绑定到 AZ，如果 AZ 不可用，数据卷将不可用（你的数据不会丢失）。你可以定期创建 EBS 快照，以便可以在另一个 AZ 中重新创建 EBS 卷。
- Amazon 关系数据库服务（Relational Database Service，RDS）多可用区实例——在多可用区模式下运行时，如果主实例发生故障，会更改 DNS 记录切换到备用实例，需要短暂的停机时间（1 min）。

容错意味着如果发生故障，将不会影响到：

- 弹性负载均衡（Elastic Load Balancing，ELB），需要部署到至少两个可用区
- Amazon EC2 安全组；
- 带有 ACL 和路由器表的 Amazon 虚拟私有云（Virtual Private Cloud，VPC）；
- 弹性 IP 地址（Elastic IP Adress，EIP）；
- Amazon 简单存储服务（Simple Storage Service，S3）；
- Amazon Elastic Block Store（EBS）快照；
- Amazon DynamoDB；
- Amazon CloudWatch；
- 自动扩展组；
- Amazon Simple Queue Service（SQS）；
- AWS Elastic Beanstalk；
- AWS OpsWorks；
- AWS CloudFormation；
- AWS 身份和访问管理（IAM，不绑定到单个区域；如果创建 IAM 用户，该用户在所有区域都可用）。

为什么要关心容错？因为最终容错系统为终端用户提供高质量的服务。无论系统中发生什么，用户都不会受到影响，可以继续消费内容，购买物品或与朋友交谈。几年前，实现容错是昂贵的，但在 AWS 中，提供容错系统是一个可负担的标准。

本章要求

要充分理解本章，你需要阅读并理解以下概念：

- EC2（第 3 章）；
- 自动扩展（第 11 章）；
- 弹性负载均衡（第 12 章）；
- SQS（第 12 章）。

该示例大量使用以下内容：

- Elastic Beanstalk（第 5 章）；
- DynamoDB（第 10 章）；
- Express，一个 Node.js Web 应用程序框架。

在本章中，我们将了解基于 EC2 实例设计容错 Web 应用程序所需的所有知识（默认情况下不是容错的）。

13.1 使用冗余 EC2 实例提高可用性

值得一提的是，EC2 实例本身不是容错的。虚拟机下是主机系统（host system）。你的虚拟机可能遭受由主机系统导致的崩溃，主要来自以下的几个原因。

- 如果主机硬件出现故障，则它无法托管在其之上的虚拟机。
- 如果去往（或者来自）主机的网络连接中断，虚拟机也将失去网络通信的能力。
- 如果主机系统与电源断开连接，则虚拟机也会关闭。

但是在虚拟机上运行的软件也可能导致崩溃。

- 如果软件存在内存泄漏，内存会被耗尽，可能是一天、一个月、一年或更长时间，但最终它会耗尽。
- 如果软件将数据写入到磁盘但从不删除，将最终耗尽磁盘空间。
- 应用程序可能无法正常边界情况，也会崩溃。

导致崩溃的原因，无论是主机还是软件，单个 EC2 实例都是单点故障。如果你依赖单个 EC2 实例，你的系统有可能会崩溃——唯一的问题是什么时候会发生而已。

13.1.1 冗余可以去除单点故障

设想制造蓬松云馅饼的生产线。生产蓬松的云馅饼需要几个生产步骤（步骤已简化）。

（1）制作馅饼皮。

（2）冷却馅饼皮。

（3）把蓬松的云馅饼的调料均匀地铺洒在馅饼皮上。

（4）冷却蓬松的云馅饼。

（5）包装蓬松的云馅饼。

当前的设置是单个生产线。这个设置有一个大问题：当其中一个步骤崩溃时，整个生产线必须停止。图 13-1 说明了当第二步（冷却馅饼皮）崩溃时的问题。以下步骤不再工作，因为他们不会收到冷却的馅饼皮。

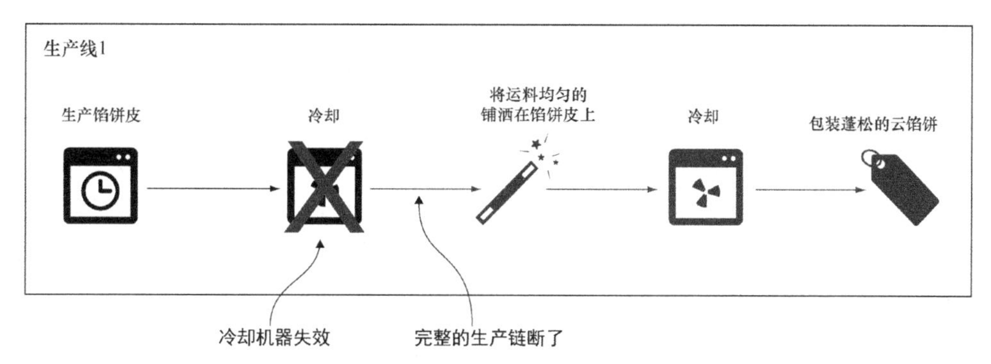

图 13-1 单点故障影响的不仅仅是自己本身，而是整个系统

为什么不能有多条生产线呢？而不是用一个，假设我们有 3 个。如果其中一条线路出现故障，另外两条线路仍然可以为世界上所有饥饿的客户生产蓬松的云馅饼。图 13-2 展示了这一改进，唯一的缺点是，我们需要 3 倍的机器。

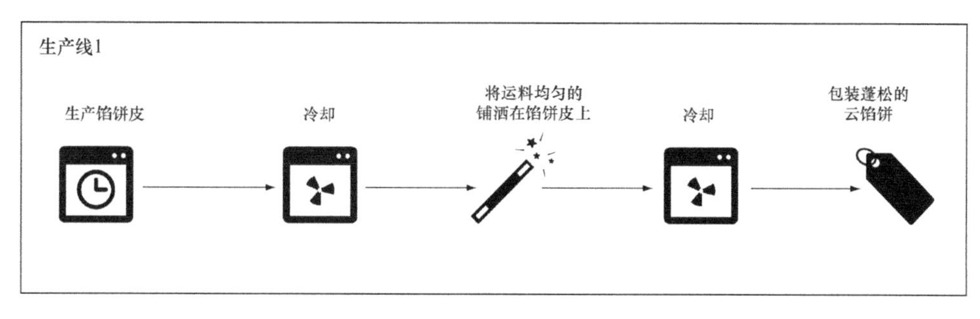

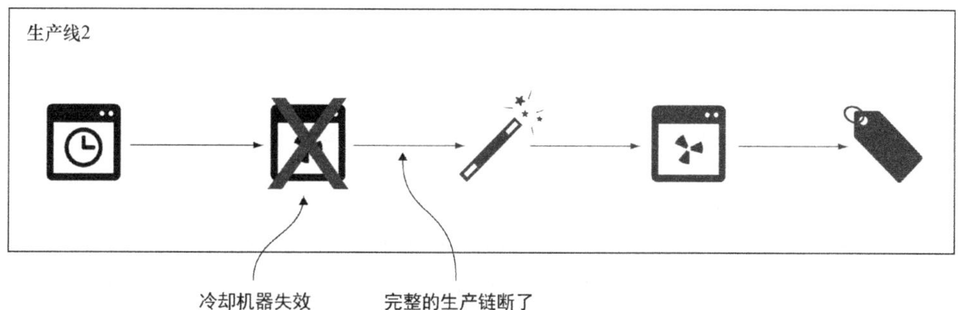

图 13-2 冗余消除单点故障使系统更加健壮

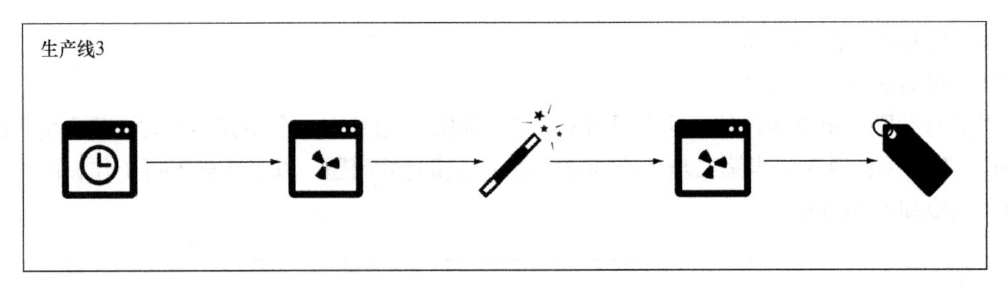

图 13-2　冗余消除单点故障使系统更加健壮（续）

该例子也可以用来解释 EC2 实例。可以有 3 个实例运行软件，而不是只有一个 EC2 实例。如果其中一个实例崩溃，其他两个实例仍然能够处理传入的请求。你还可以最小化一个实例对 3 个实例造成的成本影响：可以选择 3 个小实例，而不是一个大型 EC2 实例。动态服务器池出现的问题是，如何与实例通信？答案是解耦：在 EC2 实例和请求者之间放置负载均衡器或者消息队列。接下去将了解这是如何工作的。

13.1.2　冗余需要解耦

图 13-3 展示了如何通过冗余和同步解耦来使得 EC2 达到容错。如果其中一个 EC2 实例崩溃，ELB 将停止向失败的实例发送请求。自动扩展组在几分钟内替换失败的 EC2 实例，并且 ELB 开始将请求路由到新的实例上。

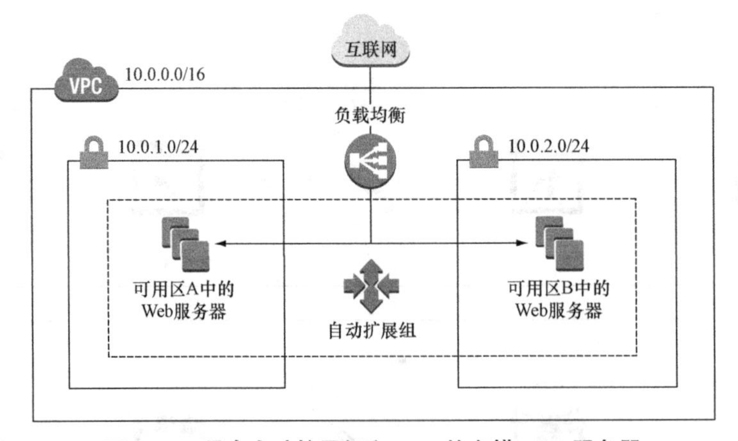

图 13-3　具有自动扩展组和 ELB 的容错 EC2 服务器

再看一下图 13-3，看看哪些部分是多余的。

- 可用区——使用两个。如果一个 AZ 崩溃，仍然有 EC2 实例在其他 AZ 运行。
- 子网——子网隶属于 AZ。因此，在每个 AZ 中需要一个子网，子网也是冗余的。
- EC2 实例——EC2 实例多冗余。在单个子网（AZ）中有多个实例，在两个子网（两个

AZ）中有实例。

图13-4展示了使用EC2构建的容错系统，该系统使用冗余和异步解耦的功能来处理来自SQS队列的消息。

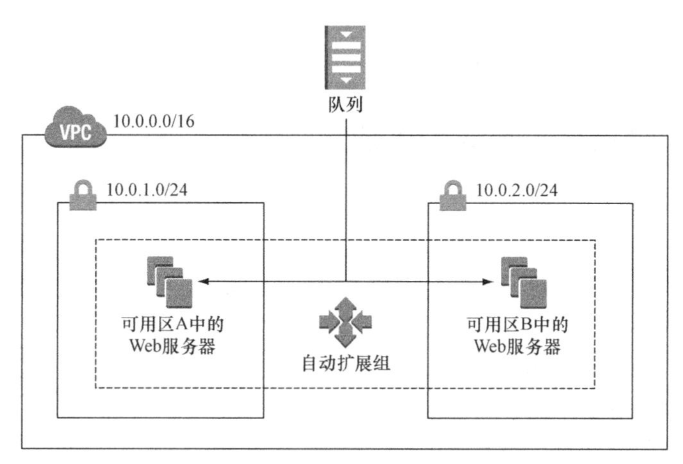

图13-4 具有自动扩展组和SQS的容错的EC2服务器

在这两张图中，负载均衡/SQS队列只出现了一个。这并不意味着ELB或SQS是单点故障；相反，ELB和SQS默认是容错的。

13.2 使代码容错的注意事项

如果想要容错，必须在代码中实现它。我们可以通过遵循本节中提出的两个建议，将错误容错设计到代码中。

13.2.1 让其崩溃，但也重试

Erlang编程语言以“让其崩溃”（let it crash）这个概念而闻名。这只是意味着每当程序不知道该怎么做，它就崩溃，有人需要处理崩溃。最常见的是，人们忽视了一个事实，即Erlang也是以重试（retry）出名。崩溃而不重试是无用的——如果你无法从崩溃的情况下恢复，你的系统将关闭，这不是想要的。

我们可以将“让其崩溃”的概念（有些人称之为“快速故障”）应用到同步解耦和异步解耦场景。在同步解耦场景中，请求的发送者必须实现重试逻辑。如果在一定时间内没有返回响应，或返回错误，则发送者通过再次发送相同的请求来重试。在异步解耦场景中，事情更容易。如果消息被消耗，但在一定时间内未被确认，则它返回到队列。下一个消费者抓住消息并再次处理它。默认情况下，重试被内置到异步系统中。

“让其崩溃”在所有情况下并不是都没有用。如果程序要响应告诉发送方该请求包含无效内

容，这不是让服务器崩溃的原因：结果将保持不变，无论你重试多少次。但是，如果服务器无法到达数据库，重试很有意义。在几秒钟内，数据库可能再次可用，并能够成功处理重试的请求。

重试不是那么容易。想象一下，你想重试一个博客文章的创建。每次重试都将创建数据库中的一个新条目，其中包含与以前相同的数据。在数据库中最终有很多重复。防止这将涉及一个重要的概念，接下来将介绍：幂等重试。

13.2.2 幂等重试使得容错成为可能

如何防止博客文章由于重试而被多次添加到数据库？一个简单的方法是使用标题作为主键。如果主键已经使用，你可以假定该帖子已经在数据库中，并跳过将其插入数据库的步骤。现在插入博客帖子是幂等的，这意味着无论多么频繁地应用某个动作，结果必须是相同的。在当前示例中，结果是数据库条目。

让我们尝试一个更复杂的例子。插入博客帖子在现实中更复杂，过程看起来像下面这样。

（1）在数据库中创建博客帖子条目。

（2）无效缓存，因为数据已更改。

（3）发布博客的 Twitter feed 的链接。

让我们仔细看一下每一步。

1．在数据库中创建一个博客条目

之前我们已经涵盖了这一步骤，使用主题作为主键（primary key）。但是这一次，我们使用全局唯一标识符（UUID），而不是用主题作为主键。一个 UUID 就像 `550e8400-e29b-11d4-a716-446655440000` 是一个随机的 ID，由客户端生成。由于 UUID 本身的一些特性，不会生成两个一样的 UUID。如果想创建一个博客条目，必须将包含 UUID、主题和文本的请求发给 ELB。ELB 将请求路由到后端其中一个实例上。后端的实例检查主键是否存在。如果不存在，数据库中将增加一条新的记录。如果存在，插入就继续。图 13-5 展示了这个流程创建一个博客条目对于幂等操作是一个很好的例子。

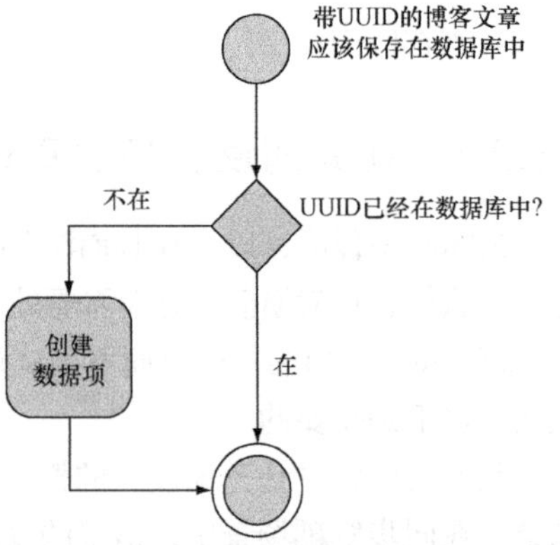

图 13-5 幂等的数据库插入操作：在数据库中创建博客文章

可以使用数据库来解决这个问题。只需发送一个插入到你的数据库。有以下 3 件事可能会发生。

- 数据库插入数据。步骤成功完成。
- 数据库响应错误，主键已在使用。步骤成功完成。
- 数据库以不同的错误响应。该步骤崩溃。

仔细想想实现幂等的最佳方式！

2. 让缓存失效

此步骤向缓存层发送无效消息。你不需要担心太多幂等性：如果缓存比所需的更频繁，则不会受到影响。如果缓存无效，则下一次请求命中缓存时，缓存不包含数据，将查询源站（在这里指数据库）返回结果。然后将结果放入缓存中以便后续请求。如果由于重试使缓存多次失效，最糟糕的事情是需要再次调用数据库。非常简单。

3. 发送到博客的 Twitter feed

要使此步骤幂等，你需要使用一些技巧，因为你与不支持幂等操作与第三方交互。遗憾的是，没有解决方案将保证你只发布一个状态更新到 Twitter。你可以保证创建是至少有一个（一个或多个）状态更新，或至多一个（一个或无）状态更新。一个简单的方法是向 Twitter API 请求最新的状态更新，如果其中一个匹配你要发布的状态更新，则跳过该步骤，因为它已经完成。

但是，Twitter 是一个最终一致性的系统：不能保证你发布后立即看到状态更新。你可以最终发布多次状态更新。另一种方法是在数据库中保存是否已经发布了博客帖子状态更新。但想象一下，保存到你发布到 Twitter 的数据库，然后向 Twitter API 发出请求，但刚好那一刻，系统崩溃。数据库提示说 Twitter 的状态更新已发布，但实际情况却不是。你需要做出选择：允许丢失状态更新，或者允许多个状态更新。提示：这是一个商业决策。图 13-6 展示了两种解决方案的流程。

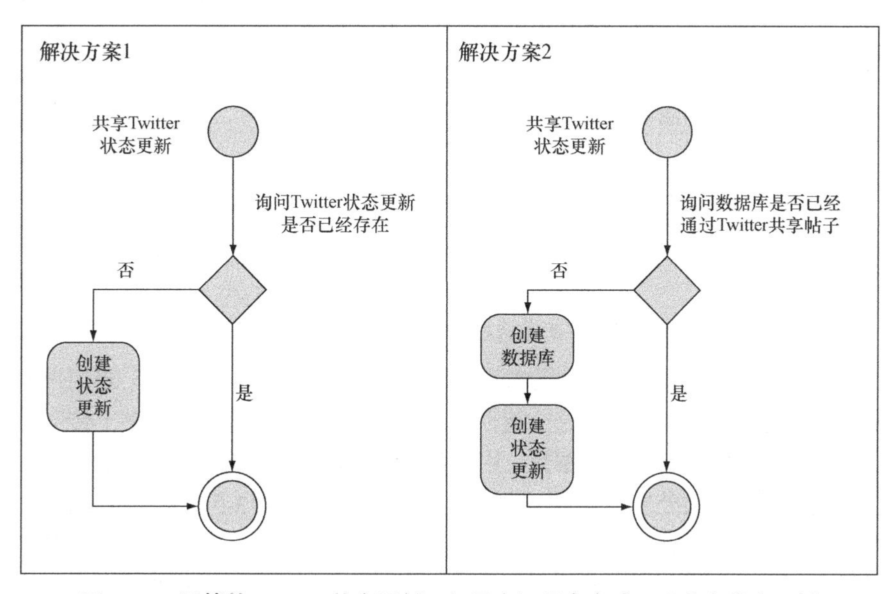

图 13-6 幂等的 Twitter 状态更新：如果它还没有完成，只共享状态更新

举个例子，我们将在 AWS 上设计、实施和部署分布式容错 Web 应用程序。这个例子将综合

本书中的大部分知识，演示分布式系统的工作方式。

13.3 构建容错 Web 应用：Imagery

在开始架构和设计容错的Imagery Web应用之前，我们将简要介绍应用程序最后应该做什么。用户应该能够上传图片，然后这个图片用深褐色过滤器转换，使其看起来变旧。用户可以查看深褐色图片。图 13-7 展示了这一过程。

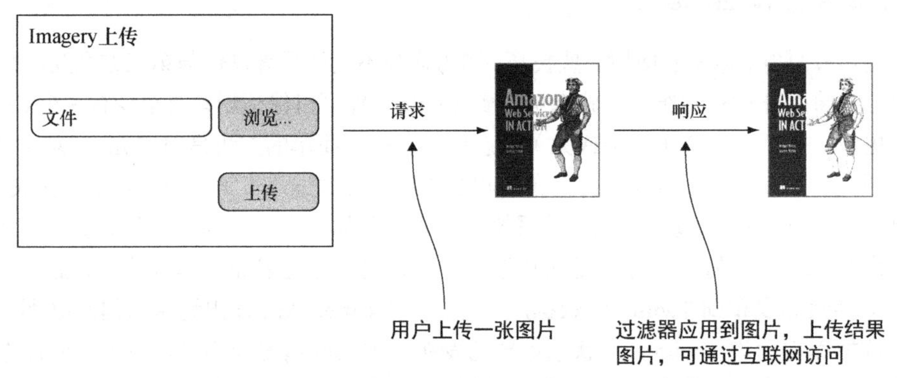

图 13-7 用户上传图片到 Imagery，其中应用了过滤器

图 13-7 展示了这一过程的问题——它是同步的。如果服务器在请求和响应期间死机，则不会处理用户的图片。在许多用户想要使用 Imagery 应用程序时会出现另一个问题：系统变得很繁忙，可能会变慢或停止工作。因此，这个过程应该变成异步的。第 12 章通过使用 SQS 消息队列介绍了异步解耦的思想，如图 13-8 所示。

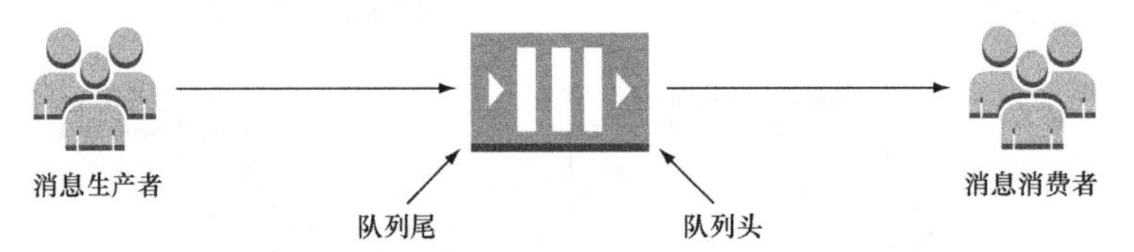

图 13-8 生产者发送消息到消息队列，消费者读取消息

当设计异步过程时，过程的跟踪非常重要。我们需要一些类型的标识符。当用户想要上传图片时，用户首先创建进程。此进程创建会返回唯一的 ID。使用 ID，用户能够上传图片。如果图片上传完成，服务器开始在后台处理图片。用户可以随时查找进程。处理图片时，用户看不到深褐色图片。但是一旦图片被处理，查找进程返回深褐色图片。图 13-9 展示了异步过程。

现在我们有一个异步过程，是时候把组件映射到 AWS 服务上去了。请记住，AWS 上的大多数服务默认情况下都是容错的，因此尽可能使用它们。图 13-10 展示了一种方法。

为了使事情尽可能简单，所有操作都可以通过 REST API 来访问，REST API 将由 EC2 实例提供。最后，EC2 实例将提供进程并调用所有 AWS 服务，如图 13-10 所示。

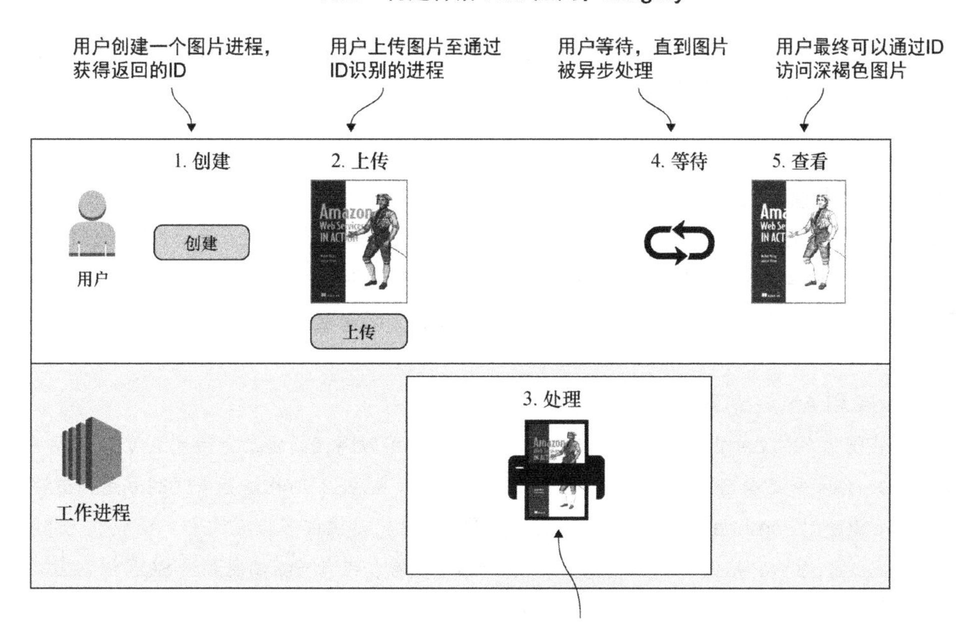

图 13-9 用户异步上传图片至 Imagery，其中应用了过滤器

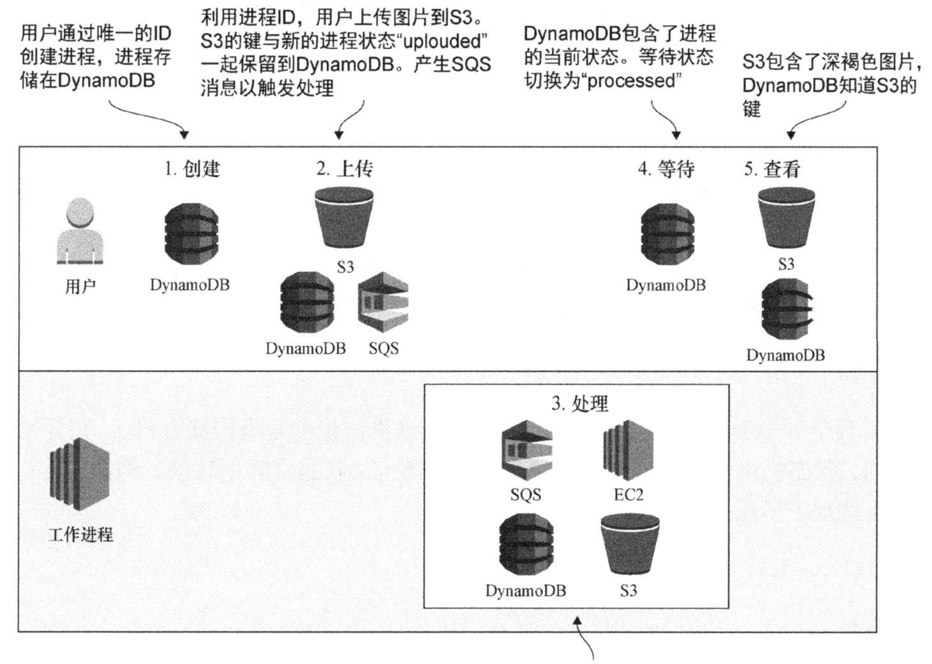

图 13-10 组合 AWS 服务实现异步 Imagery 过程

我们将使用许多 AWS 服务来实现 Imagery 应用程序。它们中的大多数在默认情况下是容错的，但 EC2 不是。你将使用幂等的图片状态机（image-state machine）来处理这个问题，图片状态机会在下一节介绍。

示例都包含在免费套餐中

本章中的所有示例都包含在免费套餐中。只要不是运行这些示例好几天，就不需要支付任何费用。记住，这仅适用于读者为学习本书刚刚创建的全新 AWS 账户，并且在这个 AWS 账户里没有其他活动。尽量在几天的时间里完成本章中的示例，在每个示例完成后务必清理账户。

AWS Lambda 和 Amazon API Gateway 即将到来

AWS 正在开发名为 Lambda 的服务。使用 Lambda，你可以将代码函数上传到 AWS，然后在 AWS 上执行该函数。你不需要再维护 EC2 实例，只需要关心代码。AWS Lambda 用于短时间运行进程（最多 60 s），因此不能使用 Lambda 创建 Web 服务器。但是 AWS 将提供许多集成钩子（hook）。例如，每当一个对象被添加到 S3 时，AWS 就可以触发一个 Lambda 函数，或者当新消息到达 SQS 时触发 Lambda 函数。遗憾的是，AWS Lambda 在编写本书时并不适用于 AWS 所有地区，因此我们决定不包括此服务的介绍。

Amazon API 网关使你能够运行 REST API，而无须运行任何 EC2 实例。你可以指定每当收到 `GET/ some/resource` 请求时，它将触发一个 Lambda 函数。Lambda 和 Amazon API Gateway 的组合可以构建强大的服务，无须维护单个 EC2 实例。遗憾的是，在本书编写时，Amazon API Gateway 并不适用于所有地区。

13.3.1 幂等图片状态机

幂等的图片状态机（image-state machine）听起来很复杂。我们需要花一些时间来解释它，因为它是 Imagery 应用程序的核心。让我们来看一下什么是*状态机*，在这个上下文中什么是*幂等*。

1. 有限状态机

状态机具有至少一个开始状态和一个结束状态（这里讨论的是有限状态机）。在开始状态和结束状态之间，状态机可以具有许多其他状态。机器还定义状态之间的转换。例如，具有 3 个状态的状态机可能如下所示：

```
(A) -> (B) -> (C).
```

这意味着：

- 状态 A 是开始状态；
- 过渡从状态 A 到 B；
- 过渡从状态 B 到 C；

- 状态 C 是结束状态。

但是在(A)→(C)或(B)→(A)之间没有可能的转换，Imagery 状态机看起来像下面这样：

```
(Created)-> (Uploaded)-> (Processed)
```

创建了新进程（状态机）之后，唯一的转换可能就是 Uploaded。要进行此转换，需要上传的原始图片的 S3 键。Created 到 Uploaded 的转换可以通过 uploaded(s3Key)定义。基本上，这个过渡同样适用于 Uploaded 到 Processed 的转换。这个转换可以用深褐色图片的 S3 键来完成：processed(s3Key)。

不要混淆，因为上传和图片过滤处理不会出现在状态机中。这些是发生的基本动作，但我们只对结果感兴趣，我们不跟踪行动的进展。该过程不清楚 10%的数据已上传或 30%的图片完成处理。它只关心操作是否 100%完成。我们可以想象一堆可以实现的其他状态，但这个例子中略过，只介绍调整大小（Resized）和共享（Shared）两个例子。

2. 幂等状态转换

无论转换发生的频率如何，幂等状态转换都必须具有相同的结果。如果知道状态转换是幂等的，可以使用这样一个简单的技巧：在转换过程中失败的情况下，重试整个状态转换。

接下去看看需要实现的两个状态转换。第一个转换 Created 到 Uploaded 可以像下面这样实现（伪代码）：

```
uploaded(s3Key) {
  process = DynamoDB.getItem(processId)
  if (process.state !== "Created") {
    throw new Error("transition not allowed")
  }
  DynamoDB.updateItem(processId, {"state": "Uploaded", "rawS3Key": s3Key})
  SQS.sendMessage({"processId": processId, "action": "process"});
}
```

这个实现的问题是它不是幂等的。想象一下，SQS.sendMessage 失败了。如果重试，状态转换将失败。但第二次调用 Uploaded(s3Key)将抛出一个“transition not allowed”错误，因为 DynamoDB.updateItem 在第一次调用期间成功。

为了解决这个问题，需要更改 if 语句使函数幂等：

```
uploaded(s3Key) {
  process = DynamoDB.getItem(processId)
  if (process.state !== "Created" && process.state !== "Uploaded") {
    throw new Error("transition not allowed")
  }
  DynamoDB.updateItem(processId, {"state": "Uploaded", "rawS3Key": s3Key})
  SQS.sendMessage({"processId": processId, "action": "process"});
}
```

如果现在重试，将对 DynamoDB 进行多次更新，这不会受到影响。并且可以发送多个 SQS

消息，这也不会受到影响，因为 SQS 消息消费者也必须是幂等的。这同样适用于转换“Uploaded”为“Processed”。

接下来，我们将开始实施 Imagery 服务器。

13.3.2 实现容错 Web 服务

将 Imagery 应用程序分为两部分：服务器和工作程序。服务器负责向用户提供 REST API，工作程序负责处理消耗的 SQS 消息和处理映像。

代码在哪里下载

像之前一样，在下载的源代码中可以找到相关代码，图片位于 chapter13 中。

服务器将支持以下路由。

- POST /image——当执行这个路由，一个新的图片进程被创建。
- GET /image/:id——返回进程状态，由路径参数:id 指定。
- POST /image/:id/upload——此路由为使用 path 参数指定的:id 进程提供文件上载。

要实现这一服务，会再次用到 Node.js 和 Express Web 应用程序框架。在这个项目中只会使用到 Express 框架，因此不会觉得麻烦。

1. 设置服务器项目

和往常一样，需要一些样例代码来加载依赖，初始 AWS 端点以及类似的东西，如代码清单 13-1 所示。

代码清单 13-1 初始化 Imagery 服务（server/server.js）

```
var express = require('express');            <-- 加载 Node.js 模块（依赖）
var bodyParser = require('body-parser');
var AWS = require('aws-sdk');
var uuid = require('node-uuid');
var multiparty = require('multiparty');

var db = new AWS.DynamoDB({                  <-- 创建 DynamoDB 端点
  "region": "us-east-1"
});
var sqs = new AWS.SQS({                      <-- 创建 SQS 端点
  "region": "us-east-1"
});
var s3 = new AWS.S3({                        <-- 创建 S3 端点
  "region": "us-east-1"
});

var app = express();                         <-- 创建 Express 应用
```

```
app.use(bodyParser.json());                  <-- 告诉 Express 解析请求主体

[...]
app.listen(process.env.PORT || 8080, function() {       <-- 在环境变量 PORT 上启动
  console.log("Server started. Open http://localhost:"       Express，默认端口是 8080
  + (process.env.PORT || 8080) + " with browser.");
});
```

不用太过于担心这个样例代码，有趣的部分后面很快就会介绍。

2. 创建一个新的 Imagery 进程

为了提供 REST AMI 来创建图片进程，一组 EC2 实例在负载均衡器后运行 Node.js 代码。图片进程存储在 DynamoDB 中。图 13-11 展示了创建新的图片的请求流程。

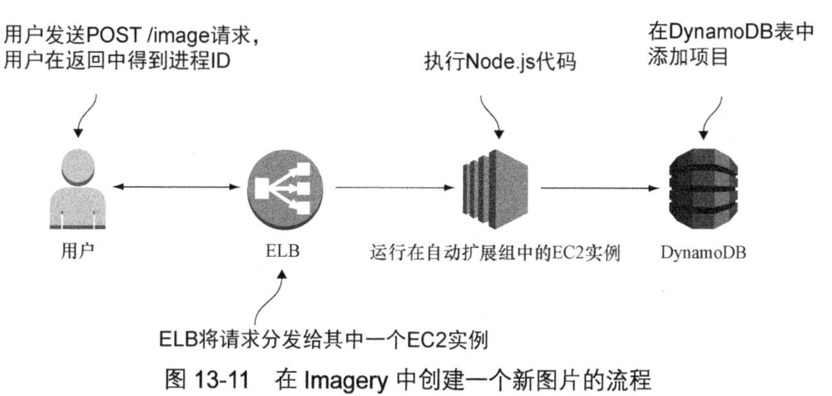

图 13-11 在 Imagery 中创建一个新图片的流程

我们现在在 Express 应用中增加路由来处理 `POST/image` 请求，如代码清单 13-2 所示。

代码清单 13-2 Imagery 服务：POST /image 创建图片流程

```
app.post('/image', function(request, response) {      <-- 在 Express 中注册路由
  var id = uuid.v4();                                  <-- 为进程创建一个唯一 ID
  db.putItem({                  <-- 对 DynamoDB 调用 putItem 操作
    "Item": {
      "id": {
        "S": id                 <-- id 属性是 DynamoDB 的主键
      },
      "version": {
        "N": "0"                <-- 使用乐观锁定的版本（乐观锁定在下面会有解释）
      },
      "state": {

        "S": "created"          <-- 进程现在处于创建状态，当状态更换发生时这一属性会变化
      }
    },
    "TableName": "imagery-image",          <-- DynamoDB 表在本章的后面会创建
    "ConditionExpression": "attribute_not_exists(id)"    <-- 如果项已经存在就阻止替换
  }, function(err, data) {
      throw err;
```

```
    } else {
      response.json({"id": id, "state": "created"});
    }
  });
});
```

以进程 ID 作为响应

现在可以创建一个新进程了。

乐观锁定

要防止对 DynamoDB 项目进行多次更新，可以使用名为乐观锁定（optimistic locking）的技巧。当你要更新项目时，必须告知要更新的版本。如果该版本与数据库中项目的当前版本不匹配，则更新将被拒绝。

想象以下场景。在版本 0 中创建一个项目。进程 A 查找该项目（版本 0）。进程 B 也查找该项目（版本 0）。现在，进程 A 想通过在 DynamoDB 上调用 `updateItem` 操作来进行更改。因此，进程 A 指定预期版本为 0。DynamoDB 因为版本匹配将允许修改，但 DynamoDB 也会将项目的版本更改为 1，因为执行了更新。现在，进程 B 想进行修改，并向 DynamoDB 发送请求，期望项目版本为 0。DynamoDB 将拒绝该修改，因为预期版本与 DynamoDB 知道的版本不匹配，即 1。

要解决进程 B 的问题，可以使用前面介绍的同样的技巧——重试。进程 B 将再次查找该项目，现在在版本 1 中，并且可以（你希望）进行更改。

乐观锁定有一个问题：如果许多修改并行发生，则会产生很多开销，因为重试的次数很多。但是这只是一个问题，如果你期望大量并发写入单个项目，这可以通过更改数据模型解决。Imagery 应用程序中不是这样。只有少数写入预期发生在一个单一的项目：乐观锁定是一个完美的适合，以确保你没有两个写入，其中一个操作会覆盖另一个更改。

乐观锁定的相反是悲观锁定。可以通过使用信号量来实现悲观锁策略。在更改数据之前，需要锁定信号量。如果信号量已经被锁定，则等待信号量再次变空。

我们需要实现的下一个路由是查找进程的当前状态。

3. 查找 Imagery 进程

我们现在增加路由到 Express 应用中来处理 `GET /image/:id` 请求。图 13-12 展示了这一请求流程。

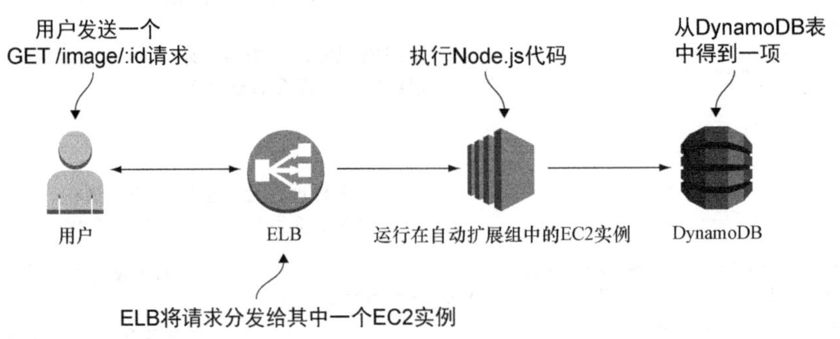

图 13-12 在 Imagery 中查看图片进程返回状态

Express 将通过在 request.params.id 中提供它来处理路径参数:id。这一实现需要基于路径参数 ID 从 DynamoDB 获取项目，如代码清单 13-3 所示。

代码清单 13-3 Imagery 服务器：GET /image/:id 查找图片进程

```
function mapImage(item) {          ◁ 辅助函数将 DynamoDB 结果映射到 JavaScript 对象
  return {
    "id": item.id.S,
    "version": parseInt(item.version.N, 10),
    "state": item.state.S,
    "rawS3Key": [...]
    "processedS3Key": [...]
    "processedImage": [...]
  };
};

function getImage(id, cb) {        对 DynamoDB 调用 getItem 操作
  db.getItem({                     ◁
    "Key": {
      "id": {                      ◁ id 是主键散列值
        "S": id
      }
    },
    "TableName": "imagery-image"
  }, function(err, data) {
    if (err) {
      cb(err);
    } else {
      if (data.Item) {
        cb(null, mapImage(data.Item));
      } else {
        cb(new Error("image not found"));
      }
    }
  });
}
app.get('/image/:id', function(request, response) {    ◁ 使用 Express 注册路由
  getImage(request.params.id, function(err, image) {
    if (err) {
      throw err;
    } else {
      response.json(image);        ◁ 以 image 进程来响应
    }
  });
});
```

唯一缺少的是上传部分，接下来看一下上传。

4. 上传图片

通过 POST 请求上传图片需要执行以下几个步骤。

（1）将原始图片上传到 S3。

（2）修改 DynamoDB 的项目。

（3）发送 SQS 消息触发图片处理。

图 13-13 展示了这一工作流。

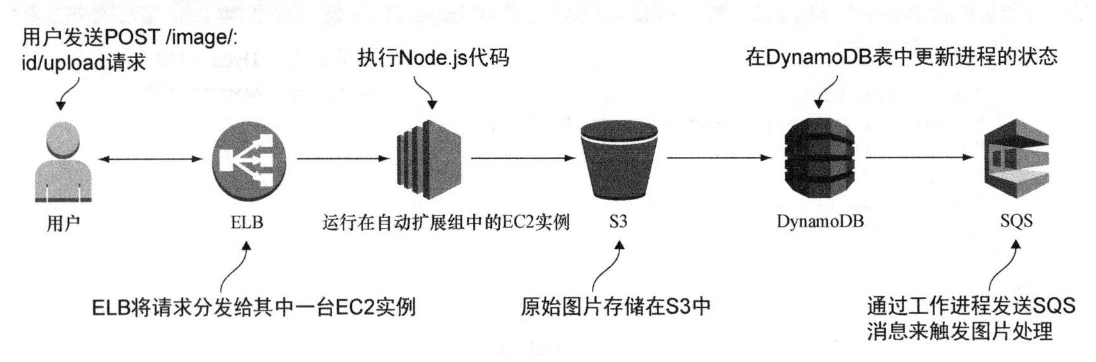

图 13-13　上传原始图片到 Imagery 来触发图片处理

代码清单 13-4 展示了这些步骤的具体实现。

代码清单 13-4　Imagery 服务器：`POST /image/:id/upload` 上传图片

```
function uploadImage(image, part, response) {
  var rawS3Key = 'upload/' + image.id + '-' + Date.now();   ◁ 为 S3 对象创建一个键
  s3.putObject({                                            ◁ 对 S3 调用 putObject
    "Bucket": process.env.ImageBucket,                      ◁ S3 桶名作为环境变量传入（该桶将在本章后面部分中创建）
    "Key": rawS3Key,
    "Body": part,                                           ◁ Body 部分是上传的数据流
    "ContentLength": part.byteCount
  }, function(err, data) {
    if (err) {
      throw err;
    } else {
      db.updateItem({                                       ◁ 对 Dynamodb 调用 updateItem
        "Key": {
          "id": {
            "S": image.id
          }
        },
        "UpdateExpression": "SET #s=:newState,              ◁ 更新状态、版本和原始 S3 密钥
➥   version=:newVersion, rawS3Key=:rawS3Key",
        "ConditionExpression": "attribute_exists(id)        ◁ 仅当项目存在、版本等于预期版本且状态是允许的状态之一时更新
➥   AND version=:oldVersion
➥   AND #s IN (:stateCreated, :stateUploaded)",
        "ExpressionAttributeNames": {
          "#s": "state"
        },
        "ExpressionAttributeValues": {
          ":newState": {
            "S": "uploaded"
```

```
        },
        ":oldVersion": {
          "N": image.version.toString()
        },
        ":newVersion": {
          "N": (image.version + 1).toString()
        },
        ":rawS3Key": {
          "S": rawS3Key
        },
        ":stateCreated": {
          "S": "created"
        },
        ":stateUploaded": {
          "S": "uploaded"
        }
      },
      "ReturnValues": "ALL_NEW",
      "TableName": "imagery-image"
    }, function(err, data) {
      if (err) {
        throw err;
      } else {
        sqs.sendMessage({
          "MessageBody": JSON.stringify({
                           "imageId": image.id,
                           "desiredState": "processed"
                         }),
          "QueueUrl": process.env.ImageQueue,
        }, function(err) {
          if (err) {
            throw err;
          } else {
            response.json(lib.mapImage(data.Attributes));
          }
        });
      }
    });
  }
  });
}

app.post('/image/:id/upload', function(request, response) {
  getImage(request.params.id, function(err, image) {
    if (err) {
      throw err;
    } else {
      var form = new multiparty.Form();
      form.on('part', function(part) {
        uploadImage(image, part, response);
      });
      form.parse(request);
    }
  });
});
```

- 对 SQS 调用 sendMessage
- 消息包含进程 ID
- 队列 URL 通过环境变量传递
- 使用 Express 注册路由
- “魔法代码”处理图片上传

服务器端完成。接下来，将继续在 Imagery 工作进程中实现处理部分，然后就可以部署应用程序了。

13.3.3 实现容错的工作进程来消费 SQS 消息

Imagery 工作进程在后台执行异步的工作：在应用过滤器的同时将图片处理为深褐色。工作程序处理消耗的 SQS 消息和处理图片。幸运的是，消耗 SQS 消息是 Elastic Beanstalk 解决的常见任务，稍后将使用它来部署应用程序。Elastic Beanstalk 可以配置为侦听 SQS 消息并对每个消息执行 HTTP POST 请求。最后，工作程序实现了由 Elastic Beanstalk 调用的 REST API。要实现工作进程，你将再次使用 Node.js 和 Express 框架。

1. 设置服务器项目

如代码清单 13-5 所示，与以往一样，需要样例代码来加载依赖关系、初始化 AWS 端点等。

代码清单 13-5 初始化 Imagery 工作进程（worker/worker.js）

```
var express = require('express');
var bodyParser = require('body-parser');
var AWS = require('aws-sdk');
var assert = require('assert-plus');
var Caman = require('caman').Caman;
var fs = require('fs');

var db = new AWS.DynamoDB({
  "region": "us-east-1"
});
var s3 = new AWS.S3({
  "region": "us-east-1"
});

var app = express();
app.use(bodyParser.json());

app.get('/', function(request, response) {
  response.json({});
});

[...]

app.listen(process.env.PORT || 8080, function() {
  console.log("Worker started on port " + (process.env.PORT || 8080));
});
```

加载 Node.js 模块（依赖）

创建 DynamoDB 端点

创建 S3 端点

创建 Express 应用

注册返回空对象的健康状态检查的路由

在由环境变量 PORT 定义的端口或者默认端口 8080 上启动 Express

Node.js 模块 caman 用于创建深褐色图片，接下来我们会用到这个。

2. 处理 SQS 消息和处理图片

SQS 消息触发原始图片处理，这由工作进程控制。一旦接收到消息，工作进程开始从 S3 下载原始图片，应用深褐色过滤器，并将处理的图片上传回 S3。之后，DynamoDB 中的处理状态将被修改。图 13-14 展示了这些步骤。

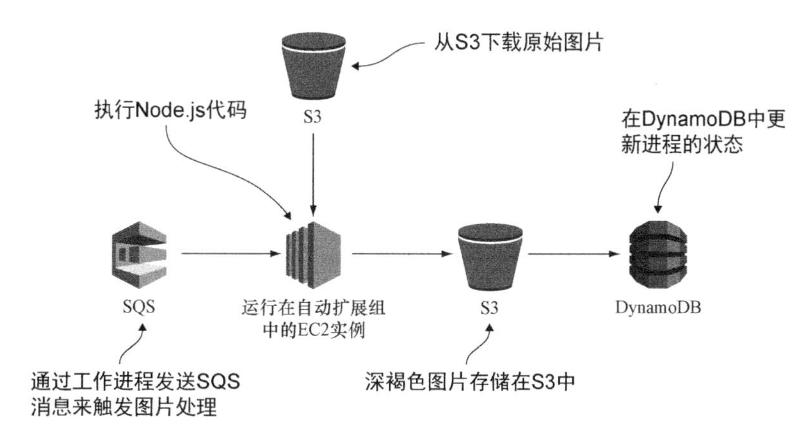

图 13-14 处理原始图片，将深褐色图片上传到 S3

如果不直接从 SQS 接收消息，可以采取一个捷径。Elastic Beanstalk 是将要使用的部署工具，它提供了消费队列中消息的功能，并为每个消息调用 HTTP `POST` 请求。配置对资源/`sqs` 进行的 `POST` 请求。代码清单 13-6 展示了具体实现。

代码清单 13-6 Imagery 工作进程：`POST /sqs` 处理 SQS 消息

```
function processImage(image, cb) {      ◁ processImag 的实现在这里没有展示，可以在本书的源文件夹中找到
  var processedS3Key = 'processed/' + image.id + '-' + Date.now() + '.png';
  // download raw image from S3
  // process image
  // upload sepia image to S3
  cb(null, processedS3Key);
}

function processed(image, request, response) {
  processImage(image, function(err, processedS3Key) {
    if (err) {
      throw err;
    } else {
      db.updateItem({          ◁ 对 DynamoDB 调用 updateItem 操作
        "Key": {
          "id": {
            "S": image.id
          }
        },
```

```
        "UpdateExpression": "SET #s=:newState,          <- 更新状态、版本和已处理的 S3 键
        ➥  version=:newVersion, processedS3Key=:processedS3Key",
        "ConditionExpression": "attribute_exists(id)     <- 仅当项目存在、版本等
        ➥  AND version=:oldVersion                          于预期版本且状态是允
        ➥  AND #s IN (:stateUploaded, :stateProcessed)",    许的状态之一时更新
        "ExpressionAttributeNames": {
          "#s": "state"
        },
        "ExpressionAttributeValues": {
          ":newState": {
            "S": "processed"
          },
          ":oldVersion": {
            "N": image.version.toString()
          },
          ":newVersion": {
            "N": (image.version + 1).toString()
          },
          ":processedS3Key": {
            "S": processedS3Key
          },
          ":stateUploaded": {
            "S": "uploaded"
          },
          ":stateProcessed": {
            "S": "processed"
          }
        },
        "ReturnValues": "ALL_NEW",
        "TableName": "imagery-image"
      }, function(err, data) {
        if (err) {
          throw err;
        } else {                                           以进程的新状态
          response.json(lib.mapImage(data.Attributes));  <- 作为响应
        }
      });
    }
  });
}
                                                   使用 Express 注册路由
app.post('/sqs', function(request, response) {  <-
  assert.string(request.body.imageId, "imageId");
  assert.string(request.body.desiredState, "desiredState");
  getImage(request.body.imageId, function(err, image) {  <- getImage 的实现与
    if (err) {                                               服务器上的相同
      throw err;
    } else {
      if (request.body.desiredState === 'processed') {
        processed(image, request, response);   <- 如果 SQS 消息的 disired State
      } else {                                    是“processed”，调用 processed
        throw new Error("unsupported desiredState");   函数
      }
    }
```

```
  });
});
```

如果 POST /sqs 返回 2XX 的 HTTP 状态码，Elastic Beanstalk 会认为消息传递成功，并从队列中删除消息，否则消息重新提交。

现在可以处理 SQS 消息来处理原始图片，并将深褐色图片上传到 S3。接下去是以容错方式将所有代码部署到 AWS。

13.3.4 部署应用

如之前所述的，将使用 Elastic Beanstalk 部署服务器和工作进程。将使用 CloudFormation 模板。这可能听起来貌似很奇怪，因为用自动化工具来使用另一个自动化工具。但 CloudFormation 能做的比部署两个 Elastic Beanstalk 应用程序还有点多。它定义如下：

- 用于存储原始图片和处理图片的 S3 桶；
- DynamoDB 表 imagery-image；
- SQS 队列和死信队列（dead-letter queue）；
- 用于服务器和 EC2 工作进程实例的 IAM 角色；
- 用于服务器和工作进程的 Elastic Beanstalk 应用。

创建 CloudFormation 堆栈需要相当长的时间，这就是为什么应该这么做。创建堆栈后，查看模板。之后，堆栈就可以使用了。

为了部署 Imagery，我们创建了 CloudFormation 模板（位于 https://s3.amazonaws.com/awsinaction/chapter13/template.json）。基于该模板创建一个堆栈，该堆栈输出 EndpointURL 返回一个可以从浏览器访问使用 Imagery 的 URL 地址。这是如何从终端创建堆栈。

```
$ aws cloudformation create-stack --stack-name imagery \
--template-url https://s3.amazonaws.com/\
awsinaction/chapter13/template.json \
--capabilities CAPABILITY_IAM
```

现在我们来看一下 CloudFormation 模板。

1. 部署 S3、DynamoDB 和 SQS

代码清单 13-7 所示的 CloudFormation 片段描述了 S3 桶、DynamoDB 表和 SQS 队列。

代码清单 13-7 Imagery CloudFormation 模板：S3、DynamoDB 和 SQS

```
{
  "AWSTemplateFormatVersion": "2010-09-09",
  "Description": "AWS in Action: chapter 13",
  "Parameters": {
    "KeyName": {
      "Description": "Key Pair name",
      "Type": "AWS::EC2::KeyPair::KeyName",
```

```
      "Default": "mykey"
    }
  },
  "Resources": {
    "Bucket": {                                              S3 存储桶用于上传和处理
      "Type": "AWS::S3::Bucket",                             图片，启用 Web 托管
      "Properties": {
        "BucketName": {"Fn::Join": ["-",                     桶名包含账号 ID
        ["imagery", {"Ref": "AWS::AccountId"}]]},            确保唯一性
        "WebsiteConfiguration": {
          "ErrorDocument": "error.html",
          "IndexDocument": "index.html"
        }
      }
    },
    "Table": {                                               包含图片进程的 DynamoDB 表
      "Type": "AWS::DynamoDB::Table",
      "Properties": {
        "AttributeDefinitions": [{
          "AttributeName": "id",
          "AttributeType": "S"
        }],
        "KeySchema": [{                                      id 属性用于主键散列值
          "AttributeName": "id",
          "KeyType": "HASH"
        }],
        "ProvisionedThroughput": {
          "ReadCapacityUnits": 1,
          "WriteCapacityUnits": 1
        },
        "TableName": "imagery-image"
      }
    },
    "SQSDLQueue": {                                          SQS 队列用于接收无法处理的消息
      "Type": "AWS::SQS::Queue",
      "Properties": {
        "QueueName": "message-dlq"
      }
    },
    "SQSQueue": {                                            SQS 队列触发图片处理
      "Type": "AWS::SQS::Queue",
      "Properties": {
        "QueueName": "message",
        "RedrivePolicy": {                                   如果一条消息接收超过
          "deadLetterTargetArn": {"Fn::GetAtt":              10 次，移至死信队列
          ["SQSDLQueue", "Arn"]},
          "maxReceiveCount": 10
        }
      }
    },
    [...]
  },
  "Outputs": {
    "EndpointURL": {                                         在浏览器中用输出地址访问 Imagery
```

```
      "Value": {"Fn::GetAtt": ["EBServerEnvironment", "EndpointURL"]},
      "Description": "Load Balancer URL"
    }
  }
}
```

死信队列（dead-letter queue，DLQ）的概念在这里也需要简要介绍一下。如果无法处理单个SQS消息，则该消息在其他工作进程的队列中再次变为可见，这称为重试。但是如果由于某种原因重试失败（也许代码中有错误），消息将永远驻留在队列中，并可能因为许多重试浪费大量的资源。为了避免这种情况，可以配置死信队列。如果消息被重试超过特定次数，将从原始队列中删除并转移到DLQ。其区别是DLQ上没有消息的工作线程。但是，如果DLQ包含多个消息，则应创建一个CloudWatch警报，因为需要通过查看DLQ中的消息手动查看此问题。

现在已经设计了基本资源，接下去转到更加具体的资源。

2. 用于服务器和工作中的EC2实例的IAM角色

请记住，仅授予所需的权限很重要。所有服务器必须能够执行以下操作。

- 模板中创建 `sqs:SendMessage` 发送到SQS队列触发图片处理。
- 模板中创建 `s3:PutObject` 上传文件到S3（可以进一步限制上传key的前缀）。
- 模板中在DynamoDB表中创建 `dynamodb:GetItem`、`dynamodb:PutItem` 和 `dynamodb:UpdateItem`。
- `cloudwatch:PutMetricData`，这是Elastic Beanstalk需要的。
- `s3:Get*`、`s3:List*`和 `s3:PutObject` 这些是Elastic Beanstalk需要的。

所有工作进程实例能够处理以下事项。

- 模板中在SQS队列中创建 `sqs:ChangeMessageVisibility`、`sqs:DeleteMessage` 和 `sqs:ReceiveMessage`。
- 模板中创建 `s3:PutObject` 上传文件到S3（可以进一步限制上传键的前缀）。
- 模板中在DynamoDB表中创建 `dynamodb:GetItem` 和 `dynamodb:UpdateItem`。
- `cloudwatch:PutMetricData`，这是Elastic Beanstalk需要的。
- `s3:Get*`、`s3:List*`和 `s3:PutObject`，这是Elastic Beanstalk需要的。

如果对IAM角色感到不满意，可以在下载的源代码中查看本书的代码。模板的IAM角色可以在chapter13/template.json中找到。

接下来开始设计Elastic Beanstalk应用。

3. 用于服务器的Elastic Beanstalk

简短回顾Elastic Beanstalk，在5.3节中曾经讲过。Elastic Beanstalk由以下元素组成。

- 应用程序是逻辑容器。它包含版本，环境和配置。要在区域中使用AWS Elastic Beanstalk，必须首先创建应用程序。

- 版本包含应用程序的特定版本。要创建新版本，必须将可执行文件（打包到归档文件中）上传到 S3。一个版本基本上是一个指向这个可执行文件的指针。
- 配置模板包含默认配置。可以使用自定义配置模板管理应用程序的配置（如应用程序侦听的端口）以及环境配置（如虚拟机的大小）。
- 环境是 AWS Elastic Beanstalk 执行应用程序的地方。环境包括一个版本和配置。为一个应用程序运行多个环境可以多次使用版本和配置。

图 13-15 展示了 Elastic Beanstalk 应用程序的各个部分。

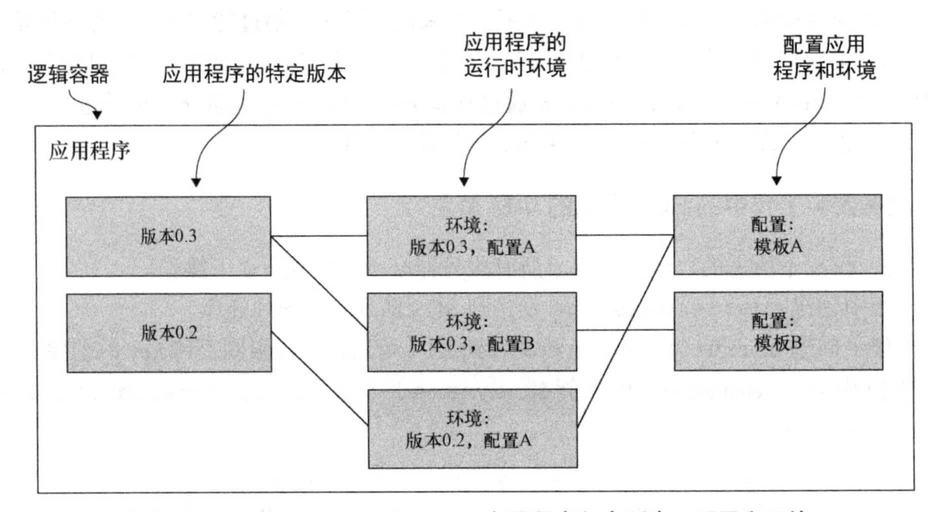

图 13-15 AWS Elastic Beanstalk 应用程序包含版本、配置和环境

现在已经刷新内存，我们来看一下 Imagery 服务器的 Elastic Beanstalk 应用，如代码清单 13-8 所示。

代码清单 13-8 Imagery CloudFormation 模板：用于服务器的 Elastic Beanstalk

```
"EBServerApplication": {                                    <-- 描述服务器应用程序容器
  "Type": "AWS::ElasticBeanstalk::Application",
  "Properties": {
    "ApplicationName": "imagery-server",
    "Description": "Imagery server: AWS in Action: chapter 13"
  }
},
"EBServerConfigurationTemplate": {
  "Type": "AWS::ElasticBeanstalk::ConfigurationTemplate",
  "Properties": {
    "ApplicationName": {"Ref": "EBServerApplication"},
    "Description": "Imagery server: AWS in Action: chapter 13",
    "SolutionStackName":
    "64bit Amazon Linux 2015.03 v1.4.6 running Node.js",    <-- 使用 Amazon Linux 2015.03 版本运行 Node.js 0.12.6
    "OptionSettings": [{
      "Namespace": "aws:autoscaling:asg",
     "OptionName": "MinSize",
```

```
          "Value": "2"                      ◁———— 为了容错，最少两个 EC2 实例
        }, {
          "Namespace": "aws:autoscaling:launchconfiguration",
          "OptionName": "EC2KeyName",
          "Value": {"Ref": "KeyName"}          ◁———— 传递键值对中的参数的值
        }, {
          "Namespace": "aws:autoscaling:launchconfiguration",
          "OptionName": "IamInstanceProfile",
          "Value": {"Ref": "ServerInstanceProfile"}   ◁—— 连接到在前一节中创建的IAM 实例的配置文件
        }, {
          "Namespace": "aws:elasticbeanstalk:container:nodejs",
          "OptionName": "NodeCommand",
          "Value": "node server.js"          ◁—— 启动命令
        }, {
          "Namespace": "aws:elasticbeanstalk:application:environment",
          "OptionName": "ImageQueue",
          "Value": {"Ref": "SQSQueue"}          ◁———— 将 SQS 队列传递到环境变量
        }, {
          "Namespace": "aws:elasticbeanstalk:application:environment",
          "OptionName": "ImageBucket",
          "Value": {"Ref": "Bucket"}            ◁———— 将 S3 存储桶传递到环境变量
        }, {
          "Namespace": "aws:elasticbeanstalk:container:nodejs:staticfiles",
          "OptionName": "/public",
          "Value": "/public"                 ◁—— 将所有来自/public 的文件作为静态文件
        }]
      }
    },
    "EBServerApplicationVersion": {
      "Type": "AWS::ElasticBeanstalk::ApplicationVersion",
      "Properties": {
        "ApplicationName": {"Ref": "EBServerApplication"},
        "Description": "Imagery server: AWS in Action: chapter 13",
        "SourceBundle": {
          "S3Bucket": "awsinaction",
          "S3Key": "chapter13/build/server.zip"      ◁—— 从本书的 S3 桶中加载代码
        }
      }
    },
    "EBServerEnvironment": {
      "Type": "AWS::ElasticBeanstalk::Environment",
      "Properties": {
        "ApplicationName": {"Ref": "EBServerApplication"},
        "Description": "Imagery server: AWS in Action: chapter 13",
        "TemplateName": {"Ref": "EBServerConfigurationTemplate"},
        "VersionLabel": {"Ref": "EBServerApplicationVersion"}
      }
    }
```

引擎下，Elastic Beanstalk 使用 ELB 将流量分发到也由 Elastic Beanstalk 管理的 EC2 实例。只需要担心 Elastic Beanstalk 的配置和代码。

4. 用于工作进程的 Elastic Beanstalk

工作进程的 Elastic Beanstalk 应用和服务器很像。其区别将在代码清单 13-9 中突出显示。

代码清单 13-9 Imagery CloudFormation 模板：用于用户进程的 Elastic Beanstalk

```
"EBWorkerApplication": {                                    <-- 描述工作进程应用容器
  "Type": "AWS::ElasticBeanstalk::Application",
  "Properties": {
    "ApplicationName": "imagery-worker",
    "Description": "Imagery worker: AWS in Action: chapter 13"
  }
},
"EBWorkerConfigurationTemplate": {
  "Type": "AWS::ElasticBeanstalk::ConfigurationTemplate",
  "Properties": {
    "ApplicationName": {"Ref": "EBWorkerApplication"},
    "Description": "Imagery worker: AWS in Action: chapter 13",
    "SolutionStackName":
    "64bit Amazon Linux 2015.03 v1.4.6 running Node.js",
    "OptionSettings": [{
      "Namespace": "aws:autoscaling:launchconfiguration",
      "OptionName": "EC2KeyName",
      "Value": {"Ref": "KeyName"}
    }, {
      "Namespace": "aws:autoscaling:launchconfiguration",
      "OptionName": "IamInstanceProfile",
      "Value": {"Ref": "WorkerInstanceProfile"}
    }, {
      "Namespace": "aws:elasticbeanstalk:sqsd",
      "OptionName": "WorkerQueueURL",
      "Value": {"Ref": "SQSQueue"}
    }, {
      "Namespace": "aws:elasticbeanstalk:sqsd",
      "OptionName": "HttpPath",
      "Value": "/sqs"                                       <-- 配置 HTTP 资源，在
    }, {                                                        SQS 消息收到时调用
      "Namespace": "aws:elasticbeanstalk:container:nodejs",
      "OptionName": "NodeCommand",
      "Value": "node worker.js"
    }, {
      "Namespace": "aws:elasticbeanstalk:application:environment",
      "OptionName": "ImageQueue",
      "Value": {"Ref": "SQSQueue"}
    }, {
      "Namespace": "aws:elasticbeanstalk:application:environment",
      "OptionName": "ImageBucket",
      "Value": {"Ref": "Bucket"}
    }]
  }
},
"EBWorkerApplicationVersion": {
  "Type": "AWS::ElasticBeanstalk::ApplicationVersion",
```

```
    "Properties": {
      "ApplicationName": {"Ref": "EBWorkerApplication"},
      "Description": "Imagery worker: AWS in Action: chapter 13",
      "SourceBundle": {
        "S3Bucket": "awsinaction",
        "S3Key": "chapter13/build/worker.zip"
      }
    }
  },
  "EBWorkerEnvironment": {
    "Type": "AWS::ElasticBeanstalk::Environment",
    "Properties": {
      "ApplicationName": {"Ref": "EBWorkerApplication"},
      "Description": "Imagery worker: AWS in Action: chapter 13",
      "TemplateName": {"Ref": "EBWorkerConfigurationTemplate"},
      "VersionLabel": {"Ref": "EBWorkerApplicationVersion"},
      "Tier": {                          <-- 切换到工作进程环境层（将 SQS 消息推送到应用程序）
        "Type": "SQS/HTTP",
        "Name": "Worker",
        "Version": "1.0"
      }
    }
  }
```

在所有的 JSON 读取之后，应该创建 CloudFormation 堆栈。验证堆栈的状态如下：

```
$ aws cloudformation describe-stacks --stack-name imagery
{
  "Stacks": [{
    [...]
    "Description": "AWS in Action: chapter 13",
    "Outputs": [{
      "Description": "Load Balancer URL",
      "OutputKey": "EndpointURL",
      "OutputValue": "awseb-...582.us-east-1.elb.amazonaws.com"   <-- 将输出复制到在浏览器中
    }],
    "StackName": "imagery",
    "StackStatus": "CREATE_COMPLETE"     <-- 等到变为 CREATE_COMPLETE
}]
}
```

堆栈的 `EndpointURL` 输出是用于访问 Imagery 应用程序的 URL 地址。当在浏览器中打开 Imagery，可以上传图片，如图 13-16 所示。

继续上传一些图片。你已创建了一个容错的应用程序！

资源清理

找到 12 位数字的账号 ID（878533158213），可以使用下面的命令行：

```
$ aws iam get-user --query "User.Arn" --output text
arn:aws:iam::878533158213:user/mycli
```

通过执行删除 S3 桶中所有文件 s3://imagery-$AccountId（用账号 ID 替代$AccountId）：

```
$ aws s3 rm s3://imagery-$AccountId --recursive
```

执行以下命令删除 CloudFormation 堆栈：

```
$ aws cloudformation delete-stack --stack-name imagery
```

堆栈删除将会花一点儿时间。

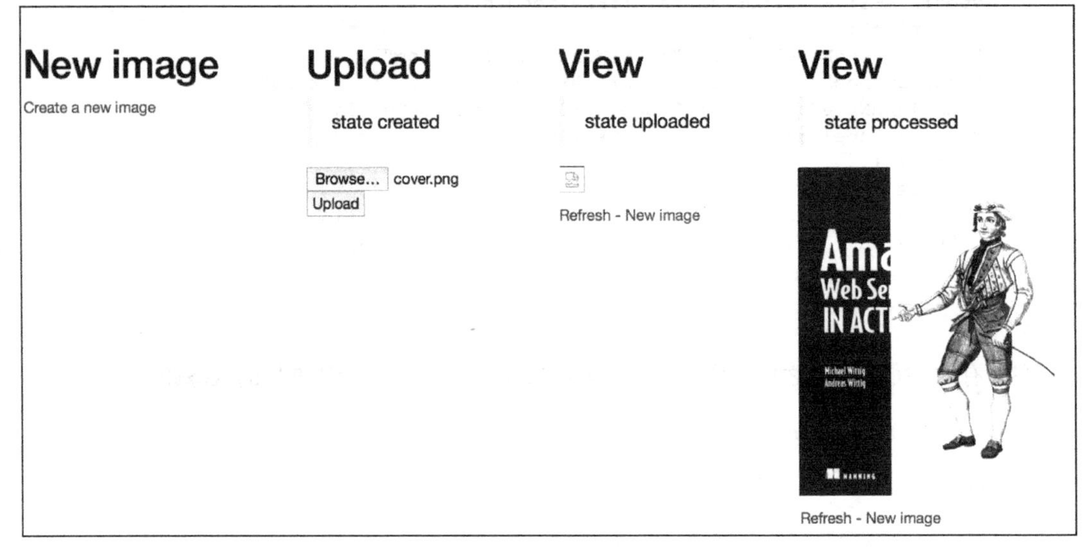

图 13-16 Imagery 应用程序执行

13.4 小结

- 容错意味着假设故障发生。通过这种方式设计系统可以处理故障。
- 要创建容错应用程序，可以使用幂等操作从一个状态转换到下一个状态。
- 状态不应驻留在服务器（无状态服务器）上，这作为容错的先决条件。
- AWS 提供容错服务，并提供创建容错系统所需的所有工具。EC2 是少数几个不是容错的服务之一。
- 可以使用多个 EC2 实例消除单点故障。不同可用区域中的冗余 EC2 实例（以自动扩展组开始）是使 EC2 容错的方法。

第 14 章　向上或向下扩展：自动扩展和 CloudWatch

本章主要内容

- 通过启动配置创建一个自动扩展组
- 通过自动扩展调整虚拟服务器的数量
- 在 ELB 后面扩展同步解耦应用程序
- 利用 SQS 服务扩展异步解耦的应用
- 利用 CloudWatch 的告警修改自动扩展组

假设你要组织一个生日晚会，你要购买多少饮料和食物？准确地预测购物的数量是很困难的。

- 有多少客人会参加？有些客人已经确定要来，但是有些人会在晚会前取消出席，甚至有些人还不会提前告知你。因此实际出席客人的数量是不确定的。
- 你的客人会吃多少食物，喝多少饮料？那天会是一个大热天，大家喝很多吗？你的客人会饿着吗？你只能根据以往晚会的经验猜测食物和饮料的量。

由于很多未知的因素，解决这种预算问题确实很难。为了给大家留下一个好的印象，你会预先购买比实际需求要多的食物和饮料，希望给大家一个美好的自助生日餐，这样就不会有人饿着或者渴着回家。

满足未来需求的计划几乎是不可能的。为了避免供需之间的差距，你将会在峰值需求上再加上额外的数量来避免未来的资源短缺。

当我们规划 IT 设施的容量时，我们也会做出一样的行为。我们购买数据中心的硬件设施时，经常是基于未来的需求来进行购买的。

然而，当我们做决定时，我们同样会遇到很多不确定的因素。

- IT 基础设施需要服务多少用户？
- 用户会需要多少存储空间？
- 为满足用户的要求，需要多大的计算能力？

为了避免供求之间的差距，不得不订购更多、更快的硬件设施来增加不是非常必要的开销。

在 AWS 上，你可以按需使用云计算的服务，因此提前预测容量已经没那么重要了，服务器从一个扩容到成千个服务器是完全可行的。存储容量可以自动从 GB 级别扩容到 PB 级别，可以按需扩容，因此也不需要容量预估。这种按需扩容的特性就是我们强调的“弹性”。

像 AWS 一样的公有云厂商短时间内可以提供你所需的容量。AWS 已经服务于一百多万的客户，在此规模下，分钟级别之内给你同时提供 100 个虚拟服务器是完全可能的。这就解决了典型的流量模式问题，如图 14-1 所示。假想一下白天与晚上你的基础设施上负载的容量区别；周末与平时的区别；圣诞前与其他时间的区别。如果当你在流量上升时能够增加容量，流量下降的时候减小容量，这岂不是更好的做法。在本章中，你将学会基于现在的负载如何调节虚拟服务器。

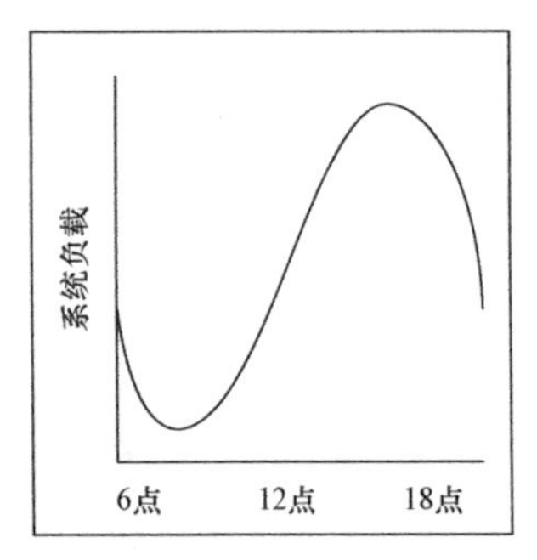

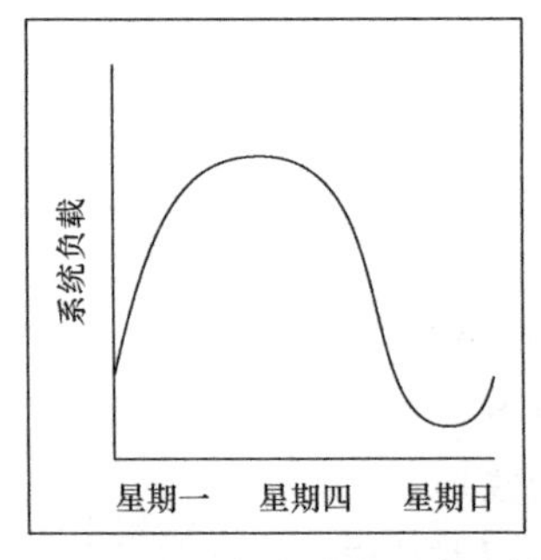

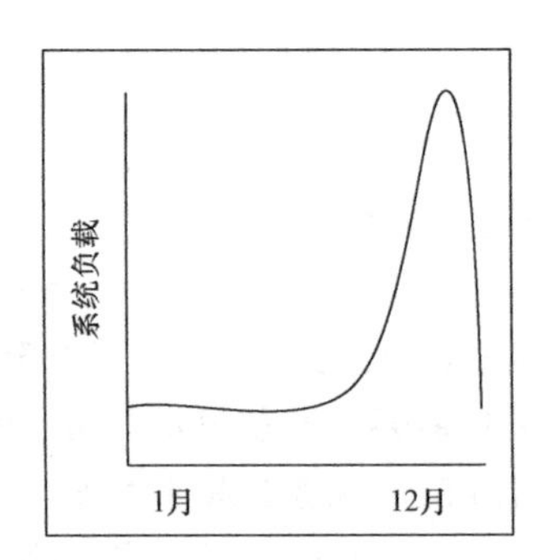

图 14-1 网上商店的典型流量模式

扩展虚拟服务器数量可以在 AWS 上通过*自动扩展*（auto-scaling）和*扩展策略*（scaling policy）来实现。自动扩展是 EC2 服务的一部分，可满足扩展系统当前负载所需的 EC2 实例的数量的需要。我们在第 11 章中介绍过自动扩展能够在即使整个数据中心中断的情况下，也能够保证单个虚拟服务器的正常运行。在本章中，读者将了解如何使用动态服务器池。

- 使用自动扩展启动多个相同类型的虚拟服务器。
- 借助 CloudWatch 的功能，依据 CPU 负载更改虚拟服务器数量。
- 基于计划更改虚拟服务器的数量，以便能够适应循环的流量模式。
- 使用负载均衡器作为动态服务器池的入口点。
- 使用队列把从动态服务器池来的任务解耦。

示例都包含在免费套餐中

本章中的所有示例都包含在免费套餐中。只要不是运行这些示例好几天，就不需要支付任何费用。记住，这仅适用于读者为学习本书刚刚创建的全新 AWS 账户，并且在这个 AWS 账户里没有其他活动。尽量在几天的时间里完成本章中的示例，在每个示例完成后务必清理账户。

这里有两个先决条件使得能够水平扩展应用程序，这就意味着增加和减少虚拟服务器数量是基于如下工作负载。

- 要扩展的服务器需要是*无状态*的。可以把数据存储在 RDS（SQL 数据库），DynamoDB

（NoSQL 数据库）或 S3（对象存储）之类的服务，而不是存储在只有特定的服务器可以识别的本地或者网络连接的磁盘上，这样可以使服务器处于无状态。

- 需要动态服务器池的入口点能够在多个服务器上分配流量。服务器可以与负载均衡器同步解耦或与队列异步解耦。

我们在本书的第三部分中介绍了无状态服务器的概念，并在第 12 章中解释了如何使用解耦。本章会重新学习无状态服务器的概念，并通过一个实际例子了解同步和异步解耦。

14.1 管理动态服务器池

设想一下，需要提供可扩展的基础架构来运行像博客平台一样的 Web 应用程序。当请求数量增加时，需要启动环境一致的虚拟服务器，而在请求数量减少时，终止闲置的虚拟服务器。为了自动化适应当前流量负载，需要能够自动启动和终止虚拟服务器。博客平台的配置和部署需要在启动配置期间完成，无须人工干预。

AWS 提供了自动扩展来管理这种动态服务器池。自动扩展可帮你实现以下功能

- 运行可以动态调整所需数量的虚拟服务器。
- 启动、配置和部署统一环境的虚拟服务器。

如图 14-2 所示，自动扩展组包括以下 3 个部分。

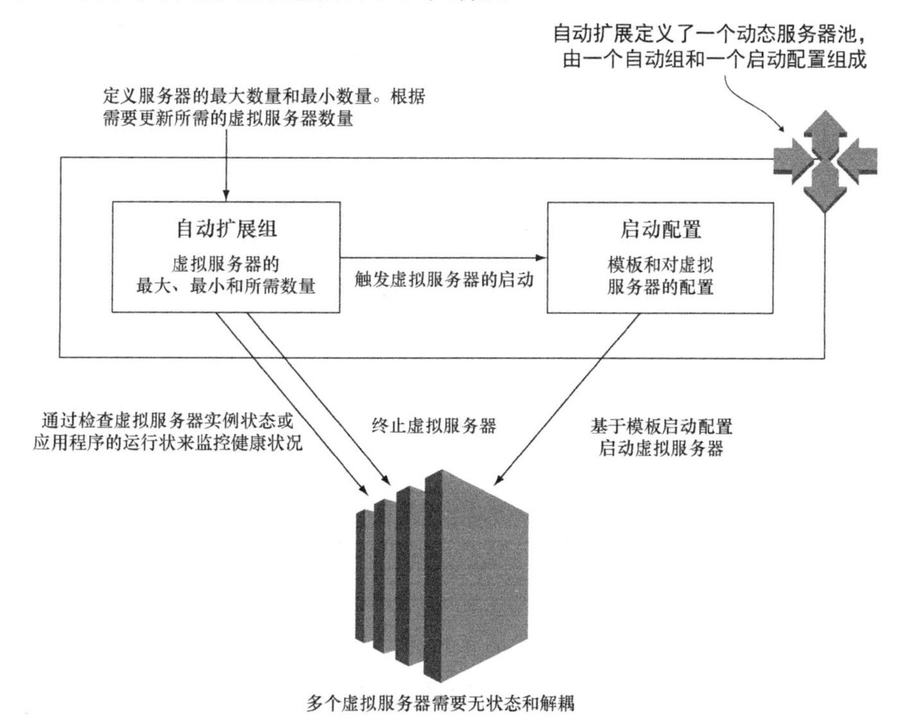

图 14-2 自动扩展包括自动扩展组和启动配置，启动和终止统一虚拟服务器

- 确定虚拟服务器的大小，映像和配置的*启动配置*。
- 确定基于启动配置需要运行多少个虚拟服务器的*自动扩展组*。
- 调整在自动扩展组里所需服务器数量的*扩展策略*。

由于自动扩展需要参考启动配置，因此在创建自动扩展组之前需要先创建启动配置。如果使用模板（像本章一样），启动配置直接由 CloudFormation 自动解决。

如果希望用很多服务器来解决工作负载，则必须启动相同的虚拟服务器来构建同质的基础设施。可以使用启动配置来定义和配置新的虚拟服务器。表 14-1 显示了启动配置的最重要的参数。

表 14-1　启动配置参数

名　称	描　述	可 能 值
`ImageIdID`	启动一个新的虚拟服务器所需要的映像	Amazon 系统映像（AMI）的 ID
`InstanceType`	新虚拟服务器的大小	虚拟服务器类型（如 t2.micro）
`UserData`	在引导期间执行脚本的虚拟服务器的用户数据	Base64 编码字符串
`KeyName`	密钥对的名称	密钥对的名称
`AssociatePublicIpAddress`	公网 IP 关联到虚拟服务器上	真或者假
`SecurityGroups`	安全组关联到新的虚拟服务器上	安全组名称的清单
`IamInstanceProfile`	IAM 实例文件关联到 IAM 角色	名称或者 IAM 实例性能的 ARN
`SpotPrice`	以最大价格使用竞价实例，而不用按需示例	竞价实例每小时最高价（如 0.1）
`Ebs Optimized`	通过 AMI 设定，给 EBS 根卷提供专用吞吐量来使 EC2 能够 EBS 优化	真或者假

创建启动配置后，可以创建自动扩展组来启动配置。自动扩展组定义了虚拟服务器的最大、最小值和所需数量。“所需”的意思是应该运行的虚拟服务器的数量。如果当前服务器数量低于所需数量，则自动扩展组将添加服务器。如果当前服务器数量高于所需数量，服务器将被终止。

自动扩展组还会监视 EC2 实例是否正常工作，并替换损坏的实例。表 14-2 显示了自动扩展组一些重要的参数。

表 14-2　自动扩展组重要参数

名　称	描　述	可 能 值
`DesiredCapacity`	所需健康的虚拟服务器	整数
`MaxSize`	虚拟服务器的最大数量，扩展上限	整数
`MinSize`	虚拟服务器的最小数量，扩展下限	整数
`Cooldown`	扩大与缩小之间的最小时间跨度	秒数

续表

名　称	描　述	可 能 值
HealthCheckType	自动扩展组如何监测虚拟服务的健康状况	EC2（实例的健康）或者 ELB（由负载均衡器完成的健康检查）
HealthCheckGracePeriod	新启动一个实例之后停止健康监测到引导启动配置的时间间隔	秒数
LaunchConfigurationName	用来启动新的虚拟服务器的启动配置名称	启动配置的名称
LoadBalancerNames	负载均衡器自动注册新实例	负载均衡器名列表
TerminationPolicies	用来确定哪一个实例先终止的策略	OldestInstance、NewestInstance、OldestLaunchConfigure-tion、Closest To NextIns-tance Hour 或 Default
VPCZoneIdentifier	启动 EC2 实例的子网列表	VPC 的子网列表

如果在 VPCZoneIdentifier 的帮助下为自动扩展组指定多个子网，EC2 实例将均匀分布在这些子网之间，从而在可用区之间均匀分布。

避免不必要的 cooldown 和宽限期扩展

请务必定义合理的 Cooldown 和 HealthCheckGracePeriod 值。建议指定较短的 Cooldown 和 HealthCheckGracePeriod 周期。但是如果你的 Cooldown 时间太短，你会过早地被放大和缩小。如果你的 HealthCheckGracePeriod 太短，自动扩展组将启动一个新实例，因为上一个实例不能快速启动。两者都将启动不必要的实例并导致不必要的费用。

通常，你无法编辑启动配置。如果需要更改启动配置，请按照下列步骤操作。

（1）创建新的启动配置。

（2）编辑自动扩展组，并引用新的启动配置。

（3）删除旧的启动配置。

幸运的是，当你对模板中的启动配置进行更改时，CloudFormation 会为你执行此操作。代码清单 14-1 展示了如何在 CloudFormation 模板的帮助下设置此类动态服务器池。

代码清单 14-1　具有多个 EC2 实例的 Web 应用的自动扩展

操作系统映像（AMI）启动新的虚拟服务器

```
[...]
"LaunchConfiguration": {
  "Type": "AWS::AutoScaling::LaunchConfiguration",
  "Properties": {
    "ImageId": "ami-b43503a9",
```

```
        "InstanceType": "t2.micro",
        "SecurityGroups": ["webapp"],
        "KeyName": "mykey",
        "AssociatePublicIpAddress": true,
        "UserData": {"Fn::Base64": {"Fn::Join": ["", [
          "#!/bin/bash -ex\n",
          "yum install httpd\n",
        ]]}}
      }
    },
    "AutoScalingGroup": {
      "Type": "AWS::AutoScaling::AutoScalingGroup",
      "Properties": {
        "LoadBalancerNames": [{"Ref": "LoadBalancer"}],
        "LaunchConfigurationName": {"Ref": "LaunchConfiguration"},
        "MinSize": "2",
        "MaxSize": "4",
        "DesiredCapacity": "2",
        "Cooldown": "60",
        "HealthCheckGracePeriod": "120",
        "HealthCheckType": "ELB",
        "VPCZoneIdentifier": ["subnet-a55fafcc", "subnet-fa224c5a"]
      }
    }
    [...]
```

新的 EC2 实例的实例类型

用于新的虚拟服务器的密钥对的名称

启动虚拟服务器附加这些安全组

用新的虚拟服务器关联一个公有 IP 地址

虚拟服务器引导期间执行的脚本

在 ELB 注册新的虚拟服务器

引用启动配置

服务器的最小数量

服务器的最大数量

自动扩展组试图达到的健康的虚拟服务器数量

在两个扩展操作之间等待 60 s（如启动新的虚拟服务器）

在虚拟服务器启动后等待 120 s，然后开始监视其运行状况

使用 ELB 的健康检查 EC2 实例的运行状况

在 VPC 的这两个子网中启动虚拟服务器

如果需要在多个可用区域中启动同一类型的多个虚拟服务器，则自动扩展组是一个非常好用的工具。

14.2　使用监控指标和时间计划触发扩展

到目前为止，在本章中，你已经学习了如何使用自动扩展组和启动配置来启动虚拟服务器。你可以手动更改自动扩展组的所需容量，并且将启动新实例或终止旧实例以达到新的所需容量。

要为博客平台提供可扩展的基础架构，你需要通过使用扩展策略调整自动扩展组的所需容量，因而自动增加和减少动态服务器池中的虚拟服务器数量。

许多人在午休期间进行网上冲浪，因此你可能需要在每天的上午 11:00 和下午 1:00 之间增加虚拟服务器。你还需要适应不可预测的负载模式，例如，在你的博客平台上发表的文章在社交媒体上得到广泛传播，在架构上你需要做出调整。

图 14-3 说明了更改虚拟服务器数量的两种不同方法。

- 根据度量参数（如 CPU 利用率或负载均衡器上的请求数）使用 CloudWatch 警报增加或减少虚拟服务器数量。

■ 根据重复的负载模式设定计划增加或减少虚拟服务器的数量（如夜间减少虚拟服务器的数量）。

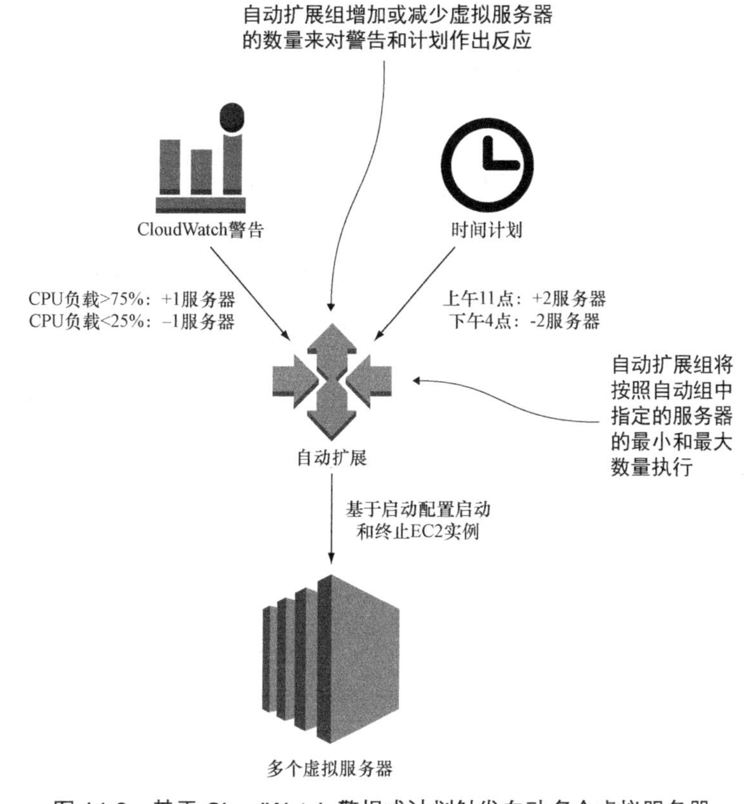

图 14-3 基于 CloudWatch 警报或计划触发自动多个虚拟服务器

基于时间计划的扩展比 CloudWatch 指标的扩展更为简单，因为 CloudWatch 里很难找到准确的扩展指标。然而基于时间计划的扩展也不太精确。

14.2.1 基于时间计划的扩展

管理博客平台时，你可能会注意到重复的负载模式。

■ 许多人似乎在午休时间（上午 11:00 至下午 1:00 之间）阅读文章。

■ 当你在晚上投放电视广告后，你的注册页面的请求会大幅增加。

你可以使用不同类型的时间计划扩展操作来对系统使用中的模式做出反应。

■ 一次性操作，通过 `Starttime` 参数来创建。

■ 循环操作，通过 `recurrence` 参数来创建。

可以在命令行的帮助下创建两种类型的时间计划扩展操作。代码清单 14-2 中显示的命令行创建了一个时间计划扩展操作，具体内容是在 2016 年 1 月 1 日 12:00（UTC）将自动扩展组（名为 webapp）所需的容量设置为 4。不要立即运行如下命令 ，因为你尚未创建自动扩展组的 Web 应用程序。

代码清单 14-2　计划一次性的扩展操作

```
$ aws autoscaling put-scheduled-update-group-action \
--scheduled-action-name ScaleTo4 \           ◁── 计划扩展操作的名称
--auto-scaling-group-name webapp \           ◁── 自动扩展组的名称
--start-time "2016-01-01T12:00:00Z" \        ◁── 出发扩展操作的启动时间（UTC）
--desired-capacity 4                         ◁── 需要为计划扩展组设置容量
```

你还可以使用 cron 语法执行时间计划循环扩展操作。通过命令行将自动扩展组所需的容量设置为每天 20:00（UTC）为 2，如代码清单 14-3 所示。不要立即运行如下命令，因为你尚未创建自动扩展组 webapp。

代码清单 14-3　计划每天在 UTC 时间 20:00 点运行的定期扩展操作

```
计划扩展操作的名称
$ aws autoscaling put-scheduled-update-group-action \
--scheduled-action-name ScaleTo2 \
--auto-scaling-group-name webapp \           ◁── 自动扩展组的名称
--recurrence "0 20 * * *" \                  ◁── 按 Unix cron 语法中的定义那样，每天在 20:00（UTC）触发一个动作
--desired-capacity 2                         ◁── 要为计划扩展组设置容量
```

循环是在 Unix cron 语法格式中定义的，如下所示：

```
* * * * *
| | | | |
| | | | +- day of week (0 - 6) (0 Sunday)
| | | +--- month (1 - 12)
| | +----- day of month (1 - 31)
| +------- hour (0 - 23)
+--------- min (0 - 59)
```

你也可以添加另一个时间计划的循环扩展操作，早晨增加而晚上减少容量。只要在某一段时间内你的基础架构上的负载可预测，你就可以使用时间计划来进行扩展操作。例如，内部系统可能在工作时间内容量最大，或者市场营销活动在既定时间内上线。

14.2.2　基于 CloudWatch 参数的扩展

预测未来是一项艰巨的任务。流量超出我们已知模式的时候，流量会不时地增加或减少。例如，如果在你博客平台上发布的文章得到各大社交媒体的转载，你需要对这预期之外的负载做出反应，并迅速扩展服务器数量。

你可以借助 CloudWatch 和扩展策略来调整 EC2 实例的数量来处理当前的工作负载，如图 14-4

所示。CloudWatch 帮助你监控 AWS 上的虚拟服务器和其他服务的性能。通常，各个服务将使用量的参数发送到 CloudWatch 上，以便帮你评估可用容量。根据当前的工作负载触发扩展，而你需要使用的是参数、警报和扩展策略。

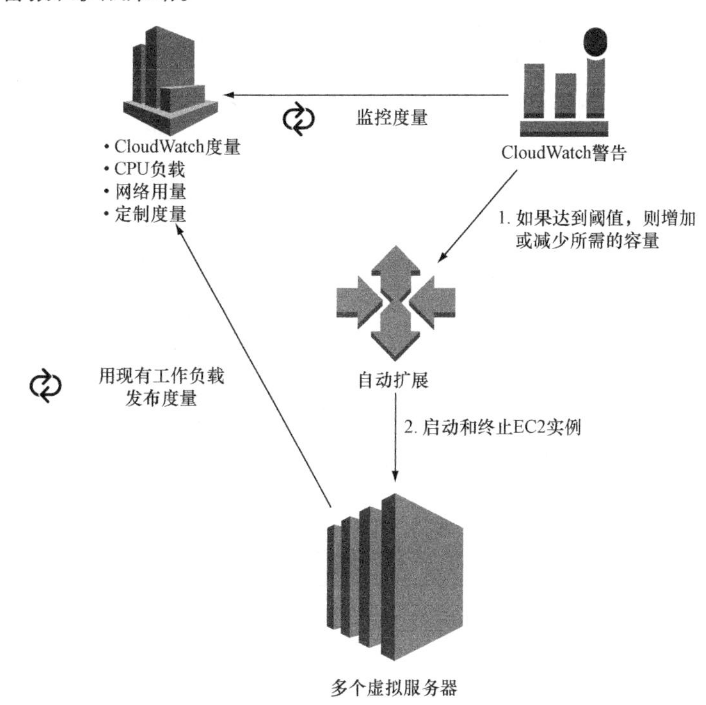

图 14-4 基于 CloudWatch 的参数和报警的触发自动扩展

EC2 实例默认向 CloudWatch 发送几个重要指标，像 CPU、网络和磁盘利用率。然而，目前还没有虚拟服务器内存使用的相关指标信息。如果达到瓶颈，你可以使用上述 3 个指标来扩展服务器数量。例如，如果 CPU 利用率达到极限，则添加服务器。

下列参数描述了 CloudWatch 指标。

- `Namespace`——指定指标的来源（如 AWS/EC2）。
- `Dimensions`——指定指标范围（如所有自动扩展组里的虚拟服务器）。
- `MetricName`——指标唯一的名称（如 `CPUUtilization`）。

一个 CloudWatch 警报是基于一个 CloudWatch 指标的。表 14-3 详解了警报的相关参数。

表 14-3 CloudWatch 基于 CPU 的利用率触发自动扩展组里所有服务器的扩容的警报参数

上下文	名　　称	描　　述	可 能 值
条件	`statistic`	度量的统计函数应用	`Average`、`Sum`、`Minimum-Maximum`、`SampleCount`
	`Period`	从度量中定义基于时间的值切片	s（倍数为 60）

续表

上下文	名　称	描　述	可 能 值
条件	EvaluationPeriods	检查警报时要评估的期间数	整数
	Threshold	警告阈值	数值
	ComparisonOperator	运算符将阈值与统计函数的结果进行比较	GreaterThanOrEqualToThreshold、GreaterThanThreshold、LessThanThreshold、LessThanOrEqualToThreshold
指标	Namespace	度量的来源	AWS/EC2 EC2 服务的指标
	Dimensions	度量的范围	取决于度量，参照聚合度量的自动扩展自动扩展组的所有关联的服务器
	MetricName	度量的名称	例如：CPUUtilization
动作	AlarmActions	如果达到阈值触发行为	扩展策略的引用

代码清单 14-4 创建一个警报，如果所有自动扩展组里的虚拟服务器的平均 CPU 利用率超过 80%，则增加虚拟服务器的数量。

代码清单 14-4　基于自动扩展组 CPU 负载的 CloudWatch 报警

```
"CPUHighAlarm": {
  "Type": "AWS::CloudWatch::Alarm",
  "Properties": {
   "EvaluationPeriods": "1",          <-- 仅计算一个周期
    "Statistic": "Average",           <-- 计算度量值的平均值
    "Threshold": "80",                <-- 阈值为 80% CPU 利用率
    "AlarmDescription": "Alarm if CPU load is high.",   <-- 警告的描述
    "Period": "60",                <-- 一个周期 60 s
    "AlarmActions": [{"Ref": "ScalingUpPolicy"}],    <-- 如果达到阈值，则触发扩展策略
    "Namespace": "AWS/EC2",           <-- 度量由 EC2 实例发布
    "Dimensions": [{          <-- 使用从属于特定自动扩展组的所有服务器的 CPU 利用率的度量
      "Name": "AutoScalingGroupName",
      "Value": {"Ref": "AutoScalingGroup"}
    }],
    "ComparisonOperator": "GreaterThanThreshold",   <-- 如果 CPU 的平均利用率比阈值高，则触发警报
    "MetricName": "CPUUtilization"    <-- 包含 EC2 实例的 CPU 利用率的度量
  }
}
```

如果达到阈值，CloudWatch 警报将触发一个操作。要将警报与自动扩展组连接，你需要设定扩展策略。扩展策略定义由 CloudWatch 警报执行的扩展操作。

如图 14-5 所示，通过 CloudFormation 创建了一个扩展策略。扩展策略绑定到自动扩展组。下面有 3 个不同的选项来调整自动扩展组的所需容量。

- ChangeInCapacity——以绝对数值增加或减少服务器数量。
- PercentChangeInCapacity——以百分比增加或减少服务器数量。
- ExactCapacity——将所需容量设置为指定的数量。

代码清单 14-5 将在触发时添加一台服务器的扩展策略

```
"ScalingUpPolicy": {
  "Type": "AWS::AutoScaling::ScalingPolicy",
  "Properties": {
    "AdjustmentType": "ChangeInCapacity",          <-- 按绝对数量更改容量
    "AutoScalingGroupName": {"Ref": "AutoScalingGroup"},   <-- 引用自动扩展组
    "Cooldown": "60",          <-- 等待至少 60 s,直到下一个扩展操作可以发生
    "ScalingAdjustment": "1"          <-- 自动扩展组的所需容量增加 1
  }
}
```

你可以在许多不同的指标上定义警报。你将会看到 AWS 在官方网站提供的所有命名空间、维度和度量的概述。你还可以发布自定义度量标准，例如，直接从应用程序（如线程池使用、处理时间或用户会话）中的度量。

基于虚拟服务器 CPU 负载扩展，提供突发性能

一些像 t2 通用系列的实例可以提供突发性能。这些虚拟服务器在基准 CPU 性能下提供服务，并且可以拥有基于信用量在短时间内突发的性能。如果所有的积分都被用光了，实例在基准水平工作。对于 t2.micro 实例，基准性能是底层物理机 CPU 性能的 10%。

使用具有突发性能的虚拟服务器可以帮助你对负载峰值做出反应。你在低负载时可以节省积分，并在高负载时使用积分来提高突发性能。但是，基于 CPU 负载扩展具有突发性能的虚拟服务器数量是不一定行得通的，因为你的扩展策略必须考虑你的实例是否具有足够的积分以满足突发性能的需要。因此可以考虑基于另一个指标扩展（如请求数量）或使用无突发性能的实例类型。

很多时候，我们更希望扩容速度比缩小速度快一些。我们会考虑每 5 min 不止增加一个服务器而增加两个，但每 10 min 只减少一个服务器。此外，可以通过模拟真实流量测试你的扩展策略。例如，设置访问日志的速度与服务器处理请求的速度一样快。但请记住，服务器需要一些时间才能启动，不要期望自动扩展组可以在几秒钟内使你的容量增加一倍。

你已经学习了如何使用自动扩展来使虚拟服务器数量适应工作负载。下面通过一些实践练习来更好地理解它。

14.3 解耦动态服务器池

如果你需要根据需求扩展运行博客平台的虚拟服务器数量，自动扩展组可以帮助你提供所需数量的、统一环境的虚拟服务器。而扩展计划或 CloudWatch 警报将可以帮你自动地增加或减少

所需的服务器数量。但是用户如请求如何到达动态服务器池中的服务器来浏览上面托管的文章？HTTP 请求应该在哪里路由？

第 12 章介绍了解耦的概念：在 ELB 的帮助下进行同步解耦和在 SQS 的帮助下的异步解耦。通过解耦可以将请求或消息路由到一个或多个服务器。在动态服务器池中不再可能向单个服务器发送请求。如果要使用自动扩展来增加和减少虚拟服务器的数量，你需要解耦服务器，因为无论有多少服务器在负载均衡器或消息队列后工作，从系统外部可达的接口都需要保持不变。图 14-5 显示了基于同步或异步解耦如何构建可扩展系统。

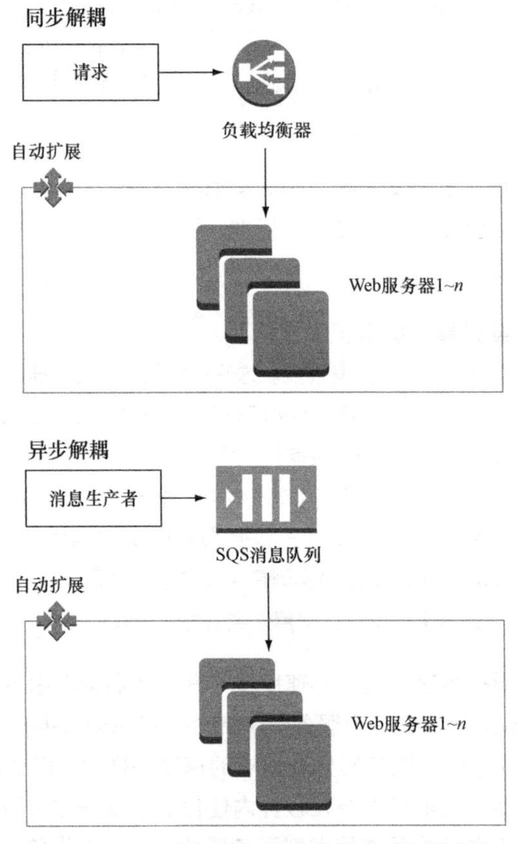

图 14-5　解耦允许动态扩展虚拟服务器的数量

可解耦和可扩展应用程序需要无状态的服务器。无状态服务器将在数据库或在存储系统中远程存储数据。以下两个示例解释了无状态服务器的概念。

- WordPress 博客——与 ELB 解耦，通过自动扩展组和 CloudWatch 基于 CPU 利用率自动扩展，数据保存在外部的 RDS 和 S3 中。
- URL2PNG 提取 URL 的屏幕截图——与 SQS（队列）解耦，通过自动扩展组和 CloudWatch 基于队列长度自动扩展，数据保存在外部的 DynamoDB 和 S3。

14.3.1 由负载均衡器同步解耦扩展动态服务器池

回应 HTTP（S）请求是一个同步任务。如果用户想要使用你的 Web 应用程序，Web 服务器必须立即响应请求。当使用动态服务器池运行 Web 应用程序时，通常使用负载均衡器将服务器与用户请求解耦。负载均衡器作为动态服务器池的单个入口点，将 HTTP（S）请求转发到多个服务器。

假设你的公司正在使用企业博客发布公告并在网络社区上与公众进行互动。你负责博客的托管。晚上流量达到每日的高峰时，营销部门抱怨网页速度很慢。你希望使用 AWS 的弹性根据当前工作负载扩展服务器数量来解决网速的问题。

你的公司在 WordPress 上部署企业博客。第 2 章和第 9 章介绍了基于 EC2 实例和 RDS（MySQL 数据库）的 WordPress 安装程序。在本书的最后一章中，我们将通过添加扩展的能力来完成这个例子。

图 14-6 显示了可扩展的 WordPress 示例。以下服务使用了高度可用的扩展体系架构。

- 运行 Apache 的 EC2 实例提供 PHP 应用程序 WordPress。
- RDS 提供了一个通过多可用区部署高度可用的 MySQL 数据库。
- S3 存储媒体文件，如图片和视频，与 WordPress 插件集成。
- ELB 同步将 Web 服务器与访客解耦。
- 自动扩展和 CloudWatch 基于所有正运行的虚拟服务器的当前 CPU 负载来扩展 Web 服务器的数量。

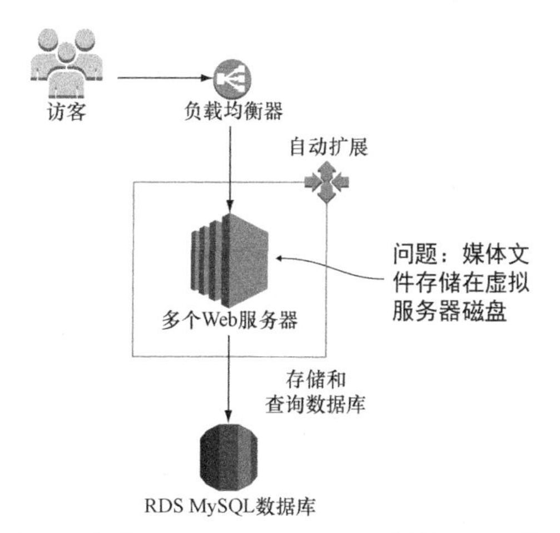

图 14-6 在多个虚拟服务器上运行的 WordPress、RDS 存储数据、虚拟服务器磁盘上存储媒体文件

到目前为止，WordPress 示例不能基于当前负载进行扩展，并且还存在一个问题：WordPress 将上传的媒体文件存储在本地文件系统中，如图 14-7 所示。因此，服务器不是无状态的。如果你上传某个博客的图片，则该图片只能在单个服务器上使用。

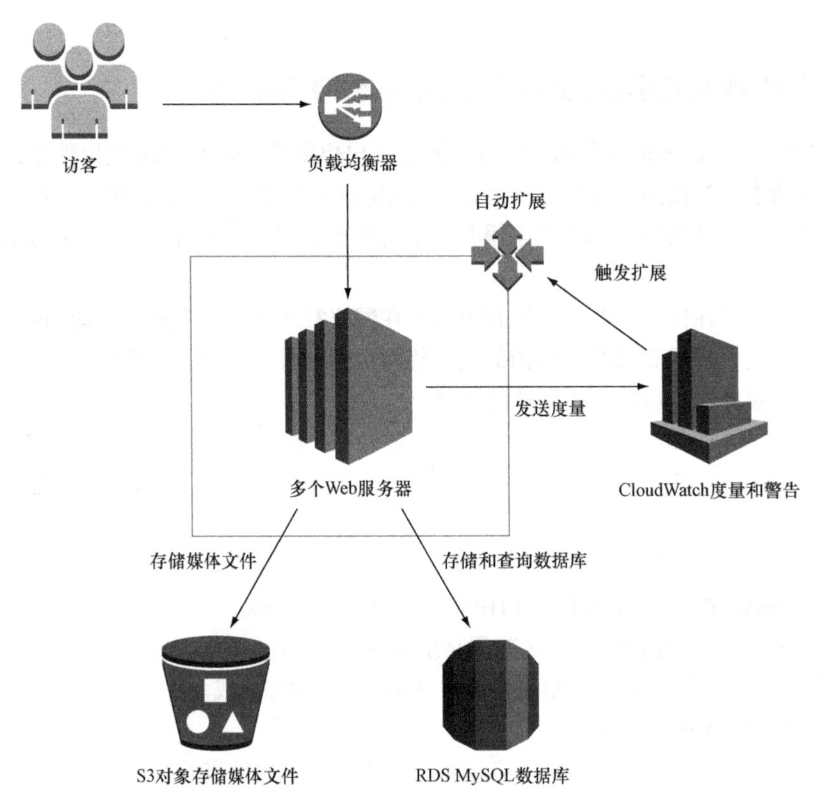

图 14-7　自动扩展 Web 服务器运行的 WordPress，数据存储在 RDS 和 S3 实现解耦，基于负载均衡器的负载比例上的负荷

如果你想运行多个服务器来处理负载，这将会成为一个问题。其他服务器将无法为上传的图片提供服务，并会显示 404（找不到）状态码。要解决这个问题，你将会安装一个名为 amazon-s3-cloudfront 的 WordPress 插件，在 S3 的帮助下存储和传送媒体文件。服务器的各种服务的状态，就像把数据任务外包给 MYSQL 的 RDS 数据库一样，你会把服务器的各种任务外包给其他相应的服务。图 14-7 显示了 WordPress 的改进架构版本。

像往常一样，读者可在下载的源代码中找到相关代码。WordPress 示例的 CloudFormation 模板位于/chapter14/wordpress.json 中。

执行以下命令创建一个 CloudFormation 堆栈，用于启动可扩展的 WordPress 安装程序。使用你的博客的唯一 ID（如 awsinaction-andreas），`$AdminPassword`（使用随机密码）和 `$AdminEMail`（使用你的电子邮件地址）替换`$ BlogID`：

```
$ aws cloudformation create-stack --stack-name wordpress \
--template-url https://s3.amazonaws.com/\
awsinaction/chapter14/wordpress.json \
--parameters ParameterKey=BlogID,ParameterValue=$BlogID \
ParameterKey=AdminPassword,ParameterValue=$AdminPassword \
```

```
ParameterKey=AdminEMail,ParameterValue=$AdminEMail \
--capabilities CAPABILITY_IAM
```

创建堆栈最多需要 10 min。这期间你可以喝点咖啡或者茶水放松一下。登录 AWS 管理控制台，到 AWS CloudFormation 服务来观察名为 `wordpress` 的 CloudFormation 堆栈的创建过程。你可以浏览 Cloud-Formation 模板最重要的两个部分，如代码清单 14-6 和代码清单 14-7 所示。

代码清单 14-6　可伸缩和高可用 WordPress 设置（第一部分，总共两部分）

```
"LaunchConfiguration": {
  "Type": "AWS::AutoScaling::LaunchConfiguration",      <-- 创建自动扩展组的启动配置
  "Metadata": [...],
  "Properties": {
    "ImageId": [...]                         <-- 用于启动虚拟服务器的操作系统映像（AMI）
    "InstanceType": "t2.micro",              <-- 具有虚拟服务器防火墙规则的安全组
    "SecurityGroups": [                      <-- 虚拟服务器的大小
      {"Ref": "WebServerSecurityGroup"}
    ],
    "KeyName": {"Ref": "KeyName"},           <-- 用于 SSH 访问的密钥对
    "AssociatePublicIpAddress": true,        <-- 将公有 IP 地址与虚拟服务器关联
    "UserData": [...]                        <-- 自动安装和配置 WordPress 脚本
  }
},
"AutoScalingGroup": {
  "Type": "AWS::AutoScaling::AutoScalingGroup",   <-- 创建自动扩展组
  "Properties": {
    "LoadBalancerNames": [{"Ref": "LoadBalancer"}],<-- 在负载均衡器上注册虚拟服务器
    "LaunchConfigurationName": {             <-- 引用启动配置
      "Ref": "LaunchConfiguration"
    },
    "MinSize": "2",          <-- 确保至少有两个虚拟服务器正在运行，一个或两个可用区的高可用性
    "MaxSize": "4",          <-- 启动不超过 4 个虚拟服务器，以节省成本
    "DesiredCapacity": "2",  <-- 启动两个所需的 Web 服务器，如有必要以后由 CloudWatch 警报来进行更改
    "Cooldown": "60",        <-- 在扩展操作之间至少等待 60 s
    "HealthCheckGracePeriod": "120",   <-- 在开始监视启动虚拟服务器的运行状况之前，至少等待 120 s
    "HealthCheckType": "ELB",   <-- 使用 ELB 运行状况检查来监视虚拟服务器的运行状况
    "VPCZoneIdentifier": [      <-- 在两个不同的可用性区中启动虚拟服务器，以获得高可用性
      {"Ref": "SubnetA"}, {"Ref": "SubnetB"}
    ],
    "Tags": [{     <-- 为自动扩展组启动的所有虚拟服务器添加一个包含名称的标记
      "PropagateAtLaunch": true,
      "Value": "wordpress",
      "Key": "Name"
    }]
  }
  [...]
}
```

扩展策略和 CloudWatch 警报在代码清单 14-7 中遵循。

代码清单 14-7　可伸缩和高可用的 WordPress 设置（第二部分，总共两部分）

```
"ScalingUpPolicy": {
  "Type": "AWS::AutoScaling::ScalingPolicy",   <- 创建可由 CloudWatch 警报触发的扩展策略，以增加所需实例的数量
  "Properties": {
    "AdjustmentType": "ChangeInCapacity",   <- 更改所需虚拟服务器的容量
    "AutoScalingGroupName": {   <- 引用自动扩展组
      "Ref": "AutoScalingGroup"
    },
    "Cooldown": "60",   <- 在扩展策略触发的所需容量的两个更改之间至少等待 60 s
    "ScalingAdjustment": "1"   <- 将自动扩展组的当前所需容量增加 1
  }
},
"CPUHighAlarm": {
  "Type": "AWS::CloudWatch::Alarm",   <- 创建新的 CloudWatch 警报以监视 CPU 使用情况
  "Properties": {
    "EvaluationPeriods": "1",   <- 平均函数应用于度量
    "Statistic": "Average",   <- 检查警报时要评估的时间
    "Threshold": "60",   <- 定义 60% CPU 利用率作为警报的阈值
    "AlarmDescription": "Alarm if CPU load is high.",
    "Period": "60",   <- 从度量中定义基于时间的 60 s 值切片
    "AlarmActions": [{"Ref": "ScalingUpPolicy"}],   <- 引用扩展策略作为触发状态更改警报的操作
    "Namespace": "AWS/EC2",   <- 度量的来源
    "Dimensions": [{   <- 度量的范围，在所有关联的服务器上引用自动组进行聚合度量
      "Name": "AutoScalingGroupName",
      "Value": {"Ref": "AutoScalingGroup"}
    }],
    "ComparisonOperator": "GreaterThanThreshold",   <- 如果平均值大于阈值，则触发警报
    "MetricName": "CPUUtilization"   <- 使用包含 CPU 利用率的度量
  }
},
"ScalingDownPolicy": {   <- 扩展策略向下扩展（相对于扩展策略以扩大规模）
  [...]
},
"CPULowAlarm": {   <- 如果 CPU 利用率低于阈值，则 CloudWatch 警报
  [...]
}
```

在 CloudFormation 堆栈达到 `CREATE-COMPLETE` 状态后，按照以下步骤操作创建包含图片的新博客帖子。

（1）选择 CloudFormation 堆栈 `wordpress`，并切换到 Outputs 选项。

（2）使用浏览器打开所显示的 `URL` 链接。

（3）在搜索框中搜索 Login（登录）链接，然后单击它。

（4）使用用户名 `admin` 和你在使用 CLI 创建堆栈时指定的密码登录。

（5）单击左侧菜单中的“帖子”。

（6）点击“添加”。

（7）输入标题和文字，然后将图片上传到你的帖子。

（8）点击发布。

（9）通过再次输入步骤 1 中的网址，返回到博客。

现在你可以准备扩容了，我们准备了一个负载测试，将在短时间内向 WordPress 服务器发送 10 000 个请求。新启动的虚拟服务器处理这个负载。几分钟后，负载测试完成后，其他虚拟服务器将被关闭。听起来如此好玩，你绝对不能错过。

注意 如果计划进行更大规模的负载测试，可考虑 AWS 可接受的使用策略，并在开始之前请求获得许可。

简单的 HTTP 负载测试

我们使用一个名为 Apache Bench 的工具来执行 WordPress 安装程序的负载测试。该工具是 Amazon Linux 软件包存储库中 httpd-tools 软件包的一部分。

Apache Bench 是一个基准测试工具。你可以使用指定数量的线程发送指定数量的 HTTP 请求。我们使用以下命令进行负载测试，使用两个线程向负载均衡器发送 10 000 个请求。`$UrlLoadBalancer` 由负载均衡器的 URL 替换：

```
$ ab -n 10000 -c 2 $UrlLoadBalancer
```

使用以下命令更新 CloudFormation 堆栈以启动负载测试：

```
$ aws cloudformation update-stack --stack-name wordpress \
--template-url https://s3.amazonaws.com/\
awsinaction/chapter14/wordpress-loadtest.json \
--parameters ParameterKey=BlogID,UsePreviousValue=true \
ParameterKey=AdminPassword,UsePreviousValue=true \
ParameterKey=AdminEMail,UsePreviousValue=true \
--capabilities CAPABILITY_IAM
```

在 AWS 管理控制台的帮助下，观察以下事情的发生。

（1）打开 CloudWatch 服务，然后单击左侧的警报。

（2）当负载测试开始时，名为 `wordpress-CPHi Alarm-*`的报警将在几分钟后到达 `ALARM` 状态。

（3）打开 EC2 服务并列出所有 EC2 实例。注意到另外两个实例的启动。最后，你将会看到 5 个实例（4 个 Web 服务器和运行负载测试的服务器）。

（4）回到 CloudWatch 服务，等待名为 `wordpress-CPU Alarm-*`的报警到达 `ALARM` 状态。

（5）打开 EC2 服务并列出所有 EC2 实例。观察到两个额外的实例消失。最后，总共你会看到 3 个实例（两个 Web 服务器一个运行负载测试的服务器）。

整个过程需要 20 min 左右。

你已经看到自动调整的动作：你的 WordPress 设置可以适应当前的工作负载，也就解决了在晚上缓慢加载页面的问题。

资源清理

执行以下命令删除对应于 Wordpress 设置的所有资源，记住替换$BlogID：

```
$ aws s3 rb s3://$BlogID --force
$ aws cloudformation delete-stack --stack-name wordpress
```

14.3.2 队列异步解耦扩展动态服务器池

如果你想根据你的工作负载扩展容量，异步解耦动态服务器池提供了一个优势：因为请求不需要立即被响应，你可以将请求放入队列，并根据队列长度扩展服务器数量。这为你提供了一个非常准确的衡量指标。由于它们存储在队列中，加载峰值期间请求也不会丢失。

假设你正在开发一个社交书签服务，用户可以保存和共享其书签。提供预览并且显示链接后面的网站是一个重要的功能。但在晚上，大多数用户向你的服务添加新书签时，从 URL 到 PNG 的转换很慢。客户对预览不会立即显示一定会不太满意。

为了在晚上处理峰值负载，你想要使用自动扩展。为此，你需要对新书签的创建和生成网站预览的过程进行解耦。第 12 章介绍了一个称为 URL2PNG 的应用程序，它将 URL 转换为 PNG 图片。图 14-8 显示了该架构，其中包括用于异步解耦的 SQS 队列和用于存储生成的映像的 S3。创建书签将触发以下过程。

（1）包含新书签的 URL 和唯一 ID 发送到 SQS 队列消息。

（2）EC2 实例运行 Node.js 应用程序从 SQS 队列抓取消息。

（3）Node.js 应用程序加载 URL 并创建屏幕截图。

（4）屏幕截图上传到 S3 存储桶，对象键设置为唯一 ID。

（5）用户可以在唯一 ID 的帮助下直接从 S3 下载网站的屏幕截图。

CloudWatch 警报用于监视 SQS 队列的长度。如果队列的长度达到 5，则启动一个新的虚拟服务器来处理工作负载。如果队列长度小于 5，则另一个 CloudWatch 警报会降低自动扩展组的所需容量。

具体代码可在下载的源代码中找到。URL2PNG 示例的 CloudFormation 模板位于 /chapter14/url2png.json 中。

执行以下命令创建一个 CloudFormation 堆栈，用于启动 URL2PNG 应用程序。将 `$ ApplicationID` 替换为你的应用程序的唯一 ID（如 url2png-andreas）：

```
$ aws cloudformation create-stack --stack-name url2png \
--template-url https://s3.amazonaws.com/\
awsinaction/chapter14/url2png.json \
--parameters ParameterKey=ApplicationID,ParameterValue=$ApplicationID \
--capabilities CAPABILITY_IAM
```

创建堆栈最多需要 5 min。登录 AWS 管理控制台，然后搜到 AWS CloudFormation 服务以观察名为 `url2png` 的 CloudFormation 堆栈的过程。

CloudFormation 模板类似于用于创建同步解耦的 WordPress 安装程序的模板。代码清单 14-8

显示了主要区别：CloudWatch 警报监视 SQS 队列的长度，而不是 CPU 使用情况。

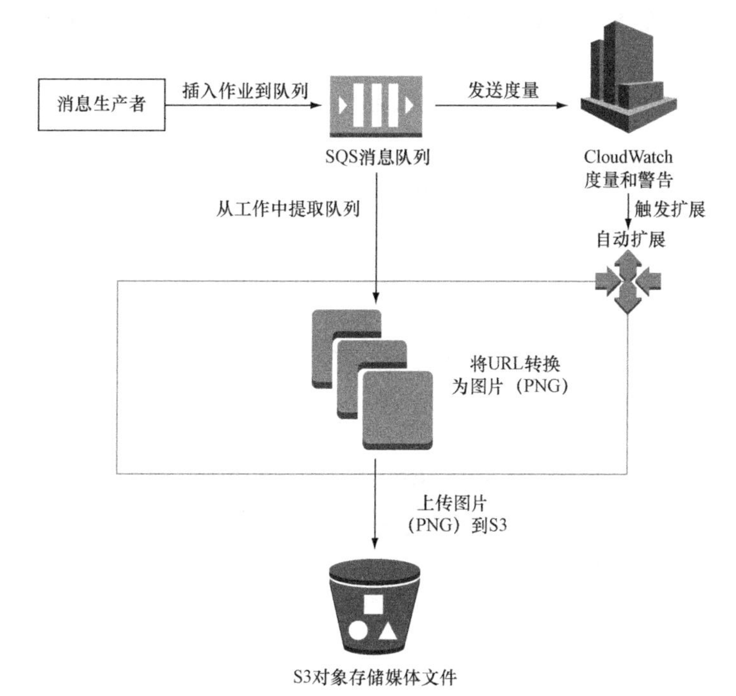

图 14-8　将 url 转换为图片的自动扩展虚拟服务器，由 SQS 队列解耦

代码清单 14-8　监视 SQS 队列的长度

```
[...]
"HighQueueAlarm": {
  "Type": "AWS::CloudWatch::Alarm",
  "Properties": {
    "EvaluationPeriods": "1",          ← 检查警报时要评估的周期数
    "Statistic": "Sum",
    "Threshold": "5",                  ← 如果达到 5 的阈值发出警报
    "AlarmDescription": "Alarm if queue length is higher than 5.",
    "Period": "300",                   ← 使用 300 s 的时间，因为 SQS 指标每 5 min 发布一次
    "AlarmActions": [{"Ref": "ScalingUpPolicy"}],   ← 通过扩展策略将所需实例的数量增加 1
    "Namespace": "AWS/SQS",            ← 该度量的数据由 SQS 服务发布
    "Dimensions": [{                   ← 队列（按名称引用）用作度量的维度
      "Name": "QueueName",
      "Value" : {"Fn::GetAtt":
      ["SQSQueue", "QueueName"]}
    }],
    "ComparisonOperator": "GreaterThanThreshold",   ← 如果在该其间内值的总和大于 5 这个值，则报警

    "MetricName": "ApproximateNumberOfMessagesVisible"   ← 度量包含了队列中挂起的消息的一个大致的数字
  }
}
[...]
```

现在你可以进行扩展试验了。我们准备了一个负载测试，将为 URL2PNG 应用程序快速生成 250 个消息。将以启动新的虚拟服务器处理负载。几分钟后，负载测试完成后，其他虚拟服务器将会终止。

使用以下命令更新 CloudFormation 堆栈以启动负载测试：

```
$ aws cloudformation update-stack --stack-name url2png \
--template-url https://s3.amazonaws.com/\
awsinaction/chapter14/url2png-loadtest.json \
--parameters ParameterKey=ApplicationID,UsePreviousValue=true \
--capabilities CAPABILITY_IAM
```

在 AWS 管理控制台上，观察以下事情的发生。

（1）打开 CloudWatch 服务，然后单击左侧的警报。

（2）当负载测试开始时，名为 `url2png-High Queue Alarm-*`的警报将在几分钟后到达 `ALARM` 状态。

（3）打开 EC2 服务并列出所有 EC2 实例。注意要启动的其他实例。最后，你将看到三个实例（两个工作服务器和一个运行负载测试的服务器）。

（4）回到 CloudWatch 服务，等待名为 `url2png-LowQueue Alarm-*`的警报到达 `ALARM` 状态。

（5）打开 EC2 服务并列出所有 EC2 实例。观察其他实例消失。最后，你将看到两个实例（一个工作服务器和一个运行负载测试的服务器）。

整个过程需要 15 min 左右。

你已观察到扩展组的自动调整过程。现在 URL2PNG 应用程序可以适应当前工作负载，这样也就解决了新书签生成屏幕截图较慢的问题。

资源清理

执行以下命令删除与 URL2PNG 设置相对应的所有资源（用账号 ID 替代`$Application`）：

```
$ aws s3 rb s3://$ApplicationID --force
$ aws cloudformation delete-stack --stack-name url2png
```

14.4 小结

- 可以以相同的方式使用启动配置和自动扩展组来启动多个虚拟服务器。
- EC2、SQS 和其他服务将指标参数发送到 CloudWatch（CPU 利用率、队列长度等）。
- CloudWatch 警报可以更改自动扩展组的所需容量。这允许你根据 CPU 利用率或其他指标增加虚拟服务器的数量。
- 如果要根据当前工作负载扩展服务器，则服务器必须是无状态的。
- 为了在多个虚拟服务器之间分配负载，需要借助于负载均衡器的同步解耦或消息队列的异步解耦。